"十二五"普通高等教育本科国家级规划教材

新大学化学

（第五版）

贾　琼　周伟红　曲保中　主编

科学出版社

北　京

内 容 简 介

本书是高等学校非化学化工、非冶金类专业公共课的化学基础课教材，参考学时为 40～60。

全书共十二章，包括化学反应基本规律，溶液与离子平衡，氧化还原反应 电化学，物质结构基础，金属元素与金属材料，非金属元素与无机非金属材料，有机高分子化合物与高分子材料，化学与能源，化学与环境保护，化学与生命，化学与生活，化学与国防。前四章属于化学原理部分，是本书的基础；后八章是在科学技术和社会生活中既重大又贴近现代社会文明的几个独立专题。本书体系新颖，内容精炼，重点突出，通俗易懂。

在保证教学内容科学性、准确性的基础上，本书向读者提供了化学学科的最新科技信息和 21 世纪初的主要成果。通过"科苑导读""网络导航""扫一扫"栏目为学习者开辟全新的视野，提供更便捷的信息通道，使读者可以通过网络(课程平台、手机 APP、微信公众号等)进入更广阔的知识海洋。"化学技术"栏目用最简单的方式向读者介绍化学的分离、分析技术，使读者了解化学学科的实验科学水平。全书的关键词用英文标注。

本书可以作为本科生的基础课教材，也可供自学者、工程技术人员参考。

图书在版编目（CIP）数据

新大学化学 / 贾琼，周伟红，曲保中主编. -- 5 版. -- 北京：科学出版社，2024. 7. --（"十二五"普通高等教育本科国家级规划教材）. -- ISBN 978-7-03-078921-1

Ⅰ.O6

中国国家版本馆 CIP 数据核字第 2024BU9996 号

责任编辑：陈雅娴 / 责任校对：杨　赛
责任印制：张　伟 / 封面设计：陈　敬

科学出版社 出版
北京东黄城根北街 16 号
邮政编码：100717
http://www.sciencep.com

天津市新科印刷有限公司印刷
科学出版社发行　各地新华书店经销

*

2002 年 8 月第一版　开本：787×1092　1/16
2007 年 1 月第二版　印张：21 1/4　插页：1
2012 年 6 月第三版　字数：544 000
2018 年 8 月第四版　2024 年 7 月第五版
2024 年 7 月第四十次印刷

定价：59.00 元
（如有印装质量问题，我社负责调换）

第五版前言

《新大学化学(第五版)》的修订原则按照非化学化工专业本科生的培养目标制定，注重思想性、科学性、先进性、启发性和实用性。第五版教材在保持前四版教材优良特色的基础上，修编了一些基础内容，增加了一些与教材内容相关的科学研究新技术和新进展，保持教材具有一定的先进性。本书能让学习者把那些渗透在生活和工程实际问题中的知识与化学变化的基本理论结合起来，在化学和社会文明之间架起一座桥梁，使他们走到化学身边，看到自己身边的化学世界，从而在自己的工作岗位上全方位地发挥其智能。

本书仍然保持第一版的结构：前四章属于化学原理，是本书的基础部分；第五至七章的内容归属于材料化学范畴；第八至十二章与当今社会热点问题紧密相关，又极其贴近人们的生活，属于社会文明的几个独立专题。

与前四版相同，本次修订也做了大量的增删和改编。除了各章内容结合新的信息适当增删外，还更新了"科苑导读"、"网络导航"和"扫一扫"栏目的内容。编者努力将我国的科技成果，特别是最近的成果反映到本书中，使年轻的大学生们能够体会到我国不仅在经济总量方面发展迅速，在科学技术方面同样飞速提升，从而增强民族自豪感和文化自信。此外，编者还将一些科学家的事迹写入书中，希望青年学子学习他们谦虚谨慎、求真务实和勇于创新的科学精神。

为利用互联网技术展开教与学的互动，本书的各章节都植入了教学重点和难点的讲解视频(在文中以二维码标记)。读者可以扫描书中二维码观看。

本书作为基础课教材，将有效助力基础学科——化学的高等教育教学工作。党的二十大报告指出，要"加强基础学科、新兴学科、交叉学科建设，加快建设中国特色、世界一流的大学和优势学科"。基础学科是原始创新的先声、科技创新的源头，基础学科人才培养事关科技自立自强、民族复兴伟业，极具战略意义。

第五版的主编工作由贾琼、周伟红、曲保中承担。参加本次修编的有：周伟红(吉林大学，第十、十一章，网络导航，全书的英文部分)，贾琼(吉林大学，第九、十二章，化学技术)，刘晓丽(吉林大学，第五至七章)，吕学举(吉林大学，第四、八章)，田玉美(吉林大学，第一章，附录)，刘松艳(吉林大学，第二章)，詹从红(吉林大学，第三章)。科苑导读由各章执笔者提供初稿，主编修改定稿。在前四版中，北京理工大学黄如丹、迟瑛楠、贺欢参与了思考题与习题部分的编写，第五版在他们前期工作的基础上进行了适当修订，在此向他们表示感谢。全书由贾琼、周伟红、张颖统稿。

限于编者的学识水平，书中疏漏和不妥之处在所难免。恳请各位读者批评指正。

编　者

2023 年 7 月于长春

本书资源使用说明

读者购买正版教材，可获取本书配套资源，使用说明如下：

(1) 刮开封四激活码的涂层，微信扫描二维码，根据提示，注册并登录"中科助学通"，激活本书的配套资源。

(2) 激活配套资源后，有两种方式可以查看本书配套资源：一是扫描书中二维码，即可查看对应资源；二是关注"中科助学通"微信公众号，点击页面底端"开始学习"，选择"新大学化学(第五版)"科目，并点击"图书资源"，即可查看本书所有的资源列表。

(3) 本书还配套有自测练习题，方便读者进行自学。微信扫描"自测练习题"二维码即可答题。

第一版前言(节录)

(一)

当我们从 20 世纪跨入 21 世纪的时候，人们看到：在人类历史的长河中，刚刚过去的短短百年，把上几个世纪的许多梦想变成了现实。科学技术的重大成就极大地改变了人类的生存条件，改善了人类的生活状况。从宏观的宇宙到微观的"夸克"，在浩如烟海的科学研究领域中，化学不仅是众多学科之一，而且是极为重要的关键学科。在不断运动着的物质世界里，化学变化是无所不在的。它的纷繁复杂是构成大千世界姹紫嫣红的要素之一。是它为人类提供了最初走向文明的基础，也是它给今天人类文明的发展以动力。我们应该赞赏和感谢化学为我们创造了如此多彩的生活，展示了更加美好的前景。

当然，化学变化也曾给人类带来过灾难，那是因为人们违背了它的规律。如若对于化学变化的存在仍然视而不见，它还会给人类以更严厉的报复。

然而，在人类历史的长河中，面对化学变化束手无策的时期实在太长了。只是到了公元前几个世纪，人类才开始利用化学变化为自己服务。今天，人们已经掌握了相当丰富的关于化学变化的知识、规律，并且已经能够预测、控制和设计许多化学变化。但是，自由王国还未真正到来，人类在进入 21 世纪的时候，又对化学提出了更多、更高的要求。

高等教育在化学学科方面的任务之一，就是要使受教育者认识到化学变化的普遍性、重要性，而且还要认识到，如果不做化学变化的奴隶，就要主动地了解它，掌握它的规律，进而学会驾驭它为人类服务。这个任务对于非化学化工、非冶金类专业尤其重要。因为在我国，长期以来非化学化工、非冶金类专业都误认为学了化学而在专业技术方面没有具体的应用是一种浪费，因而没有认识到化学课程是对所有大学生进行素质教育的重要组成部分。尤其是面对信息技术、生命科学和材料科学的迅猛发展，即使人文、管理类人才，化学素质也是不可缺少的。在科学技术日新月异、学科交叉已经成为一大特征的时代，将化学课程作为普通高等教育的基础之一，改善高级专业技术和管理人员的知识和能力结构，提高他们的素质，开发他们的创新精神，其必要性是不言而喻的。

(二)

在学科领域方面，化学的思维、化学的方法、化学的能力与大多数非化学课程有着明显差别。使大学生们了解在他们未来从事的技术领域和社会生活中存在着一个化学世界，是高等教育中其他学科的课程所不能替代的。把那些渗透在生活和工程实际问题中的知识，与化学变化的基本理论相结合，在化学和社会文明之间架起一座桥梁，会使大学生们走到化学身边，使他们看到自己身边的化学世界，这是使他们在自己的工作岗位上能够全方位地发挥其智能的基础之一。

本书是为高等院校(非化学化工、非冶金类专业)大学生们编写的化学基础课教材。它的任务一方面是使大学生们初步了解化学学科最基本的理论和知识，另一方面是使大学生们看到化学与他们的生活和他们将要投身的社会之间的某些联系。由于化学学科的社会覆盖面很大，而且化学发展到今天，它的理论基础已经相当深厚，大学生在学校里可能完成的学业又十分有限，本书尽可能为学习者进一步了解和掌握化学奠定最必要的、科学的基础，特别是为未来的专业技术人员在自己的技术领域中摆脱在化学面前的被动局面奠定化学思维的基础。

这本书的内容有较大的专业覆盖面，但是，编者无意让各专业的学生在课堂上无遗漏地学习所有的章节。我们提供给各专业可以从中挑选适合于自己的最需要的内容，以便有针对性地进行教学，而其他内容则可作为大学生们进一步拓宽知识的参考。书中的下述"非规定"内容对于有一定自学能力的大学生可能更有趣、更有启发性：

(1) 书中用小号字印刷的部分。它们是与正文有密切联系的稍加扩展的知识和信息。

(2) 本书开辟的"科苑导读"栏目。此栏目意在让大学生了解一些化学领域的最新成果、最新理念和最有趣的故事。

(3) 每章之后开列的"网络导航"专栏。表明网络真的离我们很近。在信息时代，任何课程都不应该回避 Internet。大学生们可以从网上看到比在教科书中和课堂上展现给他们的更大、更生动的化学世界。我们也希望大学生们不仅能藉此开阔化学视野，也能据此举一反三，遨游于更广阔的信息海洋之中。

(4) 章节标题及化学名词后附上了英文。英文的标注是为了便于使用本教材的老师进行双语教学。

这本教材采取这些措施的目的在于努力开发大学生们的创造思维并充分体现化学基础课程素质教育的本质。

编　者

2001 年 10 月

目　录

第一章 化学反应基本规律
(Basic Principles of Chemical Reactions)

研究化学反应(化学变化)主要是要研究反应过程中物质性质的改变、物质间量的变化、能量的交换和传递等方面的问题。在生活和生产实践中，人们更关心物质发生变化的可能性和现实性。事实上，虽然化学变化纷繁复杂，但是其基本规律却是十分简单而清晰的。掌握这些最基本的规律，许多化学反应都是可以认识、利用，甚至是可以控制和设计的。本章介绍了几个基本规律，包括反应的质量和能量守恒、反应的方向、限度和速率。这些基本规律在一些重要反应(如离子反应、氧化还原反应、有机高分子反应等)中的应用，将在后面的章节中陆续介绍。

第一节 几个基本概念
(Some Fundamental Concepts)

为了便于讨论，先介绍几个基本概念。

一、系统和环境

化学是研究物质变化的科学。物质世界是无限的，物质之间又是相互联系的。为了研究的方便，我们把作为研究对象的那一部分物质称为系统(system)。例如，研究烧杯中盐酸和氢氧化钠溶液的反应，烧杯中的盐酸和氢氧化钠溶液以及反应产物就可作为一个系统。

人们把系统之外与系统有密切联系的其他物质称为环境(surroundings)。

系统和环境之间常进行着物质或能量的交换，按交换的情况不同，热力学系统可分为三类：

敞开系统　系统与环境之间既有物质的交换，又有能量的交换；

封闭系统　系统与环境之间没有物质的交换，只有能量的交换；

孤立系统　系统与环境之间既没有物质的交换，也没有能量的交换。

例如，把一个盛有一定量热水的广口瓶选作系统，则此系统为敞开系统。因为这时在瓶内外除有热量交换外，还不断产生水的蒸发和气体的溶解。如果在广口瓶上加上一个塞子，此系统就成为封闭系统，因为这时系统与环境只有能量的交换。如果再把广口瓶改为保温瓶，则此系统就接近是孤立系统了。当然，绝对的孤立系统是不存在的。

二、相

系统中的任何物理和化学性质完全相同的部分称为相(phase)。相与相之间有明确的界面，常以此为特征来区分不同的相。对于相这个概念，要分清以下几种情况：

(1) 一个相不一定是一种物质。例如，气体混合物是由几种物质混合成的，各成分都是以分子状态均匀分布的，没有界面存在。这样的系统只有一个相，称均相系统(homogeneous system)。溶液和气体混合物都是均相系统。

(2) 要注意"相"和"态"的区别。聚集状态相同的物质在一起，并不一定是均相系统。例如，一个油水分层的系统，虽然都是液态，但却含有两个相(油相和水相)，油-水界面是很清楚的。又如，由铁粉和石墨粉混合在一起的固态混合物，即使肉眼看来很均匀，但在显微镜下还是可以观察到相的界面，这样的系统就有两个相。含有两个相或多于两个相的系统称非均相系统(heterogeneous system)或复相系统(或多相系统)。

(3) 同一种物质可因聚集状态不同而形成复相系统。例如，水和水面上的水蒸气就是两个相。如果系统中还有冰存在，就构成了三相系统。

第二节　化学反应中的质量守恒和能量守恒
(Laws of Conservation of Mass and Energy in Chemical Reactions)

通过化学反应可以获得不同性质的产物并提供能量。化学反应中新物质的生成总是伴随着能量的变化。本节只讨论化学反应中所遵循的两个基本定律，即质量守恒定律和能量守恒定律，这对于科学实验和生产实践有重要指导意义。

一、化学反应质量守恒定律

1748 年，罗蒙诺索夫(М. В. Ломоносов，俄)首先提出了物质的质量守恒定律(law of conservation of mass)："参加反应的全部物质的质量等于全部反应生成物的质量。"这就是说，在化学变化中，物质的性质发生了改变，但其总质量不会改变。他的结论后来被拉瓦锡(A. L. Lavoisier，法)通过一系列实验所证实。这个定律也可表述为物质不灭定律："在化学反应中，质量既不能创造，也不能毁灭，只能由一种形式转变为另一种形式。"

以合成氨的反应为例：

$$N_2 + 3H_2 \longrightarrow 2NH_3$$

此反应方程式表述了反应物与生成物之间的原子数目和质量的平衡关系，称为化学反应计量方程式(stoichiometric equation)。它是质量守恒定律在化学变化中的具体体现。在化学计量方程式中，各物质的化学式前的系数称为化学计量数(stoichiometric number)，用符号 ν_B 表示，是量纲为 1 的量。根据反应式所描述的变化，将反应物(如 N_2、H_2)的计量数定为负值，而生成物(如 NH_3)的计量数定为正值。若以 B 表示物质(反应物或生成物)，则化学计量方程式即可表示为如下的通式：

$$0 = \sum_B \nu_B B \tag{1-1}$$

按式(1-1)，合成氨的反应可写为

$$0 = (+2)NH_3 + (-1)\,N_2 + (-3)\,H_2$$

即
$$0 = 2NH_3 - N_2 - 3H_2$$

通常的写法是
$$N_2 + 3H_2 \longrightarrow 2NH_3$$

二、热力学第一定律

人们经过长期的生产实践和科学实验证明：在任何过程中，能量既不能创造，也不能消灭，只能从一种形式转化为另一种形式。在转化过程中，能量的总值不变。这个规律就是能量守恒定律(law of conservation of energy)，而热力学第一定律(the first law of thermodynamics)就是能量守恒定律在热力学过程中的具体表述形式。

要理解热力学第一定律，必须先掌握状态、状态函数和热力学能的概念以及系统与环境进行能量交换的两种形式——热和功。

1. 状态和状态函数

要研究系统的能量变化，就要确定它的状态。系统的状态是由它的性质确定的。例如，要描述一系统中二氧化碳气体的状态，通常可用给定的压强 p、体积 V、温度 T 和物质的量 n 来描述。这些性质都有确定值时，二氧化碳气体的 "状态" 就确定了。所谓系统的状态(state)，就是指用来描述这个系统的性质(如压强、体积、温度、物质的量等)的综合。可见，系统的性质确定，其状态也就确定了。反过来，系统的状态确定，表述其性质的物理量也就有确定的量值。

如果系统中某一个或几个性质发生了变化，系统的状态也就随之发生变化。当然，如果一个系统前后处于两种状态，则其性质必有所不同。这些用于确定系统状态性质的物理量，如压强、体积、温度、物质的量等都称为状态函数(state function)。

系统的各个状态函数之间是互相制约的。例如，对于理想气体来说，如果知道了它的压强、体积、温度、物质的量这四个状态函数中的任意三个，就能用理想气体状态方程式($pV=nRT$)确定第四个状态函数。

状态函数有两个主要性质：

(1) 系统的状态一定，状态函数就具有确定值。

(2) 当系统的状态发生变化时，状态函数的改变量只取决于系统的始态和终态，而与变化的途径无关。

现以水的状态变化为例。它由始态(298K，0.1MPa)变成终态(308K，0.1MPa)，可以有两种不同的途径，如图 1-1 所示。然而，不管是直接加热一步达到终态，还是经过冷却先到中间态(283K，0.1MPa)，然后再加热，经两步达到终态，只要始态和终态一定，则其状态函数(如温度 T)的改变量(ΔT)就是定值，即

图 1-1 水的状态变化

$$\Delta T_1 = T_2 - T_1 = 308K - 298K = 10K$$

$$\Delta T_2 = (T_2 - T') + (T' - T_1) = (308-283)K + (283-298)K = 10K$$

掌握状态函数的性质和特点，对于学习化学热力学是很重要的。因为，状态函数的特性是热力学研究问题的重要基础，也是进行热力学计算的依据。

2. 热力学能

热力学能(thermodynamic energy)是系统内部能量的总和，用符号 U 表示。系统的热力学能包括系统内部各种物质的分子平动能、分子转动能、分子振动能、电子运动能、核能等(不包括系统整体运动时的动能和系统整体处于外力场中具有的势能)。在一定条件下，系统的热力学能与系统中物质的量成正比，即热力学能具有加和性。

热力学能是一个状态函数，系统处于一定状态时，热力学能具有一定的数值。当系统状态发生变化时，其热力学能也常常发生改变。此时，热力学能的改变量只取决于系统的始态和终态，而与其变化的途径无关。

由于系统内部质点的运动及相互作用很复杂，所以无法知道一个系统热力学能的绝对数值。但系统状态变化时，热力学能的改变量(ΔU)则可以从过程中系统和环境所交换的热和功的数值来确定。在化学变化中，只要知道热力学能的改变量就可以了，无需追究它的绝对数值。

3. 热和功

系统处于一定状态时，具有一定的热力学能。在状态变化过程中，系统与环境之间可能发生能量的交换，使系统和环境的热力学能发生改变。这种能量的交换通常有热和功两种形式。

热(heat)　当两个温度不同的物体相互接触时，高温物体温度下降，低温物体温度上升。在两者之间发生了能量的交换，最后达到温度一致。这种由于温度不同而在系统与环境之间传递的能量就称为热。在许多过程中都能看到热的吸收或放出：热的水蒸气冷凝时会放出相变潜热，化学反应过程中也常伴有热的交换。热用符号 Q 来表示。一般规定，系统吸收热，Q 为正值；系统放出热，Q 为负值。

功(work)　是系统与环境交换能量的另一种形式。当一个物体受到力 F 的作用，沿着 F 的方向移动了 Δl 的距离，该力对物体就做了 $F \cdot \Delta l$ 的功。此外，功的种类还有很多，如电池在电动势的作用下输送了电荷，就做了电功(electrical work)；使气体发生膨胀或压缩，就做了体积功(expansion volume work)等。

化学反应往往也伴随着做功。在一般条件下进行的化学反应，只做体积功。体积功以外的功，称为非体积功(如电功)。体积功用 W 表示。非体积功又称为有用功(available work)，用 W' 表示。在热力学中，体积功是一个重要的概念。

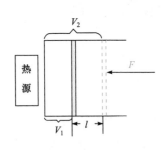

图 1-2　体积功示意图

设有一热源，加热气缸里的气体(图 1-2)，推动面积为 A 的活塞移动距离 l，气体的体积由 V_1 膨胀到 V_2，反抗恒定的外力 F 做功。恒定外力来自外界大气压强 $p_{环境}$，则

$$p_{环境} = \frac{F}{A} = \frac{F \cdot l}{A \cdot l} = \frac{-W}{V_2 - V_1}$$

所以，体积功为

$$W = -p_{环境}(V_2 - V_1) = -p_{环境} \Delta V \qquad (1\text{-}2)$$

式(1-2)是计算体积功的基本公式。压强单位为 Pa，体积单

位为 m^3，体积功的单位为 $J=Pa \cdot m^3$。

国家标准规定，系统对环境做功，W 为负值；环境对系统做功，W 为正值。

系统只有在发生状态变化时才能与环境发生能量的交换，所以热和功不是系统的性质。当系统与环境发生能量交换时，经历的途径不同，热和功的数值就不同，因而热和功都不是系统的状态函数。

热和功的单位均为能量单位。按法定计量单位，以 J(焦)或 kJ(千焦)表示。

4. 热力学第一定律的数学表达式

有一封闭系统(图 1-3)，它处于状态 I 时，具有一定的热力学能 U_1。从环境吸收一定量的热 Q，并对环境做了体积功 W，过渡到状态 II，此时具有热力学能 U_2。对于封闭系统，根据能量守恒定律：

$$U_2 - U_1 = Q + W$$

或 $\qquad\qquad \Delta U = Q + W \qquad\qquad$ (1-3)

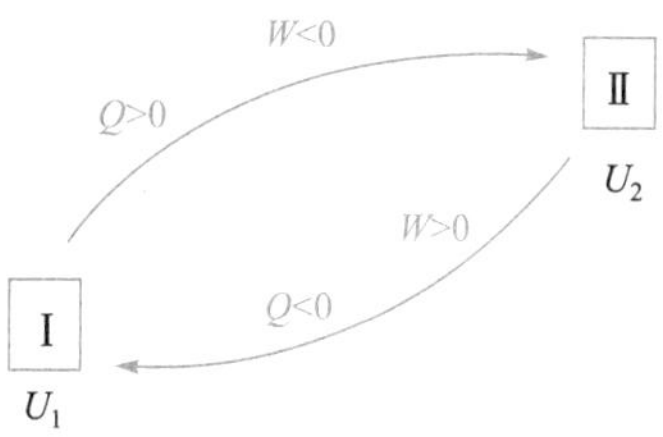

图 1-3　系统热力学能的变化

式中：ΔU 为热力学能的改变量。式(1-3)是热力学第一定律的数学表达式。下面举例说明其应用。

例题 1-1　能量状态为 U_1 的系统，吸收 600J 的热，又对环境做了 450J 的功。求系统的能量变化和终态能量 U_2。

解　由题意得知，$Q = 600J$，$W = -450J$

所以 $\qquad\qquad\qquad \Delta U = Q + W = 600J - 450J = 150J$

又因 $\qquad\qquad\qquad U_2 - U_1 = \Delta U$

所以 $\qquad\qquad\qquad U_2 = U_1 + \Delta U = U_1 + 150J$

答　系统的能量变化为 150J；终态能量为 $U_1 + 150J$。

例题 1-2　与例题 1-1 相同的系统，开始能量状态为 U_1，系统放出 100J 的热，环境对系统做了 250J 的功。求系统的能量变化和终态能量 U_2。

解　由题意得知，$Q = -100J$，$W = +250J$

所以 $\qquad\qquad\qquad \Delta U = Q + W = -100J + 250J = 150J$

$$U_2 = U_1 + \Delta U = U_1 + 150J$$

答　系统的能量变化是 150J；终态能量是 $U_1 + 150J$。

从上述两例题可清楚看到，系统的始态(U_1)和终态($U_2 = U_1 + 150J$)确定时，虽然变化途径不同(Q 和 W 不同)，热力学能的改变量($\Delta U = 150J$)却是相同的。

三、化学反应的反应热

化学反应系统与环境进行能量交换的主要形式是热。通常把只做体积功，且始态和终态具有相同温度时，系统吸收或放出的热量称为反应热(heat of reaction)或反应热效应。按反应条件的不同，反应热又可分为：恒容反应热与恒压反应热。

1. 恒容反应热

在密闭容器中进行的反应，体积保持不变，就是恒容过程。这一过程$\Delta V=0$，由于系统只做体积功，则$W=0$。根据热力学第一定律：

$$\Delta U = Q + W = Q_V \tag{1-4}$$

式中：Q_V表示恒容(constant volume)反应热，右下角字母V表示恒容过程。式(1-4)的意义是：在恒容条件下进行的化学反应，其反应热等于该系统中热力学能的改变量。

2. 恒压反应热——焓变

大多数化学反应是在恒压条件下进行的。例如，在敞口容器中进行的液相反应或保持恒定压强下的气体反应(外压不变，系统压强与外压相等)，都属于恒压过程。要保持恒定压强，许多化学反应会因发生体积变化(从V_1变到V_2)而做功。若系统只做体积功($W=-p_{环境}\Delta V$)，则第一定律可写成：

$$\Delta U = Q + W = Q_p - p_{环境}\Delta V$$

即

$$Q_p = \Delta U + p\Delta V \tag{1-5}$$

式中：Q_p表示恒压(constant pressure)反应热，右下角字母p表示恒压过程。

在恒压过程中，$p_1 = p_2 = p_{环境}$，因此，可将式(1-5)改写为

$$Q_p = (U_2-U_1) + p_{环境}(V_2-V_1) = (U_2-U_1) + p(V_2-V_1)$$

即

$$Q_p = (U_2 + p_2V_2)-(U_1 + p_1V_1) \tag{1-6}$$

式中：U、p、V都是系统的状态函数。$(U+pV)$的复合函数当然还是系统的状态函数。这一新的状态函数，热力学定义为焓(enthalpy)，以符号H表示，即

$$H = U + pV \tag{1-7}$$

当系统的状态改变时，根据焓的定义式(1-7)，式(1-6)就可写为

$$Q_p = H_2 - H_1 = \Delta H \tag{1-8}$$

式中：ΔH是焓的改变量，称为焓变(enthalpy change)。式(1-8)表明，恒压过程的反应热(Q_p)等于状态函数焓的改变量，即焓变(ΔH)。ΔH是负值，表示恒压下反应系统向环境放热，是放热反应；ΔH是正值，系统从环境吸热，是吸热反应。

由焓的定义式(1-7)可知，焓具有能量单位。又因热力学能(U)和体积(V)都具有加和性，所以焓也具有加和性。由于热力学能的绝对值无法确定，所以焓的绝对值也无法确定。实际上，一般情况下可以不需要知道焓的绝对值，只需要知道状态变化时的焓变(ΔH)即可。

四、化学反应反应热的计算

1. 赫斯定律

1840年，赫斯(Г. И. Гесс，俄)从分析大量反应热的实验结果中，总结出一个重要定律：化学反应的反应热(在恒压或恒容下)只与物质的始态和终态有关，而与变化的途径无关。

从热力学角度看，赫斯定律是能量守恒定律的一种具体表现形式，也就是说，该定律是状态函数性质的体现。因为焓(或热力学能)是状态函数，只要反应的始态(反应物)和终态(生成物)一定，则$\Delta H(\Delta U)$便是定值，至于通过什么途径来完成这一反应，则是无关紧要的了。

例如，碳完全燃烧生成 CO_2 有两种途径，如图 1-4 所示。

根据赫斯定律：

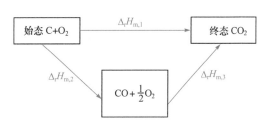

图 1-4　生成 CO_2 的两种途径

$$\Delta_r H_{m,1} = \Delta_r H_{m,2} + \Delta_r H_{m,3}$$

式中：下角 r 表示化学反应过程；m 表示 1mol 反应(见本章第五节)。

赫斯定律有着广泛的应用。应用这个定律可以计算反应的反应热，尤其是一些不能或难以用实验方法直接测定的反应热。例如，在煤气生产中，反应 $C(s) + \dfrac{1}{2} O_2(g) \longrightarrow CO(g)$ 是很重要的，工厂设计时需要该反应的反应热数据，而实验却难以测定，因为单质碳与氧不能直接生成纯的一氧化碳。但是，下面两个反应的反应热是容易测定的，在 100.000kPa 和 298.15K 下，它们的反应热为

$$C(s) + O_2(g) \longrightarrow CO_2(g) \qquad\qquad \Delta_r H_{m,1} = -393.5 \text{kJ} \cdot \text{mol}^{-1}$$

$$CO(g) + \frac{1}{2} O_2(g) \longrightarrow CO_2(g) \qquad\qquad \Delta_r H_{m,3} = -283.0 \text{kJ} \cdot \text{mol}^{-1}$$

那么 $C(s) + \dfrac{1}{2} O_2(g) \longrightarrow CO(g)$ 的 $\Delta_r H_{m,2}$ 为多少？

按赫斯定律 $\qquad\qquad\qquad \Delta_r H_{m,2} = \Delta_r H_{m,1} - \Delta_r H_{m,3}$

因此 $\qquad\qquad \Delta_r H_{m,2} = [(-393.5) - (-283.0)] \text{kJ} \cdot \text{mol}^{-1} = -110.5 \text{kJ} \cdot \text{mol}^{-1}$

应用赫斯定律，从已知的反应热计算另一反应的反应热是很方便的。人们从多种反应中找出某些类型的反应作为基本反应，知道了一些基本反应的反应热数据，应用赫斯定律就可以计算其他反应的反应热。常用的基本反应热数据是标准摩尔生成焓。

2. 标准摩尔生成焓

由单质生成某化合物的反应称为该化合物的生成反应(formation reaction)。例如，CO_2 的生成反应为

$$C(s) + O_2(g) \longrightarrow CO_2(g)$$

化学反应的焓变与始、终态物质的温度、压强及聚集状态有关。因此，热力学上规定了物质的标准态(standard state)：气体物质的标准态是在标准压强 $p^\ominus$=100.000kPa[1]时的(假想的)纯理想气体状态；溶液中溶质 B 的标准态是在标准压强 $p^\ominus$ 时的标准质量摩尔浓度[2]$b^\ominus$=1.0mol $\cdot$ kg^{-1}，并表现为无限稀溶液特性时溶质 B 的(假想)状态；液体或固体的标准态是在标准压强 $p^\ominus$ 时的纯液体或纯固体。此处上标 $\ominus$ 表示标准态。

某一温度下，反应中各物质处于标准态时的摩尔焓变称为该反应的标准摩尔焓变

---

① $p^\ominus$ 原国标定为 101.325kPa，国际纯粹与应用化学联合会(IUPAC)及 1993 年新国标定为 100.000kPa。

② 关于质量摩尔浓度见第二章第一节。

(changes in standard molar enthalpy)，以符号 $\Delta_r H_m^{\ominus}(T)$ 表示。T 表示反应时的温度(为了简化书写，如不标明，T 就是指 298.15K。一般情况下本书不再标出"298.15K")。指定温度 T 时，由参考态元素生成 1mol 物质 B 时的标准摩尔焓变称物质 B 的标准摩尔生成焓(standard molar enthalpy of formation)，以符号 $\Delta_f H_{m,B}^{\ominus}(T)$ 表示。下标 f 表示生成反应；参考态元素(elements in refered state)一般是指在所讨论的 T、p 下最稳定状态的单质(也有例外，如金刚石就不是碳的参考态元素)；B 是指基本单元。反应的标准摩尔焓变和物质的标准摩尔生成焓的单位都是 $kJ \cdot mol^{-1}$。例如，298.15K 时，下列反应的标准摩尔焓变为

$$H_2(g) + \frac{1}{2} O_2(g) \longrightarrow H_2O(l) \qquad \Delta_r H_m^{\ominus}(298.15K) = -285.8 kJ \cdot mol^{-1}$$

则 $H_2O(l)$ 的标准摩尔生成焓为 $\Delta_f H_m^{\ominus}(H_2O, l) = -285.8 kJ \cdot mol^{-1}$。

物质在 298.15K 时的标准摩尔生成焓值可从本书附录一之附表 1 或相关的化学手册中查到。

根据标准摩尔生成焓的定义，参考态元素的标准摩尔生成焓为零。

3. 反应的标准摩尔焓变的计算

根据赫斯定律和标准摩尔生成焓的定义，可以导出反应的标准摩尔焓变的一般计算规则。例如，求反应 $CH_4(g) + 2O_2(g) \longrightarrow CO_2(g) + 2H_2O(l)$ 的标准摩尔焓变 $\Delta_r H_m^{\ominus}(298.15K)$。可以设想，此反应分三步进行：

$$C(s) + O_2(g) \longrightarrow CO_2(g) \qquad\qquad \Delta_r H_{m,1}^{\ominus} = \Delta_f H_m^{\ominus}(CO_2, g)$$

$$2H_2(g) + O_2(g) \longrightarrow 2H_2O(l) \qquad\qquad \Delta_r H_{m,2}^{\ominus} = 2\Delta_f H_m^{\ominus}(H_2O, l)$$

$$CH_4(g) \longrightarrow C(s) + 2H_2(g) \qquad\qquad \Delta_r H_{m,3}^{\ominus} = -\Delta_f H_m^{\ominus}(CH_4, g)$$

此三个反应的标准摩尔焓变的总和就是总反应的标准摩尔焓变，即

$$\Delta_r H_m^{\ominus} = \Delta_r H_{m,1}^{\ominus} + \Delta_r H_{m,2}^{\ominus} + \Delta_r H_{m,3}^{\ominus}$$
$$= [\Delta_f H_m^{\ominus}(CO_2, g) + 2\Delta_f H_m^{\ominus}(H_2O, l)] - [\Delta_f H_m^{\ominus}(CH_4, g) + 0]$$

式中，前面中括弧内是生成物标准摩尔生成焓的总和，后面中括弧内是反应物标准摩尔生成焓的总和。

将各物质的标准摩尔生成焓的数值(其中反应物单质 O_2 的标准摩尔生成焓是零)代入上式，得

$$\Delta_r H_m^{\ominus} = [(-393.5) + 2 \times (-285.8)] kJ \cdot mol^{-1} - (-74.8 + 0) kJ \cdot mol^{-1}$$
$$= -890.3 kJ \cdot mol^{-1}$$

对于任一化学反应：

$$aA + bB \longrightarrow gG + dD$$

在 298.15K 时反应的标准摩尔焓变 $\Delta_r H_m^{\ominus}$ 可按下式求得

$$\Delta_r H_m^{\ominus} = \sum_B \nu_B \Delta_f H_{m,B}^{\ominus}$$

即
$$\Delta_r H_m^\ominus = [g\Delta_f H_m^\ominus(G) + d\Delta_f H_m^\ominus(D)] - [a\Delta_f H_m^\ominus(A) + b\Delta_f H_m^\ominus(B)] \tag{1-9}$$

式中：ν_B 为反应中物质 B 的化学计量数。

式(1-9)表示：反应的标准摩尔焓变等于生成物标准摩尔生成焓的总和减去反应物标准摩尔生成焓的总和。

例题 1-3 计算 1mol 乙炔完全燃烧反应的标准摩尔焓变 $\Delta_r H_m^\ominus$。

解 先写出乙炔完全燃烧反应的计量方程式，并在各物质下面标出从表中查出的标准摩尔生成焓：

化学反应

$$C_2H_2(g) + \frac{5}{2}O_2(g) \longrightarrow 2CO_2(g) + H_2O(l)$$

$\Delta_f H_{m,B}^\ominus / kJ \cdot mol^{-1}$ 227.4   0   −393.5   −285.8

按式(1-9)

$$\Delta_r H_m^\ominus = \sum_B \nu_B \Delta_f H_{m,B}^\ominus$$
$$= [2\times(-393.5) + (-285.8)]kJ \cdot mol^{-1} - (227.4+0)kJ \cdot mol^{-1}$$
$$= -1300.2 kJ \cdot mol^{-1}$$

答 1mol 乙炔完全燃烧时的标准摩尔焓变 $\Delta_r H_m^\ominus$ 为−1300.2kJ·mol⁻¹。

应该指出，反应的焓变随温度的变化较小。因为反应物与生成物的焓都随温度升高而增大，结果基本相互抵消。在温度变化不大时，反应的焓变可以看成是不随温度变化的值，即

$$\Delta_r H_m^\ominus(T) \approx \Delta_r H_m^\ominus(298.15K)$$

4. 燃烧焓的计算

燃料的燃烧(burning)即燃料与氧的氧化反应。反应过程中放出大量的热。标准状态下，指定温度 T 时，1mol 物质 B 完全燃烧反应的摩尔焓变称为物质 B 的标准摩尔燃烧焓(热)(standard molar enthalpy of combustion)，符号 $\Delta_c H_{m,B}^\ominus(T)$，单位 kJ·mol⁻¹。这里所说的"完全燃烧"是指可燃物分子中的各种元素都变成了最稳定的氧化物或单质。例如，碳变为 $CO_2(g)$，氢变为 $H_2O(l)$，硫变为 $SO_2(g)$，磷变为 $P_2O_5(s)$，氮则变为 $N_2(g)$ 等。由于这些产物规定为最终产物，所以它们的标准摩尔燃烧焓规定为零。例如：

$$C(s) + O_2(g) \longrightarrow CO_2(g) \qquad \Delta_c H_m^\ominus(C, 298.15K) = -393.5 kJ \cdot mol^{-1}$$

$$H_2(g) + \frac{1}{2}O_2(g) \longrightarrow H_2O(l) \qquad \Delta_c H_m^\ominus(H_2, 298.15K) = -285.8 kJ \cdot mol^{-1}$$

$$S(s) + O_2(g) \longrightarrow SO_2(g) \qquad \Delta_c H_m^\ominus(S, 298.15K) = -296.8 kJ \cdot mol^{-1}$$

一些有机化合物的标准摩尔燃烧焓列于表 1-1 中。

表 1-1 一些有机化合物的标准摩尔燃烧焓(25℃)

化合物	$\Delta_c H_{m,B}^\ominus / kJ \cdot mol^{-1}$	化合物	$\Delta_c H_{m,B}^\ominus / kJ \cdot mol^{-1}$
$CH_4(g)$甲烷	−890.31	HCHO(g)甲醛	−570.78
$C_2H_2(g)$乙炔	−1301.1	$CH_3COCH_3(l)$丙酮	−1790.42
$C_2H_4(g)$乙烯	−1410.97	$C_2H_5OC_2H_5(l)$乙醚	−2730.9

化合物	$\Delta_c H_{m,B}^{\ominus}/\text{kJ}\cdot\text{mol}^{-1}$	化合物	$\Delta_c H_{m,B}^{\ominus}/\text{kJ}\cdot\text{mol}^{-1}$
C_2H_6 (g)乙烷	-1559.84	HCOOH (l)甲酸	-254.64
C_3H_8 (g)丙烷	-2219.07	CH_3COOH (l)乙酸	-874.54
C_4H_{10} (g)正丁烷	-2878.34	C_6H_5COOH (晶)苯甲酸	-3226.7
C_4H_{10} (g)异丁烷	-2871.5	$C_7H_6O_3$ (s)水杨酸	-3022.5
C_6H_6 (l)苯	-3267.54	$CHCl_3$ (l)氯仿	-373.2
C_6H_{12} (l)环己烷	-3819.86	CH_3Cl (g)一氯甲烷	-689.1
C_7H_8 (l)甲苯	-3925.4	CS_2 (l)二硫化碳	-1076
$C_{10}H_8$ (s)萘	-5153.9	$CO(NH_2)_2$ (s)尿素	-634.3
CH_3OH (l)甲醇	-726.64	$C_6H_5NO_2$ (l)硝基苯	-3091.2
C_2H_5OH (l)乙醇	-1366.91	$C_6H_5NH_2$ (l)苯胺	-3396.2
C_6H_5OH (s)苯酚	-3053.48		

$\Delta_c H_{m,B}^{\ominus}$是热化学中的重要数据，可以由$\Delta_c H_{m,B}^{\ominus}(T)$计算化学反应的标准摩尔焓变：

$$\Delta_r H_m^{\ominus}(T)=-\sum_B \nu_B \Delta_c H_{m,B}^{\ominus}(T) \tag{1-10}$$

对于反应焓，参考态元素的$\Delta_f H_{m,B}^{\ominus}$规定为零；对于燃烧焓，最终产物的$\Delta_c H_{m,B}^{\ominus}$规定为零；化合物在生成反应和燃烧反应中所处的地位恰好相反。所以式(1-10)中两类焓变相差一个负号。

根据式(1-10)，若$0=\sum_B \nu_B B$为某一物质 B 的燃烧反应，则此反应的焓变等于物质 B 燃烧焓的ν_B倍，即

$$\Delta_r H_m^{\ominus}(T)=\sum_B \nu_B \Delta_f H_{m,B}^{\ominus}(T)=-\sum_B \nu_B \Delta_c H_{m,B}^{\ominus}(T) \tag{1-11}$$

按此式也可由$\Delta_c H_{m,B}^{\ominus}$推算可燃物的$\Delta_f H_{m,B}^{\ominus}$。

例题 1-4 已知 $\Delta_c H_m^{\ominus}$ [(COOH)$_2$, l] = $-246.05\text{kJ}\cdot\text{mol}^{-1}$，$\Delta_c H_m^{\ominus}$ (CH$_3$OH, l) = $-726.64\text{kJ}\cdot\text{mol}^{-1}$，$\Delta_c H_m^{\ominus}$ [(COOCH$_3$)$_2$, l] = $-1677.78\text{kJ}\cdot\text{mol}^{-1}$。求下列反应的$\Delta_r H_m^{\ominus}$。

$$(COOH)_2(l) + 2CH_3OH(l) \longrightarrow (COOCH_3)_2(l) + 2H_2O(l)$$

解 按式(1-10)可建立下述关系：

$$\Delta_r H_m^{\ominus}=-\sum_B \nu_B \Delta_c H_{m,B}^{\ominus}$$

$$=\{\Delta_c H_m^{\ominus}[(COOH)_2, l]+2\Delta_c H_m^{\ominus}(CH_3OH, l)\}-\Delta_c H_m^{\ominus}[(COOCH_3)_2, l]$$

代入数据 $\Delta_r H_m^{\ominus}=[-246.05+2\times(-726.64)]-(-1677.78)\text{kJ}\cdot\text{mol}^{-1}$

$$=-21.55\text{kJ}\cdot\text{mol}^{-1}$$

答 上述反应的标准摩尔焓变为$-21.55\text{kJ}\cdot\text{mol}^{-1}$。

例题 1-5 已知$\Delta_c H_m^{\ominus}$ (C$_6$H$_6$, l)= $-3267.7\text{kJ}\cdot\text{mol}^{-1}$，试求算$\Delta_f H_m^{\ominus}$ (C$_6$H$_6$, l)。

解 苯的燃烧反应 $2C_6H_6(l) + 15O_2(g) \longrightarrow 6H_2O(l) + 12CO_2(g)$

$\Delta_f H_m^{\ominus}/\text{kJ}\cdot\text{mol}^{-1}$ 0 -285.8 -393.5

将数据代入式(1-11)： $\Delta_r H_m^\ominus = \sum_B \nu_B \Delta_f H_{m,B}^\ominus = -\nu(C_6H_6) \cdot \Delta_c H_m^\ominus(C_6H_6, l)$

$2\times(-3267.7)kJ \cdot mol^{-1} = 6\times(-285.8)kJ \cdot mol^{-1} + 12\times(-393.5)kJ \cdot mol^{-1} - 15\times0 - 2\Delta_f H_m^\ominus(C_6H_6, l)$

计算得 $\Delta_f H_m^\ominus(C_6H_6, l) = 49.3kJ \cdot mol^{-1}$

答 苯的标准摩尔生成焓为 49.3kJ · mol⁻¹。

第三节 化学反应进行的方向
(Direction of Chemical Reaction)

前面讨论了化学反应过程中能量转化的问题。一切化学变化中的能量转化，都遵循热力学第一定律。但是，不违背第一定律的化学变化，却未必都能自发进行。那么，在给定条件下，什么样的化学反应才能进行？这是第一定律不能回答的，需要用热力学第二定律 (second law of thermodynamics)来解决。

一、化学反应的自发性

1. 自发过程

所谓自发过程(spontaneous process)就是在一定条件下不需任何外力作用就能自动进行的过程。反应自发进行的方向就是指在一定条件下(恒温、恒压)不需借助外力做功而能自动进行的反应方向。

以物理过程为例：热的传导总是从高温物体自发地传向低温物体；水总是从高处自发地流向低处；气体也总是从高压处自发地向低压处扩散。而它们在没有外力作用的条件下，都不能自动地反向进行。还可以举出许多类似的例子。

化学反应在给定条件下能否自发进行、进行到什么程度是科研和生产实践中的一个十分重要的问题。例如，对于下面的反应：

$$CO(g) + NO(g) \longrightarrow CO_2(g) + \frac{1}{2}N_2(g)$$

如果能确定此反应在给定条件下可以自发地向右进行，而且进行程度又较大，那么，就可以集中力量去研究和开发对此反应有利的催化剂或其他手段以促使该过程的实现。因为利用此反应可以消除汽车尾气中的 CO 和 NO 这两种污染物质。如果从理论上能证明，该反应在任何的温度和压强下都不能实现，显然就没有必要去研究如何让此反应实现了，可以转而寻求其他净化汽车尾气的办法。

根据什么来判断化学反应的自发性？人们研究了大量物理、化学过程，发现所有自发过程都遵循以下规律：

(1) 从过程的能量变化来看，物质系统倾向于取得最低能量状态。

(2) 从系统中质点分布和运动状态来分析，物质系统倾向于取得最大混乱度。

(3) 凡是自发过程通过一定的装置都可以做有用功，如水力发电就是利用水位差通过发电机做电功的。

物质系统倾向于取得最低能量状态，对于化学反应就意味着放热反应($\Delta H < 0$)才能自发进行，这和水自动地从高处往低处流动的情况相似。因此，用 $\Delta H < 0$ 作为化学反应自发性的判

据似乎是有道理的。但是有些过程，如冰的融化、KNO_3 溶解于水，都是吸热过程；又如，N_2O_5 的分解也是一个强烈的吸热反应。这些过程都能自发进行。这些情况不能仅用反应的焓变来说明。这是因为化学反应的自发性除了取决于焓变这一重要的因素外，还取决于另一因素——熵变。

再如，$CaCO_3$ 分解生成 CO_2 和 CaO 的反应：

$$CaCO_3(s) \longrightarrow CaO(s) + CO_2(g) \qquad \Delta_r H_m^{\ominus} = 179.4 \text{kJ} \cdot \text{mol}^{-1}$$

在 298.15K 和 100.000kPa 压强下是非自发的，当温度升高到 1114K 时，反应就变成自发的了。显然，化学反应的自发性还与反应的温度有关。

2. 混乱度——熵

什么是混乱度？混乱度(disorder，混乱程度)是有序度的反义词，即组成物质的质点在一个指定空间区域内排列和运动的无序程度。有序度高(无序度小)，其混乱度小；有序度差(无序度大)，其混乱度大。

在热力学中，系统的混乱度是用状态函数"熵"来度量的。熵(entropy)是表征系统内部质点混乱度或无序度的物理量，用符号 S 表示。熵值小的状态对应于混乱度小或较有序的状态，熵值大的状态对应于混乱度大或较无序的状态。

熵与热力学能、焓一样是系统的一种性质，是状态函数。状态一定，熵值一定；状态变化，熵值也发生变化。同样，熵也具有加和性：熵值与系统中物质的量成正比。

根据热力学第三定律：在 0K 时，任何纯物质完美晶体的熵为零。如果知道某物质从 0K 到指定温度下的热力学数据，如热容、相变热等，便可求出此温度下的熵值，称为该物质的规定熵(conventional entropy)。物质 B 的单位物质的量的规定熵称摩尔熵(molar entropy)。标准状态下的摩尔熵称为标准摩尔熵(standard molar entropy)，以符号 $S_{m,B}^{\ominus}(T)$ 表示，其单位为 $\text{J} \cdot \text{K}^{-1} \cdot \text{mol}^{-1}$。本书附录一之附表 1 中列出了一些物质 298.15K 时的标准摩尔熵的数据。注意，在 298.15K 时，参考态元素的标准摩尔熵不等于零(附录一之附表 2)。

应用标准摩尔熵 $S_{m,B}^{\ominus}$ 的数据可以计算化学反应的标准摩尔熵变 $\Delta_r S_m^{\ominus}$。由于熵也是状态函数，所以标准摩尔熵变的计算与标准摩尔焓变的计算类似：反应的标准摩尔熵变等于生成物标准摩尔熵的总和减去反应物标准摩尔熵的总和。对于反应：

$$a\text{A} + b\text{B} \longrightarrow g\text{G} + d\text{D}$$

在 298.15K 时，反应的标准摩尔熵变 $\Delta_r S_m^{\ominus}$ 可按式(1-12)求得

$$\Delta_r S_m^{\ominus} = \sum_{\text{B}} \nu_{\text{B}} S_{m,\text{B}}^{\ominus}$$

即

$$\Delta_r S_m^{\ominus} = [g S_m^{\ominus}(\text{G}) + d S_m^{\ominus}(\text{D})] - [a S_m^{\ominus}(\text{A}) + b S_m^{\ominus}(\text{B})] \tag{1-12}$$

例题 1-6 计算反应 $H_2O(l) \longrightarrow H_2(g) + \frac{1}{2} O_2(g)$ 的标准摩尔熵变 $\Delta_r S_m^{\ominus}$。

解 化学反应

	$H_2O(l) \longrightarrow$	$H_2(g) +$	$\frac{1}{2} O_2(g)$
$S_{m,B}^{\ominus}/\text{J} \cdot \text{K}^{-1} \cdot \text{mol}^{-1}$	70.0	130.7	205.2

$$\Delta_r S_m^{\ominus} =[\, S_m^{\ominus}\,(H_2,\,g) + \frac{1}{2} S_m^{\ominus}\,(O_2,\,g)] - S_m^{\ominus}\,(H_2O,\,l)$$

$$=[(130.7 + \frac{1}{2}\times205.2) - 70.0]J\cdot K^{-1}\cdot mol^{-1}$$

$$=163.3J\cdot K^{-1}\cdot mol^{-1}$$

答 反应的标准摩尔熵变 $\Delta_r S_m^{\ominus} =163.3J\cdot K^{-1}\cdot mol^{-1}$。

一般情况下，温度升高，熵值增加得不多。对于一个反应，温度升高时，生成物与反应物的熵值同时相应地增加，所以标准摩尔熵变 $\Delta_r S_m^{\ominus}(T)$ 随温度变化较小。在近似计算中可以忽略，即

$$\Delta_r S_m^{\ominus}(T) \approx \Delta_r S_m^{\ominus}(298.15K)$$

熵变与反应方向的关系如下：在孤立系统中，自发过程向着熵值增大的方向进行，即 $\Delta S(孤)>0$ 是反应进行的方向。这是热力学第二定律的一种说法。但是，大多数化学反应系统并非孤立系统，用系统的熵值增大作反应自发性判据并不具有普遍意义。对于恒温、恒压，系统与环境有能量交换的情况下，判断反应自发性的判据是吉布斯函数变。

二、吉布斯函数变与化学反应进行的方向

1. 吉布斯函数变与反应方向

前面讲到，水总是自动地从高处向低处流。水的流动可以用来发电，这就做了电功，电功是非体积功，又称有用功。又如，化学反应：

$$Zn(s) + CuSO_4\,(aq) \longrightarrow Cu(s) + ZnSO_4\,(aq)$$

是自发进行的。当把 Zn 粒放入 $CuSO_4$ 溶液中，可感觉到有热放出，如果把此反应设计成一个原电池，它也能做有用功(电功)。

从这两个例子可以看出，一个自发过程的进行，因有推动力，无需环境施加外功。如果给以适当的条件，系统还可以对外做功，即自发过程具有对外做功的能力。依此，吉布斯(J. W. Gibbs, 美)提出，判断反应自发性的正确标准是它做有用功的能力。他证明：在恒温、恒压下，如果某一反应无论在理论或实际上可被利用来做有用功，则该反应是自发的；如果必须接受外界的功才能使某一反应进行，则该反应就是非自发的。

在恒温、恒压下，自发反应做有用功的能力可用系统的另一个状态函数来体现，这个状态函数称为吉布斯函数(Gibbs function)，用符号 G 表示，它定义为

$$G = H - TS \tag{1-13}$$

从定义式(1-13)可以看出，吉布斯函数是系统的一种性质，由于 H、T、S 都是状态函数，所以吉布斯函数也是系统的状态函数。

在恒温、恒压下，当系统发生状态变化时，其吉布斯函数的变化为

$$\Delta G = \Delta H - T\Delta S \tag{1-14}$$

从热力学可以导出，系统吉布斯函数的减少等于它在恒温、恒压下对外可能做的最大有用功，即

$$\Delta G = W'_{max} \tag{1-15}$$

从式(1-14)中可以看出，在恒温、恒压下，化学反应的吉布斯函数变ΔG是由ΔH和ΔS两项决定的。这说明要正确判断化学反应自发进行的方向，必须综合考虑系统的焓变和熵变两个因素。

反应系统的吉布斯函数变化与反应自发性之间的关系如下：在恒温、恒压、只做体积功的条件下，有

$$\Delta G < 0 \quad 自发过程$$
$$\Delta G = 0 \quad 平衡状态$$
$$\Delta G > 0 \quad 非自发过程$$

此关系式就可作为恒温、恒压、只做体积功条件下判断化学反应自发性的一个统一的标准。

下面讨论$\Delta G = \Delta H - T\Delta S$关系式作为反应自发性判据的应用。如果反应是放热的($\Delta H<0$)，且熵值增大($\Delta S>0$)，表现为吉布斯函数的减小($\Delta G<0$)，此过程在任何温度下都会自发进行；如果反应是吸热的($\Delta H>0$)，且熵值减小($\Delta S<0$)，表现为吉布斯函数的增大($\Delta G>0$)，此反应在任何温度下都不能自发进行(但逆向可自发进行)。现将ΔH和ΔS的正、负值以及温度T对ΔG影响的情况归纳于表1-2中。

表1-2　恒压下ΔH、ΔS和T对反应自发性的影响

类型	ΔH	ΔS	$\Delta G = \Delta H - T\Delta S$	反应情况	举例
(1)	−	+	−	在任何温度下都是自发的	$2O_3(g) \longrightarrow 3O_2(g)$
(2)	+	−	+	在任何温度下都是非自发的	$CO(g) \longrightarrow C(s) + \frac{1}{2}O_2(g)$
(3)	−	−	低温为 − 高温为 +	在低温是自发的 在高温是非自发的	$HCl(g) + NH_3(g) \longrightarrow NH_4Cl(s)$
(4)	+	+	低温为 + 高温为 −	在低温是非自发的 在高温是自发的	$CaCO_3(s) \longrightarrow CaO(s) + CO_2(g)$

2. 吉布斯函数变的计算

为了计算反应的吉布斯函数变，特定义在某一温度下，各物质处于标准态时化学反应的摩尔吉布斯函数的变化，称为标准摩尔吉布斯函数变(standard molar changes in G)，以符号$\Delta_r G_m^{\ominus}(T)$表示。这里介绍两种计算$\Delta_r G_m^{\ominus}(T)$的方法。

1) 由标准摩尔生成吉布斯函数计算

在指定温度T时，由参考态元素生成1mol物质B的标准摩尔吉布斯函数变称为物质B的标准摩尔生成吉布斯函数(standard molar Gibbs function of formation)，以符号$\Delta_f G_{m,B}^{\ominus}(T)$表示，单位为$kJ \cdot mol^{-1}$。

物质在298.15K时的标准摩尔生成吉布斯函数值可从本书附录一之附表1或相应的化学手册中查到。显然，标准态下，参考态元素的标准摩尔生成吉布斯函数值为零。

根据吉布斯函数是状态函数且具有加和性的特点，与前面介绍过的标准摩尔焓变的计算类似，反应的标准摩尔吉布斯函数变等于生成物标准摩尔生成吉布斯函数的总和减去反应物标准摩尔生成吉布斯函数的总和。例如反应：

$$aA + bB \longrightarrow gG + dD$$

的标准摩尔吉布斯函数变可按式(1-16)求得：

$$\Delta_r G_m^\ominus = \sum_B \nu_B \Delta_f G_{m,B}^\ominus$$

即　　　　$$\Delta_r G_m^\ominus = [g\Delta_f G_{m,B}^\ominus(G) + d\Delta_f G_{m,B}^\ominus(D)] - [a\Delta_f G_{m,B}^\ominus(A) + b\Delta_f G_{m,B}^\ominus(B)] \tag{1-16}$$

例题 1-7　计算反应 $H_2(g) + Cl_2(g) \longrightarrow 2HCl(g)$ 的标准摩尔吉布斯函数变 $\Delta_f G_m^\ominus$。

解　化学反应　　　　　　　　$H_2(g) + Cl_2(g) \longrightarrow 2HCl(g)$

　　　　$\Delta_f G_{m,B}^\ominus / kJ \cdot mol^{-1}$　　　　0　　　　0　　　　 -95.3

按式(1-16)　　　　$\Delta_r G_m^\ominus = 2\Delta_f G_m^\ominus(HCl, g) - [\Delta_f G_m^\ominus(H_2, g) + \Delta_f G_m^\ominus(Cl_2, g)]$

　　　　　　　　　　$= [2\times(-95.3)-0]kJ \cdot mol^{-1}$

　　　　　　　　　　$= -190.6 kJ \cdot mol^{-1}$

答　反应的标准摩尔吉布斯函数变 $\Delta_r G_m^\ominus = -190.6 kJ \cdot mol^{-1}$。

2）用 $\Delta_r G_m^\ominus = \Delta_r H_m^\ominus - T\Delta_r S_m^\ominus$ 计算

例题 1-8　应用 $\Delta_r G_m^\ominus = \Delta_r H_m^\ominus - T\Delta_r S_m^\ominus$ 关系式计算例题 1-7 中反应的标准摩尔吉布斯函数变 $\Delta_r G_m^\ominus$。

解　化学反应　　　　　　　　　$H_2(g) + Cl_2(g) \longrightarrow 2HCl(g)$

　　　　$\Delta_f H_{m,B}^\ominus / kJ \cdot mol^{-1}$　　　0　　　　0　　　　-92.3

　　　　$S_{m,B}^\ominus / J \cdot K^{-1} \cdot mol^{-1}$　　130.7　　223.1　　186.9

$\Delta_r H_m^\ominus = 2\times \Delta_f H_m^\ominus(HCl, g)$

　　　　$= 2\times(-92.3)kJ \cdot mol^{-1} = -184.6 kJ \cdot mol^{-1}$

$\Delta_r S_m^\ominus = 2\times S_m^\ominus(HCl, g) - [S_m^\ominus(H_2, g) + S_m^\ominus(Cl_2, g)]$

　　　　$= 2\times186.9 J \cdot K^{-1} \cdot mol^{-1} - (130.7+223.1)J \cdot K^{-1} \cdot mol^{-1}$

　　　　$= 20.0 J \cdot K^{-1} \cdot mol^{-1} = 0.02 kJ \cdot K^{-1} \cdot mol^{-1}$

$\Delta_r G_m^\ominus = \Delta_r H_m^\ominus - T\Delta_r S_m^\ominus$

　　　　$= -184.6 kJ \cdot mol^{-1} - 298.15K \times 0.02 kJ \cdot K^{-1} \cdot mol^{-1}$

　　　　$= -190.6 kJ \cdot mol^{-1}$

答　反应的标准摩尔吉布斯函数变 $\Delta_r G_m^\ominus = -190.6 kJ \cdot mol^{-1}$。

对于其他温度下反应的 $\Delta_r G_m^\ominus(T)$ 如何求得？由于反应的 $\Delta_r G_m^\ominus(T)$ 会随温度的变化而变化(为什么?)，因此不能用式(1-16)来计算。前面曾讲到，$\Delta_r H_m^\ominus(T)$、$\Delta_r S_m^\ominus(T)$ 可近似地以 $\Delta_r H_m^\ominus(298.15K)$、$\Delta_r S_m^\ominus(298.15K)$ 代替，因此

$$\Delta_r G_m^\ominus(T) \approx \Delta_r H_m^\ominus(298.15K) - T\Delta_r S_m^\ominus(298.15K) \tag{1-17}$$

标准态下的 $\Delta_r G_m^\ominus(T)$ 可由式(1-16)和式(1-17)进行计算。但实际上，反应系统并非都处于标准态。因此，判断任意状态下反应的自发性，就要解决非标准态时 $\Delta_r G_m(T)$ 的计算问题。

对于任一化学反应：

$$aA + bB \longrightarrow gG + dD$$

在恒温、恒压、任意状态下的摩尔吉布斯函数变 $\Delta_r G_m(T)$ 与标准态下的摩尔吉布斯函数变 $\Delta_r G_m^\ominus(T)$ 之间，经热力学推导有如下关系：

$$\Delta_r G_m(T) = \Delta_r G_m^\ominus(T) + RT \ln \prod_B (p_B / p^\ominus)^{\nu_B} \tag{1-18}$$

式中：R 为摩尔气体常量，R=8.314J·K^{-1}·mol^{-1}；p_B 为气体组分 B 的分压强(本章第四节)；$p^\ominus$为标准压强，$p^\ominus$=100.000kPa；$\prod_B$ 为连乘算符。对于反应：

$$2CO(g) + O_2(g) \longrightarrow 2CO_2(g)$$

$$\prod_B (p_B / p^\ominus)^{\nu_B} = \frac{[p(CO_2)/p^\ominus]^2}{[p(O_2)/p^\ominus]\cdot[p(CO)/p^\ominus]^2}$$

按式(1-18)，则有

$$\Delta_r G_m(T) = \Delta_r G_m^\ominus(T) + RT \ln \frac{[p(CO_2)/p^\ominus]^2}{[p(O_2)/p^\ominus]\cdot[p(CO)/p^\ominus]^2}$$

例题 1-9　在 298.15K 和标准状态下，下述反应能否自发进行？

$$CaCO_3(s) \longrightarrow CaO(s) + CO_2(g)$$

解　化学反应

	CaCO$_3$(s) $\longrightarrow$ CaO(s) + CO$_2$(g)		
$\Delta_f H_{m,B}^\ominus$/kJ·mol^{-1}	−1207.8	−634.9	−393.5
$S_{m,B}^\ominus$/J·K^{-1}·mol^{-1}	88.0	38.1	213.8

根据式(1-11)和式(1-12)，有

$$\Delta_r H_m^\ominus = \sum_B \nu_B \Delta_f H_{m,B}^\ominus$$
$$=[(-634.9)+(-393.5)-(-1207.8)]kJ·mol^{-1}$$
$$=179.4kJ·mol^{-1}$$
$$\Delta_r S_m^\ominus = \sum_B \nu_B S_{m,B}^\ominus =[(38.1+213.8)-88.0]J·K^{-1}·mol^{-1}$$
$$=163.9J·K^{-1}·mol^{-1}=0.16kJ·K^{-1}·mol^{-1}$$
$$\Delta_r G_m^\ominus = \Delta_r H_m^\ominus - T\Delta_r S_m^\ominus$$
$$=179.4kJ·mol^{-1}-298.15K×0.16kJ·K^{-1}·mol^{-1}=131.7kJ·mol^{-1}$$

答　计算结果 $\Delta_r G_m^\ominus$=131.7kJ·mol^{-1} > 0kJ·mol^{-1}。CaCO$_3$ 分解反应在室温(298.15K)和标准状态下不能自发进行。

此题还可扩展为计算标准状态下 CaCO$_3$ 分解反应的最低温度。

解　在 $\Delta_r G_m^\ominus$ =0 时的温度下，分解反应达到平衡状态。温度较高时，反应便自发进行。这个最低的温度为

$$T = \frac{\Delta_r H_m^\ominus}{\Delta_r S_m^\ominus} = \frac{179.4kJ·mol^{-1}}{0.16kJ·K^{-1}·mol^{-1}} = 1121.3K(848.2℃)$$

上述反应的 $\Delta_r H_m^\ominus > 0$ 且 $\Delta_r S_m^\ominus > 0$ ，所以该反应在高温下可以自发进行(表 1-2)。

由于此反应在 298.15K 和标准状态下进行，因此可直接查 $\Delta_f G_{m,B}^\ominus$ 数据进行计算，即

$$\Delta_r G_m^{\ominus}(298.15K) = \sum_B \nu_B \Delta_f G_{m,B}^{\ominus}(298.15K)$$

$$= [(-394.4) - 603.3 - (-1128.2)]kJ \cdot mol^{-1}$$

$$= 130.5 kJ \cdot mol^{-1}$$

 青蒿有效成分提取与分子结构测定

第四节　化学反应进行的程度——化学平衡
(Equilibrium——the Degree of Chemical Reaction)

对于化学反应，我们不仅需要知道反应在给定条件下的产物，还需要知道在该条件下反应可以进行到什么程度，所得的产物最多有多少，如要进一步提高产率，应该采取哪些措施等。这些都是化学平衡理论要解决的问题。化学平衡理论是化学的重要理论之一。

一、化学平衡

若一个化学反应系统，在相同的条件下，反应物之间可以相互作用生成生成物(正反应)，同时生成物之间也可以相互作用生成反应物(逆反应)，这样的反应就称可逆反应(reversible reaction)。可逆性是化学反应的普遍特征。当反应进行到一定程度时，系统中反应物与生成物的浓度便不再随时间而改变，反应似乎已经"停止"。系统的这种表面上静止的状态称为化学平衡状态(equilibrium state)。化学平衡是一种动态平衡。

1. 化学平衡

讨论化学平衡时，我们常会遇到几种气体的混合物系统。为此，先讨论气体分压定律。

1) 分压定律

在气相反应中，反应物和生成物是处于同一气体混合物中的。此时，每一组分气体的分子都会对容器的器壁碰撞并产生压强，这种压强称为组分气体的分压强(partial pressure)。对于理想气体，组分气体的分压强等于等温条件下，组分气体单独占有与气体混合物相同的体积时所产生的压强。而在适当条件下，真实气体可近似地看作理想气体。例如，在容积为 1L 的容器中，盛有由 N_2 和 O_2 组成的气体混合物。若将此容器中的 O_2 除去，所余 N_2 的压强为 79kPa；若将容器中的 N_2 除去，所余 O_2 的压强为 21kPa，则在上述气体混合物中 N_2 的分压强为 $p(N_2)=79kPa$，O_2 的分压强为 $p(O_2)=21kPa$。

几种不同的气体混合成一种气体混合物时，此气体混合物的总压强等于各组分气体的分压强之和(例如上例中，容器中气体的总压强为 100kPa)，这就是道尔顿(J. Dalton，英)于 1807 年提出的气体分压定律(law of partial pressure of gas)。对此定律进一步讨论如下：

设有一理想气体混合物，含有 A、B 两种组分。其中组分 A 的物质的量为 n_A，组分 B

的物质的量为 n_B，在恒温、恒容条件下，各自的状态方程式为[①]

$$p_A V = n_A RT$$

$$p_B V = n_B RT$$

对于气体混合物，也有其相应的状态方程式：

$$pV = nRT$$

式中：p 为混合气体总压强。因为 $n = n_A + n_B$，所以

$$p = p_A + p_B \quad \text{或} \quad p = \sum_B p_B \tag{1-19}$$

这就是分压定律的表示式。只要经过简单的数学处理，就可得到分压强与总压强之间的定量关系：

$$p_A = p \cdot \frac{n_A}{n} = p \cdot x_A \qquad p_B = p \cdot \frac{n_B}{n} = p \cdot x_B \tag{1-20}$$

式中：n_A/n 和 n_B/n(即 x_A 和 x_B)分别为组分气体 A 和 B 的摩尔分数(mole fraction)。根据阿伏伽德罗(A. Avogadro，意)定律，恒温、恒压下，气体的体积与该气体的物质的量成正比，可以引出如下结果：

$$\frac{n_B}{n} = \frac{V_B}{V} \quad \text{或} \quad x_B = \varphi_B$$

式中：$\varphi_B = V_B/V$，为组分气体 B 的体积分数(volume fraction)；V_B 为组分气体 B 的分体积(partial volume)，它是在恒温、恒压下组分气体单独存在时所占有的体积。实践中，组分气体的体积分数一般都是以实测的体积分数表示的。因此，式(1-20)便可化为

$$p_A = p \cdot \frac{n_A}{n} = p \cdot x_A \times 100\% = p \cdot \varphi_A \times 100\%$$

$$p_B = p \cdot \frac{n_B}{n} = p \cdot x_B \times 100\% = p \cdot \varphi_B \times 100\% \tag{1-21}$$

这就是说，某组分气体的分压强等于混合气体总压强与该组分气体的体积分数的乘积。这样一来，组分气体分压强的计算就十分方便了。

2) 化学平衡常数

按国家标准一律使用标准平衡常数(standard equilibrium constant) $K^\ominus$。对于理想气体反应系统：

$$0 = \sum_B \nu_B B$$

则有

$$K^\ominus = \prod_B (p_B^{eq} / p^\ominus)^{\nu_B} \text{[②]} \tag{1-22}$$

例如，对于下述反应：

$$a\text{A(g)} + b\text{B(g)} \rightleftharpoons g\text{G(g)} + d\text{D(g)}$$

则有

$$K^\ominus = \frac{[p(\text{G}) / p^\ominus]^g \cdot [p(\text{D}) / p^\ominus]^d}{[p(\text{A}) / p^\ominus]^a \cdot [p(\text{B}) / p^\ominus]^b} \tag{1-23}$$

---

① 此处我们假定组分气体间不发生化学反应，而且它们都遵守理想气体状态方程式。
② eq 表示平衡状态。p_B^{eq} 表示平衡时气体物质 B 的分压强。在不会出现混淆时，可不予标出。

又如，对于反应：

$$N_2(g) + 3H_2(g) \rightleftharpoons 2NH_3(g)$$

有

$$K^{\ominus} = \frac{[p(NH_3)/p^{\ominus}]^2}{[p(N_2)/p^{\ominus}]\cdot[p(H_2)/p^{\ominus}]^3} = \frac{p^2(NH_3)}{p(N_2)\cdot p^3(H_2)}\cdot(p^{\ominus})^2$$

而对于反应：

$$C(\text{石墨}) + CO_2(g) \rightleftharpoons 2CO(g)$$

有

$$K^{\ominus} = \frac{[p(CO)/p^{\ominus}]^2}{p(CO_2)/p^{\ominus}} = \frac{p^2(CO)}{p(CO_2)}\cdot(p^{\ominus})^{-1}$$

按式(1-23)可知，标准平衡常数 $K^{\ominus}$ 是量纲为 1 的量。$K^{\ominus}$ 值越大，说明反应进行得越彻底，产率越高。$K^{\ominus}$ 值不随分压而变，但与温度有关。

关于标准平衡常数还要说明以下几点：

(1) 当反应计量方程式的写法不同时，标准平衡常数的表达式和数值都是不同的。前述合成氨的反应，其反应计量方程式若写成 $\frac{1}{2}N_2 + \frac{3}{2}H_2 \rightleftharpoons NH_3$ 时，其标准平衡常数为

$$K_1^{\ominus} = \frac{p(NH_3)/p^{\ominus}}{[p(N_2)/p^{\ominus}]^{\frac{1}{2}}\cdot[p(H_2)/p^{\ominus}]^{\frac{3}{2}}} = \frac{p(NH_3)}{p^{\frac{1}{2}}(N_2)\cdot p^{\frac{3}{2}}(H_2)}\cdot p^{\ominus}$$

显然，与前述标准平衡常数的表达式对照，有 $K^{\ominus} = (K_1^{\ominus})^2$。

(2) 固体或纯液体不表示在标准平衡常数表达式中。例如，对于下述反应：

$$Fe_3O_4(s) + 4CO(g) \rightleftharpoons 3Fe(s) + 4CO_2(g)$$

其标准平衡常数为

$$K^{\ominus} = \frac{[p(CO_2)/p^{\ominus}]^4}{[p(CO)/p^{\ominus}]^4} = \frac{p^4(CO_2)}{p^4(CO)}$$

(3) 标准平衡常数表达式不仅适用于化学可逆反应，还可适用于其他可逆过程。例如，水与其蒸气的相平衡过程：

$$H_2O(l) \rightleftharpoons H_2O(g)$$

其标准平衡常数可写为

$$K^{\ominus} = p(H_2O)/p^{\ominus}$$

(4) 对于存在两个以上平衡关系，或者某一反应可表示为两个或更多个反应的总和时，如

$$\text{反应 I} = \text{反应 II} + \text{反应 III}$$

则总反应的标准平衡常数可以表示为在该温度下各反应的标准平衡常数的乘积，即

$$K_I^{\ominus} = K_{II}^{\ominus}\cdot K_{III}^{\ominus} \quad \text{或} \quad K_{II}^{\ominus} = K_I^{\ominus}/K_{III}^{\ominus} \tag{1-24}$$

这是一个非常有用的计算规则，称为多重平衡规则(multiple equilibrium regulation)。无论是均相平衡系统还是复相平衡系统都是适用的。在以后的各章中我们将多次用到它。

例如，在973K时，下述两个反应的标准平衡常数已知为

$$SO_2(g) + \frac{1}{2} O_2(g) \rightleftharpoons SO_3(g) \qquad K_1^{\ominus} = 20$$

$$NO_2(g) \rightleftharpoons NO(g) + \frac{1}{2} O_2(g) \qquad K_2^{\ominus} = 0.012$$

则另一反应：

$$SO_2(g) + NO_2(g) \rightleftharpoons SO_3(g) + NO(g)$$

的标准平衡常数可按多重平衡规则进行计算：

$$K^{\ominus} = K_1^{\ominus} \cdot K_2^{\ominus} = 20 \times 0.012 = 0.24$$

这种关系读者不难自行证明。

利用标准平衡常数可进行有关转化率的计算。转化率(yield)是指某反应物中已消耗部分占该反应物初始用量的百分数，即

$$某指定反应物的转化率 = \frac{该反应物已消耗量}{该反应物初始用量} \times 100\%$$

例题 1-10 一氧化碳的转化反应：

$$CO(g) + H_2O(g) \rightleftharpoons CO_2(g) + H_2(g)$$

在797K时的标准平衡常数 $K^{\ominus} = 0.5$。若在该温度下使 2.0mol CO 和 3.0mol $H_2O(g)$ 在密闭容器中反应，试计算 CO 在此条件下的最大转化率(平衡转化率)。

解 设达到平衡状态时 CO 转化了 x mol，则可建立如下关系：

化学反应	CO(g)	+	H₂O(g)	⇌	CO₂(g)	+	H₂(g)
反应起始时各物质的量/mol	2.0		3.0		0		0
反应过程中物质的量的变化/mol	$-x$		$-x$		$+x$		$+x$
平衡时各物质的量/mol	$(2.0-x)$		$(3.0-x)$		x		x

平衡时物质的量的总和为

$$n = [(2.0-x) + (3.0-x) + x + x]\text{mol} = 5.0\text{mol}$$

设平衡时系统的总压为 p，则

$$p(CO_2) = p(H_2) = \frac{p \cdot x}{5.0}$$

$$p(CO) = \frac{p \cdot (2.0-x)}{5.0}$$

$$p(H_2O) = \frac{p \cdot (3.0-x)}{5.0}$$

代入 $K^{\ominus}$ 表达式：

$$K^{\ominus} = \frac{[p(CO_2)/p^{\ominus}] \cdot [p(H_2)/p^{\ominus}]}{[p(CO)/p^{\ominus}] \cdot [p(H_2O)/p^{\ominus}]} = \frac{\dfrac{x}{5.0} \cdot \dfrac{x}{5.0}}{\dfrac{2.0-x}{5.0} \cdot \dfrac{3.0-x}{5.0}}$$

$$= \frac{x^2}{6.0 - 5.0x + x^2} = 0.5$$

解得 $x = 1.0$，即 CO 转化了 1.0mol，其转化率为

$$\frac{x}{2.0} \times 100\% = \frac{1.0}{2.0} \times 100\% = 50\%$$

答 797K 时，CO 的转化率为 50%。

2. 标准吉布斯函数变与标准平衡常数

前已指出，吉布斯函数变与标准吉布斯函数变的关系为

$$\Delta_r G_m(T) = \Delta_r G_m^{\ominus}(T) + RT \ln \prod_B (p_B / p^{\ominus})^{\nu_B}$$

当反应达到平衡时，$\Delta_r G_m(T) = 0$，则

$$0 = \Delta_r G_m^{\ominus}(T) + RT \ln \prod_B (p_B / p^{\ominus})^{\nu_B} \tag{1-25}$$

将式(1-22)代入式(1-25)，得

$$\Delta_r G_m^{\ominus}(T) = -RT \ln K^{\ominus} \quad \text{或} \quad \ln K^{\ominus} = \frac{-\Delta_r G_m^{\ominus}(T)}{RT} \tag{1-26}$$

将式(1-26)化为常用对数，则变为

$$\lg K^{\ominus} = \frac{-\Delta_r G_m^{\ominus}(T)}{2.303RT} \tag{1-27}$$

式(1-26)和式(1-27)给出了标准平衡常数 $K^{\ominus}$ 与 $\Delta_r G_m^{\ominus}(T)$ 的关系。从中可以看出：$\Delta_r G_m^{\ominus}(T)$ 的代数值越小，则 $K^{\ominus}$ 值越大，反应向正方向进行的程度越大；反之，$\Delta_r G_m^{\ominus}(T)$ 的代数值越大，$K^{\ominus}$ 值越小，反应向正方向进行的程度越小。

按式(1-26)和式(1-27)只要计算出化学反应的 $\Delta_r G_m^{\ominus}(T)$，就可以计算该反应的标准平衡常数 $K^{\ominus}$。

例题 1-11 计算反应 $CO(g) + H_2O(g) \rightleftharpoons CO_2(g) + H_2(g)$ 的标准吉布斯函数变 $\Delta_r G_m^{\ominus}(298.15K)$ 和 298.15K 时的标准平衡常数 $K^{\ominus}$。

解 化学反应

	CO(g)	+	H₂O(g)	⇌	CO₂(g)	+	H₂(g)

$\Delta_r G_{m,B}^{\ominus}/\text{kJ} \cdot \text{mol}^{-1}$ -137.2 -228.6 -394.4 0

$$\Delta_r G_m^{\ominus} = [(-394.4) - (-137.2) - (-228.6)]\text{kJ} \cdot \text{mol}^{-1} = -28.6\text{kJ} \cdot \text{mol}^{-1}$$

将 $\Delta_r G_m^{\ominus}$ 的值代入式(1-27)中，得

$$\lg K^{\ominus} = \frac{-(-28.6 \times 10^3)\text{J} \cdot \text{mol}^{-1}}{2.303 \times 8.314\text{J} \cdot \text{K}^{-1} \cdot \text{mol}^{-1} \times 298.15\text{K}} = 5.01$$

$$K^{\ominus} = 1.02 \times 10^5$$

答 298.15K 时，反应的 $\Delta_r G_m^{\ominus} = -28.6\text{kJ} \cdot \text{mol}^{-1}$，$K^{\ominus} = 1.02 \times 10^5$。

将式(1-26)代入式(1-18)，可得

$$\Delta_r G_m(T) = -RT \ln K^{\ominus} + RT \ln \prod_B (p_B / p^{\ominus})^{\nu_B} \tag{1-28}$$

式(1-28)称化学反应等温方程式(isothemal equation)。通过化学反应等温方程式，将未达到平

衡时系统的 $\prod_B (p_B / p^\ominus)^{\nu_B}$ 与 $K^\ominus$ 值进行比较，可判断该状态下反应自发进行的方向：

当 $\prod_B (p_B / p^\ominus)^{\nu_B} < K^\ominus$ 时，$\Delta_r G_m < 0$，正向反应自发进行；

当 $\prod_B (p_B / p^\ominus)^{\nu_B} = K^\ominus$ 时，$\Delta_r G_m = 0$，反应处于平衡状态；

当 $\prod_B (p_B / p^\ominus)^{\nu_B} > K^\ominus$ 时，$\Delta_r G_m > 0$，正向反应不能自发，逆向反应自发。

例题 1-12 常压下，$CH_4(g) + H_2O(g) \rightleftharpoons CO(g) + 3H_2(g)$，在 700K 时的标准平衡常数 $K^\ominus = 7.40$，经测定此时各物质的分压如下：$p(CH_4) = 0.20MPa$，$p(H_2O) = 0.20MPa$，$p(CO) = 0.30MPa$，$p(H_2) = 0.10MPa$。此条件下甲烷的转化反应能否进行？

解 根据各分压值，可得

$$\prod_B (p_B / p^\ominus)^{\nu_B} = \frac{[p(CO)/p^\ominus] \cdot [p(H_2)/p^\ominus]^3}{[p(H_2O)/p^\ominus] \cdot [p(CH_4)/p^\ominus]} = \frac{p(CO) \cdot p^3(H_2)}{p(H_2O) \cdot p(CH_4)} \cdot (p^\ominus)^{-2}$$

$$= \frac{0.30 \times 10^6 Pa \times (0.10 \times 10^6 Pa)^3}{0.20 \times 10^6 Pa \times 0.20 \times 10^6 Pa} \times (1.00 \times 10^5 Pa)^{-2} = 0.75$$

答 因为 $0.75 < K^\ominus$，CH_4 的转化反应能够向右进行。

二、化学平衡的移动

因外界条件的改变而使可逆反应从一种平衡状态向另一种平衡状态转化的过程称为化学平衡的移动(shift in equilibrium)。当系统由旧平衡状态移动到新的平衡状态时，各物质的浓度是不同于原平衡状态的，因此可以由两次平衡中浓度(分压)的变化来判断平衡移动的情况：若生成物的浓度(分压)比平衡被破坏时增大了，规定为平衡向正反应方向(或向右)移动；若反应物的浓度(分压)比平衡被破坏时增大了，规定为平衡向逆反应方向(或向左)移动。

1. 分压强、总压强对化学平衡的影响

研究气体反应系统中组分气体的分压强或总压强使化学平衡怎样移动的问题的前提是：温度保持不变。这样，标准平衡常数 $K^\ominus$ 就是一个不变的定值。

若是在原平衡系统中增加了某种反应物，此时反应将向正方向进行，即平衡将向右移动；反之，若在原平衡系统中增加某种生成物，反应将向逆方向进行，即平衡将向左移动。这种情况可以通过定量的计算来证实。

例题 1-13 在例题 1-10 的系统中，保持 797K 不变，再向已达平衡的容器中加入 3.0mol 水蒸气。CO 的总转化率发生了怎样的变化？

解 设加入水蒸气后，CO 再转化 y mol，则可建立如下关系：

化学反应	$CO(g)$ +	$H_2O(g)$ $\rightleftharpoons$	$CO_2(g)$ +	$H_2(g)$
旧平衡时各物质的量/mol	1.0	2.0	1.0	1.0
旧平衡被破坏时各物质的量/mol	1.0	2.0+3.0	1.0	1.0
转化中物质的量的变化/mol	$-y$	$-y$	$+y$	$+y$
新平衡时各物质的量/mol	$(1.0-y)$	$(5.0-y)$	$(1.0+y)$	$(1.0+y)$

平衡时物质的量的总和是

$$n = [(1.0+y)+(1.0+y)+(1.0-y)+(5.0-y)] \text{mol} = 8.0 \text{mol}$$

设平衡时系统的总压为 p，则

$$p(CO_2)=p(H_2)= p \cdot \frac{1.0+y}{8.0}$$

$$p(CO)= p \cdot \frac{1.0-y}{8.0}$$

$$p(H_2O)= p \cdot \frac{5.0-y}{8.0}$$

将数据代入 $K^{\ominus}$ 表达式：

$$K^{\ominus}=\frac{[p(CO_2)/p^{\ominus}]\cdot[p(H_2)/p^{\ominus}]}{[p(CO)/p^{\ominus}]\cdot[p(H_2O)/p^{\ominus}]}=\frac{(1.0+y)^2}{(1.0-y)\cdot(5.0-y)}$$

解得

$$y=0.29$$

CO 的总转化率为

$$\frac{x+y}{2.0}\times100\% = \frac{1.29}{2.0}\times100\% = 64.5\%$$

答 CO 的转化率由 50% 增加到 64.5%。

例题 1-13 说明，若向原平衡系统中增加反应物，在新平衡建立时，生成物便增多了。当然，若从原平衡系统中减少某种生成物，也会使平衡向右移动。这是一种提高产量的途径。

对于有气体参加的化学平衡，改变系统的总压强势必引起各组气体分压强同等程度的改变。这时，平衡移动的方向就要由反应系统本身的特点来决定。例如，对于合成氨的反应：

$$N_2 (g)+ 3H_2 (g) \Longleftrightarrow 2NH_3 (g)$$

在某温度下达到平衡以后，设各气体的平衡分压为 $p(N_2)$、$p(H_2)$、$p(NH_3)$，标准平衡常数为

$$K^{\ominus} = \frac{[p(NH_3)/p^{\ominus}]^2}{[p(N_2)/p^{\ominus}]\cdot[p(H_2)/p^{\ominus}]^3}$$

若温度不变，将平衡系统总压强增大 1 倍，各气体的分压也将增大 1 倍，即 $p(NH_3) \rightarrow 2p(NH_3)$，$p(N_2) \rightarrow 2p(N_2)$，$p(H_2) \rightarrow 2p(H_2)$。将它们代入上述系统标准平衡常数表达式中，显然有

$$\prod_B (p_B/p^{\ominus})^{\nu_B} = \frac{[2p(NH_3)/p^{\ominus}]^2}{[2p(N_2)/p^{\ominus}]\cdot[2p(H_2)/p^{\ominus}]^3} = \frac{K^{\ominus}}{4} < K^{\ominus}$$

根据压强改变 $K^{\ominus}$ 不变的原则，上述平衡系统加压以后，反应将向正方向进行，才能建立起新的平衡，即平衡向右移动。

对于下述反应：

$$C(s) +CO_2(g) \Longleftrightarrow 2CO(g)$$

可以用同样的方法进行讨论，结果与合成氨反应的情况恰恰相反：增加总压强将导致反应向左进行，即平衡向左移动。

这两个例子的区别在于，前一个反应是气体分子总数减少的反应(即 $\sum_B \nu_B < 0$，B 为气体组分，后同)，而后一个反应是气体分子总数增加的反应(即 $\sum_B \nu_B > 0$)。如果反应前、后气体分子总数相等($\sum_B \nu_B = 0$)，如一氧化碳的转换反应：

$$CO(g) + H_2O(g) \rightleftharpoons CO_2(g) + H_2(g)$$

总压强的改变将不会使此系统的平衡状态发生变化。

2. 温度对化学平衡的影响

前面曾指出，标准平衡常数不受反应系统物质分压的影响，但温度的变化将使标准平衡常数的数值发生变化。例如，合成氨的反应：

$$N_2(g) + 3H_2(g) \rightleftharpoons 2NH_3(g) \qquad \Delta_r H_m^{\ominus} = -91.8 kJ \cdot mol^{-1}$$

$K^{\ominus}$ 与 T 的关系如表 1-3 所示。

表 1-3 温度对合成氨反应标准平衡常数的影响

T/K	473	573	673	773	873	973
$K^{\ominus}$	4.4×10^{-2}	4.9×10^{-3}	1.9×10^{-4}	1.6×10^{-5}	2.3×10^{-6}	4.8×10^{-7}

由表 1-3 可知，在恒压条件下，升高反应系统的温度时，平衡向着吸热反应的方向移动；降低温度，平衡向着放热反应的方向移动。下面定量地讨论温度对标准平衡常数的影响。

设某反应在温度为 T_1 和 T_2 时，其标准平衡常数分别为 $K_1^{\ominus}$ 和 $K_2^{\ominus}$，则

$$\ln K_1^{\ominus} = \frac{-\Delta_r G_m^{\ominus}(T_1)}{RT_1} \qquad \ln K_2^{\ominus} = \frac{-\Delta_r G_m^{\ominus}(T_2)}{RT_2}$$

将 $\Delta_r G_m^{\ominus}(T) = \Delta_r H_m^{\ominus} - T\Delta_r S_m^{\ominus}$ 代入，则

$$\ln K_1^{\ominus} = \frac{-\Delta_r H_m^{\ominus}}{RT_1} + \frac{\Delta_r S_m^{\ominus}}{R} \qquad \ln K_2^{\ominus} = \frac{-\Delta_r H_m^{\ominus}}{RT_2} + \frac{\Delta_r S_m^{\ominus}}{R}$$

两式相减，得

$$\ln \frac{K_2^{\ominus}}{K_1^{\ominus}} = \frac{\Delta_r H_m^{\ominus}}{R}\left(\frac{T_2 - T_1}{T_1 T_2}\right)$$

或化作

$$\lg \frac{K_2^{\ominus}}{K_1^{\ominus}} = \frac{\Delta_r H_m^{\ominus}}{2.303R}\left(\frac{T_2 - T_1}{T_1 T_2}\right) \tag{1-29}$$

由式(1-29)可以看出，如果是放热反应($\Delta_r H_m^{\ominus} < 0$)，当温度升高($T_2 > T_1$)时，则 $K_2^{\ominus} < K_1^{\ominus}$，即标准平衡常数值变小，平衡向左移动；如果是吸热反应($\Delta_r H_m^{\ominus} > 0$)，当温度升高时，标准平衡常数值变大，平衡向右移动。

另外，应用式(1-29)，已知某温度 T_1 时的标准平衡常数 $K_1^{\ominus}$，就可计算另一温度 T_2 时的标准平衡常数 $K_2^{\ominus}$。

例题 1-14 计算反应 $CO(g) + H_2O(g) \rightleftharpoons CO_2(g) + H_2(g)$ 在 1073K 时的标准平衡常数 $K^\ominus$。

解 化学反应

	$CO(g)$	$+$	$H_2O(g)$	$\rightleftharpoons$	$CO_2(g)$	$+$	$H_2(g)$
$\Delta_f H_{m,B}^\ominus / kJ \cdot mol^{-1}$	-110.5		-241.8		-393.5		0

$$\Delta_r H_m^\ominus = [(-393.5) - (-110.5) - (-241.8)] kJ \cdot mol^{-1}$$

$$= -41.2 kJ \cdot mol^{-1}$$

应用例题 1-11 中的结果 $K^\ominus(298.15K) = 1.02 \times 10^5$，根据式(1-29)计算 1073K 时的标准平衡常数：

$$\lg K^\ominus(1073K) \approx \frac{-41.2 \times 10^3 J \cdot mol^{-1}}{2.303 \times 8.314 J \cdot K^{-1} \cdot mol^{-1}} \left[\frac{(1073 - 298.15)K}{298.15K \times 1073K} \right] + \lg K^\ominus(298.15K)$$

$$\approx -5.21 + 5.01 = -0.20$$

所以 $\qquad\qquad\qquad\qquad K^\ominus \approx 0.63$

答 在 1073K 时，反应的标准平衡常数 $K^\ominus(1073K) \approx 0.63$。由计算结果可知，对于放热反应($\Delta_r H_m^\ominus < 0$)，温度升高，标准平衡常数变小。

3. 勒夏特列原理

1884 年，勒夏特列(Le Châtelier，法)总结出一条关于平衡移动方向的普遍适用的原理：假如改变平衡系统的条件(如浓度、温度、压强)之一，平衡就将向减弱这个改变的方向移动。例如，增加平衡系统中反应物的浓度，平衡向正反应方向即消耗反应物的方向移动；增加平衡系统的总压强，平衡向气体物质的分子数减少即降低总压强的方向移动；升高温度，平衡向吸热即使温度降低的方向移动，等等。

催化剂同等程度地改变正、逆反应速率，所以它不会影响系统的平衡状态。但是，催化剂将大大改变平衡状态到达的时间。

第五节 化学反应速率
(Rates of a Chemical Reaction)

化学反应有些进行得很快，几乎瞬间完成，例如炸药爆炸、酸碱中和反应等。但是，也有些反应进行得很慢，例如，水泥的硬化过程长达数年，煤和石油的形成需要几万年甚至几十万年。即使是同一反应，在不同条件下，反应速率也不相同，例如，钢铁在室温时氧化较慢，高温时氧化就很快。在生产实践中常常需要采取措施来加快反应速率，以便缩短生产时间；而有些反应(如金属腐蚀)则应设法降低其反应速率，甚至抑制其发生。所以必须掌握化学反应速率的变化规律。

一、化学反应速率的表示方法

1. 化学反应速率

国家标准规定，用式(1-30)定义以浓度为基础的化学反应速率(rates of chemical reaction)：

对于化学反应 $\qquad\qquad\qquad\qquad 0 = \sum_B \nu_B B$

其反应速率表示为

$$\upsilon = \frac{1}{\nu_B} \cdot \frac{dc_B}{dt} \tag{1-30}$$

对于一般的化学反应 $a\mathrm{A}+b\mathrm{B} \longrightarrow g\mathrm{G}+d\mathrm{D}$，则有

$$\upsilon = \frac{1}{a}\frac{dc(\mathrm{A})}{dt} = \frac{1}{b}\frac{dc(\mathrm{B})}{dt} = \frac{1}{g}\frac{dc(\mathrm{G})}{dt} = \frac{1}{d}\frac{dc(\mathrm{D})}{dt}$$

反应速率的单位为 $\mathrm{mol} \cdot \mathrm{dm}^{-3} \cdot \mathrm{s}^{-1}$。前已提到，反应物的化学计量数 a、b 取负值，产物的化学计量数 g、d 取正值。

仍以合成氨的反应为例，若以 $\mathrm{N_2(g)} + 3\mathrm{H_2(g)} \longrightarrow 2\mathrm{NH_3(g)}$ 为基本单元，则其化学反应速率为

$$\upsilon = -\frac{dc(\mathrm{N_2})}{dt} = -\frac{dc(\mathrm{H_2})}{3dt} = \frac{dc(\mathrm{NH_3})}{2dt}$$

若以 $\frac{1}{2}\mathrm{N_2} + \frac{3}{2}\mathrm{H_2} \longrightarrow \mathrm{NH_3}$ 为基本单元，则其化学反应速率为

$$\upsilon = -\frac{2dc(\mathrm{N_2})}{dt} = -\frac{2dc(\mathrm{H_2})}{3dt} = \frac{dc(\mathrm{NH_3})}{dt}$$

可见，对于同一反应系统，以浓度为基础的化学反应速率 υ 的数值与选用何种物质为基准无关，只与化学反应计量方程式的写法有关。

2. 转化速率

对于一个反应　　　　　　　　　　　　　$b\mathrm{A} \longrightarrow y\mathrm{Y}$
反应开始时，Y 的物质的量/mol　　　　　　　$n_0(\mathrm{Y})$
反应经时间 t 后，Y 的物质的量/mol　　　　　$n(\mathrm{Y})$
定义 $n(\mathrm{Y})=n_0(\mathrm{Y})+ \nu(\mathrm{Y}) \cdot \xi$，则

$$\xi = \frac{n(\mathrm{Y}) - n_0(\mathrm{Y})}{\nu(\mathrm{Y})} = \frac{\Delta n(\mathrm{Y})}{\nu(\mathrm{Y})} \tag{1-31}$$

当反应开始时，$\Delta n(\mathrm{Y})=0$，$\xi=0$。随着反应的进行，ξ 逐渐增大。所以，ξ 表示了反应进行的程度，称为反应进度(extent of reaction)，其单位为 mol。

对于合成氨的反应 $\mathrm{N_2}+3\mathrm{H_2} =\!=\!= 2\mathrm{NH_3}$，反应开始时 $\xi=0$，当反应进行到 $\xi=1\mathrm{mol}$ 时，按式(1-31)和第一章第一节中关于 ν_B 符号的规定，有如下关系：

$$\frac{\Delta n(\mathrm{N_2})}{-1} = \frac{\Delta n(\mathrm{H_2})}{-3} = \frac{\Delta n(\mathrm{NH_3})}{2} = 1\mathrm{mol}$$

显然，此时 $\Delta n(\mathrm{N_2}) = -1\mathrm{mol}$，$\Delta n(\mathrm{H_2}) = -3\mathrm{mol}$，$\Delta n(\mathrm{NH_3}) = 2\mathrm{mol}$(这里的负号表示反应物的消耗)。这就是 1mol 反应进度的含义，即 1mol $\mathrm{N_2}$ 与 3mol $\mathrm{H_2}$ 反应生成了 2mol $\mathrm{NH_3}$。前述 $\Delta_r H_m^{\ominus}$、$\Delta_r G_m^{\ominus}$ 中的下标 m 就是对 1mol 反应进度而言的，所以它们的单位是 $\mathrm{kJ} \cdot \mathrm{mol}^{-1}$。

将 ξ 对时间求导，则

$$\dot{\xi} = \frac{d\xi}{dt} = \frac{1}{\nu_B} \cdot \frac{dn_B}{dt}$$

$\dot{\xi}$ 可以用来表示反应进行的快慢，即以物质的量的变化反映出的反应物转化为生成物的速率。因此，$\dot{\xi}$ 称为转化速率，其单位为 $\mathrm{mol} \cdot \mathrm{s}^{-1}$。

二、反应速率理论和活化能

化学反应速率的大小首先取决于反应物的本性。此外，反应速率还与反应物的浓度、温度和催化剂等外界条件有关。为了说明这些问题，需要介绍反应速率理论和活化能的概念。

1. 碰撞理论

化学反应发生的必要条件是反应物分子(或原子、离子)之间的相互碰撞。但是在反应物分子的无数次碰撞中，只有极少的一部分碰撞能够引起反应，而绝大多数的碰撞是"无效的"。为了解释这种现象，人们提出了"有效碰撞"的概念：在化学反应中，大多数反应物分子的碰撞并不发生反应，只有一定数目的少数分子间的碰撞才能发生反应，这种能发生反应的碰撞称为有效碰撞(effective collision)。显然，有效碰撞次数越多，反应速率越快。能发生有效碰撞的分子和普通分子的主要区别是它们所具有的能量不同。只有那些能量足够高的分子间才有可能发生有效碰撞，从而发生化学反应，这种分子称为活化分子(activated molecule)。活化分子具有的最低能量与反应系统中分子的平均能量之差称为反应的活化能(activation energy, E_a)[1]。

活化能的大小与反应速率关系很大。在一定温度下，反应的活化能越大，则活化分子的分数(在反应物分子总数中的比例)就越小，有效碰撞的次数就越少，反应速率就越慢；反应的活化能越小，则活化分子的分数就越大，反应速率就越快。

活化能可通过实验测定[2]。一般化学反应的活化能为 $60 \sim 250 kJ \cdot mol^{-1}$。活化能小于 $40 kJ \cdot mol^{-1}$ 的反应速率很快，可瞬间完成，如中和反应等；活化能大于 $400 kJ \cdot mol^{-1}$ 的反应速率就非常慢。表 1-4 列举了一些反应的活化能。

表 1-4 一些反应的活化能

化学反应	$E_a/kJ \cdot mol^{-1}$
$2SO_2 + O_2 \longrightarrow 2SO_3$	251.84
$2HI \longrightarrow H_2 + I_2$	184.90
$N_2 + 3H_2 \longrightarrow 2NH_3$	175.73(催化剂)
$2NO_2 \longrightarrow 2NO + O_2$	133.89
$CH_4 + H_2O \longrightarrow CO + 3H_2$	94.98
$(NH_4)_2S_2O_8 + 2KI \longrightarrow (NH_4)_2SO_4 + I_2 + K_2SO_4$	52.72
$HCl + NaOH \longrightarrow NaCl + H_2O$	$12.55 \sim 25.18$

活化能可以理解为反应物分子在反应进行时所必须克服的一个"能垒"(能量高度)。因为分子之间必须互相靠近才可能发生碰撞，当分子靠得很近时，分子的价电子云之间存在着强烈的静电排斥力。因此，只有能量足够高的分子，才能在碰撞时以足够高的动能去克服它

---

[1] 也有人主张把活化分子的平均能量与反应系统中分子的平均能量之差称反应的活化能。

[2] 实验测定的是阿伦尼乌斯公式中的活化能(又称经验活化能)。

们价电子之间的排斥力，而导致原有化学键的断裂和新化学键的形成，组成生成物分子。

2. 过渡状态理论

过渡状态理论认为，化学反应不是只通过反应物分子之间的简单碰撞就能完成的。在反应过程中，要经过一个中间的过渡状态，即反应物分子先形成活化配合物(activated complex)。因此过渡状态理论也称为活化配合物理论。例如，在 CO 与 NO_2 的反应中，当具有较高能量的 CO 与 NO_2 分子以适当的取向相互靠近到一定程度后，价电子云便可互相穿透而形成一种活化配合物。在活化配合物中，原有的 N—O 键部分地断裂，新的 C—O 键部分地形成：

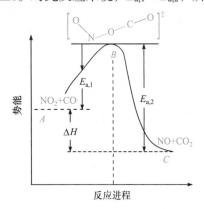

活化配合物 (过渡状态)

在这种情况下，反应物分子的动能暂时转化为势能。生成的活化配合物是极不稳定的，一经形成就会分解，它既可以分解为生成物 NO 和 CO_2，也可以分解为反应物 CO 和 NO_2。所以说活化配合物是一种过渡状态。

在系统 $NO_2 + CO \longrightarrow NO + CO_2$ 的全部反应过程中，势能的变化如图 1-5 所示。A 点表示 $NO_2 + CO$ 系统的平均势能，在这个条件下，NO_2 和 CO 分子相互间并未发生反应。在势能高达 B 点时，就形成了活化配合物。C 点是生成物 $NO + CO_2$ 系统的平均势能。在过渡状态理论中，活化配合物所具有的最低势能和反应物分子的平均势能之差称为活化能。由图 1-5 可见，$E_{a,1}$ 是上述正反应的活化能，$E_{a,2}$ 是逆反应的活化能。$E_{a,1}$ 与 $E_{a,2}$ 之差就是化学反应的热效应 ΔH。对此反应来说，$E_{a,1} < E_{a,2}$，所以正反应是放热的，逆反应是吸热的。

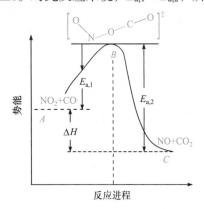

图 1-5　反应过程中的势能图

三、影响化学反应速率的因素

1. 浓度对反应速率的影响——质量作用定律

大量实验表明，在一定温度下，增加反应物的浓度可以加快反应速率。根据活化分子的概念，可以得出浓度影响反应速率的解释：在一定温度下，对某一化学反应系统而言，反应物活化分子的分数是一定的。因此，单位体积内活化分子的数目是与反应物分子的总数成正比的，即与反应物的浓度成正比。当增加反应物浓度时，单位体积内反应物分子总数增多，活化分子数也相应地增多，从而增加了单位时间内的有效碰撞次数，导致反应速率加快。

1863 年，古德贝克(C. M. Guldberg，挪)和瓦格(P. Waage，挪)由实验中得出，在一定温度下，对某一基元反应[反应物分子只经过一步就直接转变为生成物分子的反应称为基元反应(elementary reaction)]，其反应速率与各反应物浓度的幂[以化学反应方程式中该物质的计量数

(取正值)为指数]的乘积成正比，这个结论称为质量作用定律(law of mass action)。

例如，$aA + bB \longrightarrow gG + dD$ 为基元反应，则

$$\upsilon \propto c^a(A) \cdot c^b(B)$$

即

$$\upsilon = kc^a(A) \cdot c^b(B) \tag{1-32}$$

这种把反应物浓度与反应速率联系起来的关系式，称为质量作用定律表达式。式中 k 称为反应速率常数(rate constant)。当 $c(A) = c(B) = 1\text{mol} \cdot \text{dm}^{-3}$ 时，则 $\upsilon = k$。这就表明，某反应在一定温度下，反应物为单位浓度时，反应速率在数值上就等于速率常数 k。显然，两个反应的反应物浓度都为单位浓度时，速率常数较大的反应，其反应速率就较快。这就体现出速率常数 k 的物理意义。速率常数 k 可通过实验测定，不同的反应，k 各不相同。对于某一确定的反应来说，k 值与温度、催化剂等因素有关，而与浓度无关，即不随浓度而变化。

质量作用定律适用于基元反应，但大多数反应不是基元反应而是分步进行的复杂反应。这时质量作用定律虽然适用于其中每一步变化，但不适用于总反应。例如，实验测得下列反应：

$$2NO + 2H_2 \longrightarrow N_2 + 2H_2O$$

的反应速率与 NO 浓度的二次方成正比，但与 H_2 浓度的一次方而不是二次方成正比，即

$$\upsilon = kc^2(NO) \cdot c(H_2)$$

这种根据实验测得的反应速率与浓度的关系式称为反应速率方程式(equation of reaction rate)。

上述反应实际上分为下述两步进行：

$$2NO + H_2 \longrightarrow N_2 + H_2O_2 \tag{1}$$

$$H_2O_2 + H_2 \longrightarrow 2H_2O \tag{2}$$

经研究得知，在这两步反应中，第(2)步反应很快，而第(1)步反应很慢，所以总反应速率取决于第(1)步反应的反应速率。因此，总反应速率与 NO 浓度的二次方、H_2 浓度的一次方成正比。由此可见，速率方程式必须通过实验来确定。一个反应具体经历的途径称为反应的机理(reaction mechanism)。

在反应速率方程式中，各反应物浓度指数之和称为反应级数(order of reaction)。例如：

反应计量方程式	速率方程式	反应级数
$2N_2O_5 \longrightarrow 4NO_2 + O_2$	$\upsilon = kc(N_2O_5)$	一级
$2NO_2 \longrightarrow 2NO + O_2$	$\upsilon = kc^2(NO_2)$	二级
$2NO + 2H_2 \longrightarrow N_2 + 2H_2O$	$\upsilon = kc^2(NO) \cdot c(H_2)$	三级

反应级数也是通过实验来确定的。它可以是整数、零，也可以是分数。

例题 1-15 乙醛的分解反应 $CH_3CHO(g) \longrightarrow CH_4(g) + CO(g)$ 在一系列不同浓度时的初始反应速率的实验数据如下：

$c(CH_3CHO)/mol \cdot dm^{-3}$	0.1	0.2	0.3	0.4
$\upsilon/mol \cdot dm^{-3} \cdot s^{-1}$	0.020	0.081	0.182	0.318

(1) 此反应对乙醛是几级的？

(2) 计算反应速率常数 k。

(3) 计算 $c(CH_3CHO) = 0.15 mol \cdot dm^{-3}$ 时的反应速率。

解 (1) 当 $c(CH_3CHO) = 0.1 mol \cdot dm^{-3}$ 时，$\upsilon_1 = 0.020 mol \cdot dm^{-3} \cdot s^{-1}$；

当 $c(CH_3CHO) = 0.2 mol \cdot dm^{-3}$ 时，$\upsilon_2 = 0.081 mol \cdot dm^{-3} \cdot s^{-1}$。

根据反应式可写出此反应的速率方程式的未定式：

$$\upsilon = kc^m(CH_3CHO)$$

为求 m，建立如下比例式：

$$\frac{\upsilon_1}{\upsilon_2} = \frac{[c^m(CH_3CHO)]_1}{[c^m(CH_3CHO)]_2}$$

两边取对数，得

$$\ln \frac{\upsilon_1}{\upsilon_2} = \ln \frac{[c(CH_3CHO)]_1^m}{[c(CH_3CHO)]_2^m}$$

即

$$\ln \frac{\upsilon_1}{\upsilon_2} = m \cdot \ln \frac{[c(CH_3CHO)]_1}{[c(CH_3CHO)]_2}$$

将已知数值代入，得

$$\ln \frac{0.020 mol \cdot dm^{-3} \cdot s^{-1}}{0.081 mol \cdot dm^{-3} \cdot s^{-1}} = m \cdot \ln \frac{0.10}{0.20}$$

解得

$$m = \frac{-1.38}{-0.69} = 2$$

可见，对于乙醛，此反应是二级的。

(2) 由前解得知反应速率方程式为 $\upsilon = kc^2(CH_3CHO)$

所以

$$k = \frac{\upsilon}{c^2(CH_3CHO)}$$

将 $c(CH_3CHO) = 0.3 mol \cdot dm^{-3}$ 时，$\upsilon = 0.182 mol \cdot dm^{-3} \cdot s^{-1}$ 代入，得

$$k = \frac{0.182 mol \cdot dm^{-3} \cdot s^{-1}}{(0.3 mol \cdot dm^{-3})^2} = 2.00 dm^3 \cdot mol^{-1} \cdot s^{-1}$$

(3) 将题给条件 $c(CH_3CHO) = 0.15 mol \cdot dm^{-3}$ 代入速率方程中，就可求得此时的反应速率为

$$\upsilon = 2.00 dm^3 \cdot mol^{-1} \cdot s^{-1} \times (0.15 mol \cdot dm^{-3})^2 = 0.045 mol \cdot dm^{-3} \cdot s^{-1}$$

答 此反应对乙醛为二级反应；反应速率常数 $k = 2.00 dm^3 \cdot mol^{-1} \cdot s^{-1}$；当 $c(CH_3CHO) = 0.15 mol \cdot dm^{-3}$ 时，反应速率 $\upsilon = 0.045 mol \cdot dm^{-3} \cdot s^{-1}$。

由上述讨论可知，对于反应：

$$aA + bB \longrightarrow gG + dD$$

反应速率方程式为

$$\upsilon = kc^m(A) c^n(B)$$

当反应为基元反应时，$m = a$，$n = b$；当反应为非基元反应时，$m \neq a$，$n \neq b$，m、n 需经实

验确定。

从上述计算可以看出，反应速率常数 k 的单位与反应级数有关，如是一级反应，k 的单位为 s^{-1}；二级反应，k 的单位为 $dm^3 \cdot mol^{-1} \cdot s^{-1}$；$n$ 级反应，k 的单位为 $(mol \cdot dm^{-3})^{(1-n)} \cdot s^{-1}$。

2. 温度对反应速率的影响

大多数化学反应的速率随温度的升高而增大。升高温度，分子平均能量增大，分子运动速率增大，增加了单位时间内分子间的碰撞次数；更重要的是由于更多的分子获得了能量而成为活化分子，增加了活化分子分数，从而大大地加快了反应速率。

从反应速率方程式来看，温度对反应速率的影响表现在反应速率常数 k 上。也就是说，反应速率常数 k 会随着温度的改变而改变。

1889 年，化学家阿伦尼乌斯(S. A. Arrhenius，瑞典)根据实验结果，提出了温度与反应速率常数关系的经验公式：

$$k = A\exp\left(-E_a/RT\right) \tag{1-33}$$

或

$$\ln\frac{k}{[k]} = -\frac{E_a}{RT} + \ln\frac{A}{[A]}$$

式中：$[k]$、$[A]$ 分别是 k 与 A 的单位；A 为给定反应的特征常数，称指前因子(preexponential factor)，它与反应物分子的碰撞频率、反应物分子定向碰撞的空间因素等有关，与反应物浓度及反应温度无关。从式(1-33)可见，反应速率常数与热力学温度 T 呈指数关系，即温度的微小变化都会使 k 有较大的变化，体现了温度对反应速率的显著影响。

现以 $CO + NO_2 \longrightarrow CO_2 + NO$ 反应为例来说明反应速率常数 k 与温度 T 的定量关系。实验数据列于表 1-5。

表 1-5　温度对反应 $CO + NO_2 \longrightarrow CO_2 + NO$ 速率常数的影响

温度 T/K	600	650	700	750	800
速率常数 $k/dm^3 \cdot mol^{-1} \cdot s^{-1}$	0.028	0.22	1.30	6.00	23.0

用表 1-5 的实验数据，以 $\lg\dfrac{k}{[k]}$ 对 $\dfrac{1}{T}$ 作图，便得出如图 1-6 所示的直线。从图 1-6 中直线在纵轴上的截距可求得式(1-33)中的 A。直线的斜率为 $-\dfrac{E_a}{2.303R}$，由斜率可以求出反应的活化能 E_a。

从以上讨论可见，利用阿伦尼乌斯公式，可以通过实验作图的方法求出 E_a 和 A。

E_a 和 A 也可通过实验数据计算求出。设 k_1 和 k_2 分别表示某反应在 T_1、T_2 时的反应速率常数，则式(1-33)可分别写为

$$\ln\frac{k_2}{[k]} = \frac{-E_a}{RT_2} + \ln\frac{A}{[A]}$$

$$\ln\frac{k_1}{[k]} = \frac{-E_a}{RT_1} + \ln\frac{A}{[A]}$$

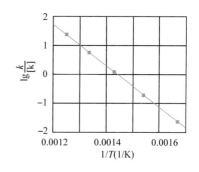

图 1-6　$\lg\dfrac{k}{[k]}$ 与 $\dfrac{1}{T}$ 的关系图

两式相减，得

$$\ln \frac{k_2}{k_1} = \frac{E_a}{R}\left(\frac{T_2 - T_1}{T_1 T_2}\right)$$

或化为常用对数，即

$$\lg \frac{k_2}{k_1} = \frac{E_a}{2.303R}\left(\frac{T_2 - T_1}{T_1 T_2}\right) \tag{1-34}$$

应用式(1-34)就可以从两个温度下的反应速率常数求出反应活化能，或已知反应的活化能及某一温度下的 k，即可算出其他温度时的 k。

例题 1-16 实验测得某反应在573K时速率常数为 $2.41 \times 10^{-10} \text{s}^{-1}$，在673K时速率常数为 $1.16 \times 10^{-6} \text{s}^{-1}$。求此反应的活化能 E_a 和 A。

解 由式(1-34)得

$$E_a = 2.303R\left(\frac{T_1 T_2}{T_2 - T_1}\right)\lg \frac{k_2}{k_1}$$

$$= \frac{2.303 \times 8.314 \text{kJ} \cdot \text{K}^{-1} \cdot \text{mol}^{-1}}{1000} \times \left(\frac{573\text{K} \times 673\text{K}}{100\text{K}}\right) \times \lg \frac{1.16 \times 10^{-6}\text{s}^{-1}}{2.41 \times 10^{-10}\text{s}^{-1}}$$

$$= 271.90 \text{kJ} \cdot \text{mol}^{-1}$$

由式(1-33)得

$$\lg \frac{A}{[A]} = \lg \frac{k}{[k]} + \frac{E_a}{2.303RT}$$

将 573K 时的各个数值代入

$$\lg \frac{A}{\text{s}^{-1}} = \lg(2.41 \times 10^{-10}) + \frac{271.90 \times 1000 \text{J} \cdot \text{mol}^{-1}}{2.303 \times 8.314 \text{J} \cdot \text{K}^{-1} \cdot \text{mol}^{-1} \times 573\text{K}}$$

$$= -9.62 + 24.78 = 15.16$$

$$A = 1.45 \times 10^{15}\text{s}^{-1} \quad (A \text{ 和 } k \text{ 具有相同的单位})$$

答 此反应的 $E_a = 271.90 \text{kJ} \cdot \text{mol}^{-1}$，$A = 1.45 \times 10^{15}\text{s}^{-1}$。

---

3. 催化剂对反应速率的影响

催化剂(catalyst)是一种能改变反应速率而其本身的组成、质量、化学性质在反应前后都不发生变化的物质。催化剂能改变反应速率的作用称催化作用(catalysis)。能提高反应速率的催化剂也称正催化剂[①](positive catalyst)，如氢与氧合成水时使用的铂；氢与氮合成氨时使用的"铁触媒"。本书提到的催化剂都是指正催化剂。

可以说，催化作用举目皆是。在硫酸生产中，少量 NO 可以催化 SO_2 氧化为 SO_3 的反应；实验室里用 MnO_2 催化 $KClO_3$ 的分解以制取氧气；人的生命本身是一系列生物化学过程，这

---

① 有些物质被称为"负催化剂"，如某些有机物可降低橡胶变质的速率，实际上它们可能是对橡胶的变质有催化作用的某些极微量金属离子的配位剂起了"中毒"的作用。

些过程中存在着大量的催化剂，如蛋白酶、胃朊酶、蔗糖酶、脂酶等。

虽然提高温度能加快反应速率，但在实际生产中往往带来能源消耗多、对高温设备有特殊要求等问题。应用催化剂可以在不提高温度的情况下极大地提高反应速率。因此，对于催化作用的研究，不仅在理论上很有意义，在工业生产中也极其重要。

催化理论很多，各有自己的实验依据。但是，从活化能的角度来理解催化作用，无论哪一种解释都可以归结为：催化剂的存在给反应系统提供了一条需要较低能量的途径(降低了"能垒")。也就是说，由于改变了反应机理而降低了活化能，因而提高了反应速率，如图 1-7 所示。

既然活化能可以用实验测定，上述判断就可以用实验数据来证实。前面提到 N_2O 分解的反应，活化能为 $250kJ \cdot mol^{-1}$，而在金的表面上，其活化能变为 $120kJ \cdot mol^{-1}$；在 800K 时，氨的分解反应，活化能为 $376.5kJ \cdot mol^{-1}$，当用铁催化剂时，反应的活化能变为 $163.17kJ \cdot mol^{-1}$。由于催化剂的作用，氨的分解速率在 800K 时竟提高了 8.5×10^{13} 倍！催化剂除可大大地提高化学反应的速率外，它的另一个特征是具有独特的选择性。当一个反应系统可能有许多平行的反应时，常常使用高选择性的催化剂以提高所需反应的速率，同时对其他可能发生的并不需要的反应(副反应)加以抑制。例如，以乙醇为原料，使用不同的催化剂可以得到下述不同的产物：

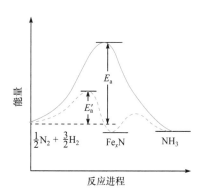

图 1-7 在合成氨反应中催化剂降低活化能示意图

$$C_2H_5OH \begin{cases} \xrightarrow[\text{Cu}]{200\sim250℃} CH_3CHO+H_2 \\ \xrightarrow[\text{Al}_2\text{O}_3]{350\sim360℃} C_2H_4+H_2O \\ \xrightarrow[\text{MgO-SiO}_2]{400\sim450℃} CH_2=CH-CH=CH_2+H_2+H_2O \\ \xrightarrow[\text{H}_2\text{SO}_4]{140℃} (C_2H_5)_2O+H_2O \end{cases}$$

4. 影响多相反应速率的因素

在不均匀系统中的多相反应过程比前面讨论的均相反应要复杂得多。在均相系统中，所有反应物的分子都可能相互碰撞并发生化学反应；在多相系统中，只有在相的界面上，反应物粒子才有可能接触并进而发生化学反应。反应产物如果不能离开相的界面，就将阻碍反应的继续进行。因此，对于多相反应系统，除反应物浓度、反应温度、催化作用等因素外，相的接触面和扩散作用对反应速率也有很大影响。

气体、液体在固体表面上发生的反应，可以认为至少要经过以下几个步骤才能完成：反应物分子向固体表面扩散；反应物分子被吸附在固体表面；反应物分子在固体表面上发生反应，生成产物；产物分子从固体表面上解吸；产物分子经扩散离开固体表面。这些步骤中的任何一步都会影响整个反应的速率。在实际生产中，常常采取振荡、搅拌、鼓风等措施就是为了加强扩散作用；粉碎固体反应物或将液体反应物喷成雾状则是为了增加两相间的接触面积。

固体反应物参加的反应，其速率方程式中只包括气体或液体反应物的浓度，而固体(或纯液体)的浓度则不列入。例如，若下述反应为基元反应：

$$C(s) + O_2(g) \longrightarrow CO_2(g)$$

则其速率方程式为

$$\upsilon = kc(O_2)$$

当碳的粉碎程度不同时，反应速率常数和反应速率都将不同，即

$$\upsilon' = k'c(O_2)$$

 从二氧化碳到淀粉的人工合成

 "网络导航"开航前的话——课程资源共享平台

思考题与习题

一、判断题

1. 系统中只含有一种纯净物，则该系统一定是均相系统。　　　　　　　　　　（　　）

2. 状态函数都具有加和性。　　　　　　　　　　　　　　　　　　　　　　（　　）

3. 系统的状态发生改变时，至少有一个状态函数发生了改变。　　　　　　　（　　）

4. 由于 $CaCO_3$ 固体的分解反应是吸热的，故 $CaCO_3$ 的标准摩尔生成焓是负值。（　　）

5. 利用赫斯定律计算反应热效应时，其热效应与过程无关。这表明任何情况下，化学反应的热效应只与反应的起止状态有关，而与反应途径无关。　　　　　　　　　　　　　　　　　　　　　　　　　　　（　　）

6. 因为物质的规定熵随温度的升高而增大，故温度升高可使各种化学反应的 ΔS 大大增加。（　　）

7. ΔH、ΔS 受温度影响很小，所以 ΔG 受温度的影响不大。　　　　　　　（　　）

8. 凡 ΔG 大于零的过程都不能进行。　　　　　　　　　　　　　　　　　（　　）

9. 273K，101.325kPa 下，水凝结为冰，其过程的 $\Delta S < 0$，$\Delta H < 0$。　　（　　）

10. 反应 $Fe_3O_4(s) + 4H_2(g) \longrightarrow 3Fe(s) + 4H_2O(g)$ 的标准平衡常数表达式为 $K^{\ominus} = \dfrac{[p(H_2O)/p^{\ominus}]^4}{[p(H_2)/p^{\ominus}]^4}$。（　　）

11. 温度改变，压强改变，浓度改变，化学平衡将向减弱这个改变的方向移动，但是 $K^{\ominus}$ 并不发生改变。　　　　　　　　　　　　　　　　　　　　　　　　　　　　　　　　（　　）

二、选择题

12. 已知：

(1) $CuCl_2(s) + Cu(s) \longrightarrow 2CuCl(s)$　　　　　　　$\Delta_r H_m^{\ominus}(1) = 170 kJ \cdot mol^{-1}$

(2) $Cu(s) + Cl_2(g) \longrightarrow CuCl_2(s)$　　　　　　　$\Delta_r H_m^{\ominus}(2) = -206 kJ \cdot mol^{-1}$

则 $\Delta_f H_m^{\ominus}$ (CuCl,s)应为 ( )

A. 36kJ·mol⁻¹ B. −36kJ·mol⁻¹ C. 18kJ·mol⁻¹ D. −18kJ·mol⁻¹

13. 下列方程式中，能正确表示 AgBr(s) 的 $\Delta_f H_m^{\ominus}$ 的是 ( )

A. $Ag(s) + \frac{1}{2}Br_2(g) \longrightarrow AgBr(s)$ B. $Ag(s) + \frac{1}{2}Br_2(l) \longrightarrow AgBr(s)$

C. $2Ag(s) + Br_2(l) \longrightarrow 2AgBr(s)$ D. $Ag^+(aq) + Br^-(aq) \longrightarrow AgBr(s)$

14. 298K 下，对参考态元素的下列叙述中，正确的是 ( )

A. $\Delta_f H_m^{\ominus} \neq 0$，$\Delta_f G_m^{\ominus} = 0$，$S_m^{\ominus} = 0$ B. $\Delta_f H_m^{\ominus} \neq 0$，$\Delta_f G_m^{\ominus} \neq 0$，$S_m^{\ominus} \neq 0$

C. $\Delta_f H_m^{\ominus} = 0$，$\Delta_f G_m^{\ominus} = 0$，$S_m^{\ominus} \neq 0$ D. $\Delta_f H_m^{\ominus} = 0$，$\Delta_f G_m^{\ominus} = 0$，$S_m^{\ominus} = 0$

15. 某反应在高温时能自发进行，低温时不能自发进行，则其 ( )

A. $\Delta H > 0$，$\Delta S < 0$ B. $\Delta H > 0$，$\Delta S > 0$ C. $\Delta H < 0$，$\Delta S < 0$ D. $\Delta H < 0$，$\Delta S > 0$

16. 1mol 气态化合物 AB 和 1mol 气态化合物 CD 按下式反应：$AB(g) + CD(g) \longrightarrow AD(g) + BC(g)$。平衡时，每一种反应物 AB 和 CD 都有 $\frac{3}{4}$mol 转化为 AD 和 BC，但是体积没有变化，则反应标准平衡常数为( )

A. 16 B. 9 C. $\frac{1}{9}$ D. $\frac{16}{9}$

17. 400℃时，反应 $3H_2(g) + N_2(g) \longrightarrow 2NH_3(g)$ 的 $K^{\ominus}(673K) = 1.66 \times 10^{-4}$。同温同压下，$\frac{3}{2}H_2(g) + \frac{1}{2}N_2(g) \longrightarrow NH_3(g)$ 的 $\Delta_r G_m^{\ominus}$ 为 ( )

A. −10.57kJ·mol⁻¹ B. 10.57kJ·mol⁻¹ C. −24.35kJ·mol⁻¹ D. 24.35kJ·mol⁻¹

18. 反应 $CO(g) + H_2O(g) == CO_2(g) + H_2(g)$，在 973K 时 $K^{\ominus} = 0.71$，如各物质的分压均为 100kPa，则反应的 $\Delta_r G_m$ ( )

A. $\Delta_r G_m < 0$ B. $\Delta_r G_m = 0$ C. $\Delta_r G_m > 0$ D. $\Delta_r G_m < \Delta_r G_m^{\ominus}$

19. 若反应 $A + B \longrightarrow C$ 对 A、B 来说都是一级反应，下列说法正确的是 ( )

A. 该反应是一级反应

B. 该反应速率常数的单位可以用 min⁻¹

C. 两种反应物中，无论哪一种物质的浓度增加 1 倍，都将使反应速率增加 1 倍

D. 两反应物的浓度同时减半时，其反应速率也相应减半

20. 对一个化学反应来说，下列叙述正确的是 ( )

A. $\Delta G^{\ominus}$ 越小，反应速率越快 B. $\Delta H^{\ominus}$ 越小，反应速率越快

C. 活化能越小，反应速率越快 D. 活化能越大，反应速率越快

21. 化学反应中，加入催化剂的作用是 ( )

A. 促使反应正向进行 B. 增加反应活化能

C. 改变反应途径，降低活化能 D. 增加反应标准平衡常数

22. 升高温度，反应速率常数增加的主要原因是 ( )

A. 活化分子百分数增加 B. 混乱度增加 C. 活化能增加 D. 压强增加

23. 某反应 298K 时，$\Delta_r G_m^{\ominus} = 130$kJ·mol⁻¹，$\Delta_r H_m^{\ominus} = 150$kJ·mol⁻¹。下列说法错误的是 ( )

A. 可以求得 298K 时反应的 $\Delta_r S_m^{\ominus}$ B. 可以求得 298K 时反应的标准平衡常数

C. 可以求得反应的活化能 D. 可以近似求得反应达平衡时的温度

24. 某反应在 370K 时反应速率常数是 300K 时的 4 倍，则这个反应的活化能近似值是 ( )

A. 18.3kJ·mol⁻¹ B. −9.3kJ·mol⁻¹ C. 9.3kJ·mol⁻¹ D. 数据不够，不能计算

25. 反应 $A + B \rightarrow P$ 符合阿伦尼乌斯公式，当使用催化剂时其活化能降低了 80kJ·mol⁻¹，在 298K 下进行反应时，催化剂使其反应速率常数约为原来的多少倍(指前因子不变) ( )

A. 2×10⁵ B. 10¹⁴ C. 5000 D. 9×10¹²

三、填空题

26. 对于一封闭系统,在恒温、恒容且不做非体积功的条件下,系统热力学能的变化数值上等于_____;在恒温、恒压且不做非体积功的条件下,系统的焓变,数值上等于_____。

27. 一种溶质从溶液中结晶析出,其熵值_____。纯碳与氧气反应生成 CO,其熵值_____。

28. 恒温、恒压下,_____可以作为过程自发性的判据。

29. 当 $\Delta H < 0$,$\Delta S < 0$ 时,低温下反应可能是_____,高温下反应可能是_____。

30. U、S、H、G 是____函数,其改变量只取决于系统的____和____,而与变化的____无关,它们都是____性质,其数值大小与参与变化的____有关。

31. 在一固定体积的容器中放置一定量的 NH_4Cl,发生反应 $NH_4Cl(s) \longrightarrow NH_3(g) + HCl(g)$。$\Delta_r H_m^\ominus = 177 kJ \cdot mol^{-1}$,360℃达平衡时测得 $p(NH_3) = 1.50 kPa$,则该反应在 360℃时的 $K^\ominus =$_____。当温度不变时,加压使体积缩小到原来的 $\frac{1}{2}$,$K^\ominus$____,平衡向_____移动;温度不变时,向容器内充入一定量的氮气,$K^\ominus$____,平衡向_____移动;升高温度,$K^\ominus$____,平衡向_____移动。

32. 反应 $A(g) + B(g) \longrightarrow AB(g)$,根据下列每一种情况的反应速率数据,写出反应速率方程式。

(1) 当 A 浓度为原来的 2 倍时,反应速率也为原来的 2 倍;B 浓度为原来的 2 倍时,反应速率为原来的 4 倍,则 $\upsilon =$_____。

(2) 当 A 浓度为原来的 2 倍时,反应速率也为原来的 2 倍;B 浓度为原来的 2 倍时,反应速率为原来的 $\frac{1}{2}$ 倍,则 $\upsilon =$_____。

(3) 反应速率与 A 的浓度成正比,而与 B 的浓度无关,则 $\upsilon =$_____。

33. 非基元反应是由若干_____组成的。质量作用定律不适合_____。

34. 指出下列过程的 $\Delta S^\ominus$ 大于零还是小于零:(1)NH_4NO_3 爆炸_____;(2)KNO_3 从溶液中结晶_____;(3)将焦炭在高温下与水蒸气反应制备水煤气(CO+H_2)_____;(4)臭氧的生成:$3O_2(g) \longrightarrow 2O_3(g)$_____;(5)向硝酸银溶液中滴加氯化钠溶液_____;(6)打开啤酒瓶盖的过程_____。

四、计算题

35. 标准状态下,下列物质燃烧的热化学方程式如下:

(1) $2C_2H_2(g) + 5O_2(g) \longrightarrow 4CO_2(g) + 2H_2O(l)$ $\Delta_r H_{m,1}^\ominus = -2602 kJ \cdot mol^{-1}$

(2) $2C_2H_6(g) + 7O_2(g) \longrightarrow 4CO_2(g) + 6H_2O(l)$ $\Delta_r H_{m,2}^\ominus = -3123 kJ \cdot mol^{-1}$

(3) $H_2(g) + \frac{1}{2} O_2(g) \longrightarrow H_2O(l)$ $\Delta_r H_{m,3}^\ominus = -286 kJ \cdot mol^{-1}$

根据以上反应的标准焓变,计算乙炔(C_2H_2)氢化反应:$C_2H_2(g) + 2H_2(g) \longrightarrow C_2H_6(g)$ 的标准摩尔焓变。

36. 已知下列物质的标准摩尔生成焓:

	$NH_3(g)$	$NO(g)$	$H_2O(g)$
$\Delta_f H_m^\ominus / kJ \cdot mol^{-1}$	-46.9	91.3	-241.8

计算在 25℃标态时,5mol $NH_3(g)$ 氧化为 $NO(g)$ 及 $H_2O(g)$ 的反应热效应。

37. 已知 $\Delta_c H_m^\ominus$ (CH_3CH_2OH, l, 298.15K) = -1366.91 kJ \cdot mol^{-1}$,$\Delta_c H_m^\ominus$ (CH_3COOH, l, 298.15K) = -874.54 kJ \cdot mol^{-1}$,$\Delta_c H_m^\ominus$ ($CH_3COOCH_2CH_3$, l, 298.15K) = -2730.9 kJ \cdot mol^{-1}$。求在 298.15K 时反应 $CH_3COOH + CH_3CH_2OH \longrightarrow CH_3COOCH_2CH_3 + H_2O$ 的 $\Delta_r H_m^\ominus$。

38. 通过计算说明用以下反应合成乙醇的条件(标准状态下):

$$4CO_2(g) + 6H_2O(l) \longrightarrow 2C_2H_5OH(l) + 6O_2(g)$$

39. 由锡石(SnO_2)冶炼制金属锡(Sn)有以下三种方法,请从热力学原理讨论应推荐哪一种方法。实际上应用什么方法更好?为什么?

(1) $SnO_2(s) \longrightarrow Sn(s) + O_2(g)$

(2) $SnO_2(s) + C(s) \longrightarrow Sn(s) + CO_2(g)$

(3) $SnO_2(s) + 2H_2(g) \longrightarrow Sn(s) + 2H_2O(g)$

40. Ag_2O 遇热分解：$2Ag_2O(s) \longrightarrow 4Ag(s)+O_2(g)$，已知在 298K 时，$Ag_2O$ 的 $\Delta_f H_m^{\ominus} = -31.1kJ \cdot mol^{-1}$，$\Delta_f G_m^{\ominus} = -11.2kJ \cdot mol^{-1}$，在 298K 时 $p(O_2)$ 的压强是多少(Pa)？Ag_2O 的最低分解温度是多少？

41. 反应 $CaCO_3(s) \longrightarrow CaO(s)+CO_2(g)$ 在 973K 时 $K^{\ominus}=2.92 \times 10^{-2}$，900℃时 $K^{\ominus}=1.04$，试由此计算该反应的 $\Delta_r G_m^{\ominus}(973K)$、$\Delta_r G_m^{\ominus}(1173K)$ 及 $\Delta_r H_m^{\ominus}$、$\Delta_r S_m^{\ominus}$。

42. 已知 298K 时下列数据，求下列反应 $HCOOH(l) + CH_3OH(l) \rightleftharpoons HCOOCH_3(l) + H_2O(l)$ 的各项。

(1) 298K 时此反应的标准摩尔焓变；(2) 298K 时此反应的标准摩尔熵变；(3) 计算此反应在 298K 时进行的程度；(4) 400K 时此反应的标准摩尔吉布斯函数变，判断在 400K、标准状态下是否能自发进行；(5) 计算此反应标准状态下自发进行的温度范围。

物质	HCOOCH$_3$(l)	C(石墨,s)	H$_2$(g)	HCOOH(l)	CH$_3$OH(l)	H$_2$O(l)
$\Delta_c H_m^{\ominus}$ /kJ·mol^{-1}	−979.5	−393.5	−285.8	—	—	—
$\Delta_f H_m^{\ominus}$ /kJ·mol^{-1}	—	—	—	−424.3	−238.7	—
$S_m^{\ominus}$ /J·mol^{-1}·K^{-1}	180.6	—	—	129.0	126.8	70.0

43. 气体混合物中的氢气，可以让它在 200℃下与氧化铜反应而较好地除去：

$$CuO(s) + H_2(g) \longrightarrow Cu(s) + H_2O(g)$$

查表计算 200℃时反应的 $\Delta_r G_m^{\ominus}$、$\Delta_r H_m^{\ominus}$、$\Delta_r S_m^{\ominus}$ 和 $K^{\ominus}$。

44. 在 300K 时，反应 $2NOCl(g) \longrightarrow 2NO+Cl_2$ 的 NOCl 浓度和反应速率的数据如下：

NOCl 的起始浓度/mol·dm^{-3}	起始速率/mol·dm^{-3}·s^{-1}
0.30	3.60×10^{-9}
0.60	1.44×10^{-8}
0.90	3.24×10^{-8}

(1) 写出反应速率方程式。

(2) 求出反应速率常数。

(3) 如果 NOCl 的起始浓度从 0.30mol·dm^{-3} 增大到 0.45mol·dm^{-3}，反应速率将增大到原来的多少倍？

(4) 如果体积不变，将 NOCl 的浓度增大到原来的 3 倍，反应速率将如何变化？

 自测练习题

第二章　溶液与离子平衡
(Solution and Ionic Equilibrium)

溶液(solution)是由一种或多种物质分散在另一种物质中所构成的均匀而又稳定的分散系统(disperse system)，它是物质的一种存在形式。在分散系统中，被分散的物质称为分散质(dispersion phase)，而容纳分散质的物质称为分散剂(dispersing agent)。溶液可分为气、液、固三种状态，通常所说的溶液都是指液态溶液，最常用的是水溶液。在溶液中常把分散质称为溶质(solute)，把分散剂称为溶剂(solvent)。溶质溶于溶剂的过程是一个物理化学过程，伴随着能量、体积的变化，有时还有颜色的改变。溶液的很多性质取决于溶质的性质，如溶液的颜色、酸碱性等，而溶液的另一些性质则与溶质的本性无关，如稀溶液的"依数性"。

在溶液中发生的弱酸弱碱的解离平衡、难溶电解质的沉淀溶解平衡、配位平衡以及氧化还原平衡是化学中常见的四大平衡，应用极其广泛，已渗透到自然科学和生命科学的很多领域，与科学技术和人类的生存息息相关。

第一节　溶液浓度的表示方法
(Concentration Units)

通常溶液的性质与溶液的浓度有关，溶液的浓度(concentration)是指溶液中溶质和溶剂的相对含量。溶液浓度的表示方法有很多，这里介绍五种常用浓度的表示方法。

1. 质量分数

B 的质量分数(mass fraction of B, w_B)：溶质 B 的质量与混合物的质量之比，即

$$w_B = \frac{m_B}{m} \tag{2-1}$$

式中：m 为混合物(溶剂+溶质)的质量；m_B 为溶质 B 的质量。w_B 的量纲为 1，SI 单位为 1。

2. 体积分数

B 的体积分数(volume fraction of B, φ_B)：气体 B 的体积与气体混合物总体积之比，即

$$\varphi_B = \frac{V_B}{V} \tag{2-2}$$

式中：V 为混合物各纯组分气体体积之和；V_B 为与气体混合物相同温度和压强下纯组分 B 的体积，即组分 B 的分体积。φ_B 的量纲为1，SI 单位为 1。

3. 物质的量浓度

B 的物质的量浓度(concentration of B, c_B)：物质 B 的物质的量除以溶液的体积，即

$$c_B = \frac{n_B}{V} \tag{2-3}$$

式中：V 为溶液的总体积；n_B 为溶质 B 的物质的量。c_B 的 SI 单位为 $mol \cdot m^{-3}$，常用其导出单位为 $mol \cdot dm^{-3}$、$mmol \cdot dm^{-3}$（或 $mol \cdot L^{-1}$、$mmol \cdot L^{-1}$）等。c_B 简称浓度（体积摩尔浓度），使用时必须指明基本单元，如 $c(H_2SO_4)=0.10 mol \cdot dm^{-3}$，$c(1/2H_2SO_4)=0.10 mol \cdot dm^{-3}$，括号内为基本单元 B。

4. 质量摩尔浓度

溶质 B 的质量摩尔浓度（molality of solute B, b_B）：在溶液中溶质 B 的物质的量除以溶剂的质量，即

$$b_B = \frac{n_B}{m_A} \tag{2-4}$$

式中：m_A 为溶剂 A 的质量，单位为 kg。b_B 的 SI 单位为 $mol \cdot kg^{-1}$。注意：使用质量摩尔浓度时，必须指明基本单元，如 $b(1/2H_2SO_4)=1.0 mol \cdot kg^{-1}$。

5. 摩尔分数

B 的摩尔分数（mole fraction of B, x_B）：组分 B 的物质的量与混合物中各组分物质的量之和的比值，即

$$x_B = \frac{n_B}{n} \tag{2-5}$$

式中：x_B 的量纲为 1，SI 单位为 1。若溶液是由溶剂 A 和溶质 B 组成的，则

$$x_A + x_B = 1$$

显然，对任一分散系，$\sum_B x_B = 1$。"摩尔分数"是"物质的量分数"的简称。

6. 物质的量浓度与质量摩尔浓度的关系

已知溶液的密度为 ρ，溶液的质量为 m，则

$$c_B = \frac{n_B}{V} = \frac{n_B}{m / \rho} = \frac{n_B \rho}{m}$$

若溶液是由溶剂 A 和溶质 B 组成的，且溶质 B 的含量较低，则

$$m = m_A + m_B \approx m_A$$

则有

$$c_B = \frac{n_B \rho}{m} \approx \frac{n_B \rho}{m_A} = b_B \rho \tag{2-6}$$

若溶液是稀水溶液，则

$$c_B \approx b_B \tag{2-7}$$

即：对于较稀的水溶液，质量摩尔浓度（单位为 $mol \cdot kg^{-1}$）在数值上近似等于物质的量浓度（单位为 $mol \cdot dm^{-3}$）。

例题 2-1　将 58.5g NaCl 溶于 241.5g 水中，求溶液中 NaCl 的质量分数、摩尔分数和质量摩尔浓度。

解　溶液的质量为　　58.5g + 241.5g = 300g

溶质 NaCl 的质量分数为

$$w(\text{NaCl}) = \frac{m(\text{NaCl})}{m} = \frac{58.5\text{g}}{300\text{g}} = 0.195$$

溶质和溶剂的物质的量为

$$n(\text{NaCl}) = \frac{m(\text{NaCl})}{M(\text{NaCl})} = \frac{58.5\text{g}}{58.5\text{g} \cdot \text{mol}^{-1}} = 1.00\text{mol} \qquad n(\text{H}_2\text{O}) = \frac{m(\text{H}_2\text{O})}{M(\text{H}_2\text{O})} = \frac{241.5\text{g}}{18.0\text{g} \cdot \text{mol}^{-1}} = 13.42\text{mol}$$

NaCl 的摩尔分数为

$$x(\text{NaCl}) = \frac{n(\text{NaCl})}{n(\text{NaCl}) + n(\text{H}_2\text{O})} = \frac{1.00\text{mol}}{1.00\text{mol} + 13.42\text{mol}} = 0.0693$$

溶液中 NaCl 的质量摩尔浓度为

$$b(\text{NaCl}) = \frac{n(\text{NaCl})}{m(\text{H}_2\text{O})} = \frac{1.00\text{mol}}{241.5 / 1000} = 4.14\text{mol} \cdot \text{kg}^{-1}$$

答　溶质的质量分数、摩尔分数和质量摩尔浓度分别为 0.195、0.0693、4.14mol · kg^{-1}。

第二节　稀溶液的依数性
(Colligative Properties of Solutions)

溶液的有些性质，如颜色、导电性、密度、黏度、酸碱性等，是由溶质的本性决定的，与溶质的种类有关；而溶液的另外一些性质，如蒸气压下降、沸点升高、凝固点降低以及渗透压，则只与溶质的相对含量有关，而与溶质的本性无关。这类性质称为溶液的依数性 (colligative property，又称溶液的通性)。在难挥发非电解质稀溶液中，由于溶质之间、溶质与溶剂之间的作用很微弱，依数性呈现明显的定量规律。这里主要讨论难挥发非电解质稀溶液的四种依数性。

一、溶液的蒸气压下降

将半杯水和半杯蔗糖水溶液放置在同一密闭的容器中，一段时间后发现，水自动向蔗糖水溶液中转移。显然这种转移是通过蒸气完成的。那么这种现象是如何产生的？这就要研究蒸气的行为。

在一定温度下，将纯液体置于留有空间的密闭容器中，在一定温度下，存在着液体的蒸发和蒸气的凝结两个过程。一定时间后，蒸发和凝结速率相等，建立了液体与其蒸气之间的动态平衡，此时液体上方空间的蒸气密度不再改变，蒸气的压强也是恒定的。平衡状态时液面上方的蒸气称为饱和蒸气，它所产生的压强称为液体在该温度下的饱和蒸气压，简称蒸气压 (vapor pressure)。用符号 p^* 表示。SI 单位为 Pa。蒸气压与温度和液体的性质有关，与量和上方的空间无关，温度升高，液体的蒸气压增大。

蒸气压与温度和液体的性质有关，与量和上方的空间无关，温度升高，液体的蒸气压增大。

以水为例，在一定温度下，液-气间的相平衡可表示为

$$\text{H}_2\text{O}(l) \underset{\text{凝结}}{\overset{\text{蒸发}}{\rightleftharpoons}} \text{H}_2\text{O}(g)$$

其标准平衡常数为

$$K^{\ominus} = p^*(\text{H}_2\text{O}) / p^{\ominus}$$

式中：$p^*(\text{H}_2\text{O})$ 为该温度下水的饱和蒸气压。100℃时，$p^*(\text{H}_2\text{O}) = 101\,325\text{Pa}$。

所有的纯液体在一定温度下都有一定的饱和蒸气压。表 2-1 列出了几种纯液体在不同温度下的饱和蒸气压。

表 2-1 几种纯液体在不同温度下的饱和蒸气压 (单位：Pa)

温度/℃ 纯液体	0	20	40	60	80	100
水	613.28	2 333.14	7 332.7	19 891.7	47 396	101 325
乙醇	1 626.53	5 852.85	18 038.5	47 022.8	108 337.76	225 747.7
乙醚	24 704.63	58 955.15	122 803.2	230 647.7	399 113.84	647 866.7

固体也能蒸发(称为升华，sublimation)，也具有蒸气压。一般情况下，固体的蒸气压较小，但冰、萘、碘、樟脑等有较大的蒸气压。

实验证明，在相同温度下，当纯液体中加入难挥发的溶质时，所形成溶液的蒸气压(就是溶液中溶剂的蒸气压)总是低于纯溶剂的蒸气压。这种现象称为溶液的蒸气压下降(vapor-pressure lowering)，用 Δp 表示。

蒸气压下降的原因有两个：一是因为溶剂中溶解了难挥发溶质后，溶剂表面被一定数量的溶质粒子占据(图 2-1)，溶剂的表面积相对减小；二是因为溶质粒子与溶剂分子相互作用，束缚了一些高能量溶剂分子的蒸发，二者造成单位时间内逸出液面的溶剂分子数比纯溶剂的要少，当达到平衡时，溶液的蒸气压 $p < p^*$。因此，在相同温度下达到平衡时，溶液的蒸气压必然低于纯溶剂的蒸气压。溶液浓度越大，溶液的蒸气压下降得越多。

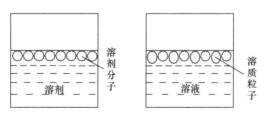

图 2-1 纯溶剂与溶液的表面层分子

1887 年，法国物理学家拉乌尔(F. M. Raoult)通过研究难挥发非电解质稀溶液，得出如下经验公式：

$$p = p^* x_A \tag{2-8}$$

若溶液由溶剂 A 和溶质 B 组成，则

$$p = p^*(1-x_B) = p^* - p^* x_B$$
$$\Delta p = p^* - p = p^* x_B \tag{2-9}$$

式中：Δp 为溶液的蒸气压下降值；p^* 为纯溶剂的蒸气压；p 为溶液的蒸气压；x_B 为溶质 B 的摩尔分数。

式(2-9)表明：在一定温度下，难挥发非电解质稀溶液的蒸气压下降值与溶质的摩尔分数成正比，而与溶质本性无关。这一结论称为拉乌尔定律。

如果溶质是电解质或溶液浓度较大，溶液的蒸气压也要下降，而且还很显著。由于溶质与溶剂分子间的作用以及溶质粒子的溶剂化作用较复杂，这种溶液的蒸气压下降已不符合拉乌尔定律的定量关系。

溶液的蒸气压下降原理具有实际意义。例如，氯化钙、五氧化二磷及浓硫酸等可用作干燥剂就是由于这些物质表面吸收空气中的水蒸气形成一薄层溶液，此溶液的蒸气压降低，明显小于空气中水的蒸气压。由于蒸气压的不平衡，该溶液便能不断吸收周围的水蒸气，直至由于溶液变稀，蒸气压回升，并与空气中水的蒸气压相等，达到液-气平衡状态为止。

二、溶液的沸点升高和凝固点降低

当某一液体的蒸气压等于外界压强时，气-液两相蒸气压相等，液体就会沸腾(液体表面和内部同时气化)，此时的温度称为该液体的**沸点**(boiling point)。液体的沸点与外界压强有关，标准大气压(100.000kPa)时的沸点称为正常沸点。纯溶剂的沸点是恒定的，用符号 T_b^* 表示。

在一定外压下(通常为 100.000kPa)，纯物质的液相与其固相平衡共存时的温度称为该液体的凝固点(freezing point)。此时固-液两相蒸气压相等。纯溶剂的凝固点是恒定的，用符号 T_f^* 表示。

若在溶剂中加入难挥发的非电解质，所得稀溶液的沸点和凝固点会怎样变化呢？

从图 2-2 中可以看出，纯水、冰和水溶液的饱和蒸气压均随温度的升高而增大。在相同温度下，水溶液的饱和蒸气压低于纯水的饱和蒸气压；由于冰的升华热大于水的蒸发热，冰的蒸气压曲线的斜率明显大于水的蒸气压曲线的斜率，冰的饱和蒸气压随温度的变化更显著。

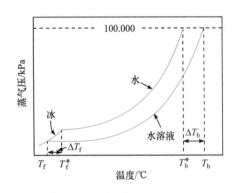

图 2-2 水、冰、水溶液的蒸气压曲线

在相同温度下，由于溶液的蒸气压总是比纯溶剂的蒸气压低，当纯溶剂的蒸气压等于外界压强而沸腾时，在其中加入难挥发的非电解质，则形成的溶液的蒸气压便低于外界压强，溶液不再沸腾。要使溶液的蒸气压等于外界压强，必须升高温度。这必然导致溶液的沸点总是高于纯溶剂的沸点，这种现象称为溶液的沸点升高(boiling-point elevation)。溶液的浓度越大，其蒸气压下降得越多，则溶液沸点升高越多。溶液的沸点不是恒定的，因为非饱和溶液随着溶液中溶剂的蒸发，溶液浓度处于不断变化中，只有溶液为饱和溶液时，溶液沸腾的温度才不会改变。这里的沸点是指溶液刚开始沸腾时的温度。

同理，在相同的外界条件下，若在冰水共存体中加入难挥发的非电解质形成溶液，溶液的蒸气压下降，而冰的蒸气压不变，所以冰的蒸气压大于溶液的蒸气压，冰将融化。只有在更低的温度下才能使溶液与冰的蒸气压再次相等，即为溶液的凝固点，所以溶液的凝固点总是低于纯溶剂的凝固点，这种现象称为溶液的凝固点降低(freezing-point depression)。溶液的凝固点不是恒定的，因为非饱和溶液随着溶液中溶剂的蒸发，溶液浓度处于不断变化中，溶液的蒸气压也在改变，只有溶液为饱和溶液时，液、固两相平衡，共存时的温度才不会改变。这里的凝固点是指溶液中第一次液、固两相平衡共存时的温度。

　　溶液的沸点升高和凝固点降低的根本原因就是溶液的蒸气压下降，由于蒸气压下降值与溶液的浓度有关，因此溶液的沸点升高值和凝固点降低值也必然与溶液浓度有关。实验结果表明，难挥发非电解质稀溶液的沸点升高值和凝固点降低值与溶液的质量摩尔浓度 b_B 成正比，而与溶质的本性无关。令 ΔT_b、ΔT_f 分别为溶液的沸点升高值和凝固点降低值，拉乌尔定律的数学表达式为

$$\Delta T_b = T_b - T_b^* = K_b b_B$$

$$\Delta T_f = T_f^* - T_f = K_f b_B \tag{2-10}$$

式中：T_b^*、T_f^* 分别为纯溶剂的沸点和凝固点；T_b、T_f 分别为溶液的沸点和凝固点。K_b、K_f 分别为纯溶剂的沸点升高常数和凝固点降低常数，单位为 $K \cdot kg \cdot mol^{-1}$。一些溶剂的 K_b、K_f 数值见表 2-2。

表 2-2　　一些溶剂的沸点升高常数和凝固点降低常数

溶剂	沸点/K	K_b/K · kg · mol^{-1}	凝固点/K	K_f/K · kg · mol^{-1}
水	373.15	0.52	273.15	1.86
苯	353.25	2.53	278.65	5.12
萘	491.11	5.80	353.35	6.94
氯仿	334.30	3.62	—	—
乙酸	391.15	2.93	289.81	3.90
乙醇	315.55	1.22	—	—
乙醚	307.85	2.02	156.95	1.80

注：1990 年国际度量衡委员会确定，水的正常沸点是 99.975℃(373.125K)。

　　应用溶液的沸点升高和凝固点降低公式，可以求算小分子溶质的相对分子质量。由式(2-10)可以得出如下算式：

$$\Delta T_f = K_f b_B = \frac{K_f m_B / M_B}{m_A}$$

$$M_B = \frac{K_f m_B}{m_A \Delta T_f} \tag{2-11}$$

　　由于大多数情况下 $K_f > K_b$、$\Delta T_f > \Delta T_b$，且低温下生物制品稳定，所以在医学和生物学实验中凝固点降低法求相对分子质量的应用更广泛些。

例题 2-2　2.6g 尿素 $CO(NH_2)_2$ 溶于 50g 水中，计算此溶液的凝固点和沸点。

解　尿素 $CO(NH_2)_2$ 的摩尔质量为 $60g \cdot mol^{-1}$

2.6g 尿素的物质的量

$$n = \frac{2.6g}{60g \cdot mol^{-1}} = 0.0433mol$$

尿素的质量摩尔浓度

$$b = \frac{0.0433mol}{50g} \times 1000 = 0.87mol \cdot kg^{-1}$$

$$\Delta T_b = K_b \cdot b_B = 0.52K \cdot kg \cdot mol^{-1} \times 0.87mol \cdot kg^{-1} = 0.45K$$

$$\Delta T_f = K_f \cdot b_B = 1.86K \cdot kg \cdot mol^{-1} \times 0.87mol \cdot kg^{-1} = 1.62K$$

溶液的沸点

$$T_b = 373.15K + 0.45K = 373.6K$$

溶液的凝固点　　　　　　　　　　　$T_f=273.15K-1.62K=271.53K$

答　溶液的沸点为 373.6K，溶液的凝固点为 271.53K。

例题 2-3　从尿中提取出一种中性含氮化合物，将 0.090g 纯品溶解在 12g 蒸馏水中，所得溶液的凝固点比纯水降低了 0.233℃，试计算此化合物的相对分子质量。

解　已知：$K_f=1.86K \cdot kg \cdot mol^{-1}$，$m_B=0.090g$，$m_A=12g=0.012kg$，$\Delta T_f=0.233K$，根据式(2-11)

$$M_B=\frac{K_f m_B}{m_A \Delta T_f}=\frac{1.86K \cdot kg \cdot mol^{-1} \times 0.090g}{0.012kg \times 0.233K}=0.060kg \cdot mol^{-1}=60g \cdot mol^{-1}$$

答　此化合物的相对分子质量为 60。

溶液的沸点升高和凝固点降低广泛应用于很多领域。例如，在钢铁热处理工艺中所用的氧化液(含有 NaOH、$NaNO_2$)，由于沸点升高，加热至 140～150℃时也不沸腾；在汽车、拖拉机的水箱(散热器)中加入乙二醇、乙醇、甘油等物质可使溶液的凝固点降低而防止水在 0℃时结冰；在水泥砂浆中加入食盐、亚硝酸钠或氯化钙，冬天可照样施工而不凝结；盐和碎冰的混合物由于凝固点降低可用作冷却剂，用于食品的储藏和运输等。

三、溶液的渗透压

人在淡水中游泳会觉得眼球胀痛；施过化肥的农作物需要立即浇水，否则化肥会"烧死"植物；淡水鱼与海水鱼不能互换生活环境；因失水而发蔫的花草，浇水后又可重新复原；医学临床输液时要考虑浓度等。这些现象都与细胞膜的渗透现象有关。

许多天然或人造的薄膜对物质的透过具有选择性。有一种膜上的微孔只能允许某种分子或某些物质通过，而不允许另外一些物质通过，这类膜称为半透膜(semi-permeable membrane)。半透膜有两类：一类是天然半透膜，如动物膀胱、肠衣、细胞膜、毛细血管壁、萝卜皮、蛋衣等；另一类是人工半透膜，如人造火棉胶膜、羊皮纸、硝化纤维等。

各种半透膜的通透性也不尽相同。人工制备的火棉胶膜、羊皮纸等不仅允许溶剂分子通过，溶质小分子、离子也可慢慢透过，但高分子化合物不能透过；人体中的细胞膜和毛细血管壁的通透性也有差异：细胞膜只允许水分子通过，但毛细血管壁除水分子可以通过外，各种小分子盐类的离子(如 K^+、Na^+等)也能透过，蛋白质等大分子或大离子不能透过。在生化实验中应用的透析袋和铝滤膜也是用半透膜制成的。

若在仪器的中央放置半透膜，半透膜两侧注入高度相等的纯水和水溶液，如图 2-3(a)所示，放置一段时间后，发现溶液的液面会升高，而纯水的液面会降低[图 2-3(b)]。由于半透膜的存在而膜两侧不同浓度溶液出现液面差的现象称为渗透(osmosis)。

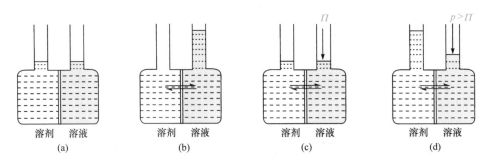

图 2-3　溶液的渗透压示意图

渗透现象产生的原因：由于半透膜两侧相同体积液体内的水分子数目不相等，纯水内的水分子数目比溶液的多。因此，在静水压相同的情况下，在相同时间内由纯水通过半透膜进入溶液的水分子数目要比由溶液进入纯水的多。其净结果是水分子从纯水进入溶液，溶液的体积增大，液面升高。从微观上讲，当纯溶剂与溶液中的溶剂通过润湿作用而进入半透膜上的毛细孔并进而使两侧连通时，孔中的溶剂会因溶液一侧溶剂的压强比纯溶剂一侧的溶剂的压强低而流向溶液，使溶液的体积增大，从而导致溶液一侧的液面升高，纯水一侧液面降低。

溶液一侧液面升高后，静水压也随之增大，驱使溶液中的水分子加速通过半透膜进入纯水中。当静水压升到一定值后，单位时间内从膜两侧透过的水分子数相等，纯水的液面不再下降，溶液的液面不再升高，此时系统达到渗透平衡[图 2-3(c)]。欲阻止渗透现象发生而直接达到渗透平衡，就必须在溶液上方施加一定的压强，这种为维持溶液和纯溶剂之间的渗透平衡而需要的额外压强称为该温度下溶液的渗透压(osmotic pressure)，用 Π 表示，SI 单位为 Pa。

如果加在溶液上的压强 p 超过了渗透压 Π [图 2-3(d)]，则反而会使浓溶液中的溶剂向溶剂或稀溶液扩散，这种现象称为反渗透(reverse osmosis)。反渗透为海水淡化、工业废水或污水处理和溶液浓缩等提供了一个重要的方法。市售"太空水"就是应用反渗透法制取的。

1886 年，荷兰物理学家范特霍夫(van't Hoff)指出，非电解质稀溶液的渗透压与溶液的浓度和温度成正比，范特霍夫方程表达式为

$$\Pi V= n_{\mathrm{B}}RT \tag{2-12}$$

或

$$\Pi = \frac{n_{\mathrm{B}}RT}{V} = c_{\mathrm{B}}RT \tag{2-13}$$

式中：Π 为溶液的渗透压，Pa；V 为溶液的体积，m^3；R 为摩尔气体常量，$R=8.314\mathrm{J \cdot K^{-1} \cdot mol^{-1}}$ 或 $8.314\mathrm{Pa \cdot m^3 \cdot K^{-1} \cdot mol^{-1}}$。

式(2-13)表明：在一定体积和温度下，溶液的渗透压只与溶液中所含溶质的物质的量有关，而与溶质本性无关。因此，渗透压也是稀溶液的依数性。溶液越稀，Π 的计算值越接近实验值。利用范特霍夫方程式可以计算大分子溶质的相对分子质量：

$$M_{\mathrm{B}} = \frac{m_{\mathrm{B}}RT}{\Pi V} \tag{2-14}$$

生物有机体的细胞膜大多具有半透膜的性质，因此渗透压是生物体中传递水分的主要动力。在 37℃时，人体血浆的总渗透压约为 770kPa，植物细胞的渗透压可高达 2MPa，所以水可由植物根部送到数十米的树枝顶端。

在相同温度下，渗透压相等的溶液称为等渗溶液(isotonic solution)。对于渗透压不相等的溶液，渗透压比参比溶液高的溶液称为高渗溶液(hypertonic solution)，渗透压比参比溶液低的溶液称为低渗溶液(hypotonic solution)。

医学上的"等渗溶液""低渗溶液""高渗溶液"，是以正常人血浆的渗透压或渗透浓度[指溶液中能产生渗透效应的微粒(分子或离子)的浓度总和]为标准来衡量的。医学上规定渗透浓度为 280～320mmol · dm⁻³ 的溶液为等渗溶液(如生理盐水、5%葡萄糖溶液)；渗透浓度小于 280mmol · dm⁻³ 的溶液为低渗溶液；渗透浓度大于 320mmol · dm⁻³ 的溶液为高渗溶液。

渗透压对维持人体的细胞内、外水盐相对平衡，以及血容量和血管内、外水盐的相对平衡起着重要作用。

所以，临床上为患者输液时要注意给药的渗透浓度，否则人体的水-电解质平衡会受到影响。

将正常人的红细胞放在等渗溶液中于高倍显微镜下观察，红细胞形态没有发生变化[图 2-4(a)]。这是由于等渗溶液与红细胞内液的渗透压相等，细胞内、外处于渗透平衡状态；将红细胞置于低渗溶液中于高倍显微镜下观察，红细胞逐渐胀大，最后破裂，释放出红细胞内的血红蛋白(hemoglobin)，使溶液染成红色[图 2-4(b)]，医学上称该现象为"溶血"。原因是低渗溶液的渗透压小于红细胞内液的渗透压，低渗溶液中的水分子透过细胞膜进入红细胞内。将红细胞置于高渗溶液中于高倍显微镜下观察，红细胞逐渐皱缩[图 2-4(c)]，医学上称这种现象为"质壁分离"。皱缩的红细胞相互聚集成团，在血管内将产生"栓塞"。原因是红细胞内液的渗透压低于高渗溶液的渗透压，红细胞内液中水分子向细胞膜外渗透。

(a) 在生理盐水中　　　　　　　(b) 在低渗溶液中　　　　　　　(c) 在高渗溶液中

图 2-4　红细胞在不同渗透浓度溶液中的状态

例题 2-4　计算临床常用注射液 5% $C_6H_{12}O_6$ 溶液和 0.9% NaCl 溶液的渗透浓度，并计算这两种溶液在 37℃时的渗透压。说明它们是否为等渗溶液(37℃时，人体血浆总渗透压约为 770kPa)。

解　$C_6H_{12}O_6$ 的摩尔质量为 180g·mol^{-1}，根据题意，5% $C_6H_{12}O_6$ 溶液的质量浓度为 50.0g·dm^{-3}，则

$$c(C_6H_{12}O_6) = \frac{50.0\text{g}\cdot\text{dm}^{-3}}{180\text{g}\cdot\text{mol}^{-1}} = 0.278\text{mol}\cdot\text{dm}^{-3} \quad (略低于 280\text{mmol}\cdot\text{dm}^{-3}，但临床上认为是等渗溶液)$$

其在 37℃时的渗透压为

$$\Pi = c_B RT = 0.278\times10^3\text{mol}\cdot\text{m}^{-3}\times8.314\text{Pa}\cdot\text{m}^3\cdot\text{K}^{-1}\cdot\text{mol}^{-1}\times(273+37)\text{K}$$
$$= 7.16\times10^5\text{Pa} = 716\text{kPa}$$

NaCl 的摩尔质量为 58.5g·mol^{-1}，根据题意，0.9%NaCl 的质量浓度为 9.0g·dm^{-3}，则

$$c(NaCl) = \frac{9.0\text{g}\cdot\text{dm}^{-3}}{58.5\text{g}\cdot\text{mol}^{-1}} = 0.1538\text{mol}\cdot\text{dm}^{-3}$$

其在 37℃时的渗透压为

$$\Pi = c_B RT = 0.1538\times2\times10^3\text{mol}\cdot\text{m}^{-3}\times8.314\text{Pa}\cdot\text{m}^3\cdot\text{K}^{-1}\cdot\text{mol}^{-1}\times(273+37)\text{K}$$
$$= 7.928\times10^5\text{Pa} = 792.8\text{kPa}$$

答　两种溶液在临床医学中均为等渗溶液。

综上所述，难挥发非电解质稀溶液的蒸气压下降、沸点升高、凝固点降低以及渗透压与一定量溶剂中溶质的物质的量(即溶质的粒子数)成正比，与溶质的本性无关，这就是稀溶液定律(law of dilute solution)，又称依数定律(law of collingative properties)。

依数定律仅适用于难挥发非电解质稀溶液。当溶质是电解质时，由于解离出的离子之间、离子与溶剂分子之间相互作用力的增大，上述定律的定量关系就被破坏了。显然，溶质的解离对于电解质溶液的性质具有决定性作用。但是，电解质或较浓溶液的蒸气压下降、沸点升高、凝固点降低和渗透压的数值仍是随溶质的粒子(分子或离子)数增多而增大的。

科苑导读　乙二醇-水型防冻液

第三节　酸碱质子理论
(Acid-Base Proton Theory)

酸和碱是两类重要的化合物。在活的有机体和生产实践中，酸和碱起着重要的作用。酸碱平衡的应用也极其广泛，对于维持体液的正常渗透压，尤其是维持体液 pH 是必不可少的。

人们在研究酸碱物质的性质、组成及结构的关系时，提出了各种不同的酸碱理论。其中比较重要的是酸碱电离理论、酸碱质子理论和酸碱电子理论。

阿伦尼乌斯的酸碱电离理论认为：在水溶液中电离时产生的阳离子全部是 H^+ 的化合物是酸，产生的阴离子全部是 OH^- 的化合物是碱。酸和碱的强度依其在水溶液中解离出 H^+ 和 OH^- 的程度来衡量；酸碱反应的实质就是 H^+ 和 OH^- 结合成水的反应。电离理论简单、明确，使人们对酸碱的认识发生了一个质的飞跃。该理论在水溶液中是成功的，但其在非水体系中的适用性，却受到了挑战。

为了克服电离理论的局限性，1923 年丹麦化学家布朗斯特(J. N. Brönsted)和英国化学家劳莱(T. M. Lowry)同时提出了酸碱质子理论(acid-base proton theory)，扩大了酸、碱范围，该理论的基本要点如下。

一、酸、碱的定义

酸碱质子理论认为：凡是能给出质子的物质是酸(acid)，即酸是质子的给予体(proton donor)如 HCl、HAc、NH_4^+；凡是能接受质子的物质是碱(base)，即碱是质子的接受体(proton acceptor)，如 NaOH、NH_3、H_2O。酸和碱不是孤立的，酸给出一个质子后余下的部分就是碱，碱接受一个质子后生成的物质即为酸。这种酸碱相互依存的关系称为酸碱共轭(conjugate)关系。酸碱之间的共轭关系可以用简式表示如下：

$$酸 \rightleftharpoons 质子 + 碱$$

例如：

$$HCl \rightleftharpoons H^+ + Cl^-$$

$$HAc \rightleftharpoons H^+ + Ac^-$$

$$NH_4^+ \rightleftharpoons H^+ + NH_3$$

$$H_3O^+ \rightleftharpoons H^+ + H_2O$$

$$H_2O \rightleftharpoons H^+ + OH^-$$

$$H_3PO_4 \rightleftharpoons H^+ + H_2PO_4^-$$

$$H_2PO_4^- \rightleftharpoons H^+ + HPO_4^{2-}$$

$$H_2CO_3 \rightleftharpoons H^+ + HCO_3^-$$

$$HCO_3^- \rightleftharpoons H^+ + CO_3^{2-}$$

$$[Al(H_2O)_6]^{3+} \rightleftharpoons H^+ + [Al(H_2O)_5OH]^{2+}$$

在上述表达式中，左边的酸是右边碱的共轭酸(conjugate acid)，如 HCl 是 Cl⁻ 的共轭酸；右边碱则是左边酸的共轭碱(conjugate base)，如 Cl⁻ 是 HCl 的共轭碱。只差一个质子的一对酸碱称为共轭酸碱对(conjugate acid-base pair)。例如：

$$HCl\text{-}Cl^- \qquad H_2O\text{-}OH^- \qquad H_2PO_4^-\text{-}HPO_4^{2-}$$

由此可见，有酸必有碱，有碱必有酸；酸中有碱，碱可变酸；酸碱相互依存，又可相互转化。按照酸碱质子理论，酸或碱均可以是分子，可以是阳离子，也可以是阴离子。

在一定条件下可以给出质子，而在另一种条件下又可以接受质子的物质称为两性物质(ampholyteric compound, amphoteric substance)，如 H_2O、$H_2PO_4^-$、HCO_3^- 等。判断两性物质是酸还是碱，要在具体环境中分析其发挥的作用，若失去质子则为酸，若接受质子则为碱。例如：

$$H_2CO_3 \rightleftharpoons H^+ + HCO_3^- \qquad HCO_3^- \text{ 为碱}$$

$$HCO_3^- \rightleftharpoons H^+ + CO_3^{2-} \qquad HCO_3^- \text{ 为酸}$$

二、酸碱反应的实质

酸碱质子理论认为，酸碱反应的实质是两对共轭酸碱之间的质子转移，就是一种酸和一种碱反应生成新酸和新碱。反应可以在水溶液中或非水溶液中进行。

$$\text{酸 1} + \text{碱 2} \rightleftharpoons \text{酸 2} + \text{碱 1}$$

例如：

$$H_2O + NH_3 \rightleftharpoons NH_4^+ + OH^-$$

$$HAc + H_2O \rightleftharpoons H_3O^+ + Ac^-$$

$$H_2O + Ac^- \rightleftharpoons HAc + OH^-$$

$$HAc + NH_3 \rightleftharpoons NH_4^+ + Ac^-$$

酸碱反应总是由较强的酸和较强的碱作用，向着生成较弱的酸和较弱的碱方向进行。相互作用的酸和碱越强，反应进行得越完全。

三、酸、碱的强度

酸碱强弱不仅取决于酸给出质子的能力和碱接受质子的能力，同时也取决于溶剂接受和释放质子的能力。在不同溶剂中，酸或碱的相对强弱与溶剂的性质有关。例如，HAc 在水中是弱酸，而在氨溶液中则为强酸，因为 NH_3 接受质子的能力比水强。

同一溶剂中，酸碱的相对强弱取决于其本性。在水溶液中，一般根据弱酸弱碱的质子转移平衡常数(又称解离平衡常数)的大小，比较酸碱的相对强弱。平衡常数越大，酸(或碱)的酸性(或碱性)越强。

在共轭酸碱对中，若酸的酸性越强，给出质子的能力越强，其共轭碱接受质子的能力就越弱，即共轭碱的碱性越弱；若碱的碱性越强，则其共轭酸的酸性就越弱。例如，酸性 HCl >

HAc，则碱性 Cl⁻< Ac⁻。

第四节　酸和碱的质子转移平衡
(Proton Transfer Equilibrium of Acid and Base)

一、水的质子自递平衡

水是很重要的溶剂，许多化学过程和生命现象都与水溶液内的反应有关。根据酸碱质子理论，水是两性物质，在水分子之间也能发生质子的传递，反应如下：

$$H_2O + H_2O \rightleftharpoons H_3O^+ + OH^-$$

这种发生在同种物质之间的质子传递反应称为质子自递反应(autoprotolysis reaction)。一定温度下，水的质子自递反应达到平衡时，则存在如下关系：

$$K_w^\ominus = [b(H_3O^+)/b^\ominus] \cdot [b(OH^-)/b^\ominus] \tag{2-15}$$

此时的标准平衡常数 $K_w^\ominus$ 称为水的离子积常数，简称水的离子积(ionic product of water)。$K_w^\ominus$ 随温度的升高而增大。不同温度下水的离子积常数见表 2-3。

表 2-3　不同温度下水的离子积常数

T/K	$K_w^\ominus$	T/K	$K_w^\ominus$
273	1.1×10^{-15}	313	2.9×10^{-14}
283	2.9×10^{-15}	323	5.5×10^{-14}
293	6.8×10^{-15}	363	3.8×10^{-13}
298	1.0×10^{-14}	373	5.5×10^{-13}

不论溶液是酸性、碱性还是中性，只要有 H_2O、H_3O^+、OH^- 三者共存，就一定存在式(2-15)的关系。在 298.15K 时，$K_w^\ominus = 1.0 \times 10^{-14}$。

当酸碱溶液的浓度较低时，溶液的酸度通常用 pH 表示：

$$pH = -\lg[b(H_3O^+)/b^\ominus] \tag{2-16}$$

碱度则用 pOH 表示：

$$pOH = -\lg[b(OH^-)/b^\ominus] \tag{2-17}$$

在 298.15K 时，根据式(2-15)，有

$$pH + pOH = pK_w^\ominus = 14 \tag{2-18}$$

二、一元弱酸的质子转移平衡

在水溶液中，酸的强度取决于酸将质子给予水的能力。一元弱酸(HA)在水溶液中存在以下质子转移平衡：

$$HA + H_2O \rightleftharpoons A^- + H_3O^+$$

一定温度下，反应达到平衡时，其平衡常数表达式为

$$K_a^\ominus = \frac{[b(H_3O^+)/b^\ominus]\cdot[b(A^-)/b^\ominus]}{b(HA)/b^\ominus} \tag{2-19}$$

式中：$K_a^\ominus$ 为酸的质子转移平衡常数(proton transfer equilibrium constants，又称解离平衡常数)，简称酸常数(acidity constant)，反映了酸给出质子的能力。$K_a^\ominus$ 越大，表明平衡时弱酸给出质子的能力越强，酸性就越强；反之，$K_a^\ominus$ 越小，酸给出质子的能力就越弱，酸性就越弱。$K_a^\ominus$ 与弱酸的本性和温度有关，与弱酸的浓度无关。例如，HAc 的 $K_a^\ominus = 1.75\times10^{-5}$，HF 的 $K_a^\ominus = 6.31\times10^{-4}$，HCN 的 $K_a^\ominus = 3.98\times10^{-10}$，所以酸性强弱顺序为：HF>HAc>HCN。

三、多元弱酸的质子转移平衡

凡是在水溶液中释放出两个或两个以上质子的弱酸称为多元弱酸(如 H_2CO_3、H_2S、H_3PO_4 等)。多元弱酸在水溶液中释放质子是分步进行的(称逐级解离)，每一步反应都有相应的质子转移平衡常数(解离平衡常数)，例如：

$$H_2S + H_2O \rightleftharpoons H_3O^+ + HS^-$$

$$K_{a_1}^\ominus = \frac{[b(H_3O^+)/b^\ominus]\cdot[b(HS^-)/b^\ominus]}{b(H_2S)/b^\ominus} = 8.91\times10^{-8}$$

$$HS^- + H_2O \rightleftharpoons H_3O^+ + S^{2-}$$

$$K_{a_2}^\ominus = \frac{[b(H_3O^+)/b^\ominus]\cdot[b(S^{2-})/b^\ominus]}{b(HS^-)/b^\ominus} = 1.20\times10^{-13}$$

式中：$K_{a_1}^\ominus$ 和 $K_{a_2}^\ominus$ 分别表示 H_2S 的一级和二级质子转移平衡常数；$b(H_3O^+)$、$b(HS^-)$、$b(H_2S)$ 分别表示氢硫酸溶液中 H_3O^+、HS^- 和 H_2S 的平衡浓度。应用多重平衡规则，对于总反应：

$$H_2S + 2H_2O \rightleftharpoons 2H_3O^+ + S^{2-}$$

$$K_a^\ominus = K_{a_1}^\ominus \cdot K_{a_2}^\ominus = \frac{[b(H_3O^+)/b^\ominus]\cdot[b(HS^-)/b^\ominus]}{b(H_2S)/b^\ominus}\times\frac{[b(H_3O^+)/b^\ominus]\cdot[b(S^{2-})/b^\ominus]}{b(HS^-)/b^\ominus}$$

$$= \frac{b^2(H_3O^+)\cdot b(S^{2-})}{b(H_2S)}\cdot(b^\ominus)^{-2} = 8.91\times10^{-8}\times1.20\times10^{-13} = 1.07\times10^{-20} \tag{2-20}$$

在氢硫酸溶液中，H_3O^+、S^{2-} 和 H_2S 各平衡浓度之间的关系为

$$b(S^{2-}) = \frac{K_{a_1}^\ominus \cdot K_{a_2}^\ominus \cdot b(H_2S)}{b^2(H^+)}\cdot(b^\ominus)^2 \tag{2-21}$$

可见，在一定浓度的 H_2S 溶液中(H_2S 饱和溶液浓度为 $0.1mol\cdot kg^{-1}$)，$b(S^{2-})$ 与 $b(H^+)$的平方成反比。调节溶液的 pH 便可控制溶液中 S^{2-}的浓度。

一般情况下，二元弱酸的 $K_{a_1}^\ominus \gg K_{a_2}^\ominus$。以 H_2S 为例，因为带两个负电荷的 S^{2-}对 H_3O^+的吸引比带一个负电荷的 HS^-对 H_3O^+的吸引要强得多；另外，第一步反应得到的 H_3O^+对第二步反应得到的 H_3O^+来说，浓度大得多，使二级质子转移平衡有强烈地向左移动倾向，从而抑制了第二步反应的进行。因此，对于任何多元弱酸，下一级质子转移要比前一级困难得多。所以，

H_2S 的酸性大于 HS^-。在比较无机多元弱酸的强弱时，一般情况下只需比较它们的一级质子转移平衡常数的大小就可以了。

一些弱酸、弱碱的质子转移平衡常数见附录二。

四、同离子效应

弱酸、弱碱的质子转移平衡与其他的化学平衡一样，是一种暂时的、相对的动态平衡。当外界条件改变时，平衡就会发生移动。就浓度的改变来说，除用稀释的方法外，还可以在弱电解质溶液中加入具有相同离子的强电解质，从而改变某种离子的浓度以引起弱酸-弱碱质子转移平衡的移动。

例如，在氨水中加入一些 NH_4Ac，由于后者是强电解质，在溶液中完全解离，于是 $b(NH_4^+)$ 大大增加，平衡 $NH_3 \cdot H_2O \rightleftharpoons NH_4^+ + OH^-$ 向左移动，溶液中 $b(OH^-)$ 减小，$NH_3 \cdot H_2O$ 的解离度降低。

$$NH_3 \cdot H_2O \rightleftharpoons \boxed{NH_4^+} + OH^-$$
$$NH_4Ac \longrightarrow \boxed{NH_4^+} + Ac^-$$

对于乙酸溶液，情况也是如此。当加入强电解质 NaAc 时，$b(Ac^-)$ 大大增加，质子转移平衡 $HAc + H_2O \rightleftharpoons H_3O^+ + Ac^-$ 向左移动，HAc 的解离度降低。

$$HAc + H_2O \rightleftharpoons H_3O^+ + \boxed{Ac^-}$$
$$NaAc \longrightarrow Na^+ + \boxed{Ac^-}$$

这种在弱电解质溶液中，加入与弱电解质具有相同离子的强电解质，使弱电解质的解离度降低的现象称为同离子效应(common ion effect)。

如果在弱电解质溶液中，加入不含有相同离子的强电解质，如在 HAc 溶液中加入 NaCl，由于离子间相互牵制作用增大，弱电解质的质子转移平衡将向右移动，使弱电解质的解离度增大，此现象称为盐效应(salt effect)。

同离子效应的同时必然有盐效应，当加入少量强电解质时，同离子效应对弱电解质解离度的影响要比盐效应大得多，所以常常忽略盐效应，只考虑同离子效应。

例题 2-5　某溶液中氨和氯化铵的质量摩尔浓度均为 0.20mol · kg^{-1}。计算该溶液中 OH^- 的浓度、pH 和 $NH_3 \cdot H_2O$ 的解离度。将计算结果与 0.20mol · kg^{-1} 氨溶液中的相应数值进行比较。

解　设此溶液中 $b(OH^-) = x$ mol · kg^{-1}，可建立如下关系：

质子转移平衡式：	$NH_3 \cdot H_2O$	$\rightleftharpoons NH_4^+$	$+$	OH^-
初始浓度/mol · kg^{-1}	0.20	0.20		0
平衡浓度/mol · kg^{-1}	0.20−x	0.20+x		x

代入平衡常数：

$$K_b^{\ominus} = 1.77 \times 10^{-5} = \frac{[b(NH_4^+)/b^{\ominus}] \cdot [b(OH^-)/b^{\ominus}]}{b(NH_3 \cdot H_2O)/b^{\ominus}} = \frac{x(0.20+x)}{0.20-x}$$

因 $K_b^{\ominus}$ 很小，平衡向左移动后 x 就更小，所以 0.20±x≈0.20，得

$$x = 1.77 \times 10^{-5}$$

则

$$b(OH^-) = x \; mol \cdot kg^{-1} = 1.77 \times 10^{-5} mol \cdot kg^{-1}$$

$$pH = 14 - pOH = 14 + lg[\, b(OH^-)/b^{\ominus}\,] = 9.25$$

$NH_3 \cdot H_2O$ 的解离度为

$$\alpha = \frac{b(OH^-)/b^{\ominus}}{b(NH_3 \cdot H_2O)/b^{\ominus}} = \frac{1.77 \times 10^{-5}}{0.20} = 8.9 \times 10^{-5} = 0.0089\%$$

答　此溶液中 $b(OH^-)$ 为 $1.77 \times 10^{-5} mol \cdot kg^{-1}$，pH 为 9.25，氨的解离度为 0.0089%。

由计算可知，在 $0.20 mol \cdot kg^{-1}$ 氨溶液中 $b(OH^-) = 1.9 \times 10^{-3} mol \cdot kg^{-1}$，pH 为 11.3，解离度为 0.95%。两者比较表明，存在同离子效应时 $NH_3 \cdot H_2O$ 的解离度降低很多，仅为 $0.20 mol \cdot kg^{-1}$ 氨溶液的解离度的 1/107。

五、缓冲溶液

许多化学反应、植物药材及生物制剂中有效成分的提取，特别是生物体内的酶催化反应，常要求在一定 pH 范围的溶液中进行。当 pH 不合适或反应过程中介质 pH 发生较大改变时，都会影响反应的正常进行，酶的活性会大大降低，甚至丧失活性。人体内的各种体液都具有一定的 pH 范围，如人体血液正常 pH 范围为 7.35～7.45；成人胃液正常 pH 范围为 1.00～3.00；唾液正常 pH 范围为 6.35～6.85 等。如果体液的 pH 偏离正常范围 0.40 单位以上，就能导致疾病，甚至死亡。

那么，怎样才能维持溶液的 pH 范围基本恒定呢？

在室温下，若向 1kg、pH 为 7.00 的纯水中，加入 0.010mol HCl 或 0.010mol NaOH，则溶液的 pH 分别为 2.00 或 12.00，即改变了 5 个单位；若向 1kg 含有 $0.10 mol \cdot kg^{-1}$ HCN 和 $0.10 mol \cdot kg^{-1}$ NaCN 的混合溶液中(pH 为 9.40)，加入 0.010mol HCl 或 0.010mol NaOH，则溶液的 pH 分别为 9.31 和 9.49，即改变了 0.09 个单位。实验表明，在一定浓度的共轭酸碱对混合溶液中，外加少量强酸、强碱或加水稀释时，溶液的 pH 基本不发生变化。这种能抵抗外加少量强酸、强碱或稀释，而维持溶液 pH 基本不变的溶液称为缓冲溶液(buffer solution)。缓冲溶液所具有的抵抗外加少量强酸、强碱或稀释的作用称为缓冲作用(buffer action)。

1. 缓冲溶液的组成和缓冲作用机理

根据酸碱质子理论，缓冲溶液一般是由浓度比较大的弱酸及其共轭碱组成的混合溶液，习惯上把组成缓冲溶液的共轭酸碱对称为缓冲对(buffer pair)或缓冲系(buffer system)。常见的缓冲对有 $HAc\text{-}Ac^-$、$H_2PO_4^-\text{-}HPO_4^{2-}$、$H_2CO_3\text{-}HCO_3^-$ 和 $NH_4^+\text{-}NH_3$ 等。按照电离理论，缓冲溶液是由弱酸及其盐(如 HAc-NaAc)，弱碱及其盐(如 $NH_3\text{-}NH_4Cl$)，酸式盐及其次级盐(如 $NaH_2PO_4\text{-}K_2HPO_4$)组成。

缓冲溶液为什么会有缓冲作用呢？以 HAc 和 NaAc 组成的缓冲溶液为例，解释缓冲溶液的缓冲作用机理。

在含有 HAc 和 NaAc 的水溶液中，弱电解质 HAc 的质子转移平衡和强电解质 NaAc 的解离反应如下：

$$HAc + H_2O \rightleftharpoons H_3O^+ + Ac^-$$

$$NaAc \longrightarrow Na^+ + Ac^-$$

NaAc 的加入使 HAc 的质子转移平衡向左移动，发生了同离子效应，抑制了 HAc 的解离，使得 $b(HAc)$ 和 $b(Ac^-)$ 都比较大，而 $b(H_3O^+)$ 则很小。

当在该溶液中加入少量强酸时，迫使 HAc 的质子转移平衡向左移动，H_3O^+ 与 Ac^- 结合形成 HAc。因此，溶液中的 $b(H_3O^+)$ 不会显著地增大，溶液的 pH 基本不变。

$$NaAc \longrightarrow Na^+ + \left. \begin{matrix} Ac^- \\ \\ Ac^- \end{matrix} \right\} + H_3O^+ \rightleftharpoons HAc$$
$$HAc + H_2O \rightleftharpoons H_3O^+ +$$

当在该溶液中加入少量强碱时，H_3O^+ 便与 OH^- 结合成 H_2O，使 $b(H_3O^+)$ 降低，HAc 的质子转移平衡向右移动，不断释放出 H_3O^+ 和 Ac^-，维持 $b(H_3O^+)$ 几乎不变，因此溶液的 pH 基本不变。

$$NaAc \longrightarrow Na^+ + Ac^-$$
$$HAc + H_2O \rightleftharpoons H_3O^+ + Ac^-$$
$$+$$
$$OH^-$$
$$\updownarrow$$
$$2H_2O$$

加水稀释时，各物质的浓度随之降低，由于 HAc 的解离度随浓度的变小而略有增加，从而保持溶液的 $b(H_3O^+)$ 基本不变。

这就是缓冲溶液具有缓冲能力的原因。其中弱酸(HAc)称为抗碱成分，其共轭碱(Ac^-)称为抗酸成分。正是由于在缓冲溶液中弱酸及其共轭碱浓度比较大，且存在弱酸及其共轭碱之间的质子转移平衡，抗酸时消耗共轭碱并转变为原来的弱酸，消耗加入的 H_3O^+，抗碱时消耗弱酸并转变为它的共轭碱，补充被反应掉的 H_3O^+，从而维持溶液的 pH 基本不变。

2. 缓冲溶液 pH 的计算

缓冲溶液 pH 的计算方法与同离子效应 pH 的计算方法相似，以 HA-NaA 为例推导缓冲溶液 pH 的计算公式。

在 HA-A^- 缓冲溶液中存在下列质子转移平衡

$$HA + H_2O \rightleftharpoons A^- + H_3O^+$$

同时有

$$NaA \longrightarrow A^- + Na^+$$

当体系达平衡时：

$$K_a^\ominus = \frac{[b(H_3O^+)/b^\ominus] \cdot [b(A^-)/b^\ominus]}{b(HA)/b^\ominus}$$

若 HA-NaA 混合液中，HA 和 NaA 的初始浓度分别为 $b(HA)$ 和 $b(NaA)$，忽略水的自递平衡，则 HA 和 NaA 的平衡浓度为

$$b_{eq}(HA) = b(HA) - b(H_3O^+) \approx b(HA)$$

$$b_{eq}(A^-) = b(NaA) + b(H_3O^+) \approx b(NaA)$$

代入酸常数表达式中得

$$K_a^\ominus = \frac{[b(H_3O^+)/b^\ominus]\cdot[b(NaA)/b^\ominus]}{b(HA)/b^\ominus}$$

$$b(H_3O^+)/b^\ominus = K_a^\ominus \frac{b(HA)}{b(NaA)}$$

上式两边同时取负对数，得缓冲溶液 pH 的计算公式：

$$pH = pK_a^\ominus + \lg \frac{b(共轭碱)}{b(弱酸)} \tag{2-22}$$

由式(2-22)可知，缓冲溶液的 pH 由 $pK_a^\ominus$ 和 $\dfrac{b(共轭碱)}{b(弱酸)}$(称为缓冲比)两项决定，当 $pK_a^\ominus$ 一定时，缓冲溶液的 pH 随缓冲比的改变而改变，缓冲比为 1 时，缓冲溶液的 $pH = pK_a^\ominus$。当加水稀释时，缓冲比不变，由式(2-22)计算的 pH 也不变。

例题 2-6　计算 $0.10\ mol\cdot kg^{-1}$ NH_3 与 $0.10\ mol\cdot kg^{-1}$ NH_4Cl 缓冲溶液的 pH。

解　已知 NH_3 的 $K_b^\ominus = 1.77\times10^{-5}$，则 NH_4^+ 的 $K_a^\ominus = 5.65\times10^{-10}$。

初始浓度 $b(NH_3) = b(NH_4Cl) = 0.10\ mol\cdot kg^{-1}$，都比较大，可利用式(2-22)进行计算。

缓冲溶液的 pH 为

$$pH = pK_a^\ominus + \lg \frac{b(NH_3)}{b(NH_4^+)} = -\lg 5.65\times10^{-10} + \lg \frac{0.10}{0.10} = 9.25$$

答　该缓冲溶液的 pH 为 9.25。

例题 2-7　在 100g 水中加入 0.010mol HAc 和 0.010mol NaAc 形成缓冲溶液，若向其中加入 0.0010mol 盐酸，求加入盐酸前和加入盐酸后溶液的 pH。已知 HAc 的 $K_a^\ominus = 1.75\times10^{-5}$。

解　HAc 和 NaAc 混合液中，起始浓度为

$$b(HAc) = b(NaAc) = (0.010/0.10)\ mol\cdot kg^{-1} = 0.10\ mol\cdot kg^{-1}$$

因为 HAc 和 NaAc 发生同离子效应，所以忽略 HAc 解离的 $b(Ac^-)$。加入盐酸前，可利用式(2-22)进行计算。

缓冲溶液的 pH 为

$$pH = pK_a^\ominus + \lg \frac{b(NaAc)}{b(HAc)} = -\lg 1.75\times10^{-5} + \lg \frac{0.10}{0.10} = 4.76$$

加入盐酸后，H_3O^+ 与溶液中的 Ac^- 结合生成 HAc，从而使溶液中的 $b(HAc)$ 增加，$b(Ac^-)$ 降低。发生如下反应：

	H^+	+	Ac^-	$\rightleftharpoons$	HAc
初始物质的量/mol	0.0010		0.010		0.010
反应后物质的量/mol	0.00		0.0090		0.011

加入 0.0010mol 盐酸后

$$b(HAc) = (0.011/0.10)\ mol\cdot kg^{-1} = 0.11\ mol\cdot kg^{-1}$$

$$b(NaAc) = (0.0090/0.10)\ mol\cdot kg^{-1} = 0.090\ mol\cdot kg^{-1}$$

代入式(2-22)　　　$$pH = pK_a^\ominus + \lg \frac{0.090}{0.11} = 4.76 - 0.087 = 4.67$$

答　加入盐酸前和加入盐酸后，溶液的 pH 分别为 4.76 和 4.67。

上述缓冲溶液在未加盐酸时 pH 为 4.76(例题 2-7)，加入 0.0010mol 的盐酸后，溶液 pH 为

4.67。两者仅差 0.090 个 pH 单位，说明变化甚微。若向此缓冲溶液中加入 0.0010mol 的氢氧化钠，溶液的 pH 为 4.85，也改变 0.090 个 pH 单位(读者可自行计算)。由此可见，缓冲溶液的缓冲作用是很明显的。

3. 缓冲容量

任何缓冲溶液的缓冲能力都是有限度的，当加入了大量的强酸或强碱，使溶液中的抗酸成分或抗碱成分消耗殆尽时，缓冲溶液就不再具有缓冲能力了。

1922 年范斯莱克(Vanslyke)提出，缓冲容量(buffer capacity)β 是衡量缓冲溶液缓冲能力大小的尺度。缓冲容量越大，缓冲溶液的缓冲能力越强。影响缓冲容量的因素有缓冲溶液的总浓度[b(弱酸)+b(共轭碱)]和缓冲比[b(共轭碱)/b(弱酸)]。当缓冲溶液的缓冲比一定时，缓冲溶液总浓度越大，缓冲容量越大，缓冲溶液的缓冲能力越强；当缓冲溶液的总浓度一定时，缓冲比越接近 1∶1，缓冲容量越大。当缓冲比为 1∶1 时，缓冲容量最大，缓冲溶液的缓冲能力最强。当缓冲比大于 10∶1 或小于 1∶10 时，可以认为缓冲溶液丧失了缓冲作用。通常把缓冲溶液能发挥缓冲作用(缓冲比为 0.1～10)的 pH 范围称为缓冲范围，所以缓冲溶液的缓冲范围为

$$pH = pK_a^{\ominus}(HA) \pm 1 \tag{2-23}$$

在实际工作中，常常要配制一定 pH 的缓冲溶液，要求如下：所配制的缓冲溶液的 pH 在所选择缓冲对的缓冲范围内，且尽量接近弱酸的 p$K_a^{\ominus}$；缓冲溶液的总浓度一般为 0.050～0.20mol·kg^{-1}；药用缓冲溶液必须考虑是否有毒性等。一些常见缓冲溶液的缓冲范围见表 2-4。

表 2-4　对应一定 pH 范围的缓冲系统

pH 范围	缓冲系统	pH 范围	缓冲系统
2.20～4.20	HF-NH$_4$F	8.25～10.25	NH$_3$·H$_2$O-NH$_4$Cl
3.76～5.76	HAc-NaAc	9.33～11.33	NaHCO$_3$-Na$_2$CO$_3$
6.21～8.21	NaH$_2$PO$_4$-Na$_2$HPO$_4$		

缓冲溶液在工业、农业、医学、药学等方面都具有重要意义。例如，半导体器件硅片表面的氧化物(SiO$_2$)通常可用 HF 和 NH$_4$F 的混合溶液清洗，在一定的 pH 下使 SiO$_2$ 成为 SiF$_4$ 气体而除去；金属器件进行电镀时的电镀液，常用缓冲溶液来控制一定的 pH。在农业上，如在土壤中，含有 H$_2$CO$_3$-NaHCO$_3$ 和 Na$_2$HPO$_4$-NaH$_2$PO$_4$ 与其他有机酸及其盐类组成的复杂缓冲系统，能使土壤维持一定的 pH，从而保证植物的正常生长。

人体内各种体液必须保持一定的 pH 范围，物质代谢反应才能正常进行。正常人之所以能保持体液在一定的 pH 范围内，是因为人体各体液中存在许多缓冲对，能抵抗摄入体内的酸和碱，或人体代谢产生的酸和碱。

人类血液的 pH 之所以能恒定在 7.35～7.45，是人体血液中各种缓冲对的缓冲作用和肺、肾的调节作用的结果。在血浆中主要的缓冲对有 H$_2$CO$_3$-NaHCO$_3$、NaH$_2$PO$_4$-Na$_2$HPO$_4$、血浆蛋白质-血浆蛋白质的钠盐。在红细胞中的缓冲对主要有血红蛋白质及其盐(HHb-KHb)、氧合血红蛋白质及其盐(HHbO$_2$-KHbO$_2$)、H$_2$CO$_3$-KHCO$_3$、KH$_2$PO$_4$-K$_2$HPO$_4$ 等。血液中 H$_2$CO$_3$-HCO$_3^-$缓冲对对体内代谢生成或摄入的非挥发性酸的缓冲

作用最大。正常人血浆中，H_2CO_3(以溶解的 CO_2 形式存在)与 HCO_3^- 的浓度比为 $1:20$，血浆的 pH 可维持在 7.40。血浆中 H_2CO_3-HCO_3^- 存在以下平衡：

$$CO_2(溶解)+H_2O \underset{}{\overset{K_1^\ominus}{\rightleftharpoons}} H_2CO_3 \underset{}{\overset{K_2^\ominus}{\rightleftharpoons}} H_3O^+ + HCO_3^-$$

$$CO_2(g)(肺) \qquad\qquad\qquad 肾$$

当体内物质代谢不断生成的二氧化碳、硫酸、磷酸、乳酸、乙酰乙酸等非挥发性酸物质进入血浆时，主要由 HCO_3^- 与之作用，平衡向左移动，生成的 H_2CO_3 被血液带到肺部，肺部加快呼吸，以 CO_2 形式呼出体外。缺少的 HCO_3^- 由肾控制对其的排泄得以补偿，从而保持 H_2CO_3 与 HCO_3^- 的浓度比为 $1:20$，使血浆的 pH 基本恒定。当体内碱性物质增多并进入血浆时，上述平衡向右移动，生成的 HCO_3^- 由肾脏排出体外，肺部减少对 CO_2 的呼出来补偿 H_2CO_3，从而保持 H_2CO_3 与 HCO_3^- 的浓度比为 $1:20$，血浆的 pH 基本恒定。总之，人体血液中各种缓冲对的缓冲作用，加上肺和肾的调节作用，使得人体血液的 pH 保持为 7.35～7.45。

第五节　难溶电解质的沉淀溶解平衡
(Dissolution Equilibrium of Slightly Soluble Electrolyte)

强电解质中，有一类溶解度较小，但它们在水中溶解的部分是全部解离的，这类电解质称为难溶强电解质。在难溶强电解质的饱和溶液中，存在着固态电解质(通常称沉淀)与其进入溶液的离子之间的平衡。平衡建立于固-液两相之间，所以属于多相平衡。

一、溶度积

任何难溶电解质在水中总是或多或少地溶解，绝对不溶的物质是不存在的。将难溶强电解质硫酸钡溶于水中(图 2-5)。$BaSO_4$ 的溶解度较小，它在水中少量溶解后，溶解部分将全部解离成 Ba^{2+} 和 SO_4^{2-}，即

$$BaSO_4(s) \longrightarrow Ba^{2+}(aq)+SO_4^{2-}(aq)$$

图 2-5　沉淀-溶解平衡

与此同时，溶液中的 Ba^{2+} 和 SO_4^{2-} 又有可能重新结合成固态 $BaSO_4$：

$$Ba^{2+}(aq)+SO_4^{2-}(aq) \longrightarrow BaSO_4(s)$$

在一定条件下，当固体溶解速率和水合离子沉淀速率相等时，建立了动态平衡：

$$BaSO_4(s) \underset{沉淀}{\overset{溶解}{\rightleftharpoons}} Ba^{2+}(aq)+SO_4^{2-}(aq)$$

这就是发生于固-液之间的沉淀溶解平衡(precipitation-dissolution equilibrium)，此时系统达到该温度下的饱和状态，溶液中的离子浓度不再发生变化。因此，这时溶液的浓度就是该温度下难溶电解质的溶解度。

应用平衡原理讨论沉淀溶解平衡，得到相应的平衡常数表达式：

$$K_{sp}^\ominus = [b(Ba^{2+})/b^\ominus] \cdot [b(SO_4^{2-})/b^\ominus] = b(Ba^{2+}) \cdot b(SO_4^{2-}) \cdot (b^\ominus)^{-2}$$

难溶电解质的沉淀溶解平衡可用通式表示为

$$A_mB_n(s) \rightleftharpoons mA^{n+}(aq) + nB^{m-}(aq)$$

$$K_{sp}^{\ominus} = [b(A^{n+})/b^{\ominus}]^m \cdot [b(B^{m-})/b^{\ominus}]^n \tag{2-24}$$

在一定温度下，难溶电解质的饱和溶液中，离子的质量摩尔浓度幂的乘积为一常数[①]，此常数称为溶度积(solubility product)常数，用 $K_{sp}^{\ominus}$ 表示，它反映了难溶电解质的溶解能力。同其他标准平衡常数一样，溶度积常数也随温度的改变而改变，与离子的浓度无关。部分物质的溶度积常数列于附录五中。

溶度积和溶解度都可用来表示一定温度下相应物质的溶解能力，尽管二者是完全不同的概念，但它们存在一定的关系，可以相互换算。

例题 2-8　25℃时氯化银的溶解度为 1.90×10^{-3} g·kg^{-1}。求算该温度下氯化银的溶度积常数。

解　按题意，25℃时 AgCl 饱和溶液的浓度是

$$b(AgCl) = \frac{1.90 \times 10^{-3} \text{g·kg}^{-1}}{143.4 \text{g·mol}^{-1}} = 1.32 \times 10^{-5} \text{mol·kg}^{-1}$$

AgCl 的多相离子平衡式：$\quad AgCl(s) \rightleftharpoons Ag^+(aq) + Cl^-(aq)$

按此式，每溶解 1mol AgCl 便有 1mol Ag$^+$ 和 1mol Cl$^-$ 进入溶液。所以，溶液中 $b(Ag^+) = b(Cl^-) = 1.32 \times 10^{-5}$ mol·kg^{-1}，则氯化银的溶度积为

$$K_{sp}^{\ominus}(AgCl) = [b(Ag^+)/b^{\ominus}] \cdot [b(Cl^-)/b^{\ominus}] = (1.32 \times 10^{-5})^2 = 1.74 \times 10^{-10}$$

答　25℃时氯化银的溶度积常数为 1.74×10^{-10}。

例题 2-9　25℃时，Ag_2CrO_4 的 $K_{sp}^{\ominus} = 1.12 \times 10^{-12}$。求 Ag_2CrO_4 在水中的溶解度(mol·kg^{-1})。

解　设 Ag_2CrO_4 的溶解度为 s mol·kg^{-1}。根据 Ag_2CrO_4 沉淀溶解平衡：

$$Ag_2CrO_4(s) \rightleftharpoons 2Ag^+(aq) + CrO_4^{2-}(aq)$$

$$K_{sp}^{\ominus}(Ag_2CrO_4) = [b(Ag^+)/b^{\ominus}]^2 \cdot [b(CrO_4^{2-})/b^{\ominus}]$$

此时，溶液中，$b(Ag^+) = 2s$ mol·kg^{-1}，$b(CrO_4^{2-}) = s$ mol·kg^{-1}。因此

$$K_{sp}^{\ominus}(Ag_2CrO_4) = 1.12 \times 10^{-12} = (2s)^2 \cdot s = 4s^3$$

$$s = 6.54 \times 10^{-5}$$

答　25℃时，Ag_2CrO_4 的溶解度为 6.54×10^{-5} mol·kg^{-1}。在相同温度下，AgCl 的溶解度为 1.32×10^{-5} mol·kg^{-1}，比 Ag_2CrO_4 的溶解度小。

对于结构类型相同的难溶电解质，可用溶度积比较其溶解度大小。例如，$K_{sp}^{\ominus}(AgCl) = 1.77 \times 10^{-10}$ 大于 $K_{sp}^{\ominus}(AgBr) = 5.35 \times 10^{-13}$，因而可知 AgBr 的溶解度比 AgCl 的溶解度小。但是，对于不同结构类型的电解质却不能直接进行这样的比较。例如，$K_{sp}^{\ominus}(Ag_2CrO_4)$ 小于 $K_{sp}^{\ominus}(AgCl)$，然而 Ag_2CrO_4 的溶解度却比 AgCl 的溶解度大(见例题 2-9)。

溶度积常数也可用热力学方法进行计算。由于电解质进入水溶液中的离子实际上都是水合离子。不同的水合离子有不同的生成焓、标准熵和生成吉布斯函数。各种水合离子的热力学数据是以 298.15K 时 H_3O^+ 的有效浓度(活度)为 1mol·kg^{-1} 的热力学数据为相对标准的，即规定：

[①] 准确的表达是：离子的质量摩尔浓度除以标准质量摩尔浓度，以其化学计量数为幂的乘积为一常数，此常数称为溶度积常数。

$$\Delta_r H_m^{\ominus}(\text{H}^+, \text{ao}^{①})=0, \quad \Delta_r G_m^{\ominus}(\text{H}^+, \text{ao})=0, \quad S_m^{\ominus}(\text{H}^+, \text{ao})=0$$

按式(1-26)有

$$\Delta_r G_m^{\ominus}(T) = -RT\ln K^{\ominus} = -2.303RT\lg K^{\ominus}$$

便可计算水溶液中离子反应的 $K^{\ominus}$ 或难溶电解质的 $K_{sp}^{\ominus}$。若缺少 $\Delta_r H_m^{\ominus}(T)$ 的数据，可用式(1-17) $\Delta_r G_m^{\ominus}(T) \approx \Delta_r H_m^{\ominus}(298\text{K}) - T\Delta_r S_m^{\ominus}(298\text{K})$ 进行近似计算。部分水合离子的热力学数据列于附录一。

二、沉淀溶解平衡的移动

1. 溶度积规则

在一定温度下，难溶电解质溶液中，任意情况下有关离子的质量摩尔浓度(除以标准质量摩尔浓度，以其化学计量数为幂)的乘积称为离子积(或反应商)，用符号 $\prod_B (b_B / b^{\ominus})^{\nu_B}$ 表示。

离子积与溶度积的表达式相同，但二者含义不同。$K_{sp}^{\ominus}$ 表示难溶电解质饱和溶液中有关离子浓度幂的乘积，它在一定温度下为一常数；$\prod_B (b_B / b^{\ominus})^{\nu_B}$ 则表示任意情况下有关离子浓度幂的乘积，其数值不一定是常数。例如，在 $Mg(OH)_2$ 溶液中的离子积为

$$\prod_B (b_B / b^{\ominus})^{\nu_B} = [b(\text{Mg}^{2+}) / b^{\ominus}] \cdot [b(\text{OH}^-) / b^{\ominus}]^2$$

在任何给定的溶液中，$\prod_B (b_B / b^{\ominus})^{\nu_B}$ 和 $K_{sp}^{\ominus}$ 之间可能有三种情况，借此可以判断沉淀的生成与溶解：

(1) $\prod_B (b_B / b^{\ominus})^{\nu_B} = K_{sp}^{\ominus}$ 系统为饱和溶液，此状态下并无沉淀析出。

(2) $\prod_B (b_B / b^{\ominus})^{\nu_B} < K_{sp}^{\ominus}$ 系统为未饱和溶液，不会有沉淀析出。若溶液中有沉淀存在，沉淀将溶解，直至溶液饱和。所以 $\prod_B (b_B / b^{\ominus})^{\nu_B} < K_{sp}^{\ominus}$ 是沉淀溶解的条件。

(3) $\prod_B (b_B / b^{\ominus})^{\nu_B} > K_{sp}^{\ominus}$ 系统为过饱和溶液，将有沉淀析出，直至溶液成为饱和溶液。所以 $\prod_B (b_B / b^{\ominus})^{\nu_B} > K_{sp}^{\ominus}$ 是沉淀生成的条件。

上述三条规则称为溶度积规则(the rule of solubility product)。实际上它是难溶电解质沉淀-溶解平衡移动规律的总结。人们可以依据这一规则，采取控制离子浓度的办法，使沉淀生成或溶解。

实践中，常在难溶电解质的饱和溶液中加入某种物质，这种物质能与难溶电解质的组分离子发生反应，生成弱电解质、配离子，或生成溶解度更小的物质，从而破坏原有的沉淀溶解平衡，促使难溶电解质溶解。

例如，生成弱电解质使沉淀溶解：

$$CaCO_3(s) \rightleftharpoons Ca^{2+}(aq) + CO_3^{2-}(aq)$$
$$2HCl \longrightarrow 2Cl^- + 2H^+$$
$$H_2CO_3 \rightleftharpoons H_2O + CO_2(g)$$

---

① ao 表示离子浓度为 $1.0\text{mol} \cdot \text{kg}^{-1}$ 的水溶液，且认为该离子不再解离。

结果，平衡向右移动，$[b(Ca^{2+})/b^{\ominus}]\cdot[b(CO_3^{2-})/b^{\ominus}]<K_{sp}^{\ominus}(CaCO_3)$，所以碳酸钙逐渐溶解。

又如，$Mg(OH)_2$ 的溶解：

$$Mg(OH)_2(s)\Longrightarrow Mg^{2+}(aq)+2OH^-(aq)$$
$$+$$
$$2NH_4Cl\longrightarrow 2Cl^-+2NH_4^+$$
$$\Updownarrow$$
$$2NH_3\cdot H_2O$$

或

$$Mg(OH)_2(s)\Longrightarrow Mg^{2+}(aq)+2OH^-(aq)$$
$$+$$
$$2HCl\longrightarrow 2Cl^-+2H^+$$
$$\Updownarrow$$
$$2H_2O$$

生成配离子使沉淀溶解，例如：

$$AgCl(s)\Longrightarrow Ag^+(aq)+Cl^-(aq)$$
$$+$$
$$2NH_3(aq)$$
$$\Updownarrow$$
$$[Ag(NH_3)_2]^+(aq)$$

发生氧化还原反应：硫化物的 $K_{sp}^{\ominus}$ 相差很大，所以硫化物在酸中的溶解情况差别也很大。$K_{sp}^{\ominus}>10^{-25}$ 的硫化物一般可溶于稀酸，如 $ZnS(白)$ $K_{sp}^{\ominus}=1.6\times10^{-24}$，可溶于 $0.3mol\cdot kg^{-1}$ 的盐酸；而 $K_{sp}^{\ominus}$ 更大的 $MnS(晶体)$ $K_{sp}^{\ominus}=2.5\times10^{-13}$，可溶于乙酸；$K_{sp}^{\ominus}$ 介于 $10^{-26}\sim10^{-30}$ 的硫化物一般不溶于稀酸而溶于浓盐酸，如 $PbS(黑)$ $K_{sp}^{\ominus}=8.0\times10^{-28}$，可溶于浓盐酸。$K_{sp}^{\ominus}$ 太小的 $CuS(黑)$，$K_{sp}^{\ominus}=6.3\times10^{-36}$，则不溶于浓盐酸。此时常加入氧化剂，如在 CuS 中加入硝酸，使硫化物发生氧化还原反应而溶解：

$$3CuS(s)+8HNO_3(aq)\longrightarrow 3Cu(NO_3)_2(aq)+3S(s)+2NO(g)+4H_2O(l)$$

2. 同离子效应

如果在难溶电解质的饱和溶液中加入含有相同离子的强电解质，则难溶电解质的多相平衡将向生成沉淀的方向移动。例如，在 $CaCO_3$ 饱和溶液中加入 Na_2CO_3，由于二者都有 CO_3^{2-}，依据化学平衡移动原理，$CaCO_3$ 的多相离子平衡将向左移动：

$$CaCO_3(s)\Longrightarrow Ca^{2+}(aq)+\boxed{CO_3^{2-}}(aq)$$
$$Na_2CO_3\longrightarrow 2Na^+(aq)+\boxed{CO_3^{2-}}(aq)$$

结果降低了 $CaCO_3$ 的溶解度。这种在难溶电解质饱和溶液中加入具有相同离子的强电解质，从而降低难溶电解质溶解度的现象称为同离子效应。

例题 2-10 试求室温下 AgCl 在 $0.010\,mol \cdot kg^{-1}$ NaCl 溶液中的溶解度。已知 $K_{sp}^{\ominus}(AgCl) = 1.77 \times 10^{-10}$。

解 设 AgCl 溶解度为 $s\,mol \cdot kg^{-1}$，则由 AgCl 溶解而得到的 $b(Ag^+)$、$b(Cl^-)$ 均为 $s\,mol \cdot kg^{-1}$。溶液中 Cl^- 的总浓度为 $(s+0.010)mol \cdot kg^{-1}$。

多相离子平衡式： $AgCl(s) \rightleftharpoons Ag^+(aq) + Cl^-(aq)$

平衡浓度/$mol \cdot kg^{-1}$ s $s+0.010$

代入溶度积常数表达式 $K_{sp}^{\ominus}(AgCl) = 1.77 \times 10^{-10} = s(s + 0.010) / (b^{\ominus})^2$

由于 s 很小，所以 $s+0.010 \approx 0.010$。代入上式得

$$s = 1.77 \times 10^{-8} mol \cdot kg^{-1}$$

答 AgCl 在 $0.010\,mol \cdot kg^{-1}$ NaCl 溶液中的溶解度为 $1.77 \times 10^{-8} mol \cdot kg^{-1}$。

与例题 2-8 比较，AgCl 的溶解度由纯水中的 $1.32 \times 10^{-5} mol \cdot kg^{-1}$ 降到 $1.77 \times 10^{-8} mol \cdot kg^{-1}$，二者之比约为 746 : 1。

由例题 2-10 可知，在洗涤沉淀时，选用含相同离子的电解质比用水作洗涤剂好，可减少因沉淀溶解而造成的损失。此外，氧化铝的生产通常是使 Al^{3+} 与 OH^- 反应生成 $Al(OH)_3$，再经焙烧制得 Al_2O_3。在制取 $Al(OH)_3$ 的过程中加入适当过量的沉淀剂 $Ca(OH)_2$ 可使溶液中的 Al^{3+} 沉淀更完全。若沉淀剂过量太多，盐效应的影响便不可忽视，沉淀会有部分溶解。

又如，锅炉用水中常含有 $CaCl_2$ 和 $CaSO_4$，它们易形成锅垢而可能发生危险。为此需加入沉淀剂 Na_2CO_3 使 Ca^{2+} 成为 $CaCO_3$ 而除去。由于 $CaCO_3$ 仍有少量溶解，为进一步降低 Ca^{2+} 的浓度，还可用 Na_3PO_4 补充处理，使之生成更难溶的 $Ca_3(PO_4)_2$ 沉淀而除去。反应如下：

$$3CaCO_3(s) + 2PO_4^{3-}(aq) \longrightarrow Ca_3(PO_4)_2(s) + 3CO_3^{2-}(aq)$$

3. 沉淀的转化

上述反应之所以能够实现，是因为在 25℃ 时 $Ca_3(PO_4)_2$ 的溶解度($1.31 \times 10^{-7} mol \cdot kg^{-1}$)比 $CaCO_3$ 的溶解度($2.23 \times 10^{-5} mol \cdot kg^{-1}$)更小。因而多相离子平衡向右移动，使溶液的 Ca^{2+} 浓度进一步减小。

在含有某种沉淀的溶液中，加入适当的沉淀剂，使之与其中某一离子结合为更难溶的另一种沉淀，称为沉淀的转化(inversion of precipitation)。沉淀转化反应进行的程度可以用反应的标准平衡常数 $K^{\ominus}$ 来衡量。沉淀转化反应的标准平衡常数越大，沉淀转化反应就越容易进行。若沉淀转化反应的标准平衡常数太小，沉淀转化反应将非常困难，甚至是不可能的。

根据溶度积规则，在含有难溶电解质固体的溶液中，只要使其离子积小于溶度积，这种难溶电解质就能溶解。因此，实践中常在该溶液中加入某种物质，这种物质能与难溶电解质的组分离子反应，生成溶解度更小的物质，从而破坏原来的沉淀溶解平衡，促使难溶电解质转化为其他沉淀。于是我们得出适用于沉淀转化的一条规律：当难溶电解质类型相同时，$K_{sp}^{\ominus}$ 大者向 $K_{sp}^{\ominus}$ 小者转化比较容易，二者 $K_{sp}^{\ominus}$ 相差越大，转化越完全；反之，$K_{sp}^{\ominus}$ 小者向 $K_{sp}^{\ominus}$ 大者转化比较困难，甚至不能转化。当难溶电解质类型不同时，必须通过计算转化反应的 $K^{\ominus}$ 来

进行判断。例如，下述转化反应：

$$CaSO_4(s) + CO_3^{2-}(aq) \rightleftharpoons CaCO_3(s) + SO_4^{2-}(aq)$$

$$K^{\ominus} = \frac{b(SO_4^{2-})/b^{\ominus}}{b(CO_3^{2-})/b^{\ominus}} = \frac{b(SO_4^{2-}) \cdot b(Ca^{2+})}{b(CO_3^{2-}) \cdot b(Ca^{2+})} = \frac{K_{sp}^{\ominus}(CaSO_4)}{K_{sp}^{\ominus}(CaCO_3)}$$

$$= 4.93 \times 10^{-5} / 2.8 \times 10^{-9} = 1.76 \times 10^4$$

可见，$CaSO_4$ 是可以向 $CaCO_3$ 转化的。

4. 分步沉淀和沉淀分离

如果溶液中同时含有几种离子，当加入某种沉淀剂时，都能与该沉淀剂发生沉淀反应，先后产生几种不同的沉淀，这种先后沉淀的现象称为分步沉淀(fractional precipitation)。

例如，在向含有相同浓度(设均为 $0.010\,mol \cdot kg^{-1}$)的 I^- 和 Cl^- 的混合溶液中，逐滴加入 $AgNO_3$ 溶液。开始只生成溶度积较小的淡黄色 AgI 沉淀($K_{sp}^{\ominus}=8.52 \times 10^{-17}$)，再继续滴加 $AgNO_3$ 溶液，才会析出溶度积较大的白色 $AgCl$ 沉淀($K_{sp}^{\ominus}=1.77 \times 10^{-10}$)。

利用溶度积常数可以分别计算出上述溶液中生成 AgI 和 $AgCl$ 沉淀所需 Ag^+ 的最低浓度：

沉淀 AgI 时　　$\dfrac{b(Ag^+)/b^{\ominus}}{b(I^-)/b^{\ominus}} = \dfrac{K_{sp}^{\ominus}(AgI)}{0.010} = \dfrac{8.52 \times 10^{-17}}{0.010} = 8.52 \times 10^{-15}$

沉淀 $AgCl$ 时　　$\dfrac{b(Ag^+)/b^{\ominus}}{b(Cl^-)/b^{\ominus}} = \dfrac{K_{sp}^{\ominus}(AgCl)}{0.010} = \dfrac{1.77 \times 10^{-10}}{0.010} = 1.77 \times 10^{-8}$

计算结果表明：沉淀 I^- 所需的 $b(Ag^+)$($8.52 \times 10^{-15}mol \cdot kg^{-1}$)比沉淀 Cl^- 所需的 $b(Ag^+)$($1.77 \times 10^{-8}mol \cdot kg^{-1}$)少得多，所以首先析出 AgI 沉淀。然后继续向混合溶液中不断滴加 $AgNO_3$ 溶液，使得 $b(Ag^+)$ 不断增大，当 $b(Ag^+)$ 达到 $1.77 \times 10^{-8}mol \cdot kg^{-1}$ 时，$AgCl$ 沉淀开始析出。

随着 $AgNO_3$ 溶液的不断加入，AgI 沉淀在不断析出，$b(I^-)$ 也在不断降低。当 $b(Ag^+)$ 增大到 $1.77 \times 10^{-8}mol \cdot kg^{-1}$ 时，此时的溶液对 AgI 和 $AgCl$ 都是饱和溶液。根据：

$$[b(Ag^+)/b^{\ominus}] \cdot [b(I^-)/b^{\ominus}] = K_{sp}^{\ominus}(AgI) = 8.52 \times 10^{-17}$$

计算此时溶液中 I^- 的质量摩尔浓度为

$$b(I^-) = \frac{8.52 \times 10^{-17}}{1.77 \times 10^{-8}} = 4.81 \times 10^{-9}mol \cdot kg^{-1}$$

这就是说，当 $AgCl$ 开始沉淀时，I^- 早已沉淀完全[①]。因此，适当控制 Ag^+ 浓度，就可达到有效分离混合溶液中 I^- 和 Cl^- 的目的。

例题 2-11　在 $1.0kg$ $0.20mol \cdot kg^{-1}$ $ZnSO_4$ 溶液中含有 Fe^{2+} 杂质为 $0.056g$。加入氧化剂将 Fe^{2+} 氧化为 Fe^{3+} 后，调溶液 pH 生成 $Fe(OH)_3$ 而除去杂质，如何控制溶液的 pH？

已知：$K_{sp}^{\ominus}[Zn(OH)_2] = 3.0 \times 10^{-17}$，$K_{sp}^{\ominus}[Fe(OH)_3] = 2.79 \times 10^{-39}$，$A_r(Fe)=56$。

解　溶液中 Fe^{3+} 的浓度

$$b(Fe^{3+}) = b(Fe^{2+}) = \frac{0.056g}{56g \cdot mol^{-1}} \div 1kg = 1.0 \times 10^{-3}mol \cdot kg^{-1}$$

[①] 溶液中残留离子的浓度小于 $1.0 \times 10^{-5}mol \cdot kg^{-1}$ 时，认为沉淀已经完全了。

多相离子平衡式 $\qquad$ $Fe(OH)_3(s) \rightleftharpoons Fe^{3+}(aq) + 3OH^-(aq)$

根据溶度积常数表达式：

$$K_{sp}^{\ominus}[Fe(OH)_3] = [b(Fe^{3+})/b^{\ominus}] \cdot [b(OH^-)/b^{\ominus}]^3 = 2.79 \times 10^{-39}$$

若除尽杂质 Fe^{3+}，则溶液中 $b(Fe^{3+}) \leqslant 1.0 \times 10^{-5} mol \cdot kg^{-1}$，得

$$b(OH^-) = \sqrt[3]{2.79 \times 10^{-39}/1.0 \times 10^{-5}} = 6.53 \times 10^{-12}(mol \cdot kg^{-1})$$

此时溶液 pH = 14–pOH = 14 + lg 6.53×10⁻¹² = 2.81。

此时溶液 pH = 14–pOH = $14 + \lg 6.53 \times 10^{-12} = 2.81$。

多相离子平衡式 $\qquad$ $Zn(OH)_2(s) \rightleftharpoons Zn^{2+}(aq) + 2OH^-(aq)$

根据溶度积常数表达式：

$$K_{sp}^{\ominus}[Zn(OH)_2] = [b(Zn^{2+})/b^{\ominus}] \cdot [b(OH^-)/b^{\ominus}]^2 = 3.0 \times 10^{-17}$$

若 $Zn(OH)_2$ 沉淀不生成，当 $b(Zn^{2+}) = 0.20 mol \cdot kg^{-1}$ 时，得

$$b(OH^-) = \sqrt{3.0 \times 10^{-17}/0.20} = 1.22 \times 10^{-8}(mol \cdot kg^{-1})$$

此时溶液 pH = 14–pOH = $14 + \lg 1.22 \times 10^{-8} = 6.09$。

答 若要除去杂质 Fe^{2+} 又不让 $Zn(OH)_2$ 沉淀生成，应控制溶液的 pH 在 2.81～6.09。

利用分步沉淀的原理，可以使多种离子分离开来。分步沉淀的次序与 $K_{sp}^{\ominus}$ 的大小及沉淀的类型有关，沉淀类型相同且被沉淀离子浓度相同时，$K_{sp}^{\ominus}$ 小者先沉淀，$K_{sp}^{\ominus}$ 大者后沉淀，而且两种沉淀的溶度积相差越大，分离得越彻底；沉淀类型不同时，要通过计算确定。当然，沉淀的先后次序除与溶度积有关外，还与溶液中被沉淀离子的初始浓度有关。总之，当溶液中同时存在多种离子时，加入沉淀剂后，离子积首先达到溶度积的难溶电解质先沉淀，离子积后达到溶度积的难溶电解质则后沉淀。

 扫一扫 介绍搞笑诺贝尔奖

第六节 配位平衡
(Coordination Equilibrium)

配位化合物[①](简称配合物)是一类组成比较复杂、涉及面极为广泛的化合物。它广泛应用于工业、农业、国防和航天等领域。现代分离技术、化学模拟生物固氮、配位催化等都与配位化合物有着密切的关系。特别是在医药学、生物学等方面有着特殊的重要性。人体必需的金属离子许多都是以配合物的形式存在；体内的有害金属，可选择合适的配体与其结合而排出体外；顺铂[顺式二氯·二氨合铂(Ⅱ)]的开发利用，使得研究和合成具有抗病毒、消炎抗菌和抗癌活性的金属配合物药物成为热点。近几年来，人们对配合物的合成、性质、结构和应用做了大量工作，取得了一系列成果。

配位化合物中的配离子在溶液中是可以解离的，配离子的解离平衡称为配位平衡。配位平衡由于配离子的特殊稳定性而有自己的特点。配位平衡的特征正是使配位化合物在近代科

---

① 1979 年 9 月中国化学会无机化学专业委员会命名小组决定将络合物定名为配位化合物，简称配合物。相应地，络离子称配位离子或配离子。

学技术中获得广泛应用的基础之一。

一、配位化合物的概念、组成和命名

1. 配位化合物的概念

由一个简单正离子(或原子)与一定数目的中性分子或负离子以配位键结合,形成的不易解离的复杂离子或分子通常称为配位单元。含有配位单元的化合物称为配位化合物(coordination compounds)。配位单元可以是配阳离子,如$[Cu(NH_3)_4]^{2+}$和$[Ag(NH_3)_2]^+$;可以是配阴离子,如$[Fe(CN)_6]^{4-}$和$[PtCl_6]^{2-}$;也可以是中性配位分子,如$Ni(CO)_4$和$Fe(CO)_5$。

$[Cu(NH_3)_4]^{2+}$是由简单的Cu^{2+}和中性NH_3分子中的N以配位键结合形成的复杂离子。它几乎已经失去了原简单离子(Cu^{2+})的性质,如颜色转变为深蓝色,与碱不再生成浅蓝色胶状沉淀等。

2. 配位化合物的组成

带正电荷(或中性原子)的中心离子(central ion)(也称中心原子)占据配合物的中心位置,它是配离子的形成体。在它周围直接配位着一些中性分子或简单阴离子,称为配位体(ligand)。中心离子与配位体构成了配离子或中性配位分子,称为配合物的内界(inner sphere),而带有与配离子异号电荷的离子称为外界(outer sphere),中性配位分子无外界。外界的离子与配离子以静电引力相结合,形成离子键,在水溶液中,配合物内外界之间全部解离。配合物的组成如下所示:

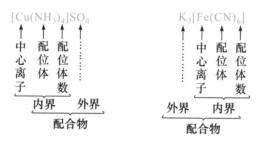

在配位体中与中心离子直接结合的原子称为配位原子(coordination atom)。例如,配位体CO中,配位原子是C。含有一个配位原子的配位体称为单齿配位体(monodentate ligand),如F^-;含有两个及以上配位原子的配位体称为多齿配位体(polydentate ligand)。其中含有两个配位原子的配位体称为二齿配位体,如$H_2N—CH_2—CH_2—NH_2$(简写为 en);含三个配位原子的配位体称为三齿配位体,以此类推。

配合物中配位原子的总数称为配位数(coordination number)。注意配位数和配体数的区别,如作为单齿配位体的NH_3分子中,配位原子是N,在$[Cu(NH_3)_4]^{2+}$中,配位体NH_3数与配位数相同;在CN^-中,配位原子是C,在$[Fe(CN)_6]^{3-}$中,配位体CN^-离子数与配位原子数也相同。但是,在多齿配体中,配位数与配位体数就不再相同了,如$[Cu(en)_2]^{2+}$中,配体数是 2,而配位数是 4。

影响配位数的因素很多。但有些中心离子形成配离子时,常常具有不变的配位数,称为特征配位数。例如,氧化数为+1 的Ag^+,其特征配位数是 2;氧化数为+2 的Cu^{2+}、Zn^{2+}的特征配位数为 4;氧化数为+3 的Cr^{3+}的特征配位数是 6。当然,配位数也不是一成不变的,如

Zn^{2+}、Fe^{2+}的配位数有时就表现为 6。

3. 配离子的电荷

配离子的电荷数等于中心离子的电荷数与配体的总电荷数的代数和。例如：

$$Fe^{3+}+6CN^- \longrightarrow [Fe(CN)_6]^{3-} \qquad (+3-6=-3)$$
$$Fe^{2+}+6CN^- \longrightarrow [Fe(CN)_6]^{4-} \qquad (+2-6=-4)$$

配体是中性分子时，配离子的电荷数等于中心离子的电荷数，如$[Cu(NH_3)_4]^{2+}$。也可由配合物外界离子的电荷数来确定配离子的电荷数。

4. 配位化合物的命名

配合物命名时，遵循无机化合物的命名原则，命名为某化某、某酸某、某酸和氢氧化某。内界中，以"合"字将配位体与中心离子连接起来，按如下格式命名：

配位体数—配位体名称—"合"—中心离子名称(中心离子氧化数)

其中配位体数用一、二、三、四……表示，氧化数用罗马数字表示。几种不同配体之间要用"·"隔开，命名原则如下：

当配合物中同时有几种配体时，无机配体名称在前，有机配体在后；阴离子配体名称在前，中性分子在后；简单阴离子名称在前，复杂离子(原子数多)在后。例如：

$[CoCl(NH_3)_5]Cl_2$	二氯化一氯·五氨合钴(Ⅲ)
$[Cr(OH)_3(H_2O)(en)]$	三羟基·一水·乙二胺合铬(Ⅲ)

同类配体名称，按配位原子元素符号的英文字母顺序排列。例如：

$[Co(NH_3)_5H_2O]Cl_3$	三氯化五氨·一水合钴(Ⅲ)

有些配合物有习惯上常用的名称，如$K_4[Fe(CN)_6]$称亚铁氰化钾(黄血盐)。

常见配体的名称如下：

常见的单齿配体：F^-(氟)、Cl^-(氯)、Br^-(溴)、I^-(碘)、OH^-(羟基)、CN^-(氰根)、NC^-(异氰根)、H_2O(水)、NH_3(氨)、SCN^-(硫氰酸根)、NCS^-(异硫氰酸根)、CO(羰基)、NO_2^-(硝基)、ONO^-(亚硝酸根)、N_3^-(叠氮)等。

常见的多齿配体：$H_2N-CH_2-CH_2-NH_2$(乙二胺，缩写 en)，$-OOC-COO-$($C_2O_4^{2-}$，草酸根)，$H_2N-(CH_2)_2-NH-(CH_2)_2-NH_2$(二乙基三胺，缩写 dien)，$N-(CH_2-CH_2-NH_2)_3$(氨基三乙胺)，$(-COO-CH_2)_2-N-CH_2-CH_2-N-(CH_2-COO-)_2$(乙二胺四乙酸及其盐离子，缩写 EDTA)。

命名实例如下：

$[Cu(NH_3)_4]SO_4$	硫酸四氨合铜(Ⅱ)
$[CoCl_3(NH_3)_3]$	三氯·三氨合钴(Ⅲ)
$[PtCl(NO_2)(NH_3)_4]CO_3$	碳酸一氯·一硝基·四氨合铂(Ⅳ)
$K_4[PtCl_6]$	六氯合铂(Ⅱ)酸钾
$K_2[HgI_4]$	四碘合汞(Ⅱ)酸钾
$Co_2(CO)_8$	八羰基合二钴
$[Cu(en)_2]SO_4$	硫酸二乙二胺合铜(Ⅱ)

Ni(CO)₄　　　　　　　　　　四羰基合镍

H₂[SiF₆]　　　　　　　　　　六氟合硅(Ⅳ)酸

[Ag(NH₃)₂]OH　　　　　　　　氢氧化二氨合银(Ⅰ)

二、配位平衡概念

配合物在水溶液中，其内界与外界间的解离与强电解质相同。例如：

$$[Cu(NH_3)_4]SO_4 \rightleftharpoons [Cu(NH_3)_4]^{2+} + SO_4^{2-}$$

解离出来的配阳离子$[Cu(NH_3)_4]^{2+}$在水溶液中有一小部分会再解离为它的组成离子和分子

$$[Cu(NH_3)_4]^{2+} \rightleftharpoons Cu^{2+} + 4NH_3$$

这种解离如同弱电解质在水溶液中的情形一样，存在着解离平衡，即配位平衡(coordination equilibrium)。配离子的解离度很小。例如，在$[Cu(NH_3)_4]^{2+}$溶液中加入少量 NaOH 后不会析出 $Cu(OH)_2$ 沉淀。这是由于 $b(Cu^{2+})$ 很小，$b(Cu^{2+})$ 与 $b(OH^-)$ 之积小于 $K_{sp}^{\ominus}[Cu(OH)_2]= 2.2\times10^{-20}$，说明配离子具有相当的稳定性。但是若加入少量 Na₂S 于溶液中，则会有 CuS 沉淀析出，因为 CuS 的溶度积很小，$K_{sp}^{\ominus}(CuS)=6.3\times10^{-36}$，只要很小的 $b(Cu^{2+})$ 就可以生成沉淀。这也表明上述解离是事实，只是解离度很小而已。

三、配离子的稳定常数

配位平衡与其他化学平衡一样，服从质量作用定律并且有其相应的平衡常数。以 $[Cu(NH_3)_4]^{2+}$ 的解离平衡为例：

$$[Cu(NH_3)_4]^{2+} \rightleftharpoons Cu^{2+} + 4NH_3$$

$$K^{\ominus} = \frac{[b(Cu^{2+})/b^{\ominus}]\cdot[b(NH_3)/b^{\ominus}]^4}{b([Cu(NH_3)_4]^{2+})/b^{\ominus}} \tag{2-25}$$

$K^{\ominus}$ 的数值可以表示配离子的解离程度，因此称其为配离子的不稳定常数(unstability constant)，以 $K^{\ominus}$(不稳)表示。配离子不稳定常数的倒数称为配离子的稳定常数(stability constant)，以 $K^{\ominus}$(稳)表示，例如：

$$\begin{aligned} K^{\ominus}\{稳, [Cu(NH_3)_4]^{2+}\} &= \frac{1}{K^{\ominus}\{不稳, [Cu(NH_3)_4]^{2+}\}} \\ &= \frac{b([Cu(NH_3)_4]^{2+})/b^{\ominus}}{[b(Cu^{2+})/b^{\ominus}]\cdot[b(NH_3)/b^{\ominus}]^4} \end{aligned} \tag{2-26}$$

显然，配离子的稳定常数可以用来表征配离子的稳定性。$K^{\ominus}$(稳)越大，配离子越稳定，这种配离子在水溶液中更难解离。配离子的稳定性[①]是人们应用配合物时首先要考虑的因素。因此配离子的稳定常数是一个重要的参数。部分配离子的稳定常数列于附录三中。配合物在溶液中的稳定性与配合物的对热稳定性是两个不同的概念，不能相互混淆。对热稳定性是指

---

① "稳定性"一词含义相当笼统、广泛。化合物的稳定性是有条件的。为避免概念上的模糊和误解，在涉及一个化合物的稳定性时，必须同时指出该化合物所处的具体环境或具体作用对象。

配合物经加热而分解为中性组分的难易程度。在溶液中的稳定性是指配离子在溶液中进行解离的程度。

四、配位平衡的移动

配位平衡也是一种动态平衡。当平衡的条件(浓度、温度等)发生变化时,平衡也将被破坏而移动。配位平衡的移动同样遵守勒夏特列原理。以$[Cu(NH_3)_4]^{2+}$的解离平衡为例:

$$[Cu(NH_3)_4]^{2+} \rightleftharpoons Cu^{2+} + 4NH_3$$

在此平衡系统中加入 Na_2S 溶液,由于生成了溶解度很小的 CuS 沉淀,溶液中的 $b(Cu^{2+})$ 减小,于是平衡会向配离子解离的方向移动:

$$[Cu(NH_3)_4]^{2+} \rightleftharpoons \begin{array}{c} Cu^{2+} \\ + \\ S^{2-} \\ \big\updownarrow \\ CuS(s) \end{array} + 4NH_3$$

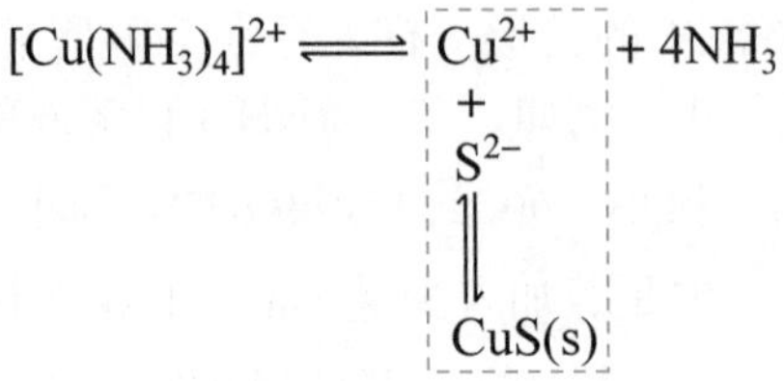

上述过程可表示为

$$[Cu(NH_3)_4]^{2+} + S^{2-} \longrightarrow CuS(s) + 4NH_3$$

若在$[Cu(NH_3)_4]^{2+}$的解离平衡系统中加入酸,由于 H^+ 与 NH_3 结合生成更稳定的 NH_4^+,溶液中 $b(NH_3)$ 减小,平衡也将向配离子解离的方向移动:

$$[Cu(NH_3)_4]^{2+} \rightleftharpoons Cu^{2+} + \begin{array}{c} 4NH_3 \\ + \\ 4H^+ \\ \big\updownarrow \\ 4NH_4^+ \end{array}$$

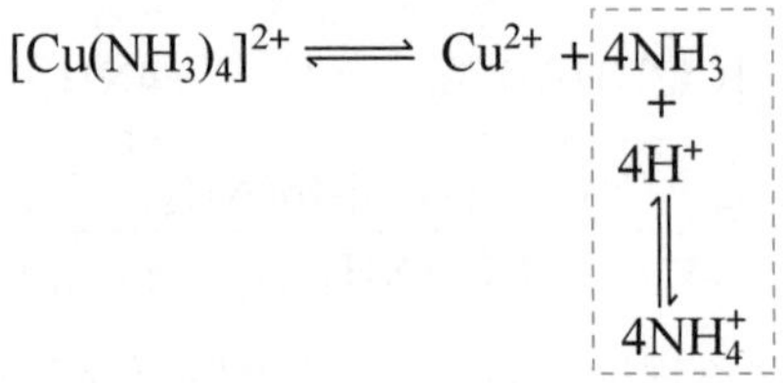

即

$$[Cu(NH_3)_4]^{2+} + 4H^+ \longrightarrow Cu^{2+} + 4NH_4^+$$

结果,深蓝色的配离子溶液变成水合 Cu^{2+} 的浅蓝色。这种由于酸的加入而导致配离子稳定性降低的作用称为酸效应(acid effect)。

由于配离子具有很好的稳定性,因而常用形成配离子的反应使多相离子平衡向着沉淀溶解的方向移动。例如,在氯化银饱和溶液中:

$$AgCl(s) \rightleftharpoons Ag^+(aq) + Cl^-(aq)$$

加入足够量的浓氨水,建立下列配位平衡:

$$Ag^+ + 2NH_3 \rightleftharpoons [Ag(NH_3)_2]^+$$

稳定的$[Ag(NH_3)_2]^+$的形成使上述多相平衡系统向右移动,于是 AgCl 沉淀溶解。这个过程可用下式表示:

$$AgCl(s) \rightleftharpoons Ag^+(aq) + Cl^-(aq)$$

（图示：Ag⁺ 下方 + 2NH₃ 向下平衡箭头 [Ag(NH₃)₂]⁺）

即

$$AgCl(s) + 2NH_3 \rightleftharpoons [Ag(NH_3)_2]^+ + Cl^-$$

这种由于配位平衡的建立而导致沉淀溶解的作用称为溶解效应(solubility effect)。

在有配离子参加的反应中，一种配离子还可以转化为更稳定的另一种配离子。这种配离子转化反应的方向可用平衡常数来进行判断。例如：

$$[HgCl_4]^{2-} + 4I^- \rightleftharpoons [HgI_4]^{2-} + 4Cl^-$$

该反应涉及两个共存的配位平衡系统，它们的稳定常数分别是

$$K^\ominus\{稳,[HgCl_4]^{2-}\} = \frac{b([HgCl_4]^{2-})/b^\ominus}{[b(Hg^{2+})/b^\ominus]\cdot[b(Cl^-)/b^\ominus]^4} = 1.7\times10^{15}$$

$$K^\ominus\{稳,[HgI_4]^{2-}\} = \frac{b([HgI_4]^{2-})/b^\ominus}{[b(Hg^{2+})/b^\ominus]\cdot[b(I^-)/b^\ominus]^4} = 6.76\times10^{29}$$

按多重平衡规则，配离子转化反应的平衡常数为上述两个 $K^\ominus$(稳)值之商，即

$$K^\ominus = \frac{6.76\times10^{29}}{1.7\times10^{15}} = 5.78\times10^{14}$$

可以看出，$[HgCl_4]^{2-}$ 转化为 $[HgI_4]^{2-}$ 的趋势极大，即上述反应可以正向进行。

配位平衡还可因氧化还原反应而发生移动。例如，采用氰化法提炼银时，矿粉中的银先生成配离子 $[Ag(CN)_2]^-$：

$$4Ag + 8NaCN + O_2 + 2H_2O \longrightarrow 4Na[Ag(CN)_2] + 4NaOH$$

溶液中存在下述配位平衡：

$$Ag^+ + 2CN^- \rightleftharpoons [Ag(CN)_2]^-$$

若向溶液中加入锌，Ag^+ 与锌发生下述反应：

$$2Ag^+ + Zn \longrightarrow 2Ag + Zn^{2+}$$

则上述平衡向配离子解离的方向移动：

$$[Ag(CN)_2]^- \rightleftharpoons Ag^+ + 2CN^-$$

结果得到了金属银。

配位平衡和一般的化学平衡一样，利用其稳定常数可以进行有关的计算。

例题 2-12　在 50g 含 0.10mol 乙二胺的溶液中加入 50g 含 0.010mol Ni^{2+} 的溶液。求平衡时溶液中的 $b(Ni^{2+})$。已知 $K^\ominus\{稳,[Ni(en)_3]^{2+}\}=2.14\times10^{18}$。

解　配位平衡　　　　　　$Ni^{2+} + 3en \rightleftharpoons [Ni(en)_3]^{2+}$

因 $K^\ominus$(稳)值较大，$[Ni(en)_3]^{2+}$的浓度可近似看作与 Ni^{2+}的初始浓度相同，即为 $0.010mol/100g=0.10mol \cdot kg^{-1}$；乙二胺的初始浓度为 $0.10mol/100g$，即 $1.0mol \cdot kg^{-1}$，则未化合的乙二胺的浓度 $b(en)=(1.0-3\times0.10)mol \cdot kg^{-1} = 0.70mol \cdot kg^{-1}$。

设平衡溶液中 $b(Ni^{2+}) = x \, mol \cdot kg^{-1}$，代入 $K^\ominus$(稳)表达式：

$$K^\ominus(\text{稳}) = 2.14\times10^{18} = \frac{b([Ni(en)_3]^{2+})/b^\ominus}{[b(Ni^{2+})/b^\ominus] \cdot [b(en)/b^\ominus]^3} = \frac{0.10}{x \cdot 0.70^3}$$

解得

$$x = 1.36\times10^{-19}$$

所以

$$b(Ni^{2+}) = x \, mol \cdot kg^{-1} = 1.36\times10^{-19} mol \cdot kg^{-1}$$

答　平衡时，溶液中的 $b(Ni^{2+}) = 1.36\times10^{-19} mol \cdot kg^{-1}$。

例题 2-13　求在 25℃时，$1.0 \, kg \, 6.0mol \cdot kg^{-1}$ 氨水中可溶解 AgCl 的物质的量。

解　AgCl 与氨水作用的反应式：$AgCl(s) + 2NH_3 \rightleftharpoons [Ag(NH_3)_2]^+ + Cl^-$

其平衡常数表达式为

$$K^\ominus = \frac{\{b([Ag(NH_3)_2]^+)/b^\ominus\} \cdot [b(Cl^-)/b^\ominus]}{[b(NH_3)/b^\ominus]^2}$$

应用多重平衡规则，可得

$$K^\ominus = K^\ominus\{\text{稳},[Ag(NH_3)_2]^+\} \cdot K_{sp}^\ominus(AgCl)$$

查表可知 $K^\ominus\{\text{稳},[Ag(NH_3)_2]^+\} = 1.12\times10^7$，$K_{sp}^\ominus(AgCl) = 1.77\times10^{-10}$。代入平衡常数表达式得

$$K^\ominus = 1.12\times10^7 \times 1.77\times10^{-10} = 1.98\times10^{-3}$$

设溶解的 AgCl 为 $x \, mol$，则平衡时各物质的浓度分别为

$$b([Ag(NH_3)_2]^+) = x \, mol \cdot kg^{-1}, b(Cl^-) = x \, mol \cdot kg^{-1}, b(NH_3) = (6.0-2x)mol \cdot kg^{-1}$$

将数据代入其平衡常数表达式：

$$K^\ominus = \frac{x^2}{(6.0-2x)^2} = 1.98\times10^{-3}$$

解得

$$x = 0.24$$

答　在 25℃时，$1.0kg \, 6.0mol \cdot kg^{-1}$ 氨水中可溶解 0.24mol 氯化银。

五、配位化合物的应用

随着科学技术的发展，配位化合物在科学研究和生产实践中的应用也日益广泛。

分析化学中的许多鉴定反应都是形成配合物的反应。例如，下述反应可以根据沉淀的生成及沉淀的特殊颜色来判断 Fe^{2+}、Fe^{3+}、Zn^{2+} 的存在：

$$xK^+ + xFe^{2+} + x[Fe(CN)_6]^{3-} \longrightarrow [KFe(CN)_6Fe]_x(s)$$

（浅绿色）　　　　（褐色）　　　　　　　（深蓝色）

$$xK^+ + xFe^{3+} + x[Fe(CN)_6]^{4-} \longrightarrow [KFe(CN)_6Fe]_x(s)$$

（棕黄色）　　　　（黄色）　　　　　　　（深蓝色）

$$3Zn^{2+} + 2[Fe(CN)_6]^{3-} \longrightarrow Zn_3[Fe(CN)_6]_2(s)$$

（无色）　　　　（褐色）　　　　　　　（黄色）

螯合物(chelating agent)是多齿配位体与中心离子形成的环状结构的配合物（"螯合"即成环的意思）。螯合物具有特殊的稳定性和特征的颜色，因此螯合剂是十分灵敏的试剂。例如，

丁二肟作为 Ni^{2+} 的特征试剂(镍试剂)，其鉴定反应为

$$Ni^{2+} + 2\ \underset{CH_3-C=NOH}{\overset{CH_3-C=NOH}{|}} \ +2NH_3 \longrightarrow \text{(丁二肟合镍)} (s)+2NH_4^+$$

（绿色）　　（丁二肟, 无色）　　（无色）　　　　　　（丁二肟合镍, 鲜红色）

丁二肟是二齿配体。乙二胺四乙酸的酸根是六齿配体，简称 EDTA，其酸用 H_4Y 表示。常用的是其二钠盐 Na_2H_2Y(也称 EDTA)。EDTA 酸根 Y^{4-} 与许多金属离子可以形成稳定性很高的螯合物，在分析化学中形成了一类独立的定量分析方法——配位滴定法。

近代分离元素的方法之一是以形成配合物为基础的。例如，稀土元素在性质上十分相似，在自然界又总是共生在一起，很难把它们分离开来。但是可以用螯合剂使它们形成性质上有差异的螯合物。例如，利用草酸铵或草酸钾可溶解某些稀土元素的草酸盐，生成螯合物 $(NH_4)_3[RE(C_2O_4)_3]$(RE 表示稀土元素)，而另一些稀土元素的草酸盐则不溶解，因而可以进行分离。

近年来，配位催化反应的研究和应用发展很快。例如，将乙烯氧化为乙醛，使用 $PdCl_2$ 为催化剂。此反应首先生成配合物 $[PdCl_2(H_2O)(C_2H_4)]$，再分解为 CH_3CHO。配位催化在合成橡胶、合成树脂等方面也有广泛应用。在利用太阳能分解水以制取最佳能源之一的氢(光解制氢)中，也有关于配位催化的报道。

电镀工艺中常用配合物溶液作电镀液。这样既可保证溶液中被镀金属的离子浓度不会太大，又可保证此离子得到源源不断的供应，这是保证镀层质量的重要条件。例如，若用 $CuSO_4$ 溶液镀铜，虽操作简单，但镀层粗糙、厚薄不匀、镀层与基体金属附着力差。若采用焦磷酸钾 $(K_4P_2O_7)$ 为配位剂组成含 $[Cu(P_2O_7)_2]^{6-}$ 的电镀液，由于下述解离平衡的存在：

$$[Cu(P_2O_7)_2]^{6-} \rightleftharpoons Cu^{2+} + 2P_2O_7^{4-}$$

金属晶体在镀件上析出的速率减小，有利于新晶核的产生，从而可以得到比较光滑、均匀、附着力较好的镀层。上述电镀方法称无氰电镀。目前在电镀生产中，还大量采用着含氰化物的电镀液。由于氰化物(如 KCN)极毒，电镀生产的含氰废液都需要进行消毒处理，以免造成公害。这时可采用 $FeSO_4$ 溶液处理，使之生成毒性很小的六氰合铁(Ⅱ)酸亚铁：

$$6NaCN + 3FeSO_4 \longrightarrow Fe_2[Fe(CN)_6] + 3Na_2SO_4$$

配合物在生物化学方面也起着重要作用。例如，植物光合作用依靠的叶绿素是 Mg^{2+} 的复杂配合物；输送 O_2 的血红素是 Fe^{2+} 的配合物；起血凝作用的是 Ca^{2+} 的配合物；在人体内调节物质代谢的胰岛素是锌的配合物等。豆科植物根瘤菌中的固氮酶是铁、钼的蛋白质配合物，它可以把空气中的氮直接转化为可被植物吸收的氮的化合物。如果仿生学能实现人工合成固氮酶，人们就可以在常温常压下实现氨的合成，从而深刻改变农业生产的面貌。配合物在药物治疗中也日益显示其强大的生命力，抗癌金属配合物在防癌、治癌方面将会发挥更大的作用。

在网上查出所需的化学数据

思考题与习题

一、判断题

1. 纯液体的饱和蒸气压与溶剂的性质和温度有关，与溶剂的量无关。   (   )

2. 凝固点降低法可以测血红蛋白的相对分子量。   (   )

3. 与中心离子配位的配体数目，就是中心离子的配位数。   (   )

4. 质量相等的丁二胺[$H_2N(CH_2)_4NH_2$]和尿素[$CO(NH_2)_2$]分别溶于 1000g 水中，所得两溶液的凝固点相同。   (   )

5. 0.40mol·kg^{-1} HAc 溶液中的 $b(H^+)$ 是 0.10mol·kg^{-1} HAc 溶液中的 $b(H^+)$ 的 4 倍。   (   )

6. 配位化合物的稳定常数较大者，其稳定性一定较强。   (   )

7. 在冰冻的地面上撒一些草木灰，冰较易融化。   (   )

8. 两种难溶电解质，其溶解度小者 $K_{sp}^{\ominus}$ 一定小。   (   )

9. 氢氧化钠的物质的量是 1mol 的说法是不明确的。   (   )

10. 缓冲溶液的总浓度一定时，缓冲比越大，其缓冲容量就越大。   (   )

11. Na_2CO_3 溶液中 H_2CO_3 的浓度近似等于 $K_{b_2}^{\ominus}$。   (   )

12. AgCl 难溶于水，其水溶液导电性不显著，但它是强电解质。   (   )

13. 在 H_2S 的饱和溶液中加入 Cu^{2+}，溶液的 pH 将变小。   (   )

14. 在 100g 水中溶解 5.2g 摩尔质量为 60g·mol^{-1} 某非电解质，此溶液在标准态压强下的沸点为 100.45℃。   (   )

15. 根据酸碱质子理论，酸与碱具有共轭关系，酸越强其共轭碱越弱。   (   )

二、选择题

16. 下列物质在水溶液中，凝固点最低的是   (   )

A. 0.2mol·kg^{-1} $C_{12}H_{22}O_{11}$ B. 0.2mol·kg^{-1} HAc

C. 0.2mol·kg^{-1} NaCl   D. 0.1mol·kg^{-1} HAc

17. 质量摩尔浓度为 1.00mol·kg^{-1} 的 NaCl 水溶液中，溶质的摩尔分数 x_B 和质量分数 w_B 分别为   (   )

A. 1.00, 18.09%   B. 0.055, 17.0%   C. 0.0177, 5.53%   D. 0.180, 5.85%

18. 下列物质中，既可以作为酸又可以作为碱的是   (   )

A. PO_4^{3-} B. H_3O^+ C. NH_4^+ D. HCO_3^-

19. 已知 298K 时，$K_{sp}^{\ominus}(Ag_2CrO_4) = 1.2 \times 10^{-12}$，则在该温度下 0.1mol·$kg^{-1}$ CrO_4^{2-} 溶液中滴加 $AgNO_3$，则开始产生沉淀时溶液中 Ag^+ 浓度约为   (   )

A. 1.2×10^{-11} mol·kg^{-1} B. 6.5×10^{-5} mol·kg^{-1}

C. 0.1mol·kg^{-1} D. 3.46×10^{-6} mol·kg^{-1}

20. 已知水的 $K_f = 1.86$ K·kg·mol^{-1}，测得某人血清的凝固点为 -0.56℃，则该血清的浓度为   (   )

A. 332mmol·kg^{-1} B. 147mmol·kg^{-1} C. 301mmol·kg^{-1} D. 146mmol·kg^{-1}

21. 下列混合溶液中，属于缓冲溶液的是   (   )

A. 0.1mol·kg^{-1} NaAc 与 0.1mol·kg^{-1} HCl 等体积混合

B. 0.1mol·kg^{-1} HAc 与 0.2mol·kg^{-1} NaOH 等体积混合

C. 0.2mol·kg^{-1} HAc 与 0.1mol·kg^{-1} NaOH 等体积混合

D. 0.2mol·kg^{-1} HAc 与 0.1mol·kg^{-1} HCl 等体积混合

22. 已知 H_3PO_4 的 $pK_{a_1}^{\ominus} = 2.12$，$pK_{a_2}^{\ominus} = 7.20$，$pK_{a_3}^{\ominus} = 12.36$，则浓度均为 $0.10mol \cdot L^{-1}$ KH_2PO_4 溶液和 K_2HPO_4 溶液等体积混合后，溶液的 pH 为 　　　　（　　）

    A. 4.66　　　　　　　B. 9.78　　　　　　　C. 7.20　　　　　　　D. 12.36

23. 已知 $[Cu(NH_3)_4]^{2+}$ 的稳定常数为 1.0×10^{13}。向 $0.1mol \cdot kg^{-1}$ $CuSO_4$ 溶液中通入氨气，当溶液中 $b(NH_3) = 1.0mol \cdot kg^{-1}$ 时，溶液中 $b(Cu^{2+})$（单位 $mol \cdot kg^{-1}$）的数量级为 　　　　（　　）

    A. 10^{-14}　　　　　　B. 10^{-13}　　　　　　C. 10^{-12}　　　　　　D. 10^{-11}

24. 已知 $Ca_3(PO_4)_2$ 的溶解度为 $7.19 \times 10^{-7} mol \cdot kg^{-1}$，则该化合物的溶度积常数为 　　　　（　　）

    A. 2.08×10^{-29}　　　B. 1.92×10^{-31}　　　C. 7.68×10^{-31}　　　D. 5.2×10^{-30}

25. $Na_2S_2O_3$ 可以作为重金属中毒时的解毒剂，这是利用它的 　　　　（　　）

    A. 还原性　　　　　　B. 氧化性　　　　　　C. 配位性　　　　　　D. 与重金属离子生成难溶物

26. 欲使被半透膜隔开的两种溶液间不发生渗透，应使两溶液（两溶液中的基本单元均为溶质的分子式表示） 　　　　（　　）

    A. 物质的量浓度相同　　　　　　　　　B. 渗透浓度相同

    C. 质量浓度相同　　　　　　　　　　　D. 质量摩尔浓度相同

27. 下列物质不能作为配合物配体的是 　　　　（　　）

    A. CH_3NH_2　　　　　B. NH_3　　　　　　C. NH_4^+　　　　　　D. CO

28. 在 PbI_2 沉淀中加入过量的 KI 溶液，使沉淀溶解的原因是 　　　　（　　）

    A. 同离子效应　　　　　　　　　　　　B. 生成配位化合物

    C. 氧化还原作用　　　　　　　　　　　D. 溶液碱性增强

29. 若 $[M(NH_3)_2]^+$ 的稳定常数 $K_{稳}^{\ominus} = a$，$[M(CN)_2]^-$ 的稳定常数 $K_{稳}^{\ominus} = b$，则反应 $[M(NH_3)_2]^+ + 2CN^- \rightleftharpoons [M(CN)_2]^- + 2NH_3$ 的平衡常数 $K^{\ominus}$ 为 　　　　（　　）

    A. $a-b$　　　　　　　B. a/b　　　　　　　C. ab　　　　　　　D. b/a

30. AgCl 在下列物质中溶解度最大的是 　　　　（　　）

    A. 纯水　　　　　　　　　　　　　B. $6mol \cdot kg^{-1}$ $NH_3 \cdot H_2O$

    C. $0.1mol \cdot kg^{-1}$ NaCl　　　　　　　D. $0.1mol \cdot kg^{-1}$ $BaCl_2$

三、填空题

31. 稀溶液的依数性是指溶液的_____、_____、_____和_____。它们的数值只与溶质的_____成正比。

32. 在 HA 和 A^- 的混合溶液中，弱酸 HA 与其共轭碱 A^- 的浓度相等，A^- 解离常数 $K_b^{\ominus} = 1 \times 10^{-10}$，则此溶液的 pH 为_____。

33. 已知 AgCl、AgBr、$Ag_2C_2O_4$ 的溶度积常数分别为 1.8×10^{-10}，5.4×10^{-13}，5.4×10^{-12}，某混合溶液中含有 Cl^-、Br^-、$C_2O_4^{2-}$，其浓度均为 $0.050mol \cdot kg^{-1}$，向该溶液中逐渐滴加 $0.10mol \cdot kg^{-1}$ $AgNO_3$ 时，三种离子沉淀的先后顺序是_____。

34. 填表。

化学式	名称	中心离子	配位体	配位原子	配位数	配离子电荷
$[Pt(NH_3)_4(NO_2)Cl]SO_4$						
$[Ni(en)_3]Cl_2$						
$[Fe(EDTA)]^{2-}$						
	四异硫氰根·二氨合钴(Ⅲ)酸铵					
	二氯化一亚硝酸根·三氨·二水合钴(Ⅲ)					
	六氰合钴(Ⅲ)酸六氨合铬(Ⅲ)					

35. 渗透产生的基本条件是_____和_____。

36. 缓冲溶液的 pH 首先取决于_____的大小，其次才与_____有关。缓冲溶液的有效缓冲范围_____；当_____时，缓冲溶液具有最大缓冲能力；影响缓冲能力的因素有_____和_____。

37. 下列物质 $H_2PO_4^-$、NH_4^+、OH^-、$[Al(H_2O)_5OH]^{2+}$、H_2S、CO_3^{2-} 中，只属于质子酸的是_____；只属于质子碱的是_____；属于两性物质的是_____，写出这些两性物质的共轭碱的形式_____。

四、问答题

38. 将海水鱼放入淡水中，鱼会死亡。结合所学知识予以解释。

39. 试解答下列问题。

(1) 能否将 $0.1mol \cdot L^{-1}$ NaOH 溶液稀释至 $c(OH^-) = 1.0 \times 10^{-8} mol \cdot L^{-1}$？

(2) $CaCO_3$ 在下列哪种试剂中溶解度最大？①纯水；②$0.1mol \cdot L^{-1}$ $NaHCO_3$ 溶液；③$0.1mol \cdot L^{-1}$ Na_2CO_3 溶液；④$0.1mol \cdot L^{-1}$ $CaCl_2$ 溶液；⑤$0.5mol \cdot L^{-1}$ KNO_3 溶液。

(3) Ag_2CrO_4 在 $0.01mol \cdot L^{-1}$ $AgNO_3$ 溶液中的溶解度小于 $0.01mol \cdot L^{-1}$ K_2CrO_4 溶液中的溶解度。已知：$K_{sp}^{\ominus}(Ag_2CrO_4) = 1.12 \times 10^{-12}$。

(4) 洗涤 $BaSO_4$ 沉淀时，往往使用稀 H_2SO_4 而不用蒸馏水。

40. 试说明下列名词的区别。

(1) 单齿配体与多齿配体　　　　　(2) 螯合物与简单配合物

41. 今有两种配合物，它们的化学式均为 $CoBrSO_4(NH_3)_5$，但颜色不同。在第一种配合物溶液中加入足量的 $BaCl_2$ 和 $AgNO_3$，能得到钡盐沉淀，却得不到银盐沉淀；在第二种配合物的溶液中加入上述两种物质能得到银盐沉淀，而得不到钡盐沉淀。根据上述现象写出这两种配合物的结构式和名称。

五、计算题

42. 已知临床上用的葡萄糖等渗溶液的凝固点降低值为 $0.543℃$，试计算此葡萄糖溶液的质量分数和 $37℃$ 时的渗透压。已知：水的 $K_f = 1.86℃ \cdot kg \cdot mol^{-1}$。

43. 现有 1.0kg 的缓冲溶液中含有 0.11mol HAc 和 0.15mol NaAc，已知 $K_a^{\ominus}(HAc) = 1.8 \times 10^{-5}$。试计算：

(1) 该缓冲溶液的 pH；

(2) 往该缓冲溶液中加入 0.02mol KOH 后溶液的 pH；

(3) 往该缓冲溶液中加入 0.02mol HCl 后溶液的 pH；

44. 将 50g $0.1mol \cdot kg^{-1}$ 的某一元弱酸 HA 溶液，与 20g $0.1mol \cdot kg^{-1}$ 的 KOH 溶液混合，再将混合溶液稀释至 100g，测得此时溶液的 pH = 5.25，求此一元弱酸的解离常数。

45. 向 50.0mL $0.10mol \cdot L^{-1}$ $AgNO_3$ 溶液中加入质量分数为 18.3%、密度为 $0.929kg \cdot L^{-1}$ 的氨水 30.0mL，然后加水稀释至到 100mL，计算平衡后溶液中的 Ag^+、NH_3、$[Ag(NH_3)_2]^+$ 的物质的量浓度。已知：$[Ag(NH_3)_2]^+$ 的稳定常数为 1.12×10^7。

46. 试计算 $0.10mol \cdot L^{-1}$ 氨水溶液的 pH。若在溶液中加入 NH_4Cl 晶体，使 NH_4Cl 的浓度为 $0.10mol \cdot L^{-1}$，则加入 NH_4Cl 后，溶液的 OH^- 浓度减少为原来的多少？已知 $K_b^{\ominus}(NH_3) = 1.78 \times 10^{-5}$。

47. 在临床上治疗酸中毒、高血钾等症常用 $0.60mol \cdot L^{-1}$ $NaHCO_3$ 注射液。计算该溶液的 pH。已知 H_2CO_3 的 $pK_{a_1}^{\ominus} = 6.35$，$pK_{a_2}^{\ominus} = 10.33$。

48. 已知 $BaSO_4$、$Mg(OH)_2$、$AgBr$ 在 25℃时的溶度积分别为 1.08×10^{-10}、5.61×10^{-12}、5.35×10^{-13}，则它们在 25℃水中溶解度($mol \cdot L^{-1}$)的大小顺序是怎样的？

49. 试剂厂制备分析试剂乙酸锰 $Mn(CH_3COO)_2$ 时，常控制溶液的 pH 为 4～5，以除去其中的杂质 Fe^{3+}，试用溶度积原理说明原因。

50. 通过计算说明：

(1) 在 100g $0.15mol \cdot kg^{-1}$ 的 $K[Ag(CN)_2]$ 溶液中加入 50g $0.10mol \cdot kg^{-1}$ 的 KI 溶液，是否有 AgI 沉淀产生？

(2) 在上述混合溶液中加入 50g $0.20mol \cdot kg^{-1}$ 的 KCN 溶液，是否有 AgI 产生？

51. 混合溶液中 Ca^{2+} 和 Ba^{2+} 浓度均为 $0.10mol \cdot kg^{-1}$，向混合溶液中加入 Na_2SO_4，能否使两种离子有效分

离？已知：$K_{sp}^{\ominus}$ (BaSO$_4$) = 1.1×10^{-10}，$K_{sp}^{\ominus}$ (CaSO$_4$) = 4.9×10^{-5}。

52. 已知 $K_{稳}^{\ominus}$ [Ag(S$_2$O$_3$)$_2$]$^{3-}$ = 2.88×10^{13}，$K_{sp}^{\ominus}$ (AgBr) = 5.35×10^{-13}。试计算 1.5L 1.0mol · L^{-1} 的 Na$_2$S$_2$O$_3$ 溶液最多能溶解多少克 AgBr。

 现代分离分析技术——色谱法

视频

 自测练习题

第三章 氧化还原反应 电化学
(Redox Reaction and Electrochemistry)

在化学反应过程中有电子转移的反应称为氧化还原反应。若氧化还原反应的反应物之间不直接接触，而是通过导体实现电子的转移，于是就发生了电子的定向流动，即有电流与氧化还原反应相联系。这样的氧化还原反应被称为电化学反应(electrochemical reaction)。电化学所研究的是化学能与电能的相互转变，它是化学与电学之间的边缘学科，对工业生产和科学研究起着重要的作用。

本章重点阐述电化学中的一些基本原理，并根据这些原理讨论金属材料的腐蚀和防护。

第一节 氧化还原反应
(Redox Reactions)

一、氧化与还原

在一个氧化还原反应中，例如：

$$Zn + Cu^{2+} \longrightarrow Zn^{2+} + Cu$$

失去电子的物质(Zn)称为还原剂(reducing agent)，得到电子的物质(Cu^{2+})称为氧化剂(oxidizing agent)。氧化剂从还原剂获得电子，使自身的化合价降低，这个过程称为还原(reduction)；相应地，还原剂则由于给出电子而使自身的化合价升高，这个过程称为氧化(oxidation)。所以，上述反应是由两个"半反应"构成的，即

$$氧化半反应：Zn - 2e^- \rightleftharpoons Zn^{2+}$$

$$还原半反应：Cu^{2+} + 2e^- \rightleftharpoons Cu$$

通常，我们把元素的高价态称为氧化态(oxidation state)，因为它可以作为氧化剂而获得电子；把元素的低价态称为还原态(reduction state)，因为它可以作为还原剂而给出电子。这样，氧化半反应就是元素由还原态变为氧化态的过程，而还原半反应则是元素由氧化态变为还原态的过程。一个氧化还原反应便可一般地表示为

$$氧化态 I + 还原态 II \rightleftharpoons 还原态 I + 氧化态 II$$

从这里可以看到：在氧化还原反应中，氧化与还原是共存共依的，在一定条件下又可以相互转化。

二、氧化数

在氧化还原反应中，同一元素的氧化态与还原态之间的转化，必然与原子的电子层结构的变化相关。为了描述原子的带电状态，即描述原子得到或失去电子的程度(或电子偏移的

程度)，提出了氧化数的概念。氧化数(oxidation number)是指化合物分子中某元素的形式荷电数。某元素的一个原子的荷电数可由假设把每个键中的电子指定给电负性较大的原子而求得。

确定氧化数的规则如下：

(1) 在单质中，元素的氧化数为零。

(2) 在化合物中，氢元素的氧化数一般为+1(但在金属氢化物如 NaH、CaH$_2$ 中，氢元素的氧化数为–1)；氧元素的氧化数一般为–2(但在过氧化物如 H$_2$O$_2$、Na$_2$O$_2$ 中，氧元素的氧化数为–1；在氧的氟化物如 OF$_2$ 和 O$_2$F$_2$ 中，氧元素的氧化数分别为+2 和+1)；在所有的氟化物中，氟元素的氧化数为–1。

(3) 在中性分子中，各元素氧化数的代数和等于零。

(4) 在单原子离子中，元素的氧化数等于离子所带的电荷数，如 Cu^{2+}、Cl$^-$、S^{2-}的氧化数分别为+2、–1、–2；在多原子离子中，各元素氧化数的代数和等于该离子所带电荷数。

(5) 在配离子中，各元素氧化数的代数和等于该配离子的电荷。

按上述规则可以容易地计算各种元素的不同氧化数，特别是结构不易确定的离子或分子中元素的氧化数。

例如，由于氢元素的氧化数为+1，氧元素的氧化数为–2，所以在 CO、CO$_2$、CH$_4$、C$_2$H$_5$OH 中碳元素的氧化数分别为+2、+4、–4、–2。在 S$_2$O$_3^{2-}$、S$_4$O$_6^{2-}$(连四硫酸根)、S$_2$O$_8^{2-}$(过二硫酸根)中硫元素的氧化数分别为+2、$+\frac{5}{2}$、+6。在 Fe$_3$O$_4$ 中，铁元素的氧化数为$+\frac{8}{3}$。

根据氧化数的概念，氧化还原反应是元素的氧化数发生变化的反应。在反应中，元素的氧化数升高，表明有电子给出或偏离，此即氧化过程；在反应中，元素的氧化数降低，表明有电子被结合或偏近，此即还原过程。因此，即使没有发生电子的完全转移，例如：

$$H_2 + Cl_2 \longrightarrow 2HCl$$

也是一个氧化还原反应。在这个反应中，氢元素的氧化数由 0 升高到+1，这个过程是氧化；氯元素的氧化数由 0 降低到–1，这个过程是还原。所以，H$_2$ 是还原剂，Cl$_2$ 是氧化剂。

第二节　原电池和电极电势
(Primary Cell and Electrode Potential)

将锌投入硫酸铜溶液中发生的反应，其离子式可写成：

$$Zn + Cu^{2+} \longrightarrow Zn^{2+} + Cu \qquad \Delta_r H_m^{\ominus} = -218.66kJ \cdot mol^{-1}$$

由于 Cu^{2+}直接与锌接触，因此电子便由锌直接传递给 Cu^{2+}，并没有电子的流动。在这个氧化还原反应中释放出的能量(化学能)都转化成了热能。

如果利用特定装置，让电子的传递通过导体持续进行，便可产生电流，从而使化学能转换成电能。这种利用氧化还原反应产生电流的装置，即使化学能转变为电能的装置称为原电池(primary cell)。

一、原电池

图 3-1 表示的是一种简单原电池，称铜锌原电池或丹尼尔(J. F. Daniel，英)电池。这种电

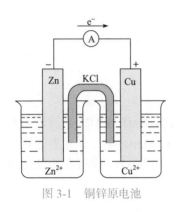

图 3-1　铜锌原电池

池用金属锌和金属铜作电极导体。锌棒放入 $ZnSO_4$ 溶液中，铜棒放入 $CuSO_4$ 溶液中。两个金属导体用导线连接起来，其中还要串联一个检流计以便观察电流的产生和电流的方向。在两个电解质溶液之间用盐桥联系起来，我们就会看到电路中的检流计指针发生了偏转，并且由此可以确定电流的方向是由铜电极流向锌电极的(即电子由锌电极流向铜电极)。

　　在原电池中，电子流出的一极称负极(anode)，电子流入的一极称正极(cathode)。在铜锌原电池中，电子由锌电极经由导线流向铜电极，可知两个电极上发生的反应是

$$锌电极(负极)：Zn - 2e^- \rightleftharpoons Zn^{2+}　(氧化半反应)$$

$$铜电极(正极)：Cu^{2+} + 2e^- \rightleftharpoons Cu　(还原半反应)$$

合并两个半反应，即可得到在原电池中发生的氧化还原反应(电池反应)：

$$Zn + Cu^{2+} \rightleftharpoons Zn^{2+} + Cu$$

可见，原电池可以利用氧化还原反应产生电流，是因为它使氧化和还原两个半反应分别在不同的区域同时进行。此处不同的区域就是半电池。

　　以铜锌原电池为例，它是由三个部分组成的：两个半电池——锌片和锌盐溶液、铜片和铜盐溶液；外电路；盐桥。

　　半电池是原电池的主体,每一个半电池都是由同一种元素不同氧化数的两种物质组成的，即电极导体(如 Zn)和电解质溶液(如 $ZnSO_4$ 溶液)。电极导体和电解质溶液组成了电极(即半电池)。在半电池中进行着氧化态和还原态相互转化的反应，即电极反应 (electrode reaction)。

$$氧化态 + ze^- \rightleftharpoons 还原态$$

　　同一元素的氧化态物质和还原态物质构成了氧化还原电对(redox couple)。其符号为 Zn^{2+}/Zn，Cu^{2+}/Cu，其通式为氧化态/还原态。氧化还原电对表示了氧化态和还原态之间的相互转化、相互依存关系。

　　连接两个半电池电解质溶液的倒置 U 形管称为盐桥(salt bridge)，管内充满了含电解质溶液(一般为饱和 KCl 溶液)的琼胶。其作用是连通原电池的两个半电池间的内电路，使两个半电池保持电中性，这样电流才可以持续不断产生。

　　图 3-1 的铜锌原电池可以用下述电池符号予以简明地表示：

$$(-)Zn \mid Zn^{2+}(b_1) \parallel Cu^{2+}(b_2) \mid Cu(+)$$

式中：(−)、(+)分别表示原电池的负极和正极。一般书写时，把负极写在左边，正极写在右边；用"$\parallel$"表示盐桥，用"|"表示不同物相的界面；(b)表示溶液的质量摩尔浓度，气体用分压(p)表示。

　　任何一个原电池都是由两个电极构成的。构成原电池的电极一般有四类(表 3-1)。

表 3-1 电极类型

电极类型	电对示例	电极符号	电极反应示例
金属-金属离子电极	Zn^{2+} / Zn Cu^{2+} / Cu	$Zn \mid Zn^{2+}$ $Cu \mid Cu^{2+}$	$Zn^{2+} + 2e^- \rightleftharpoons Zn$ $Cu^{2+} + 2e^- \rightleftharpoons Cu$
非金属-非金属离子电极	Cl_2 / Cl^- O_2 / OH^-	$Pt \mid Cl_2 \mid Cl^-$ $Pt \mid O_2 \mid OH^-$	$Cl_2 + 2e^- \rightleftharpoons 2Cl^-$ $O_2 + 2H_2O + 4e^- \rightleftharpoons 4OH^-$
氧化还原电极	Fe^{3+} / Fe^{2+} Sn^{4+} / Sn^{2+}	$Pt \mid Fe^{3+}, Fe^{2+}$ $Pt \mid Sn^{4+}, Sn^{2+}$	$Fe^{3+} + e^- \rightleftharpoons Fe^{2+}$ $Sn^{4+} + 2e^- \rightleftharpoons Sn^{2+}$
金属-金属难溶盐电极	$AgCl / Ag$ Hg_2Cl_2 / Hg	$Ag \mid AgCl \mid Cl^-$ $Pt \mid Hg \mid Hg_2Cl_2(s) \mid Cl^-$	$AgCl + e^- \rightleftharpoons Ag + Cl^-$ $Hg_2Cl_2(s) + 2e^- \rightleftharpoons 2Hg + 2Cl^-$

注：上述金属-金属离子电极是以金属本身作为电极的导体，而其他类型的电极则常用铂或石墨等辅助电极作为电极导体。它们仅起吸附气体和传递电子的作用，不参加电极反应，所以又称惰性电极。

二、电极电势

1. 电极电势

原电池装置的外电路中有电流通过，说明两个电极的电势是不相等的，即正、负极之间有电势差存在，这个电势差就是原电池的电动势(electromotive force)。

在铜锌原电池中，产生的电流由 Cu 极向 Zn 极流动，说明 Cu 极的电势比 Zn 极的电势高，即 Cu^{2+} 得电子的能力比 Zn^{2+} 得电子的能力强。因此，氧化还原电对中，氧化剂的氧化能力和还原剂的还原能力可用电对(电极)的电势差来衡量。这个电势差是怎样产生的呢？

金属晶体是由金属原子、金属正离子和在晶格中流动着的自由电子构成的(第四章第四节)。当把金属放在它的盐溶液中时，金属表面层的正离子受水分子极性的作用，有进入溶液的倾向，这时金属上将有过剩的电子而使金属带负电荷。金属越活泼，溶液中金属离子的浓度越小，这种倾向就越大。与此同时，溶液中的金属正离子也有与金属表面上的自由电子结合成中性原子而沉积于金属表面的倾向。这时金属上将有过量的正电荷。金属越不活泼，溶液中金属离子的浓度越大，这种倾向就越大。当金属的溶解和金属离子的沉积这两种相反过程的速率相等时，在金属表面与附近溶液间将会建立起如下的平衡：

$$M \underset{沉积}{\overset{溶解}{\rightleftharpoons}} M^{z+} + ze^-$$

(金属)　　　(在溶液中)　　　(在金属上)

此时，金属上的自由电子和溶液中的正离子由于静电吸引而聚集在固-液界面附近。于是在金属表面与靠近的薄层溶液之间便形成了类似于电容器的双电层(double layer，图 3-2)。

由于双电层的形成，在金属和溶液之间便存在一个电势差。这就是该金属电极的平衡电势 (equilibrium potential)或称为电极电势 (electrode potential)，以符号 E 表示，如 $E(Zn^{2+}/Zn)$、$E(Cu^{2+}/Cu)$等，单位是 V。不同的电极，溶解和沉积的平衡状态是不同的，因此不同

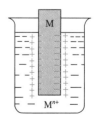

图 3-2 双电层示意图

的电极有不同的电极电势。由不同的电极组成的原电池，其电动势就是两个电极的电极电势之差：

$$E = E_+ - E_-   \tag{3-1}$$

由于两个电极之间存在电势差，因而产生了电流。

2. 标准电极电势

至今尚无法测得双电层电势差的绝对值。目前采用的办法是选择一个特定电极用作衡量其他电极电势的标准。这个相对的标准，通常用的是标准氢电极(standard hydrogen electrode)，如

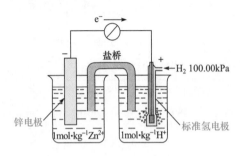

图 3-3 右侧电极所示。标准氢电极是由电对 H^+/H_2 构成的。在 298.15K 时将 100.000kPa 的纯氢气通入镀有蓬松铂黑的铂片插入的稀酸溶液，此酸溶液中 $b(H^+)=1.0 mol \cdot kg^{-1}$，氢气被铂黑所吸附。被氢气饱和了的铂电极就是氢气电极，电极符号为 $H^+ | H_2 | Pt$。此时溶液中的 H^+ 与 H_2 之间建立了如下的平衡：

$$2H^+ + 2e^- \rightleftharpoons H_2$$

图 3-3　标准电极电势的测定

标准氢电极的电极电势规定为零，记为

$$E^{\ominus}(H^+/H_2) = 0.0000V$$

右上角的 ⊖ 表示标准态，即指相应离子的质量摩尔浓度为 1.0mol·kg⁻¹、气体分压为 100.000kPa 的状态。

测定其他电极的标准电极电势时，可将标准态的待测电极与标准氢电极组成原电池，测定此原电池的电动势。例如，待测电极是标准态的锌电极 $Zn | Zn^{2+}(1.0mol \cdot kg^{-1})$，原电池装置如图 3-3 所示。实验确定，在此原电池中标准氢电极是正极，锌电极是负极，此原电池的符号可表示为

$$(-) Zn | Zn^{2+}(1.0mol \cdot kg^{-1}) \,\vdots\vdots\, H^+(1.0mol \cdot kg^{-1}) | H_2(1.0 \times 10^5 Pa) | Pt(+)$$

在 298.15K 时，由电位计测得此原电池的电动势为 0.7618V，即

$$E^{\ominus} = E^{\ominus}(H^+/H_2) - E^{\ominus}(Zn^{2+}/Zn) = 0.7618V$$

所以　　　　　　　　　　　$E^{\ominus}(Zn^{2+}/Zn) = -0.7618V$

欲测铜电极的标准电极电势，可使标准状态下铜电极与标准氢电极组成原电池，此时铜电极为正极：

$$(-) Pt | H_2(1.0 \times 10^5 Pa) | H^+(1.0mol \cdot kg^{-1}) \,\vdots\vdots\, Cu^{2+}(1.0mol \cdot kg^{-1}) | Cu(+)$$

在 298.15K 时，测得此电池电动势为 0.3419V，即

$$E^{\ominus} = E^{\ominus}(Cu^{2+}/Cu) - E^{\ominus}(H^+/H_2) = 0.3419V$$

所以　　　　　　　　　　　$E^{\ominus}(Cu^{2+}/Cu) = 0.3419V$

由于标准氢电极使用起来很不方便，常用甘汞电极(图 3-4)代替标准氢电极作参比。饱和甘汞电极(saturated calomel electrode)是由 Hg、糊状 Hg_2Cl_2 和饱和 KCl 溶液构成，以铂丝为

导体(表 3-1 已介绍过此半电池的符号和电极反应)。这种饱和甘汞电极在 298.15K 时电极电势为 0.2412V。由于甘汞电极的电势稳定,利于保管,使用方便,因而成为最常用的参比电极之一。

以标准氢电极或甘汞电极作为参比可测得各种电极(电对)的标准电极电势。本书附录四中列出了经常遇到的一些电对的标准电极电势(其中某些数值是根据热力学数据计算得到的)。

为了正确使用标准电极电势表,对其进一步说明如下:

(1) 电极反应中各物质均为标准态(离子浓度为 $1.0\text{mol}\cdot\text{kg}^{-1}$,气体分压为 $1.0\times10^5\text{Pa}$),温度一般为 298.15K。

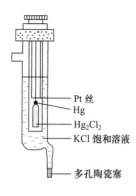

图 3-4 甘汞电极

(2) 表中电极反应是按还原反应书写的:

$$\text{氧化态} + z e^- \Longrightarrow \text{还原态}$$

因此又称为还原电势,可以统一用于比较电对获得电子的能力。表中电极电势代数值自上而下增大,表明各电对中的氧化态物质得电子能力依次增强。相应地,还原态物质失电子能力依次减弱。换言之,电对在表中的位置越高,$E^{\ominus}$ 代数值越小,其还原态越易失电子,还原性越强;电对在表中的位置越低,$E^{\ominus}$ 代数值越大,其氧化态越易得电子,氧化性越强。

(3) 由于电极电势是指金属与它的盐溶液双电层间的电势差,所以下述两式的标准电极电势值是一样的,即

$$\text{Zn} - 2e^- \Longrightarrow \text{Zn}^{2+} \qquad E^{\ominus} = -0.7618\text{V}$$

$$\text{Zn}^{2+} + 2e^- \Longrightarrow \text{Zn} \qquad E^{\ominus} = -0.7618\text{V}$$

(4) 电极反应式中计量数的变化不影响电极电势的数值和符号,即

$$\frac{1}{2}\text{O}_2 + \text{H}_2\text{O} + 2e^- \Longrightarrow 2\text{OH}^- \qquad E^{\ominus} = +0.401\text{V}$$

$$\text{O}_2 + 2\text{H}_2\text{O} + 4e^- \Longrightarrow 4\text{OH}^- \qquad E^{\ominus} = +0.401\text{V}$$

这是因为 $E^{\ominus}$ 值反映了物质得失电子的能力,是由物质本性决定的,与物质的量无关。

三、影响电极电势的因素

标准电极电势的代数值是在标准态下测得的。当电极处于非标准态时,其电极电势将随浓度、压力、温度等因素而变化。

1. 浓度对电极电势的影响

氧化还原电对的电极电势与浓度的关系可以用能斯特方程(Nernst equation)表示。对应于电极反应:

$$氧化态 + ze^- \rightleftharpoons 还原态$$

能斯特(W. Nernst，德)给出了一个表示电极电势与浓度关系的公式：

$$E = E^{\ominus} + \frac{RT}{zF} \ln \frac{b(氧化态)/b^{\ominus}}{b(还原态)/b^{\ominus}} \tag{3-2}$$

式中：E 为电对的电极电势，单位 V；$E^{\ominus}$ 为电对的标准电极电势，单位 V；z 为半反应中转移的电子数；R 为摩尔气体常量，$8.314 \text{J} \cdot \text{K}^{-1} \cdot \text{mol}^{-1}$；$F$ 为法拉第常量，$96\,485 \text{C} \cdot \text{mol}^{-1}$；$T$ 为温度，单位 K；$b(氧化态)$、$b(还原态)$ 分别为电极反应中氧化态物质、还原态物质的质量摩尔浓度，单位 $\text{mol} \cdot \text{kg}^{-1}$；$b^{\ominus}$ 为标准质量摩尔浓度，即 $1.0 \text{mol} \cdot \text{kg}^{-1}$。

在能斯特方程式中，各物质浓度的指数等于电极反应中各物质的化学计量数。若有固体、纯液体参加反应，它们的浓度将不列入方程式中；若有气体参加反应，则以气体物质的分压 p_B 进行计算。

当热力学温度 $T = 298.15\text{K}$ 时，将 F、R 值代入式(3-2)，能斯特方程式可化为

$$E = E^{\ominus} + \frac{0.0592\text{V}}{z} \lg \frac{b(氧化态)/b^{\ominus}}{b(还原态)/b^{\ominus}} \tag{3-3}$$

例题 3-1　计算当 $b(Zn^{2+}) = 0.001 \text{mol} \cdot \text{kg}^{-1}$ 时，电对 Zn^{2+}/Zn 在 298.15K 时的电极电势。

解　此电对的电极反应是

$$Zn^{2+} + 2e^- \rightleftharpoons Zn$$

按式(3-3)，写出其能斯特方程式：

$$E(Zn^{2+}/Zn) = E^{\ominus}(Zn^{2+}/Zn) + \frac{0.0592\text{V}}{2} \lg[b(Zn^{2+})/b^{\ominus}]$$

代入有关数据，则

$$E(Zn^{2+}/Zn) = -0.7618\text{V} + \frac{0.0592\text{V}}{2} \lg(0.001) = -0.8506\text{V}$$

答　在 298.15K，$b(Zn^{2+}) = 0.001 \text{mol} \cdot \text{kg}^{-1}$ 时，$E(Zn^{2+}/Zn) = -0.8506\text{V}$。

例题 3-2　计算 pH=7 时，电对 O_2/OH^- 的电极电势。设 $T = 298.15\text{K}$，$p(O_2) = 100.00\text{kPa}$。

解　此电对的电极反应是

$$O_2 + H_2O + 4e^- \rightleftharpoons 4OH^-$$

当 pH=7 时，$b(OH^-) = 10^{-7} \text{mol} \cdot \text{kg}^{-1}$。所以，按式(3-3)有

$$E(O_2/OH^-) = E^{\ominus}(O_2/OH^-) + \frac{0.0592\text{V}}{4} \lg \frac{p(O_2)/p^{\ominus}}{\left[b(OH^-)/b^{\ominus} \right]^4}$$

$$E(O_2/OH^-) = 0.401\text{V} + \frac{0.0592\text{V}}{4} \lg \frac{1}{(10^{-7})^4} = 0.8154\text{V}$$

答　当 pH=7 时，$E(O_2/OH^-) = 0.8154\text{V}$。

通过上述两个例题可以看出：当电极中的氧化态或还原态离子浓度发生变化时，电极电势的代数值将会受到影响，不过这种影响不太大。当氧化态(如 Zn^{2+})浓度减少时，其电极电势的代数值减少，这表明此电对(如 Zn^{2+}/Zn)中的还原态(如 Zn)的还原性将增强；当还原态(如 OH^-)浓度减少时，其电极电势的代数值增大，这表明此电对(如 O_2/OH^-)中的氧化态(如 O_2)

的氧化性将增强。

2. 酸度对电极电势的影响

例题 3-3　在酸性介质中用高锰酸钾(KMnO₄)作氧化剂，其电极反应为

$$MnO_4^- + 8H^+ + 5e^- \rightleftharpoons Mn^{2+} + 4H_2O$$

当 $b(MnO_4^-) = b(Mn^{2+}) = 1.0 mol \cdot kg^{-1}$，pH = 5 时，$E(MnO_4^- / Mn^{2+})$ 为多少？

解　根据能斯特方程式，有

$$E(MnO_4^- / Mn^{2+}) = E^\ominus(MnO_4^- / Mn^{2+}) + \frac{RT}{zF} \ln\left[\frac{b(MnO_4^-) \cdot b^8(H^+)}{b(Mn^{2+})} \cdot (b^\ominus)^{-8}\right]$$

$$E(MnO_4^- / Mn^{2+}) = 1.507V + \frac{0.0592V}{5} \lg\frac{1 \times (10^{-5})^8}{1} = 1.03V$$

答　当 $b(MnO_4^-) = b(Mn^{2+}) = 1.0 mol \cdot kg^{-1}$，pH=5 时，$E(MnO_4^- / Mn^{2+})$=1.03V。

从例题 3-3 可以看出，介质的酸碱性对氧化还原电对的电极电势影响较大。当 $b(H^+)$ 从 $1.0mol \cdot kg^{-1}$ 降到 $10^{-5}mol \cdot kg^{-1}$ 时，$E(MnO_4^- / Mn^{2+})$ 从 1.51V 降到 1.03V，使 KMnO₄ 的氧化能力减弱。可见，KMnO₄ 在酸性介质中氧化能力较强。

四、原电池电动势与吉布斯函数变的关系

原电池可以把化学能转换为电能，电能可以做电功。在定温定压下，系统所做最大有用功等于电池反应吉布斯函数的减少[式(1-15)]。而电功等于电量 Q 与电动势 E 的乘积。由于此时 $W'<0$，所以有

$$\Delta_r G_m = W'_{max} = -QE$$

对于可逆电池：

$$W'_{max} = -zFE \tag{3-4}$$

式中：法拉第常量 F 是 1mol 电子所带电量，96 485C·mol⁻¹；z 为电池反应的电荷数。

将上两式合并，则

$$\Delta_r G_m = -zFE \tag{3-5}$$

当原电池处于标准态时，原电池的电动势为 $E^\ominus$，而此时 $\Delta_r G_m$ 应为 $\Delta_r G_m^\ominus$，于是式(3-5)可写成：

$$\Delta_r G_m^\ominus = -zFE^\ominus \tag{3-6}$$

式(3-5)和式(3-6)把热力学和电化学联系起来。所以，由原电池的标准电动势 $E^\ominus$ 可以求出电池反应的标准摩尔吉布斯函数变 $\Delta_r G_m^\ominus$。反之，已知某氧化还原反应的标准摩尔吉布斯函数变 $\Delta_r G_m^\ominus$ 的数据，就可以求得由该反应所组成的原电池的标准电动势 $E^\ominus$。

根据式(3-5)，可将吉布斯函数对反应自发性的判据转化为如下形式：

$\Delta G < 0$ 时，$E > 0$　　反应可自发进行

$\Delta G = 0$ 时，$E = 0$　　系统处于平衡状态

$\Delta G > 0$ 时，$E < 0$　　反应非自发或反应可逆向自发

五、电极电势的应用

1. 判断原电池的正、负极和计算电动势

在原电池中，正极发生还原半反应，负极发生氧化半反应。因此，电极电势代数值较大的电极是正极，电极电势代数值较小的电极是负极。正极电势与负极电势之差即为原电池的电动势。

例题 3-4　判断下述两电极所组成的原电池的正、负极，并计算此电池在298.15K 时的电动势。

(1) $Zn|Zn^{2+}$ (0.001mol·kg^{-1})

(2) $Zn|Zn^{2+}$ (1.0mol·kg^{-1})

解　根据能斯特方程式分别计算此两电极的电极电势。

(1)
$$E_1(Zn^{2+}/Zn) = E^{\ominus}(Zn^{2+}/Zn) + \frac{0.0592V}{2}\lg[b(Zn^{2+})/b^{\ominus}]$$

$$= -0.7618V + \frac{0.0592V}{2}\lg(0.001) = -0.8506V$$

(2)
$$E_2(Zn^{2+}/Zn) = E^{\ominus}(Zn^{2+}/Zn) = -0.7618V$$

因为 $E_2(Zn^{2+}/Zn) > E_1(Zn^{2+}/Zn)$，所以电极(1)为负极，而电极(2)为正极。电池符号是

$$(-)\ Zn|Zn^{2+}\ (0.001mol·kg^{-1})\ \vdots\ Zn^{2+}\ (1.0mol·kg^{-1})|Zn(+)$$

其电动势
$$E = E_+ - E_- = [(-0.7618) - (-0.8506)]V = 0.089V$$

答　在此原电池中 $b(Zn^{2+}) = 1.0mol·kg^{-1}$ 者为正极，$b(Zn^{2+}) = 0.001mol·kg^{-1}$ 者为负极。原电池的电动势为 0.089V。

这种正、负电极的组成相同，仅由于离子浓度不同而产生电流的电池称为浓差电池 (differential concentration cell)。浓差电池的电动势甚小，不能作电源使用。但是，浓差电池的形成在金属腐蚀中的作用是不可忽视的。

2. 比较氧化剂与还原剂的相对强弱

在有较多组的氧化还原电对的系统中，电极电势代数值最大的那种氧化态是最强的氧化剂，电极电势代数值最小的那种还原态是最强的还原剂。例如，有下列三个电对：

(1) 电对：I_2/I^-　　　　电极反应：$I_2 + 2e^- \rightleftharpoons 2I^-$　　　已知 $E^{\ominus} = +0.5355V$

(2) 电对：Fe^{3+}/Fe^{2+}　　电极反应：$Fe^{3+} + e^- \rightleftharpoons Fe^{2+}$　　已知 $E^{\ominus} = +0.771V$

(3) 电对：Br_2/Br^-　　　电极反应：$Br_2 + 2e^- \rightleftharpoons 2Br^-$　　已知 $E^{\ominus} = +1.066V$

从它们的标准电极电势可以看出，在离子浓度均为 1.0mol·kg^{-1} 的条件下，I^- 是其中最强的还原剂，Br_2 是其中最强的氧化剂。

各氧化态物质氧化能力的顺序：$Br_2 > Fe^{3+} > I_2$。

各还原态物质还原能力的顺序：$I^- > Fe^{2+} > Br^-$。

3. 判断氧化还原反应的方向

前面曾经提到，电极电势代数值大的电对中的氧化态物质，易获得电子，可作为氧化剂；电极电势代数值小的电对中的还原态物质，易给出电子，可作为还原剂。因此电极电势代数

值较大的电对中的氧化态与电极电势代数值较小的电对中的还原态反应时是可以自发进行的，反之就不能自发进行。

通常，对给定的化学反应可用标准电极电势进行判断。例如，对下述反应：

$$Sn^{2+} + 2Fe^{3+} \longrightarrow Sn^{4+} + 2Fe^{2+}$$

由于 $E^{\ominus}(Sn^{4+}/Sn^{2+}) = 0.151V$，$E^{\ominus}(Fe^{3+}/Fe^{2+}) = 0.771V$。$E^{\ominus}$ 代数值较大的电对中的氧化态 Fe^{3+} 是较强的氧化剂，而 $E^{\ominus}$ 代数值较小的电对中的还原态 Sn^{2+} 是较强的还原剂。所以，Fe^{3+} 与 Sn^{2+} 的反应是可以自发进行的，即上述反应将向正方向自发进行。

对于标准电极电势代数值较为接近的电对组成的反应系统，就要考虑浓度对电极电势的影响，此时需应用能斯特方程式计算后再进行判断。

由式(3-5)可知，电动势 $E > 0$ 时，反应可以自发进行，因为此时 $\Delta G < 0$。

例题 3-5　在 298.15K，当 $b(Pb^{2+}) = 0.1mol \cdot kg^{-1}$，$b(Sn^{2+}) = 1.0mol \cdot kg^{-1}$ 时，判断下述反应进行的方向：

$$Pb^{2+} + Sn \longrightarrow Pb + Sn^{2+}$$

解　据题给浓度条件，按式(3-3)进行计算：

$$E(Pb^{2+}/Pb) = E^{\ominus}(Pb^{2+}/Pb) + \frac{0.0592V}{2}lg\left[b(Pb^{2+})/b^{\ominus}\right]$$

$$= -0.1262V + \frac{0.0592V}{2}lg(0.1) = -0.1558V$$

$$E(Sn^{2+}/Sn) = E^{\ominus}(Sn^{2+}/Sn) = -0.1375V$$

因为 $E(Pb^{2+}/Pb) < E(Sn^{2+}/Sn)$，所以 Sn^{2+} 可以氧化 Pb。

答　反应自右向左自发进行，即按题给方向的逆向进行。

$$Pb + Sn^{2+} \longrightarrow Pb^{2+} + Sn$$

此例中，若 $b(Pb^{2+})=1.0mol \cdot kg^{-1}$，根据标准电极电势可以判定，反应自发向右进行。由此可见，当参与反应的电对标准电极电势代数值十分接近(如相差小于 0.2V)时，离子浓度的较大变化，有可能导致氧化还原反应方向的逆转。

4. 判断氧化还原反应进行的程度

根据式(1-27)：

$$lg K^{\ominus} = -\frac{\Delta_r G_m^{\ominus}}{2.303RT}$$

对于氧化还原反应，又有式(3-6)：

$$\Delta_r G_m^{\ominus} = -zFE^{\ominus}$$

可得

$$lg K^{\ominus} = \frac{zFE^{\ominus}}{2.303RT} \tag{3-7}$$

当温度为 298.15K 时，式(3-7)可化为

$$lg K^{\ominus} = \frac{zE^{\ominus}}{0.0592V} \tag{3-8}$$

根据式(3-8)，若已知氧化还原反应所组成的原电池的标准电动势 $E^{\ominus}$，就可计算此反应

的平衡常数 $K^\ominus$ ，从而了解氧化还原反应进行的程度。

例题 3-6   计算下述反应在 298.15K 时的平衡常数：

$$Cu + 2Ag^+ \Longleftrightarrow Cu^{2+} + 2Ag$$

解   根据此反应组成的原电池，其两极反应分别是

正极 $2Ag^+ + 2e^- \Longleftrightarrow 2Ag$ $E^\ominus (Ag^+/Ag) = 0.7996V$

负极 $Cu - 2e^- \Longleftrightarrow Cu^{2+}$ $E^\ominus (Cu^{2+}/Cu) = 0.3419V$

所以 $E^\ominus = (0.7996 - 0.3419)V = 0.4577V$

将此值代入式(3-8)中，得

$$\lg K^\ominus = \frac{2 \times 0.4577V}{0.0592V} = 15.46$$

$$K^\ominus = 10^{15.46} = 2.88 \times 10^{15}$$

答   298.15K 时此反应的平衡常数为 2.88×10^{15}。

计算结果表明，此反应向正方向进行的程度是很大的。

例题 3-7   试判断下列反应进行的程度：

$$2H^+ + 2Fe^{2+} \Longleftrightarrow H_2 + 2Fe^{3+}$$

解 $E^\ominus = (0 - 0.771)V = -0.771V$

$$\lg K^\ominus = \frac{2 \times (-0.771)V}{0.0592V} = -26.05$$

$$K^\ominus = 8.91 \times 10^{-27}$$

答   平衡常数为 8.91×10^{-27}，所以反应正向进行的程度很小，其逆反应进行的程度会很彻底。

但是，必须指出，上述对氧化还原反应的方向和程度的判断都是以热力学为基础的电化学方法。它们并未涉及反应速率的问题。因此，被电化学认定可以自发进行，甚至可以进行到底的反应，实际上可能完全觉察不出该反应的发生。例如，氢与氧合成水的反应：

$$\frac{1}{2} O_2 (g) + H_2 (g) \Longleftrightarrow H_2O (l)$$

其 $E^\ominus = 1.229V$，298.15K 时 $K^\ominus \approx 3.3 \times 10^{41}$，反应可以进行得很彻底。但是，我们觉察不到它的发生。这是因为此反应的活化能很大，反应速率很小。

 海水直接电解制氢

第三节 电 解
(Electrolysis)

一个自发进行的氧化还原反应可以设计成原电池产生电流，从而实现化学能到电能的转

变。事实上，也可以用外电流促使一个非自发的氧化还原反应得以进行，完成电能到化学能的转变。实现这种转变的过程就是电解。

一、电解池

电解通常是使直流电通过电解质溶液(或熔融液)来引起氧化还原反应的发生。我们把借助电流实现上述过程的装置，即把电能转变成化学能的装置称电解池(electrolytic cell，或电解槽，图 3-5)。

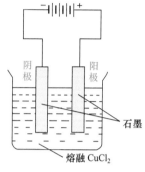

在电解池中，与外加直流电源的正极相连的电极是电解池的阳极；与直流电源的负极相连的电极是电解池的阴极。在电解池中，电子从阳极流出，在阳极上发生的是氧化反应；电子流入阴极，在阴极上发生的是还原反应。例如，用石墨作电极电解熔融 $CuCl_2$ 时，两极反应是

阳极：$2Cl^- - 2e^- \longrightarrow Cl_2$ （氧化反应）

阴极：$Cu^{2+} + 2e^- \longrightarrow Cu$ （还原反应）

图 3-5 电解池

电解池的总反应是 $Cu^{2+} + 2Cl^- \xrightarrow{\text{电解}} Cl_2 + Cu$

由于阳极带正电，电解液中的负离子必将向阳极迁移；阴极带负电，电解液中的正离子必将向阴极迁移。离子移至电极并在其表面给出或获取电子发生氧化或还原反应的过程称离子的放电(discharge)。

二、分解电压

电解时，直流电源将电压施于电解池的两极。但在电解池的两极应该施加多大的电压才能使电解顺利进行呢？下面以铂作电极电解 $0.1\text{mol} \cdot \text{kg}^{-1}$ NaOH 溶液为例来说明。

将 $0.1\text{mol} \cdot \text{kg}^{-1}$ NaOH 溶液按图 3-6 的装置进行电解，经可变电阻(R)调节外电压计$\textcircled{V}$，从电流计$\textcircled{A}$可以读出在一定外加电压下的电流数值。在外加电压很小时，电流很小，电压逐渐增加到 1.23V 时，电流增加仍很小，电极上没有气泡产生。当电压增加至约 1.70V 时，电流开始剧增，以后随电压的增加呈直线上升。同时，在两极上有明显的气泡产生，电解能顺利进行。使电解能顺利进行所需的最小电压称分解电压(decomposition voltage)。把上述实验结果绘图可得图 3-7 的电压-电流密度曲线。图 3-7 中 D 点的电压读数即为分解电压。

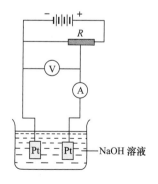

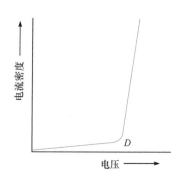

图 3-6 测定分解电压装置示意图   图 3-7 电压-电流密度曲线

产生分解电压的原因是什么？可以从电解池两极反应的情况来进行分析。在电解 $0.1\text{mol} \cdot \text{kg}^{-1}$ NaOH 溶液时，两极的反应如下：

阴极：$2H^+ + 2e^- \longrightarrow H_2$

阳极：$4OH^- - 4e^- \longrightarrow 2H_2O + O_2$

生成的 H_2 和 O_2 分别吸附在两极的铂片表面，形成了氢电极和氧电极，组成了原电池：

$$(-) \text{Pt} \mid H_2 \mid \text{NaOH} (0.1\text{mol} \cdot \text{kg}^{-1}) \mid O_2 \mid \text{Pt} (+)$$

在 298.15K 时，此原电池的电动势可计算如下：设 $b(OH^-) = 0.1\text{mol} \cdot \text{kg}^{-1}$，$p(H_2) = p(O_2) = 1.0 \times 10^5 \text{Pa}$，此时

$$E(H^+/H_2) = E^{\ominus}(H^+/H_2) + \frac{RT}{zF} \ln \frac{[b(H^+)/b^{\ominus}]^2}{p(H_2)/p^{\ominus}}$$

$$= 0.00\text{V} + \frac{0.0592\text{V}}{2} \lg(10^{-13})^2 = -0.7696\text{V}$$

$$E(O_2/OH^-) = E^{\ominus}(O_2/OH^-) + \frac{RT}{zF} \ln \frac{p(O_2)/p^{\ominus}}{[b(OH^-)/b^{\ominus}]^4}$$

$$= 0.401\text{V} + \frac{0.0592\text{V}}{4} \lg(0.1)^{-4} = 0.4602\text{V}$$

电动势 $\qquad\qquad E = 0.4602\text{V} - (-0.7696\text{V}) = 1.2298\text{V}$

此原电池电动势的方向和外加电压相反。显然，要使电解过程顺利进行，外加电压必须克服这一反向电动势。可见，分解电压是由电解产物在电极上形成某种原电池，产生反向电动势(称理论分解电压，theoretical decompose voltage)而引起的。

实际上，实验测得的使电解得以顺利进行的分解电压(称实际分解电压，practical decompose voltage)总是高于理论分解电压，二者的差值是由电极极化引起的，影响极化的因素很复杂，本书不做进一步讨论。

三、电解的产物

电解熔融盐的情况比较简单，但是大量的电解是在水溶液中进行的。在电解质溶液中，除电解质的正、负离子外，还有 H_2O 解离出来的 H^+ 和 OH^-。因此，在电解时，两极上一般至少有两种离子可能放电。究竟哪种离子先放电，不仅取决于它们的标准电极电势，而且取决于这些离子浓度的大小。此外，还与电极材料、电极的表面状况、电流密度等有关。例如，用石墨、铂等作电极，它们通常不参加反应，称为惰性电极(inert electrode)；而用铜、锌、铁等材料作电极，电极本身也要参加反应。

大量实验结果表明，盐类水溶液电解时，两极的产物是有一定规律的：

(1) 在阴极，H^+ 只比电动序中 Al 以前的金属离子(K^+、Ca^{2+}、Na^+、Mg^{2+}、Al^{3+})易放电。因此，电解这些金属的盐溶液时，阴极析出氢气；而电解其他金属的盐溶液时，阴极则析出相应的金属。

(2) 在阳极，OH^- 只比含氧酸根离子易放电。因此，电解含氧酸盐溶液时，阳极析出氧气；而电解卤化物或硫化物时，阳极则分别析出卤素或硫。但是，如果阳极导体是可溶性金

属，则阳极金属首先放电，这种现象称为阳极溶解(anodic dissolution)。

现举两例说明：

例一，用石墨电极电解 Na_2SO_4 水溶液。在电解池的阳极有 OH^- 和 SO_4^{2-} 可能放电，按上述规律是 OH^- 放电，得到氧气；在电解池的阴极有 Na^+ 和 H^+ 可能放电，按上述规律应是 H^+ 放电，得到氢气。电解池的两极反应如下：

阳极：$4OH^- - 4e^- \longrightarrow O_2 + 2H_2O$

阴极：$2H^+ + 2e^- \longrightarrow H_2$

电解总反应是　$2H_2O \xrightarrow{\text{电解}} 2H_2 + O_2$

这个结果相当于电解水，电解质 Na_2SO_4 只起到增加溶液导电性的作用。

例二，用金属镍作电极电解 $NiSO_4$ 水溶液时，在阳极有 OH^- 和 SO_4^{2-} 可能放电，同时还有金属电极可能溶解。此时首先是金属电极溶解。这是由于金属的电极电势一般较低；在阴极有 H^+ 和 Ni^{2+} 可能放电，按上述规律应是 Ni^{2+} 放电，在阴极有金属镍析出。电解池的两极反应如下：

阳极：$Ni - 2e^- \longrightarrow Ni^{2+}$

阴极：$Ni^{2+} + 2e^- \longrightarrow Ni$

电解总反应是　$Ni(\text{阳极}) + Ni^{2+} \xrightarrow{\text{电解}} Ni^{2+} + Ni(\text{阴极})$

这个例子就是电镀(electroplate)的基本原理。此处的金属阳极溶解的原理有很广泛的应用。

第四节　金属的腐蚀与防护
(Corrosion and Protection of Metal)

当金属和周围介质接触时，由于发生化学作用或电化学作用而引起的金属材料性能的退化与破坏，称为金属的腐蚀(metallic corrosion)。从热力学观点看，金属腐蚀是冶炼的逆过程。大多数金属在自然界中以化合物状态存在。冶炼是人们通过做功使金属从能量较低的化合物状态转变为能量较高的单质状态。而金属腐蚀的过程则是一个能量降低的过程，是自发的普遍存在的自然现象。

据统计，每年全世界因腐蚀而损耗的金属约 1 亿吨，占年总产量的 20%～40%。也有人估计，世界上每年冶金产品的 1/3 将由于腐蚀而报废，其中有 2/3 可再生，其余的因不可再生而散落在地球表面，这是直接的经济损失。因腐蚀而引起的设备损坏、质量下降、环境污染以及爆炸、火灾等间接损失更是无法估量的。据报道，我国每年因腐蚀造成的损失超过 5000 亿元。因此，研究腐蚀规律、避免腐蚀破坏，已成为国民经济建设中迫切需要解决的重大问题之一。

金属腐蚀的过程可以按化学反应和电化学反应两种不同的机理进行。因而可将其分为化学腐蚀和电化学腐蚀两类。

一、化学腐蚀

金属表面直接与介质中的某些氧化性组分发生氧化还原反应而引起的腐蚀称为化学腐蚀(chemical corrosion)。其特点是腐蚀介质为非电解质溶液或干燥气体，腐蚀过程中无电流产生。例如，电绝缘油、润滑油、液压油及干燥空气中的 O_2、H_2S、SO_2、Cl_2 等物质与金属接触时，在金属表面生成相应的氧化物、硫化物、氯化物等，都属化学腐蚀。温度对化学腐蚀的速率影响很大。例如，轧钢过程中冷却水形成的高温水蒸气对钢铁的腐蚀特别严重，其反应为

$$Fe + H_2O\,(g) \longrightarrow FeO + H_2$$

$$2Fe + 3H_2O\,(g) \longrightarrow Fe_2O_3 + 3H_2$$

$$3Fe + 4H_2O\,(g) \longrightarrow Fe_3O_4 + 4H_2$$

在生成由 FeO、Fe_2O_3 和 Fe_3O_4 组成的氧化皮的同时，若温度高于 $700\,℃$ 还会发生氧化脱碳现象。这是由于钢铁中的渗碳体(Fe_3C)与高温气体发生了反应：

$$Fe_3C + O_2 \rightleftharpoons 3Fe + CO_2$$

$$Fe_3C + CO_2 \rightleftharpoons 3Fe + 2CO$$

$$Fe_3C + H_2O(g) \rightleftharpoons 3Fe + CO + H_2$$

这些反应都是可逆的。无论在常温还是高温下，ΔG 都是负值，平衡常数都很大。尤其在高温下，腐蚀速率也很可观。

由于脱碳反应的发生，碳不断地从邻近的尚未反应的金属内部扩散到反应区。于是金属内部的碳逐渐减少，形成脱碳层。同时，反应生成的 H_2 向金属内部扩散渗透，使钢铁产生氢脆。不论脱碳还是氢脆都会造成钢铁表面硬度和内部强度的降低、性能的变坏。

二、电化学腐蚀

电化学腐蚀(electrochemical corrosion) 指金属表面由于局部电池的形成而引起的腐蚀。所谓局部电池(partial cell)是指在电解质溶液存在下，金属本体与金属中的微量杂质构成的一个短路小电池。

如果将一块纯锌投入稀盐酸中，几乎看不见氢气放出。但当用细铜丝接触金属锌的表面时，在铜丝上立即剧烈地放出氢气，锌粒逐渐溶解。若把含较多杂质的工业粗锌投入稀盐酸中，也能明显观察到有氢气放出。这是由于锌粒与铜丝(或锌的杂质)构成了一个短路的原电池(图 3-8)。

金属的电化学腐蚀与原电池的作用在原理上没有本质区别。但通常把发生腐蚀的原电池称为腐蚀电池(rust cell)。在腐蚀电池中发生氧化反应的负极，常称为阳极；发生还原反应的正极，常称为阴极。

在腐蚀电池中，阳极发生氧化反应，金属被腐蚀(溶解)。例如，在图 3-8 的腐蚀电池中，阳极反应为

$$Zn - 2e^- \longrightarrow Zn^{2+}$$

而阴极反应则有两种情况：

在酸性较强的介质中，发生 H^+ 得电子的还原反应：

$$2H^+ + 2e^- \longrightarrow H_2(g)$$

由于析出氢气，称析氢腐蚀(hydrogen evolutional corrosion)；

在弱酸性或中性介质中，发生 O_2 得电子的还原反应：

$$O_2 + 2H_2O + 4e^- \longrightarrow 4OH^-$$

此种腐蚀称吸氧腐蚀(oxygen absorption corrosion)。

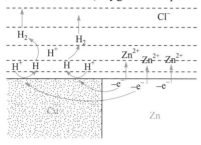

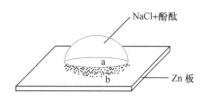

图 3-8　腐蚀电池示意图　　　　　图 3-9　差异充气腐蚀示意图

浓差腐蚀(differential concentration corrosion)是金属吸氧腐蚀的一种形式，是因金属表面的氧气分布不均匀而引起的。例如，把一滴含有酚酞指示剂的 NaCl 溶液滴在磨光的锌板表面。过一定时间后，就可以看到液滴边缘变成了红色，这表明有 OH⁻生成。在液滴遮盖住的部位生成白色 $Zn(OH)_2$ 沉淀。擦去液滴后，则可以发现腐蚀仅发生于液滴遮盖住的部位。这是因为，在液滴的边缘空气较充足(图 3-9 中 b 处)，氧气浓度较大，而液滴遮盖的部位(图 3-9 中 a 处)氧气浓度较小。

从氧的电极反应：

$$O_2 + 2H_2O + 4e^- \rightleftharpoons 4OH^-$$

可知

$$E(O_2/OH^-) = E^\ominus(O_2/OH^-) + \frac{RT}{zF}\ln\frac{p(O_2)/p^\ominus}{[b(OH^-)/b^\ominus]^4}$$

在 $p(O_2)$ 大的地方，$E(O_2/OH^-)$ 也大；在 $p(O_2)$ 小的地方，$E(O_2/OH^-)$ 也小。根据电池组成原则，电极电势大的电极为阴极，电极电势小的电极为阳极，于是组成了一个氧的浓差电池(又称差异充气腐蚀)。结果使溶解氧浓度小的地方的金属成为阳极，发生失电子反应而被腐蚀；氧浓度大的地方(必须有水)，即液滴周围，成为阴极而发生得电子反应，产生 OH⁻，使酚酞变红。

浓差腐蚀对工程材料的影响很大，有时工件上的一条裂缝、一个微孔，往往因浓差腐蚀而毁坏整个工件，造成事故。

三、金属腐蚀的防止

金属和周围介质接触，除少数贵金属(如 Au、Pt)外，都会自然发生腐蚀。解决金属材料腐蚀的问题，除从材料本身着手外，还必须兼顾材料所处的环境。事实上，没有一种万能的防腐方法。从材料和环境两方面着手，寻求在特定环境下材料的耐蚀性，才是切实可行的有效方法。

1. 正确选材

纯金属的耐蚀性一般比含有杂质或少量其他元素的金属好。例如，锆是原子能工业中非常重要的材料，不允许发生任何一点腐蚀。因此必须使用经过电弧熔炼的锆，因为电弧熔炼的锆较其他方法制得的锆纯度高。

选材时还应考虑介质种类、所处条件(如空气的湿度、溶液的浓度、温度等)。例如，对接触还原性或非氧化性的酸和水溶液的材料，通常使用镍、铜及其合金；对于氧化性极强的环境，采用钛和钴合金。除了氢氟酸和烧碱溶液外，金属钽和玻璃几乎耐所有介质的腐蚀。钽已被认为是一种"完全"耐蚀的材料。

"不锈钢"并不是完全不生锈的材料，只是在一般的环境条件下能表现出优良的耐蚀性能而已。但是，在一些特殊腐蚀介质(如氯化物)中，不锈钢还不及普通结构钢耐蚀。因此，使用时必须慎重。

另外，设计金属构件时，应注意避免两种电势差很大的金属直接接触。例如，镁合金、铝合金不应和铜、镍、钢铁等电极电势代数值较大的金属直接连接。当必须把这些不同的金属装配在一起时，应使用隔离层，如喷绝缘漆，衬塑料或橡胶垫，或用适当的金属镀层过渡。例如，铝合金与钢铁组合时，先将铝合金进行阳极氧化处理，将钢铁镀锌或镀镍，然后再组装，这样可有效地避免二者的直接接触。

当然，根据具体环境和条件正确选材后，若不注意正确使用，同样会影响金属材料的抗蚀效果。因此，正确选材和正确使用是相辅相成的，缺一不可。

2. 覆盖保护层

在金属表面覆盖各种保护层，将金属与腐蚀介质隔离开，是防止金属腐蚀的有效方法。防腐蚀保护层必须满足：①保护层致密，完整无孔，不使介质透过；②与基体金属结合强度高，附着力强；③高硬度、耐磨；④均匀分布。保护层可以是金属镀层也可以是非金属镀层。

1) 金属保护层

覆盖金属保护层的方法有电镀(镀金、银、铜、锡、铅、镍、铬、锌，黄铜、锡青铜等)、喷镀(借助高压空气把火焰或电弧熔融的金属喷射到被保护的金属件上，形成均匀覆盖层，用来喷镀的金属有铝、锌、锡、铅等)、浸镀(将被保护的材料浸入另一种熔融的液态金属中，短时间内取出，如镀锌、镀锡、镀铝)以及辗压(如将镍或不锈钢用机械外力辗压，使其附着在钢板上)。近年来还发展了一种新型的物理保护法——真空镀(包括蒸发镀、磁控溅射镀、离子镀，可以镀铅、镁、锡、不锈钢、TiN、TiC 等)。

如果镀层金属的电极电势比基底金属高，如 Cu 上镀 Au、Ag，Fe 上镀 Sn(马口铁)，则镀层只供装饰和起隔离作用。一旦镀层出现缺陷，则基底金属的腐蚀更严重；若镀层金属的电极电势较基底金属低，如 Fe 上镀 Zn (白铁)，镀层主要起防腐作用，即使镀层有缺陷，基底金属也会受到保护。

2) 非金属保护层

非金属保护层有涂料、塑料、搪瓷等。有人认为："石油是工业的血液，电气是工业的心脏，涂料是工业器材的盔甲。"我国已能生产多种防腐涂料，近年来又发展了具有优异性能的塑料涂覆层。将工程塑料喷涂到金属表面，比喷漆更具有先进性。因为喷塑是把塑料粉剂加热到熔点，喷射出来，熔敷在金属的表面，其附着力强；而油漆是液体，它是靠溶剂的帮助，使漆料黏附在金属上，附着力差，而且溶剂一般都有毒(目前，以水为溶剂的水性涂料正在发展中)。搪瓷是一种依靠高温将融熔无机物(硅酸盐、硼砂、冰晶石等)附着在金属表面上形成玻璃质保护层的方法。

3. 缓蚀剂法

在腐蚀介质中，加入少量添加剂可显著地阻止金属腐蚀或降低腐蚀速率，这样的添加剂称为缓蚀剂(corrosion inhibitor)。缓蚀剂的添加量一般为 0.1%～1%(质量分数)。缓蚀剂种类很多，有用于酸性、碱性或中性液体介质中的缓蚀剂，也有气相缓蚀剂。根据缓蚀剂的化学组成，习惯上将缓蚀剂分为无机和有机两类。

无机缓蚀剂 (如具有氧化性的铬酸盐、重铬酸盐、硝酸钠、亚硝酸钠等) 在溶液中能使钢铁钝化形成钝化膜，使金属表面与腐蚀介质隔开，从而减缓腐蚀。亚硝酸钠常用于钢铁零件的短期防腐，它是工序间防锈油的主要成分。必须注意，这类氧化性缓蚀剂，加入量不足时反会成为一种危害很大的腐蚀剂。因为氧化剂少而不能使金属表面形成完整的钝化膜，有部分金属以阳极形式露出，形成大阴极小阳极的吸氧腐蚀电池，会加快腐蚀速率。

有些非氧化性的无机缓蚀剂[如 NaOH、Na_2CO_3、Na_2SiO_3、Na_3PO_4 和 $Ca(HCO_3)_2$ 等]能与金属表面阳极溶解下来的金属离子发生作用，生成难溶物，覆盖在金属表面上形成保护膜。例如：

$$Fe^{2+} + 2OH^- \longrightarrow Fe(OH)_2(s)$$

$$3Fe^{2+} + 2PO_4^{2-} \longrightarrow Fe_3(PO_4)_2(s)$$

又如，$Ca(HCO_3)_2$ 能与阴极附近所形成的 OH^- 进行如下反应：

$$Ca^{2+} + 2HCO_3^- + 2OH^- \longrightarrow CaCO_3(s) + 2H_2O + CO_3^{2-}$$

生成的难溶碳酸盐覆盖于阴极表面，提高了电极电势，阻滞阴极反应继续进行，从而减缓金属的腐蚀速率。

在酸性介质中，通常加入有机缓蚀剂琼脂、糊精、动物胶、胺类以及含 N、S 叁键的有机物质(如乌洛托品、若丁、二甲苯硫脲、亚硝酸二异丙胺等)。有机缓蚀剂对金属的缓蚀作用是由于金属刚开始溶解时，表面带负电，能将缓蚀剂的离子或分子吸附在表面上，形成一层难溶而腐蚀介质又很难透过的保护膜，阻碍 H^+ 放电，从而起到保护金属的作用。

有机缓蚀剂在金属氧化物的表面不被吸附。除锈剂就是利用这个特性，在酸性溶液中，既达到除去金属表面氧化皮或铁锈的目的，又可减缓金属被酸腐蚀。

为防止大气的腐蚀，也常使用气相缓蚀剂亚硝酸二环己胺。它可以挥发到空间与空气中的水蒸气一起被吸附在金属表面上，发生水解反应：

$$(C_6H_{11})_2NH_2NO_2 + H_2O \longrightarrow (C_6H_{11})_2NH_2OH + H^+ + NO_2^-$$

$$(C_6H_{11})_2NH_2OH \longrightarrow (C_6H_{11})_2NH_2^+ + OH^-$$

其中有机阳离子与金属以配位键相结合，形成连续的保护层，有效地阻止 H^+ 的还原；再加上 NO_2^- 的氧化作用，维持金属表面钝化，从而使金属的抗蚀能力大为提高。

4. 电化学保护法

电化学保护法有阴极保护法和阳极保护法。所谓阴极保护法(cathodic protection)，就是将被保护的金属作为腐蚀电池的阴极；阳极保护法则相反，将被保护的金属(易钝化的金属)与外加电源的阳极相连接而被钝化。

阴极保护法可通过两种途径来实现。一是牺牲阳极(sacrificial anode)：将较活泼的金属或合金连接在被保护金属上，构成原电池。这时较活泼的金属作为腐蚀电池的阳极而被腐蚀；被保护的金属得到电子作为阴极而被保护。一般常用的牺牲阳极材料有铝合金、镁合金与锌合金等。

此法适用于海轮外壳、海底设备的保护(图 3-10)。牺牲的阳极与被保护金属的面积应有一定的

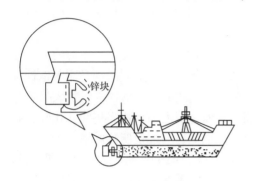

比例，通常是 1%~5%。二是外加电流：将被保护金属件与另一不溶性的辅助件组成宏观电池。被保护金属件连接直流电源负极，通以阴极电流，实现阴极保护。此法适用于防止土壤、海水及河水中设备的腐蚀，尤其是对地下管道(水管、煤气管)、电缆的保护。

阳极保护法是一种利用外加电源，给被保护的金属通以阳极电流，使其表面生成耐蚀的钝化膜以达到保护目的。此法只适于易钝化金属的保护。强腐蚀的酸性介质中应用较多。

图 3-10　牺牲阳极保护法示意图

5. 改善环境

空气中不可避免地含有水蒸气，常用干燥剂来干燥放置仪表、器件周围的空气。干燥剂的种类很多，值得提及的是浸入少量 $CoCl_2$ 的硅胶干燥剂。因为 $CoCl_2$ 含结晶水的数量不同而呈现不同的颜色，由此可以指示硅胶的干燥能力：

$$CoCl_2 \cdot 6H_2O \underset{}{\overset{52.25℃}{\rightleftharpoons}} CoCl_2 \cdot 2H_2O \underset{}{\overset{90℃}{\rightleftharpoons}} CoCl_2 \cdot H_2O \underset{}{\overset{120℃}{\rightleftharpoons}} CoCl_2$$

　　(粉红)　　　　　　　　(紫红)　　　　　　　(蓝紫)　　　　　　(蓝色)

当对含 $CoCl_2$ 的硅胶加热时，硅胶失水，颜色呈蓝色；在常温下，硅胶吸水，颜色由蓝色逐渐变为粉红色，此时表明硅胶已无吸水能力，可以用烘干的办法再生。

如果在密封装置内使用干燥剂或直接充入干燥空气，然后装入欲保存的材料并密封容器，就是所谓的"干燥空气封存法"或"控制相对湿度法"。相对湿度控制在小于或等于 35%时，金属就不易生锈，非金属也不易长霉。

这种干燥空气封存技术的原理不仅用于产品封存，还可通过空调设备控制整个车间、库房的相对湿度，防止产品在装配过程中生锈。控制环境，还可用充氮封存，因氮气的化学性质比较稳定；还可用去氧封存，如真空包装。

 比亚迪的发展之路

 如何检索科技文章和论文

思考题与习题

一、判断题

1. 在 25℃及标准状态下测定氢的电极电势为零。　　　　　　　　　　　　　　( )

2. 已知某电池反应为 $A + \frac{1}{2}B^{2+} \longrightarrow A^+ + \frac{1}{2}B$，而当反应式改为 $2A + B^{2+} \longrightarrow 2A^+ + B$ 时，则此反应的 $E^\ominus$ 不变，而 $\Delta_r G_m^\ominus$ 改变。　　　　　　　　　　　　　　　　　　　　　　( )

3. 在电池反应中，电动势越大的反应速率越快。　　　　　　　　　　　　　　( )

4. 在原电池中，增加氧化态物质的浓度，必使原电池的电动势增加。 ( )

5. 标准电极电势中 $E^{\ominus}$ 值较小的电对中的氧化态物质，都不可能氧化 $E^{\ominus}$ 值较大的电对中的还原态物质。 ( )

6. 若将马口铁(镀锡)和白铁(镀锌)的断面放入稀盐酸中，则其发生电化学腐蚀时阳极反应是相同的。 ( )

7. 电解反应一定是 $\Delta G^{\ominus} > 0$、$\Delta G < 0$ 的反应。 ( )

二、选择题

8. 下列关于氧化数的叙述正确的是 ( )
A. 氧化数是指某元素的一个原子的表观电荷数　B. 氧化数在数值上与化合价相同
C. 氧化数均为整数　　　　　　　　　　　　　D. 氢在化合物中的氧化数皆为+1

9. 若已知下列电对电极电势的大小顺序：
$$E(F_2/F^-) > E(Fe^{3+}/Fe^{2+}) > E(Mg^{2+}/Mg) > E(Na^+/Na)$$
则下列离子中最强的还原剂是 ( )
A. F^-　　　　　B. Fe^{2+}　　　　　C. Na^+　　　　　D. Mg^{2+}

10. 已知电极反应 $Cu^{2+} + 2e^- \longrightarrow Cu$ 的标准电极电势为 0.342V，则电极反应 $2Cu - 4e^- \longrightarrow 2Cu^{2+}$ 的标准电极电势应为 ( )
A. 0.684V　　　B. −0.684V　　　C. 0.342V　　　D. −0.342V

11. 已知 $E^{\ominus}(Ni^{2+}/Ni) = -0.257V$，测得镍电极的 $E(Ni^{2+}/Ni) = -0.210V$，说明该系统中必有 ( )
A. $b(Ni^{2+}) > 1mol \cdot kg^{-1}$　　　　　B. $b(Ni^{2+}) < 1mol \cdot kg^{-1}$
C. $b(Ni^{2+}) = 1mol \cdot kg^{-1}$　　　　　D. $b(Ni^{2+})$ 无法确定

12. 下列溶液中，不断增加 H^+ 的浓度，氧化能力不增强的是 ( )
A. MnO_4^-　　　B. NO_3^-　　　C. H_2O_2　　　D. Cu^{2+}

13. 将下列反应中的有关离子浓度均增加一倍，会使对应的 E 值减少的是 ( )
A. $Cu^{2+} + 2e^- \longrightarrow Cu$　　　　　B. $Zn - 2e^- \longrightarrow Zn^{2+}$
C. $Cl_2 + 2e^- \longrightarrow 2Cl^-$　　　　　D. $Sn^{4+} + 2e^- \longrightarrow Sn^{2+}$

14. 某电池的电池符号为$(-) Pt | A^{3+}, A^{2+} \vdots\vdots B^{4+}, B^{3+} | Pt (+)$，则此电池中两极反应的产物应为 ( )
A. A^{3+}, B^{4+}　　B. A^{3+}, B^{3+}　　C. A^{2+}, B^{4+}　　D. A^{2+}, B^{3+}

15. 在下列电对中，标准电极电势值最大的电对是 ( )
A. $AgCl/Ag$　　B. $AgBr/Ag$　　C. $[Ag(NH_3)_2]^+/Ag$　　D. Ag^+/Ag

16. A、B、C、D 四种金属，将 A、B 用导线连接，浸在稀硫酸中，在 A 表面上有氢气放出，B 逐渐溶解；将含有 A、C 两种金属的阳离子溶液进行电解时，阴极上先析出 C；把 D 置于 B 的盐溶液中有 B 析出。这四种金属的还原性由强到弱的顺序是 ( )
A. A > B > C > D　　　　　　B. C > D > A > B
C. D > B > A > C　　　　　　D. B > C > D > A

17. 已知标准氯电极的电势为 1.358V，当氯离子浓度减少到 $0.1mol \cdot kg^{-1}$，氯气分压减少到 $0.1×100kPa$ 时，该电池的电极电势应为 ( )
A. 1.358V　　　B. 1.3284V　　　C. 1.3876V　　　D. 1.4172V

18. 电解 $NiSO_4$ 溶液，阳极用镍，阴极用铁，则阳极和阴极的产物分别是 ( )
A. Ni^{2+}, Ni　　B. Ni^{2+}, H_2　　C. Fe^{2+}, Ni　　D. Fe^{2+}, H_2

三、填空题

19. 在一定条件下，以下反应均可向右进行：
$$Cr_2O_7^{2-} + 6Fe^{2+} + 14H^+ \longrightarrow 2Cr^{3+} + 6Fe^{3+} + 7H_2O \quad (1)$$
$$2Fe^{3+} + Sn^{2+} \longrightarrow 2Fe^{2+} + Sn^{4+} \quad (2)$$
上述物质中最强的氧化剂应为_____，最强的还原剂应为_____。

20. 原电池中的氧化还原反应是_____进行的。在氧化还原反应中，必然伴随着_____的过程。

21. 对于氧化还原反应，若以电对的电极电势作为判断的依据时，其自发的条件必为_____。

22. 某原电池的一个电极反应为 $2H_2O \longrightarrow O_2 + 4H^+ + 4e^-$，则这个反应一定发生在_____极。

23. 若某原电池的一个电极发生的反应是 $Cl_2 + 2e^- \longrightarrow 2Cl^-$，而另一个电极发生的反应为 $Fe^{2+} - e^- \longrightarrow Fe^{3+}$，已测得 $E(Cl_2/Cl^-) > E(Fe^{3+}/Fe^{2+})$，则该原电池的电池符号应为_____。

24. 已知反应 $H_2(g) + Hg_2^{2+}(aq) \longrightarrow 2H^+(aq) + 2Hg(l)$，$E^\ominus = 0.797V$，则 $E^\ominus[Hg_2^{2+}/Hg(l)] =$_____。

25. 在 Cu-Zn 原电池中，若 $E(Cu^{2+}/Cu) > E(Zn^{2+}/Zn)$，在 Cu 电极和 Zn 电极中分别注入氨水，则可能分别导致该原电池的电动势_____和_____。

26. 25℃时，若电极反应 $2D(g) + 2e^- \longrightarrow D_2$ 的标准电极电势为 $-0.0034V$，则在相同温度及标准状态下反应 $2H^+(aq) + D(g) \longrightarrow 2D^+(aq) + H_2(g)$ 的 $E^\ominus =$_____，$\Delta_r G_m^\ominus =$_____，$K^\ominus =$_____。

27. 电解 $CuSO_4$ 溶液时，若两极都用铜，则阳极反应为_____，阴极反应为_____；若阴极使用铜作电极而阳极使用铂作电极，则阳极反应为_____，阴极反应为_____；若阴极使用铂作电极而阳极使用铜作电极，则阳极反应为_____，阴极反应为_____。

28. 试从电子运动方向、离子运动方向、电极反应、化学变化与能量转换本质、反应自发性五个方面列表比较原电池与电解池的异同。

项目	原电池	电解池
电子运动方向		
离子运动方向		
电极反应		
化学变化与能量转换本质		
反应自发性		

29. 根据下面的电池符号，写出相应的电极反应和电池总反应。

电池符号	电极反应	电池总反应
$(-)Zn\|Zn^{2+} \vdots Fe^{2+}\|Fe(+)$		
$(-)Ni\|Ni^{2+} \vdots Fe^{3+}, Fe^{2+}\|Pt(+)$		
$(-)Pb\|Pb^{2+} \vdots H^+\|H_2\|Pt(+)$		
$(-)Ag\|AgCl\|Cl^- \vdots I^-\|I_2\|Pt(+)$		

30. 写出下列电解的两极产物。

电解液	阳极材料	阴极材料	阳极产物	阴极产物
$CuSO_4$ 水溶液	Cu	Cu		
$MgCl_2$ 水溶液	石墨	Fe		
KOH 水溶液	Pt	Pt		

四、计算题

31. 将 Cu 片插入盛有 $0.5 mol \cdot kg^{-1}$ 的 $CuSO_4$ 中，Ag 片插入盛有 $0.5 mol \cdot kg^{-1}$ 的 $AgNO_3$ 溶液烧杯中：

(1) 写出该原电池的电池符号；

(2) 写出电极反应式和原电池的电池反应；

(3) 求该电池的电动势；

(4) 若加入氨水于 $CuSO_4$ 溶液中，电池的电动势将如何变化？若加氨水于 $AgNO_3$ 溶液中，情况又如何？(定性回答)

32. 已知电极反应 $NO_3^- + 3e^- + 4H^+ \longrightarrow NO + 2H_2O$ 的 $E^\ominus (NO_3^-/NO)=0.96V$，求当 $b(NO_3^-) = 1.0mol \cdot kg^{-1}$ 时，$p(NO) = 100kPa$ 的中性溶液中的电极电势，并说明酸度对 NO_3^- 氧化性的影响。

33. 已知 $Zn^{2+} + 2e^- \longrightarrow Zn$，$E = -0.76V$；$ZnO_2^{2-} + 2H_2O + 2e^- \longrightarrow Zn + 4OH^-$，$E = -1.22V$。试通过计算说明锌在标准状态下，既能从酸中又能从碱中置换放出氢气。

34. 电池反应为 $A^+(aq) + B(s) \longrightarrow A(s) + B^+(aq)$，$A^+$ 的浓度为 $10mol \cdot kg^{-1}$，B^+ 的浓度为 $0.1mol \cdot kg^{-1}$，已知：$E^\ominus (A^+/A) = 1.5V$，$E^\ominus (B^+/B) = 0.5V$。

(1) 求电池电动势 E 和 $K^\ominus$；

(2) B^+/B 的电极电势。

35. 已知：$E^\ominus (AO_4^-/AO_2) = 0.6V$，$E^\ominus (Cu^{2+}/Cu) = 0.34V$，计算：

(1) $pH = 8$，AO_4^- 的浓度为 $0.1mol \cdot kg^{-1}$ 时，$E(AO_4^-/AO_2)$ 的电极电势是多少？

(2) 上述电极与 Cu^{2+}/Cu 电极构成原电池，当 $b(Cu^{2+}) = 0.1mol \cdot kg^{-1}$ 时，求电池电动势。写出该电池反应方程式，计算该电池反应的 $\Delta_r G^\ominus$ 和 $K^\ominus$。

36. 某原电池的一个半电池是由金属 Co 浸在 $1.0mol \cdot kg^{-1}Co^{2+}$ 溶液中组成，另一半电池则由 Pt 片浸入 $1.0mol \cdot kg^{-1}Cl^-$ 溶液中并不断通入 $Cl_2[p(Cl_2) = 100kPa]$ 组成。实验测得电池的电动势为 1.63V，钴电极为负极。已知 $E^\ominus (Cl_2/Cl^-) = 1.36V$。

(1) 写出电池反应方程式。

(2) $E^\ominus (Co^{2+}/Co)$ 为多少？

(3) $p(Cl_2)$ 增大时，电池电动势将如何变化？

(4) 当 Co^{2+} 浓度为 $0.010mol \cdot kg^{-1}$ 时，电池电动势是多少？$\Delta_r G_m$ 为多少？

37. 根据下列反应及其热力学常数，计算银-氯化银电对的标准电极电势 $E^\ominus (AgCl/Ag)$。该电极反应为 $H_2 + 2AgCl \Longrightarrow 2H^+ + 2Cl^- + 2Ag$。已知该反应在 25℃时的 $\Delta_r H_m^\ominus = -80.80kJ \cdot mol^{-1}$，$\Delta_r S_m^\ominus = -127.20J \cdot mol^{-1} \cdot K^{-1}$。

38. 在 $0.10mol \cdot kg^{-1}$ 的 $CuSO_4$ 溶液中投入锌粒，求反应达平衡后溶液中 Cu^{2+} 的浓度。已知：$E^\ominus (Cu^{2+}/Cu) = 0.34V$，$E^\ominus (Zn^{2+}/Zn) = -0.76V$。

39. 选用 Fe、Cu、Zn、Ag 片，碳棒，质量摩尔浓度均为 $1.0mol \cdot kg^{-1}$ 的 $FeCl_3$、$CuSO_4$、$ZnSO_4$、$AgNO_3$ 溶液及 $0.01mol \cdot kg^{-1}$ 的 $FeCl_2$ 溶液，设计一个电动势最大的原电池。假定此电池可用来电解(忽略其他因素影响)$CuSO_4$ 溶液(阳极用 Cu，阴极用 Fe)，回答下列问题：

(1) 写出原电池的两极反应及电池符号；

(2) 计算电池的电动势及 $\Delta_r G_m$；

(3) 写出电解池的两极反应。

40. 半电池(A)是由镍片浸在 $1.0mol \cdot kg^{-1}$ 的 Ni^{2+} 溶液中组成的；半电池(B)是由锌片浸在 $1.0mol \cdot kg^{-1}$ 的 Zn^{2+} 溶液中组成的。当将半电池(A)和(B)分别与标准氢电极连接组成原电池，测得原电池的电动势分别为 $E(A\text{-}H_2) = 0.257V$，$E(B\text{-}H_2) = 0.762V$。试回答下面问题：

(1) 当半电池(A)和(B)分别与标准氢电极连接组成原电池时，发现金属电极溶解。试确定各半电池的电极电势符号是正还是负。

(2) Ni、Ni^{2+}、Zn、Zn^{2+} 中，哪一种物质是最强的氧化剂？

(3) 当将金属镍放入 $1.0mol \cdot kg^{-1}$ 的 Zn^{2+} 溶液中，能否发生反应？将金属锌浸入 $1.0mol \cdot kg^{-1}$ 的 Ni^{2+} 溶液中会发生什么反应？写出反应方程式。

(4) Zn^{2+} 与 OH^- 能反应生成 $Zn(OH)_4^{2-}$。如果在半电池(B)中加入 NaOH，其电极电势是变大、变小还是不变？

(5) 将半电池(A)和(B)组成原电池，何者为正极？电动势是多少？

自测练习题

第四章 物质结构基础
(Basic Structures of Matter)

物质世界精彩纷呈，种类繁多。不同物质之所以表现出各自不同特征的性质，其根本原因在于物质微观结构的差异。所以，为了深入了解物质变化的根本原因，必须进一步研究物质的微观结构。本章将讨论原子结构、化学键和晶体结构方面的基本理论和基础知识，这对于掌握物质的性质及其变化规律具有十分重要的意义。

第一节 原子结构与周期系
(Atomic Structure and Periodic Law)

研究原子结构，实质上是研究原子核外电子的运动状态。质量极小、速度极大的电子，其运动并不遵循经典力学的规律。20 世纪 20 年代，以微观粒子的波粒二象性为基础发展起来的量子力学，正确地描述了核外电子的运动状态，奠定了物质结构的近代理论基础。

一、核外电子运动的特殊性

1. 量子化特征

人们对原子结构的认识是和原子光谱的实验分不开的。氢原子光谱(图 4-1)是最简单的一种，在可见光范围内，有五条比较明显的谱线：H_α、H_β、H_γ、H_δ、H_ε。在 图 4-1 右侧红外区和左侧紫外区还有若干谱线。1890 年里德堡(J. R. Rydbery，瑞典)在巴尔麦(J. J. Balmer，瑞士)工作的基础上，把这一系列谱线归纳为一个统一的经验公式：

$$\nu = 3.29 \times 10^{15} \left(\frac{1}{n_1^2} - \frac{1}{n_2^2} \right) \tag{4-1}$$

式中：n_1、n_2 均为正整数，且 $n_1 < n_2$。在可见光区氢原子光谱五根谱线的 n_1 为 2，n_2 分别为 3、4、5、6、7。由式(4-1)可见，氢原子光谱的谱线频率不是任意的，而是随着 n_1 和 n_2 的改变做跳跃式的改变，即频率是不连续的。

1900 年，普朗克(Planck，德)首先提出了著名的量子化理论。他认为，在微观领域里能量是不连续的，物质吸收或辐射的能量总是一个最小的能量单位的整数倍。能量的这种不连续性称为量子化。

1913 年，丹麦物理学家玻尔(N. Bohr，丹麦)在卢瑟福(E. Rutherford，英)含核原子模型和普朗克量子论的基础上，提出了玻尔氢原子模型。按此模型，电子在圆形轨道上运动，此轨道的半径 $r = n^2 a_0$(a_0=52.9pm，称玻尔半径，Bohr radius)；电子在轨道上运动时的能量 $E = -2.18 \times 10^{-18} \left(\frac{1}{n^2} \right)$，$n$ 为主量子数，其取值为 1,2,3,…，正整数。离核近的轨道能量低，离核远

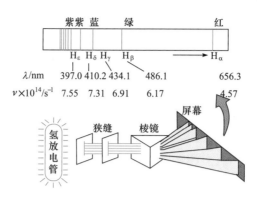

图 4-1 氢原子光谱

的轨道能量高。正常情况下，原子中的电子总是尽可能处在能量最低的轨道上。根据玻尔的假设，核外电子绕核做圆形轨道运动时，电子在一定的位置上有一定的能量，这种状态称定态(stationary state)。定态电子不辐射能量。能量最低的定态称基态(ground state)，能量较高的定态称激发态(excited state)。这些不连续能量的定态称能级(energy level)。处于激发态的电子极不稳定，它会迅速地回到能量较低的轨道，并以光子的形式放出能量。放出光子的频率大小取决于电子跃迁时两个轨道能量之差，所以放出的光子频率是不连续的。氢光谱是线状光谱，其原因就在于此。按玻尔模型可以成功地导出里德堡公式，说明该理论具有一定的合理性。

2. 波粒二象性

光在传播时表现出波动性，具有波长、频率，出现干涉、衍射等现象；光在与其他物体作用时表现出粒子性，如光电效应和光压实验就是粒子性的表现。这就是 1903 年爱因斯坦(A. Einstein，美)在光子理论中阐述的光的波粒二象性(wave-particle duality)。

1924 年，德布罗意(L. de Broglie，法)在光的波粒二象性的启发下，设想具有静止质量的微观粒子(如分子、电子、质子、中子等)与光一样也具有波粒二象性的特征。为此他给出了一个关于粒子的波长、质量和运动速率的关系式：

$$\lambda = \frac{h}{p} = \frac{h}{mv} \tag{4-2}$$

这就是德布罗意关系式。在式(4-2)中，微观粒子的波动性和粒子性通过普朗克常量($h = 6.626 \times 10^{-34}$J · S)联系起来了。

当已知电子的质量 $m = 9.11 \times 10^{-31}$kg，运动速率 $v = 10^6$m · s^{-1} 时，通过式(4-2)可求得其波长为

$$\lambda = \frac{h}{mv} = \frac{6.626 \times 10^{-34} \text{J·s}}{9.11 \times 10^{-31} \times 10^6 \text{m·s}^{-1}} = 7.27 \times 10^{-10} \text{m} = 727 \text{pm}$$

这个数值刚好落在 X 射线波长范围内。德布罗意的假设在 1927 年被戴维孙(C. J. Davisson，美)和革末(L. H. Germer，美)的电子衍射实验所证实。此实验在照相底片上观察到的明暗相间的环纹与 X 射线环纹类似(图 4-2)，证实了电子与 X 射线一样具有波的特性。随后又得到了分子、原子、质子、中子等实物微观粒子的衍射环纹，而且它们也符合德布罗意关系式。因此，波粒二象性是微观粒子的运动特征。人们把这种符合德布罗意关系式的波称为德布罗意

波或物质波(matter wave)。

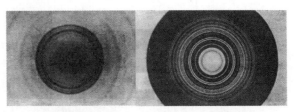

X射线衍射图　　　　　　电子波衍射图
(Lastowiccki 及 Gregor摄)　　(Loria 及 Klinger摄)

图 4-2　X 射线衍射和电子衍射图

3. 统计性

人们发现用较强的电子流可在短时间内得到前面提到的电子衍射环纹。若以一束极弱的电子流使电子一个一个地发射出去，电子打在底片上的就是一个一个的斑点，并不形成衍射环纹，这表现了电子的粒子性。但随时间的延长，衍射斑点不断增多，当斑点足够多时在底片上的分布就形成了环纹，与较强电子流在短时间内得到的衍射图形完全相同。这就表明了电子的波动性是电子无数次行为的统计结果。所以，电子波是一种统计波(statistical wave)。

二、原子轨道和电子云

1. 波函数与原子轨道

1926 年，奥地利物理学家薛定谔(E. Schrödinger)根据德布罗意关于物质波的观点，引用电磁波的波动方程，提出了描述微观粒子运动规律的波动方程——薛定谔方程，这是一个二阶偏微分方程：

$$\frac{\partial^2 \psi}{\partial x^2} + \frac{\partial^2 \psi}{\partial y^2} + \frac{\partial^2 \psi}{\partial z^2} + \frac{8\pi^2 m}{h^2}(E-V)\psi = 0 \tag{4-3}$$

式中：m 为电子的质量；E 为系统的总能量；V 为系统的势能。ψ 为空间坐标 x、y、z 的函数，称波函数(wave function)。它是描述原子核外电子运动状态的数学函数式。例如，基态氢原子的波函数为

$$\psi_{1,0,0} = \sqrt{\frac{1}{\pi a_0^3}} \cdot \mathrm{e}^{\frac{-r}{a_0}} \tag{4-4}$$

式中：r 为电子离核的距离。可见，ψ 值随 r 的增大而迅速减小。因为波函数是描述原子核外电子运动状态的数学函数式，所以每一波函数都表示电子的一种运动状态。通常把这种波函数称为原子轨道(atomic orbital)。这里所说的"轨道"是电子的一种运动状态，并不是玻尔理论所说的那种固定半径的圆形轨迹。

2. 四个量子数

现在只能对最简单的氢原子薛定谔方程精确求解。在求解过程中很自然地引入了三个

参数 n , l , m，它们被称为量子数(quantum number)。为了确保此方程的解有合理的物理意义，必须对它们的取值作一些限制。现将它们的取值和在描述电子运动状态时的物理意义分述如下。

三个量子数的取值规定为

$n = 1, 2, 3, 4, \cdots, \infty$ 正整数

$l = 0, 1, 2, 3, \cdots, (n-1)$ 共可取 n 个值

$m = 0, \pm 1, \pm 2, \pm 3, \cdots, \pm l$ 共可取 $2l+1$ 个值

可见，l 取值受 n 的数值限制，当 $n=1$ 时，l 只能取 0。m 取值又受 l 的数值限制，当 $l=0$ 时，m 只能取 0；当 $l=1$ 时，m 可取 -1，0，$+1$ 三个数值。因此，三个量子数的组合必须符合它们的取值规定。例如，对于基态氢原子，$n=1$，$l=0$，$m=0$。n，l，m 三个量子数只有一种组合形式(1, 0, 0)，与之对应的波函数表达式也只有一种，即 $\psi_{1,0,0}$ 或 ψ_{1s}；当 $n=2$ 时，三个量子数有四种组合形式，即(2, 0, 0)、(2, 1, 0)、(2, 1, +1)、(2, 1, -1)，对应的波函数也有四种，即有 $\psi_{2,0,0}$、$\psi_{2,1,0}$、$\psi_{2,1,+1}$、$\psi_{2,1,-1}$；当 $n=3$ 时，三个量子数的组合方式有九种；$n=4$ 时，可以有 16 种……$n>1$ 时氢原子处于激发态，波函数的形式比式(4-4)要复杂得多(表 4-3)。这就是说，当三个量子数都已确定时，波函数的函数式也随之确定了，即描述了一种特定的电子运动状态。氢原子轨道与 n, l, m 三个量子数的关系列于表 4-1 中。

表 4-1 氢原子轨道和三个量子数的关系

n	l	m	轨道名称	轨道数
1	0	0	1s	1
2	0	0	2s	1 ⎫
2	1	-1, 0, +1	2p	3 ⎬ 4
3	0	0	3s	1 ⎫
3	1	-1, 0, +1	3p	3 ⎬ 9
3	2	-2, -1, 0, +1, +2	3d	5 ⎭
4	0	0	4s	1 ⎫
4	1	-1, 0, +1	4p	3 ⎬ 16
4	2	-2, -1, 0, +1, +2	4d	5
4	3	-3, -2, -1, 0, +1, +2, +3	4f	7 ⎭

量子数的物理意义：

(1) 主量子数 n (principal quantum number) 是确定电子能级的主要因素。对单电子原子或离子来说，其能量 E 仅和主量子数 n 有关。例如，氢原子各电子层的电子能量为

$$E = -2.18 \times 10^{-18} \left(\frac{1}{n^2} \right) (\text{J})$$

可见，n 越大，电子能级越高。但是对于多电子原子来说，由于核外电子的能量除了主要取决于主量子数 n 以外，还同原子轨道或电子云的形状有关。

主量子数 n 代表电子离核的平均距离。n 越大，电子离核平均距离越远。通常把具有相同 n 的各原子轨道称为同属一个电子层(electronic shell)。与 n 对应的电子层及其符号如下：

主量子数 n	1	2	3	4	5	6	7…
电子层符号	K	L	M	N	O	P	Q…

(2) 角量子数 l(angular quantum number)用于确定原子轨道(或电子云)的形状。当 l 取值不同时，轨道形状也不同。例如，s 轨道，$l = 0$，其轨道形状为球形；p 轨道，$l = 1$，其轨道呈双球形；d 轨道，$l = 2$，其轨道呈花瓣形；f 轨道，$l = 3$，轨道形状较复杂，等等。

角量子数 l 也表示电子所在的电子亚层(sub electronic shell)，通常将具有相同角量子数的各个原子轨道称为同属一个电子亚层。与 l 对应的电子亚层的符号如下：

角量子数 l	0	1	2	3…
电子亚层符号	s	p	d	f…

对多电子原子来说，角量子数 l 对其能量也将产生影响。此时电子能级由 n、l 两个量子数决定。

(3) 磁量子数 m(magnetic quantum number)用于确定原子轨道或电子云在空间的伸展方向。当 l 数值相同，m 数值不同时，表示与 l 对应形状的原子轨道可以在空间取不同的伸展方向，从而得到几个空间取向不同的原子轨道。

例如，$l = 0$，$m = 0$ 在空间只有一种取向，只有一个 s 轨道；

$l = 1$，$m = 0$，± 1 在空间有三种取向，表示 p 亚层有三个轨道：p_x，p_y，p_z；

$l = 2$，$m = 0$，± 1，± 2，在空间有五种取向，表示 d 亚层有五个轨道：d_{xy}，d_{xz}，d_{yz}，d_{z^2}，$d_{x^2-y^2}$；

$l = 3$，$m = 0$，± 1，± 2，± 3，在空间有七种取向，表示 f 亚层有七个轨道。

在没有外加磁场的情况下，同一亚层的原子轨道(如 p_x、p_y、p_z)能量相等，称等价轨道(equivalent orbital，或简并轨道)。

(4) 为了全面地描述电子的运动状态，从相对论出发引入了第四个量子数：自旋量子数 m_s(spin quantum number)。m_s 能取 $\pm\dfrac{1}{2}$ 两个数值。通常用"↑↑"表示自旋平行状态的两个电子，用"↓↑"表示自旋非平行(配对)状态的两个电子。

根据四个量子数间的关系，可以得出各电子层中可能存在的电子运动状态的数目，如表 4-2 所示。

表 4-2　核外电子可能存在的状态数

电子层	K $n = 1$	L $n = 2$	M $n = 3$	N $n = 4$	n
原子轨道符号	1s	2s　2p	3s　3p　3d	4s　4p　4d　4f	…
原子轨道数	1	1　3	1　3　5	1　3　5　7	…
电子运动状态数	2	8	18	32	$2n^2$

综上所述，要全面地描述电子的运动状态必须用四个量子数，这对研究多电子原子系统也适用。

3. 电子云

波函数 ψ 本身并无明确、直观的物理意义，它的物理意义只有通过波函数绝对值的平方 $|\psi|^2$ 来体现。$|\psi|^2$ 可以反映核外电子在空间某位置上单位体积中出现的概率(概率密度)。

例如，基态氢原子的波函数 1s(即 ψ_{1s})的平方(概率密度)按式(4-4)可写成如下形式：

$$\psi_{1s}^2 = \frac{1}{\pi a_0^3} \cdot e^{-\frac{2r}{a_0}} \tag{4-5}$$

式(4-5)表明，氢原子中电子的概率密度随电子离核的距离 r 而变化。离核越近，电子出现的概率密度越大；离核越远，概率密度越小。

为了形象化表示电子出现的概率密度，可用小黑点的疏密程度来表示空间各处概率密度的大小，即 $|\psi|^2$ 大的地方，黑点较密；$|\psi|^2$ 小的地方，黑点较疏。这种以黑点疏密形象化地表示电子概率密度分布的图形称为电子云(electronic cloud，图 4-3)。黑点密集的地方是电子出现概率密度较大的地方；黑点稀疏的地方是电子出现概率密度较小的地方。所以电子云是从统计概念出发对电子在核外出现的概率密度的一个形象化描述的图形。应当注意，对氢原子来说，核外只有一个电子。图 4-3 中黑点的数目并不代表电子的数目，而是代表一个电子在瞬间出现的那些可能位置的分布。

从波函数的函数式理解，概率密度的分布是没有界限的。但如果将电子概率密度相等的地方连接起来作为一个界面，使界面内电子出现的概率很大(如大于 95%)，在界面外的概率很小(如小于 5%)，这种球面图形称为电子云的界面图(boundary chart，图 4-4)。电子云的界面图用来表示电子在核外出现的空间范围，它是由三维空间坐标确定的。

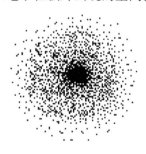

图 4-3 氢原子 1s 电子云

图 4-4 氢原子 1s 电子云界面图

4. 原子轨道和电子云的图像

波函数既然是数学函数式，就可以用图像来形象地表示这些抽象的函数。为此要对波函数进行处理：①把直角坐标系转换为球面坐标系，即将 $\psi(x,y,z)$ 转换为 $\psi(r,\theta,\varphi)$；②把波函数 $\psi(r,\theta,\varphi)$ 的径向部分和角度部分分离开来，即 $\psi(r,\theta,\varphi)$ 分解为 $R(r)$ 和 $Y(\theta,\varphi)$ 的乘积，随后就可以分别对 $R(r)$ 和 $Y(\theta,\varphi)$ 绘制图像了。$R(r)$ 只随距离 r 而变化，称为波函数的径向部分(radial part)；$Y(\theta,\varphi)$只随角度θ、φ而变化，称为波函数的角度部分(angular part)。表4-3列出氢原子的波函数及对应的径向部分和角度部分。将$R(r)$对r作图，就可以了解波函数随r的变化情况。将$Y(\theta,\varphi)$对θ、φ作图，就可以了解波函数随θ、φ的变化情况。

表4-3　氢原子的波函数(a_0=玻尔半径)

轨道	$\psi(r,\theta,\varphi)$	$R(r)$	$Y(\theta,\varphi)$
1s	$\sqrt{\dfrac{1}{\pi a_0^3}}e^{-r/a_0}$	$2\sqrt{\dfrac{1}{a_0^3}}e^{-r/a_0}$	$\sqrt{\dfrac{1}{4\pi}}$
2s	$\dfrac{1}{4}\sqrt{\dfrac{1}{2\pi a_0^3}}(2-\dfrac{r}{a_0})e^{-r/2a_0}$	$\sqrt{\dfrac{1}{8a_0^3}}(2-\dfrac{r}{a_0})e^{-r/2a_0}$	$\sqrt{\dfrac{1}{4\pi}}$
2p$_z$	$\dfrac{1}{4}\sqrt{\dfrac{1}{2\pi a_0^3}}(\dfrac{r}{a_0})e^{-r/2a_0}\cdot\cos\theta$	$\sqrt{\dfrac{1}{24a_0^3}}(\dfrac{r}{a_0})e^{-r/2a_0}$	$\sqrt{\dfrac{3}{4\pi}}\cos\theta$
2p$_x$	$\dfrac{1}{4}\sqrt{\dfrac{1}{2\pi a_0^3}}(\dfrac{r}{a_0})e^{-r/2a_0}\cdot\sin\theta\cos\varphi$		$\sqrt{\dfrac{3}{4\pi}}\sin\theta\cos\varphi$
2p$_y$	$\dfrac{1}{4}\sqrt{\dfrac{1}{2\pi a_0^3}}(\dfrac{r}{a_0})e^{-r/2a_0}\cdot\sin\theta\sin\varphi$		$\sqrt{\dfrac{3}{4\pi}}\sin\theta\sin\varphi$

1) 原子轨道角度分布图

将波函数ψ的角度部分$Y(\theta,\varphi)$随角度θ、φ变化作图，所得图像称为原子轨道的角度分布图(angular distributing chart of atomic orbit)。例如，所有 s 轨道波函数的角度部分都和1s轨道相同：

$$Y_s=\sqrt{\dfrac{1}{4\pi}}$$

此式说明，Y_s与θ、φ角无关，不论θ、φ角为何值，Y_s恒为一常数。因此，Y_s随角度作图的图形是半径为$\sqrt{\dfrac{1}{4\pi}}$的一个球面。因为$Y_s>0$，所以球面符号为"+"。

又如，所有的 p$_z$轨道波函数的角度部分都为

$$Y_{p_z}=\sqrt{\dfrac{3}{4\pi}}\cos\theta$$

从上式可知，Y_{p_z}和Y_s不同，随θ的大小而改变。作图时，只要θ从0°取到180°，就可算出Y_{p_z}的相应各值，如表4-4所示。

表4-4　不同θ时的Y_{p_z}

θ	0°	30°	60°	90°	120°	150°	180°
$\cos\theta$	1	0.866	0.50	0	−0.50	−0.866	−1
Y_{p_z}	0.489	0.423	0.244	0	−0.244	−0.423	−0.489

如图 4-5，从原点(原子核的位置)出发，引出不同 θ 值时的直线，令直线的长度为 Y_{p_z}，连接这些线段的端点，就可得到"8"字形曲线。将"8"字形曲线绕 z 轴旋转 $360°$，在空间所得到的闭合曲面，就是 p_z 轨道的角度分布图，其形状如同两个相切的球体。由于 Y_{p_z} 在 z 轴方向($\theta=0$)出现了极大值，所以称为 p_z 轨道。p_z 轨道的角度分布图出现一个 $Y_{p_z}=0$ 的节面(在 x、y 平面上)，节面上方 Y_{p_z} 的值为正值，节面下方为负值。这类图形的正负号在讨论化学键的形成时有意义。

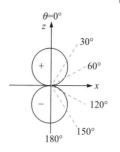

图 4-5 p_z 轨道角度分布图(平面图)

其他原子轨道角度分布图，可依类似的方法画出，如图 4-6 所示。

2) 电子云的角度分布图

将 $|\psi|^2$ 的角度部分 $Y^2(\theta,\varphi)$ 随角度 θ、φ 的变化作图，所得图像称为电子云的角度分布图(angular distributing chart of electron cloud)，如图 4-7 所示。

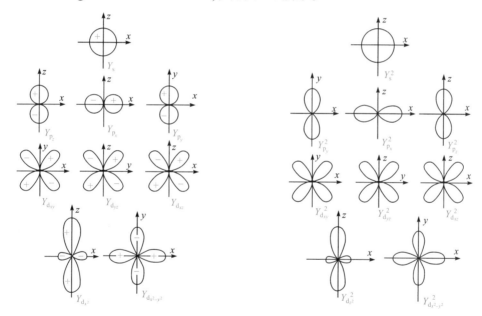

图 4-6 s, p, d 原子轨道角度分布图(平面图)　　　图 4-7 s, p, d 电子云角度分布图(平面图)

电子云的角度分布图与原子轨道的角度分布图的形状和空间取向相似，但有两点区别：第一，原子轨道角度分布有正、负之分，而电子云角度分布均为正值，因为 Y 经平方后便没有负号了；第二，除 s 轨道的电子云以外，电子云的角度分布图形比原子轨道的角度分布图形要"瘦"一些，这是因为 Y 小于1，其 Y^2 就更小。电子云的角度分布图在讨论分子的几何构型时有意义。

应该注意的是，原子轨道和电子云的角度分布图，都只是代表 Y 或 Y^2 随 θ、φ 变化的函数关系，绝不代表电子运动的轨迹，也不是原子轨道和电子云的实际形状。

3) 电子云的空间分布图

图 4-8 给出了几种原子轨道的电子云图，这种图可由相应的 $R^2(r)$ 分布和 $Y^2(\theta,\varphi)$ 分布得到。从图 4-8 可见，电子云的空间分布图与其角度分布图是不同的。

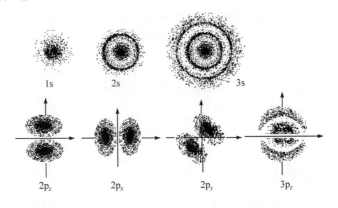

1s　　2s　　3s

2p$_z$　　2p$_x$　　2p$_y$　　3p$_z$

图 4-8　电子云的空间分布图

三、核外电子分布与周期系

1. 核外电子分布的原则

根据原子光谱实验结果和对元素周期系的分析、归纳，人们总结出了在多电子原子中核外电子分布的三个原则：

(1) 泡利不相容原理(Pauli exclusion principle)。在同一原子中不可能有四个量子数完全相同的两个电子。因此每一轨道中最多只能容纳两个自旋方向相反的电子。

(2) 能量最低原理(the lowest energy principle)。多电子原子处于基态时，核外电子的分布在不违反泡利原理的前提下总是尽先占有能量最低的轨道。只有当能量最低的轨道占满后，电子才依次进入能量较高的轨道，这就是能量最低原理。

(3) 洪德规则(Hund's rule)。从光谱实验数据总结出，在等价轨道(3 个 p、5 个 d、7 个 f 轨道)上分布的电子，将尽可能分占不同的轨道，而且自旋平行。量子力学证明，这样分布可使能量降低。

另外，作为洪德规则的特例，等价轨道处于全充满(p^6、d^{10}、f^{14})或半充满(p^3、d^5、f^7)或全空(p^0、d^0、f^0)的状态时一般比较稳定。

那么，哪些轨道能量较高？哪些轨道能量较低些？这就需要进一步了解原子轨道的能级。

2. 原子轨道的能级与核外电子分布

1) 近似能级图

在多电子原子中，轨道能量除取决于主量子数 n 以外，还与角量子数 l 有关。鲍林(L·Pauling,美)根据光谱实验，提出了多电子原子轨道的近似能级图(approximate energy level chart，图 4-9)。在图中，每一个小圆圈代表一个原子轨道，小圆圈位置的高低表示原

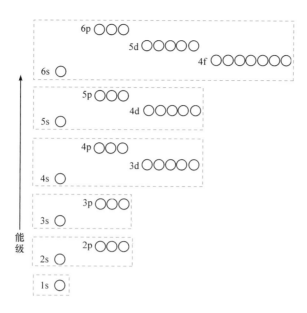

图 4-9　近似能级图

子轨道能级的高低。从近似能级图可见:

当角量子数 l 相同时，随主量子数 n 的增大，轨道能级升高。例如，$E_{1s} < E_{2s} < E_{3s}$，$E_{2p} < E_{3p} < E_{4p}$。

当主量子数 n 相同时，随角量子数 l 的增大，轨道能级升高。例如，$E_{ns} < E_{np} < E_{nd} < E_{nf}$。同一电子层中的轨道分裂为不同的能级，称能级分裂(energy level splitting)。

当主量子数和角量子数都不同时，有时出现能级交错现象(energy level crisscross)。例如，$E_{4s} < E_{3d}$，$E_{5s} < E_{4d}$。

轨道能级的高低也可用我国化学家徐光宪教授提出的$(n+0.7l)$规则进行计算。$(n+0.7l)$越大，电子所处的原子轨道能级越高。他还把$(n+0.7l)$中的整数部分相同的能级划为同一个能级组(group of energy level，如图 4-9 中虚线框内的轨道)。同一能级组中各原子轨道的能级较接近，相邻两组能级差较大。"能级组"与后面将要介绍的元素周期系中的"周期"是相对应的。

多电子原子能级的复杂性还可通过屏蔽效应、有效核电荷等概念加以理解。

2) 屏蔽效应

对多电子原子来说，必须考虑电子之间的相互作用。例如，Li($Z=3$)有三个电子，其中任一个电子都处在原子核和其余两个电子的共同作用之下，而且这三个电子又在不停地运动中。因此，要精确地确定其余两个电子对指定的某个电子的作用是困难的。

在一个近似的处理方法中提出了屏蔽效应的概念，即在多电子原子中，可以把其余电子对指定电子的排斥作用近似地看成是其余电子抵消了一部分核电荷对指定电子(被屏蔽电子)的吸引作用，这就是屏蔽效应(shielding effect)。如果以 Z 表示核电荷，σ 表示由于其他电子的排斥作用而使核电荷数被抵消的部分，则某电子是处在$(Z-\sigma)$的作用之下。$(Z-\sigma)$称有效核电荷(effective nucleus charge)，用符号Z^*表示，则有

$$Z^*=Z-\sigma \tag{4-6}$$

原子中处于不同轨道上的电子，对某一电子的屏蔽作用是不同的，但通常可把某些不同轨道之间的屏蔽作用近似地视为定值，因此式(4-6)中的σ称为屏蔽常数(shielding constant)。可见，电子的屏蔽效应使$Z^*<Z$。被屏蔽电子所受核的引力减小，系统的能量增大。屏蔽效应越大，Z^*就越小，被屏蔽电子受核引力越小，原子的能量增大得也越多。对于原子中被屏蔽的ns电子来说，受同层电子屏蔽要小，受内层电子屏蔽比同层的大；而d电子受同层或内层电子的屏蔽都大。此外，s电子还因靠近核而减弱了其他电子对它的屏蔽作用，称作钻穿效应(penetration effect)。这样，由于其他的电子对ns电子的屏蔽常数小，Z的减小要少于$(n-1)d$电子使Z的减小，也少于$(n-2)f$电子使Z的减小，即

$$Z^*_{ns} > Z^*_{(n-1)d} \qquad Z^*_{ns} > Z^*_{(n-2)f}$$

于是就出现了$E_{ns}< E_{(n-1)d}$，$E_{ns}< E_{(n-2)f}$的能级交错现象。

3) 原子的电子分布式和外层电子构型

(1) 原子的电子分布式。多电子原子核外电子分布的表达式称为电子分布式(electron distributing pattern)。根据电子排布的原则，利用鲍林近似能级图给出的填充顺序，可以写出周期系中各元素原子的电子分布式。表4-5给出了118种元素基态原子的电子分布式。

例如，21号元素钪(Sc)的电子分布式为$1s^2 2s^2 2p^6 3s^2 3p^6 3d^1 4s^2$，应该指出，按能级的高低，电子的填充顺序虽然是4s先于3d，但在写电子分布式时要把3d放在4s前面，与同层的3s、3p轨道连在一起写。

从表4-5中还可看出，有19种元素的原子核外电子分布式不完全符合近似能级顺序的结果，如下列过渡元素：

第四周期		Cr				Cu
第五周期	Nb	Mo	Ru	Rh	Pd	Ag
第六周期					Pt	Au

Cr、Mo是由于d轨道处于半充满，Cu、Ag、Au是由于d轨道处于全充满，这两种状态都是稳定的电子层结构。此外，镧系和锕系中还有几种例外情况的元素。

(2) 原子的外层电子构型。由于化学反应一般只涉及外层价电子的改变，所以通常只需写出原子的外层电子构型(electron form of external layer)即可。"外层电子"并不只是最外层电子，而是指对参与化学反应有重要意义的外层价电子，例如：

主族和零族是指最外层s亚层和p亚层的电子，即$ns\,np$；

过渡元素是指最外层s亚层和次外层d亚层的电子，即$(n-1)d\,ns$；

镧系、锕系元素一般是指最外层的s亚层和倒数第三层的f亚层的电子。

例如，下列元素原子的外层电子构型为$_{17}$Cl：$3s^2 3p^5$；$_{26}$Fe：$3d^6 4s^2$；$_{29}$Cu：$3d^{10} 4s^1$。

表 4-5 元素的电子层结构

周期	原子序数	元素名称	元素符号	电子层结构	周期	原子序数	元素名称	元素符号	电子层结构
1	1	氢	H	$1s^1$	5	52	碲	Te	$[Kr]4d^{10}5s^25p^4$
	2	氦	He	$1s^2$		53	碘	I	$[Kr]4d^{10}5s^25p^5$
						54	氙	Xe	$[Kr]4d^{10}5s^25p^6$
2	3	锂	Li	$[He]2s^1$	6	55	铯	Cs	$[Xe]6s^1$
	4	铍	Be	$[He]2s^2$		56	钡	Ba	$[Xe]6s^2$
	5	硼	B	$[He]2s^22p^1$		57	镧	La	$[Xe]5d^16s^2$
	6	碳	C	$[He]2s^22p^2$		58	铈	Ce	$[Xe]4f^15d^16s^2$
	7	氮	N	$[He]2s^22p^3$		59	镨	Pr	$[Xe]4f^36s^2$
	8	氧	O	$[He]2s^22p^4$		60	钕	Nd	$[Xe]4f^46s^2$
	9	氟	F	$[He]2s^22p^5$		61	钷	Pm	$[Xe]4f^56s^2$
	10	氖	Ne	$[He]2s^22p^6$		62	钐	Sm	$[Xe]4f^66s^2$
3	11	钠	Na	$[Ne]3s^1$		63	铕	Eu	$[Xe]4f^76s^2$
	12	镁	Mg	$[Ne]3s^2$		64	钆	Gd	$[Xe]4f^75d^16s^2$
	13	铝	Al	$[Ne]3s^23p^1$		65	铽	Tb	$[Xe]4f^96s^2$
	14	硅	Si	$[Ne]3s^23p^2$		66	镝	Dy	$[Xe]4f^{10}6s^2$
	15	磷	P	$[Ne]3s^23p^3$		67	钬	Ho	$[Xe]4f^{11}6s^2$
	16	硫	S	$[Ne]3s^23p^4$		68	铒	Er	$[Xe]4f^{12}6s^2$
	17	氯	Cl	$[Ne]3s^23p^5$		69	铥	Tm	$[Xe]4f^{13}6s^2$
	18	氩	Ar	$[Ne]3s^23p^6$		70	镱	Yb	$[Xe]4f^{14}6s^2$
4	19	钾	K	$[Ar]4s^1$		71	镥	Lu	$[Xe]4f^{14}5d^16s^2$
	20	钙	Ca	$[Ar]4s^2$		72	铪	Hf	$[Xe]4f^{14}5d^26s^2$
	21	钪	Sc	$[Ar]3d^14s^2$		73	钽	Ta	$[Xe]4f^{14}5d^36s^2$
	22	钛	Ti	$[Ar]3d^24s^2$		74	钨	W	$[Xe]4f^{14}5d^46s^2$
	23	钒	V	$[Ar]3d^34s^2$		75	铼	Re	$[Xe]4f^{14}5d^56s^2$
	24	铬	Cr	$[Ar]3d^54s^1$		76	锇	Os	$[Xe]4f^{14}5d^66s^2$
	25	锰	Mn	$[Ar]3d^54s^2$		77	铱	Ir	$[Xe]4f^{14}5d^76s^2$
	26	铁	Fe	$[Ar]3d^64s^2$		78	铂	Pt	$[Xe]4f^{14}5d^96s^1$
	27	钴	Co	$[Ar]3d^74s^2$		79	金	Au	$[Xe]4f^{14}5d^{10}6s^1$
	28	镍	Ni	$[Ar]3d^84s^2$		80	汞	Hg	$[Xe]4f^{14}5d^{10}6s^2$
	29	铜	Cu	$[Ar]3d^{10}4s^1$		81	铊	Tl	$[Xe]4f^{14}5d^{10}6s^26p^1$
	30	锌	Zn	$[Ar]3d^{10}4s^2$		82	铅	Pb	$[Xe]4f^{14}5d^{10}6s^26p^2$
	31	镓	Ga	$[Ar]3d^{10}4s^24p^1$		83	铋	Bi	$[Xe]4f^{14}5d^{10}6s^26p^3$
	32	锗	Ge	$[Ar]3d^{10}4s^24p^2$		84	钋	Po	$[Xe]4f^{14}5d^{10}6s^26p^4$
	33	砷	As	$[Ar]3d^{10}4s^24p^3$		85	砹	At	$[Xe]4f^{14}5d^{10}6s^26p^5$
	34	硒	Se	$[Ar]3d^{10}4s^24p^4$		86	氡	Rn	$[Xe]4f^{14}5d^{10}6s^26p^6$
	35	溴	Br	$[Ar]3d^{10}4s^24p^5$	7	87	钫	Fr	$[Rn]7s^1$
	36	氪	Kr	$[Ar]3d^{10}4s^24p^6$		88	镭	Ra	$[Rn]7s^2$
5	37	铷	Rb	$[Kr]5s^1$		89	锕	Ac	$[Rn]6d^17s^2$
	38	锶	Sr	$[Kr]5s^2$		90	钍	Th	$[Rn]6d^27s^2$
	39	钇	Y	$[Kr]4d^15s^2$		91	镤	Pa	$[Rn]5f^26d^17s^2$
	40	锆	Zr	$[Kr]4d^25s^2$		92	铀	U	$[Rn]5f^36d^17s^2$
	41	铌	Nb	$[Kr]4d^45s^1$		93	镎	Np	$[Rn]5f^46d^17s^2$
	42	钼	Mo	$[Kr]4d^55s^1$		94	钚	Pu	$[Rn]5f^67s^2$
	43	锝	Tc	$[Kr]4d^55s^2$		95	镅	Am	$[Rn]5f^77s^2$
	44	钌	Ru	$[Kr]4d^75s^1$		96	锔	Cm	$[Rn]5f^76d^17s^2$
	45	铑	Rh	$[Kr]4d^85s^1$		97	锫	Bk	$[Rn]5f^97s^2$
	46	钯	Pd	$[Kr]4d^{10}$		98	锎	Cf	$[Rn]5f^{10}7s^2$
	47	银	Ag	$[Kr]4d^{10}5s^1$		99	锿	Es	$[Rn]5f^{11}7s^2$
	48	镉	Cd	$[Kr]4d^{10}5s^2$		100	镄	Fm	$[Rn]5f^{12}7s^2$
	49	铟	In	$[Kr]4d^{10}5s^25p^1$		101	钔	Md	$[Rn]5f^{13}7s^2$
	50	锡	Sn	$[Kr]4d^{10}5s^25p^2$		102	锘	No	$[Rn]5f^{14}7s^2$
	51	锑	Sb	$[Kr]4d^{10}5s^25p^3$		103	铹	Lw	$[Rn]5f^{14}6d^17s^2$
						104	𬬻	Rf	$[Rn]5f^{14}6d^27s^2$
						105	𬭊	Db	$[Rn]5f^{14}6d^37s^2$
						106	𬭳	Sg	$[Rn]5f^{14}6d^47s^2$
						107	𬭛	Bh	$[Rn]5f^{14}6d^57s^2$
						108	𬭶	Hs	$[Rn]5f^{14}6d^67s^2$
						109	鿏	Mt	$[Rn]5f^{14}6d^77s^2$

续表

周期	原子序数	元素名称	元素符号	电子层结构	周期	原子序数	元素名称	元素符号	电子层结构
	110	鐽	Ds	$[Rn]5f^{14}6d^87s^2$		115	镆	Mc	$[Rn]5f^{14}6d^{10}7s^27p^3$
	111	錀	Rg	$[Rn]5f^{14}6d^97s^2$		116	鉝	Lv	$[Rn]5f^{14}6d^{10}7s^27p^4$
7	112	鿔	Cn	$[Rn]5f^{14}6d^{10}7s^2$	7	117	鿬	Ts	$[Rn]5f^{14}6d^{10}7s^27p^5$
	113	鿭	Nh	$[Rn]5f^{14}6d^{10}7s^27p^1$		118	鿫	Og	$[Rn]5f^{14}6d^{10}7s^27p^6$
	114	鈇	Fl	$[Rn]5f^{14}6d^{10}7s^27p^2$					

注：此表采用了"原子实"的表示方法，如[Ne]、[Ar]等。前一周期最后一个元素(稀有气体)的原子是下周期各元素共同的原子实，因为这些元素新增加的电子是在原子实的基础上填充的。

3. 核外电子分布与周期系

原子核外电子分布的周期性是元素周期系的基础，元素周期表是周期系的表现形式。常用的长式周期表见书后[①]。随着原子结构理论的深入发展，周期系的本质也就被不断地揭露出来，现分几个问题讨论如下：

(1) 每周期的元素数目。从电子分布规律可以看出，各周期数与各能级组相对应。每周期元素的数目等于相应能级组内各轨道所容纳的最多电子数，如表 4-6 所示。

表 4-6　各周期元素的数目

周期	能级组	能级组内各原子轨道	元素数目
1	1	1s	2
2	2	2s 2p	8
3	3	3s 3p	8
4	4	4s 3d 4p	18
5	5	5s 4 d 5p	18
6	6	6s 4f 5d 6p	32
7	7	7s 5f 6d…	32

(2) 元素在周期表中的位置。元素在周期表中所处周期的号数等于该元素原子的最外层电子层数。

对元素在周期表中所处族的号数来说：

主族以及 I、II 副族元素的族号数等于最外层电子数；

III~VII 副族元素的族号数等于最外层 s 电子数与次外层 d 电子数之和；

VIII 族元素的最外层 s 电子数与次外层 d 电子数之和为 8~10；

零族元素最外层电子数为 8 或 2。

(3) 元素在周期表中的分区。根据各族元素的外层电子构型，可把周期表分成五个区域(见本书后所附元素周期表)：

① s 区——包括 I、II 主族元素，外层电子构型为 ns^1 和 ns^2。

② p 区——包括 III~VII 主族和零族元素，外层电子构型为 $ns^2np^{1\sim6}$。

③ d 区——包括 III~VII 副族元素和 VIII 族元素，外层电子构型一般为 $(n-1)d^{1\sim8}ns^2$。

---

① 1986 年，IUPAC 无机化学命名委员会正式将 18 族命名的周期表发至世界各地征求意见。此周期表把 I A 族记为 1，0 族记为 18，按此方法排序，不分 A、B 族。其好处是可以避免不同国家和地区使用不同记号的混乱现象(如欧洲国家与美国就不同)。这种新式周期表优点如何，正在评价之中。

④ ds 区——包括Ⅰ、Ⅱ副族元素，外层电子构型为$(n-1)d^{10}ns^{1\sim2}$。

⑤ f 区——包括镧系、锕系元素，外层电子构型一般为$(n-2)f^{1\sim14}ns^2$。

由于在化学反应中一般只涉及原子的外层电子构型，因此，熟悉各族元素的外层电子构型以及元素的分区，对学习化学极为重要。

四、元素性质的周期性

1. 原子半径

原子半径(atomic radius)是元素的一项重要参数，对元素及化合物的性质有较大影响。由于核外电子具有波动性，电子云没有明显的边界，因此讨论单个原子的半径是没有意义的。现在讨论的原子半径是人为规定的物理量。根据原子与原子间作用力的不同，原子半径一般分为三种：共价半径、金属半径和范德华半径。

共价半径(covalent radius)是指同种元素原子形成共价单键时相邻两原子核间距离的一半。例如，把 Cl—Cl 分子的核间距的一半(100pm)定为 Cl 原子的共价半径。

金属半径(metallic radius)是指金属晶体中相邻两原子核间距离的一半。

范德华半径(van der Waals radius)是指分子晶体中两个相邻分子间核间距离的一半。

各元素的原子半径列于图 4-10 中。

	ⅠA																	ⅧA
1	H 32	ⅡA											ⅢA	ⅣA	ⅤA	ⅥA	ⅦA	He 140
2	Li 130	Be 99											B 84	C 75	N 71	O 64	F 60	Ne 154
3	Na 160	Mg 140	ⅢB	ⅣB	ⅤB	ⅥB	ⅦB		Ⅷ		ⅠB	ⅡB	Al 124	Si 114	P 109	S 104	Cl 100	Ar 188
4	K 200	Ca 174	Sc 159	Ti 148	V 144	Cr 130	Mn 129	Fe 124	Co 118	Ni 117	Cu 122	Zn 120	Ga 123	Ge 120	As 120	Se 118	Br 117	Kr 202
5	Rb 215	Sr 190	Y 176	Zr 164	Nb 156	Mo 146	Tc 138	Ru 136	Rh 134	Pd 130	Ag 136	Cd 140	In 142	Sn 140	Sb 140	Te 137	I 136	Xe 216
6	Cs 238	Ba 206	La 194	Hf 164	Ta 158	W 150	Re 141	Os 136	Ir 132	Pt 130	Au 130	Hg 132	Tl 144	Pb 145	Bi 150	Po 142	At 148	Rn 220

图 4-10 元素的原子半径(单位：pm)

主族元素原子半径的递变规律十分明显。在同一短周期中，从左至右随原子序数的递增，原子半径逐渐减小。同一主族中，自上而下各元素的原子半径逐渐增大。

副族元素原子半径的变化规律不如主族那么明显。随着核电荷依次增加，原子半径一般依次缓慢减小。Ⅰ、Ⅱ副族元素的原子半径反而有所增大。

同一副族中从上到下，原子半径稍有增大。但第五、六周期的同一副族元素，由于镧系收缩(第五章第二节)的结果，原子半径相差很小，近似相等。

2. 元素的金属性和非金属性

(1) 短周期元素。从左至右，由于核电荷依次增多，原子半径逐渐减小，最外层电子数也依次增多，元素的金属性逐渐减弱，非金属性逐渐增强。以第三周期为例，从活泼金属钠到活泼非金属氯，递变非常明显。

(2) 长周期过渡元素。同一长周期中的主族元素性质的递变与短周期元素相同。长周期中过渡元素原子的最外层电子数较少，一般为 2 个，所以都是金属元素。由于最外层电子数不多于 2 个，而且几乎保持不变，只有次外层的 d 电子数有差别，所以金属性从左到右减弱缓慢。以第四周期为例，钛、钒、铬、锰、铁、钴、镍等元素，原子半径变化不大，性质也相近。只有长周期的后半部的主族元素的原子中，最外层电子数和相应短周期元素一样，金属性、非金属性的递变情况又变明显。

(3) 特长周期中的镧、锕系元素。这些元素的最外层电子数不多于 2 个，所以都是金属。其最外层 s 电子和次外层 d 电子数没有差别，只有外数第三层上的 f 电子数发生变化。原子半径减少得更加缓慢，如从铈到镥 14 种元素的原子半径只减少 9pm，所以金属性更接近。

(4) 同主族元素，自上而下随着主量子数增大，电子层数增多，半径增大，使核对外层电子引力减弱，所以自上而下非金属性减弱，金属性增强。

同族过渡元素，除钪副族外，都是自上而下金属性减弱，如铜到金，锌到汞。

3. 电离能、电子亲和能和电负性

(1) 电离能。使基态的气态原子失去一个电子形成 +1 价气态正离子时所需要的最低能量称第一电离能(first ionization energy)，常用符号 I_1 来表示；从 +1 价离子失去一个电子形成 +2 价气态正离子时所需要的最低能量称第二电离能(second ionization energy)，其余依此类推，分别用 I_2、I_3、I_4 等来表示。显然，同一种元素的第二电离能要比第一电离能大。例如，铝的 I_1、I_2、I_3 分别为 578kJ·mol^{-1}、1825kJ·mol^{-1}、2705kJ·mol^{-1}。

原子失去电子的难易程度可用第一电离能(表 4-7)来衡量，I_1 越小表示元素的原子越容易失去电子，金属性越强。从表 4-7 可见，元素的第一电离能具有周期性的变化规律：同一周

表 4-7　元素的第一电离能(单位：kJ·mol^{-1})

周期	IA	IIA	IIIB	IVB	VB	VIB	VIIB	VIII			IB	IIB	IIIA	IVA	VA	VIA	VIIA	VIIIA
1	H 1312																	He 2372
2	Li 520.2	Be 899.5											B 800.6	C 1086	N 1402	O 1314	F 1681	Ne 2081
3	Na 495.8	Mg 727.7											Al 577.5	Si 786.5	P 1012	S 999.6	Cl 1251	Ar 1521
4	K 418.8	Ca 589.8	Sc 633.1	Ti 658.8	V 650.9	Cr 652.9	Mn 717.3	Fe 762.4	Co 760.4	Ni 737.1	Cu 745.5	Zn 906.4	Ga 578.8	Ge 762.2	As 944.4	Se 940.9	Br 1140	Kr 1351
5	Rb 403.0	Sr 549.5	Y 599.9	Zr 640.1	Nb 652.1	Mo 684.3	Tc 702.4	Ru 710.2	Rh 719.7	Pd 804.4	Ag 731.0	Cd 867.8	In 558.3	Sn 708.6	Sb 830.6	Te 869.3	I 1008	Xe 1170
6	Cs 392.0	Ba 502.8	La 538.1	Hf 658.5	Ta 728.4	W 758.8	Re 755.8	Os 814.2	Ir 865.2	Pt 864.4	Au 890.1	Hg 1007	Tl 589.3	Pb 725.6	Bi 702.9	Po 812.1	At	Rn 1037

期中从左到右，金属元素的第一电离能较小，非金属元素的第一电离能较大，而稀有气体元素的第一电离能最大。同一主族中自上而下，元素的电离能一般有所减小，但对副族和Ⅷ族元素来说，这种规律性较差。

(2) 电子亲和能。使基态的气态原子获得一个电子形成−1价气态离子时所放出的能量称第一电子亲和能(first electron affinity energy)，常用 E_1 来表示。与电离能相似，也有第二电子亲和能等。第一电子亲和能通常简称电子亲和能，可用来衡量原子获得电子的难易。确定电子亲和能的数值是较困难的，实际上只有少数元素能形成稳定的负离子，所以只有少数元素的电子亲和能数据是准确的。表 4-8 列出了一些元素的电子亲和能。

表 4-8　某些元素的电子亲和能(单位：$kJ \cdot mol^{-1}$)

H −72.77							He —
Li −59.63	Be —	B −26.99	C −121.78	N —	O −140.98	F −328.16	Ne —
Na −52.87	Mg —	Al −41.76	Si −134.07	P −72.03	S −200.41	Cl −348.57	Ar —
K −48.38	Ca −2.37	Ga −41.49	Ge −118.94	As −78.54	Se −194.96	Br −324.53	Kr —
Rb −46.66	Sr −4.63	In −28.95	Sn −107.30	Sb −100.92	Te −190.16	I −295.15	Xe —
Cs −45.50	Ba −13.95	Tl −19.30	Pb −35.12	Bi −90.92	Po −183	At −269.7	Rn —

由于电子亲和能的数据较少，规律性不易分析。但是仍然可以从表 4-8 中看出：金属元素的电子亲和能较低，非金属元素的电子亲和能较高。电子亲和能越大，表示其越易获得电子，故非金属性越强。

元素的电离能和电子亲和能各从一个方面来表达原子得失电子的能力，但没有考虑原子间的成键作用等情况。

(3) 电负性。1932 年鲍林在化学中引入了电负性(electronegativity)的概念，用以定量地衡量分子中原子吸引电子的能力。电负性越大，原子在分子中吸引电子的能力越强；电负性越小，原子在分子中吸引电子的能力越弱。表 4-9 列出了鲍林从热化学数据得到的电负性数值,应用较广。

表 4-9　元素的电负性

Li 0.98	Be 1.57											H 2.20		B 2.04	C 2.55	N 3.04	O 3.44	F 3.98
Na 0.93	Mg 1.31													Al 1.61	Si 1.90	P 2.19	S 2.58	Cl 3.16
K 0.82	Ca 1.00	Sc 1.36	Ti 1.54	V 1.63	Cr 1.66	Mn 1.55	Fe 1.83	Co 1.88	Ni 1.91	Cu 1.90	Zn 1.65	Ga 1.81	Ge 2.01	As 2.01	Se 2.55	Br 2.96
Rb 0.82	Sr 0.95	Y 1.22	Zr 1.23	Nb 1.6	Mo 2.16	Tc 2.10	Ru 2.2	Rh 2.28	Pd 2.20	Ag 1.93	Cd 1.69	In 1.78	Sn 1.96	Sb 2.05	Te 2.10	I 2.66
Cs 0.79	Ba 0.89	La~Lu 1.0~1.2	Hf 1.3	Ta 1.5	W 1.7	Re 1.9	Os 2.2	Ir 2.2	Pt 2.2	Au 2.4	Hg 1.9	Tl 1.8	Pb 1.8	Bi 1.9	Po 2.0	At 2.2
Fr 0.7	Ra 0.9	Ac 1.1														

从表 4-9 中可见，元素的电负性具有明显的周期性规律，根据电负性的大小，可以衡量

元素的金属性和非金属性的强弱。在一般情况下，金属元素的电负性小于 2.0(除铂系元素和金)，而非金属元素(除硅)的电负性大于 2.0。

 扫一扫　世界首颗量子卫星——墨子号

第二节 化 学 键
(Chemical Bond)

通常物质总是以原子(或离子)相互结合形成分子或晶体的状态存在的，这表明分子或晶体中的原子(或离子)并不是简单地堆积在一起，而是存在着某种吸引作用。化学上把分子或晶体中相邻原子间(或离子间)的强烈作用力称为化学键(chemical bond)。化学键主要有离子键、共价键和金属键。

在分子间还存在着一种较弱的作用，这种作用力称为分子间力(force between molecule，或范德华力)。下面先讨论化学键，再讨论分子间力。

一、离子键

1. 离子键的形成

1916 年柯塞尔(W. Kossel，德)根据稀有气体原子的电子层结构特别稳定的事实，提出了离子键理论。根据这一理论，原子形成化合物时通过失去或获得电子而形成正、负离子，这两种离子通过静电引力形成"离子型分子"(molecule of ionic type)。例如，NaCl"分子"的形成：

$$\left.\begin{array}{l} Na(3s^1) \xrightarrow{\ -e^-\ } Na^+(2s^2 2p^6) \\ Cl(3s^2 3p^5) \xrightarrow{\ +e^-\ } Cl^-(3s^2 3p^6) \end{array}\right\} \xrightarrow{\text{静电引力}} Na^+Cl^- (\text{离子型"分子"})$$

这种由正、负离子的静电作用而形成的化学键称离子键(ionic bond)。由离子键形成的化合物称离子型化合物(ionic compound)。

当两种电荷不同的球形离子相互接近时，除静电引力外，它们的电子层还产生排斥作用，使得两个离子不能极端靠近，而是在保持一定距离的平衡位置上振动，从而使正、负离子的电子云保持各自的独立性。这样正、负离子就分别形成了"分子"的正极和负极，所以离子键是有极性的。

2. 离子键的特征

1) 离子键的本质是静电引力

离子键是由原子失或得电子后，形成的正、负离子之间通过静电吸引作用而形成的化学键。所以，离子所带的电荷越多，离子半径越小，离子间引力越强，所形成的离子键越强。而离子键的强弱对离子型化合物的性质影响很大。

2) 离子键没有方向性

由于离子的电场分布是球形对称的，可在任意方向上吸引异号电荷离子，因此离子键是没有方向性(non-orientation)的。

3) 离子键没有饱和性

由于只要周围空间许可，每一个离子就能吸引尽量多的异号电荷的离子，所以离子键是没有饱和性(non-saturation)的。没有饱和性并不是说可以吸引任意多个带相反电荷的离子，由于离子周围空间的限制，实际上每一种离子都各有自己的配位数。

3. 离子的结构

离子化合物的性质主要取决于离子键，而离子键的强弱又与离子的结构有关。离子主要有三个重要的结构特征：离子的电荷、离子的电子层结构和离子半径。

1) 离子的电荷

离子的电荷数是形成离子键时原子得、失的电子数。

原子获得电子形成负离子时，通常是电子进入最外层，形成稀有气体的电子层结构。

原子失去电子形成正离子时，徐光宪教授指出，其$(n+0.4l)$值大的电子能级高，会先失掉，也就是说首先失去的是最外层的电子。

例如，Fe 原子的外层电子构型为 $3d^6 4s^2$，先失去 4s 上的 2 个电子(而不是先失去 3d 上的 2 个电子)成为 Fe^{2+}，再失去 3d 上的 1 个电子成为 Fe^{3+}。Fe^{2+} 和 Fe^{3+} 的电荷分别为+2 和+3。

2) 离子的电子层结构

各种原子能形成何种离子构型，这与同它作用的其他原子和分子有关。离子化合物中离子的电子层结构有如下几种：

简单负离子电子层构型，如同稀有气体的电子层构型，如 $Cl^-(3s^2 3p^6)$、$O^{2-}(2s^2 2p^6)$ 等。

正离子的电子层构型，除了有与稀有气体相同的电子层构型外，还有其他多种构型。根据离子的外层电子结构中的电子总数，可分为 2 电子型、8 电子型、18 电子型、18+2 电子型、和 9～17(不饱和)电子型，如表 4-10 所示。

表 4-10　正离子的电子层结构

s电子构型	离子的电子层结构	实例
2 电子型	$1s^2$	Li^+　Be^{2+}
8 电子型	$2s^2 2p^6$	Na^+　Mg^{2+}　Al^{3+}
	$3s^2 3p^6$	K^+　Ca^{2+}　Sc^{3+}
18 电子型	$3s^2 3p^6 3d^{10}$	Zn^{2+}
	$4s^2 4p^6 4d^{10}$	Ag^+　Cd^{2+}
	$5s^2 5p^6 5d^{10}$	Hg^{2+}
18+2 电子型	$4s^2 4p^6 4d^{10} 5s^2$	Sn^{2+}　Sb^{3+}
	$5s^2 5p^6 5d^{10} 6s^2$	Pb^{2+}　Bi^{3+}
9～17 电子型	$3s^2 3p^6 3d^2$	V^{3+}
	$3s^2 3p^6 3d^5$	Fe^{3+}　Mn^{2+}
	$3s^2 3p^6 3d^6$	Fe^{2+}
	$3s^2 3p^6 3d^8$	Ni^{2+}

3) 离子半径

离子半径是指离子在晶体中的接触半径。把晶体中的正、负离子看作相互接触的两个球，两个原子核之间的平均距离，即核间距 d 就可看作正、负离子半径之和，即 $d = r_+ + r_-$(图 4-11)。核间距 d 的数值可由实验测得。以氟离子(F^-)半径为 133pm 或氧离子(O^{2-})半径为 140pm 作为标准，然后计算出其他离子的半径。例如：

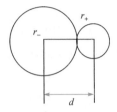

图 4-11　离子半径示意图

	d/pm	r_-/pm	$r_+=(d-r_-)$/pm
NaF	235	133	$r(Na^+)$/pm $=235-133=102$
MgO	212	140	$r(Mg^{2+})$/pm $=212-140=72$

原子失去电子成为正离子时，由于有效核电荷增加，外层电子受到的引力增大，所以正离子的半径比原来的原子半径小；原子形成负离子后，外层电子的相互斥力增大，所以负离子半径比原来的原子半径大。常见离子的半径列于表 4-11 中。

表 4-11　离子半径（单位：pm）

（1）正离子半径

Li+ 68	Be2+ 35												
Na+ 97	Mg2+ 66	Al3+ 51											
K+ 133	Ca2+ 99	Sc3+ 73.2	Ti4+ 68	Cr3+ 63	Mn2+ 80	Fe2+ 74	Fe3+ 64	Co2+ 72	Ni2+ 69	Cu2+ 72	Zn2+ 74	Ga3+ 62	Ge2+ 73 / As3+ 58

（说明：9～17 电子构型；8（或 2）电子构型；18 电子构型；18+2 电子构型）

具体数据：

Rb+ 147　Sr2+ 112　Ag+ 126　Cd2+ 97　In3+ 81　Sn2+ 93　Sb3+ 76

Cs+ 167　Ba2+ 134　Hg2+ 110　Tl3+ 95　Tl+ 147　Pb2+ 120　Bi3+ 96

（2）负离子半径

O2- 132	S2- 184	Se2- 191	Te2- 211	F- 133	Cl- 181	Br- 196	I- 220

8（或 2）电子构型

由于离子半径是决定离子间引力大小的重要因素，因此离子半径的大小对离子化合物的性质有显著影响。例如，离子半径越小，离子间引力越大，离子化合物的熔、沸点也就越高。

二、共价键

离子键理论对电负性相差很大的两个原子所形成的化学键能较好地予以说明。但对两个电负性相差较小或几乎相等的原子所形成的分子（如 H_2、O_2、HCl、CO_2 等），离子键理论就不适用了。为了阐明这一类型的化学键问题，早在 1916 年路易斯（G. N. Lewis，美）提出了原子间共用电子对的共价键理论。他认为这类原子间可通过共用电子对使分子中各原子具有稳定的稀有气体的原子结构，形成稳定的分子。例如：

H : H　　　: Cl̈ : Cl̈ :　　　H : Cl̈ :　　　· N ⫶ N ·

或用短线"—"表示共用电子对：

H—H　　　Cl—Cl　　　H—Cl　　　N ≡ N

这种原子间靠共用电子对结合起来的化学键称为共价键(covalent bond)。由共价键形成的化合物称共价化合物(covalent compound)。

由于路易斯的理论仅从静止的电子对观念出发，因而对于存在着电荷排斥的两个电子能形成共用电子对并把两个原子结合在一起的本质则无法予以说明。

1927 年，海特勒（W. Heitler，美）和伦敦（F. London，美）应用量子力学求解氢分子的薛定谔方程以后，共价键的本质才得到理论上的解释。共价键的现代理论就是量子力学理论在分子中的应用。近代共价键理论主要有价键理论(valence bond theory，简称 VB 法)和分子轨道理论(molecule orbital theory，简称 MO 法)。此处介绍价键理论。

1. 价键理论

1) 氢分子中共价键的形成

用量子力学求解氢分子的薛定谔方程,得到两个氢原子互相作用能(E)与它们的核间距(d)之间的关系,如图 4-12 所示。结果表明,当电子自旋方向相同的两个氢原子相互靠近时,核间电子云密度小，系统能量升高，这称为氢分子的排斥态[exclude state，图 4-13(a)]。排斥态表明两个氢原子不可能形成稳定的氢分子。只有电子自旋方向相反的两个氢原子相互靠近时,核间电子云密度较大，系统能量降低，从而使两个氢原子趋于结合，形成稳定的氢分子，这称为氢分子的基态[ground state，图 4-13(b)]。当两个氢原子核间距 $d=74$pm(实验值) 时，其能量最低，实验测得 $E_s= -436$kJ $\cdot$ mol^{-1}。此时，两个氢原子之间形成了稳定的共价键，结合成氢分子。核间距 74pm 是 H—H 键的键长，而能量 436kJ $\cdot$ mol^{-1} 则是 H—H 键的键能。

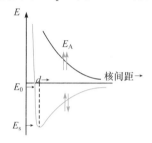

图 4-12 形成氢分子的能量曲线

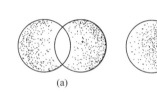

图 4-13 氢分子的两种状态线

氢分子核间距为 74pm，而氢原子的玻尔半径为 53pm。显然，氢分子核间距比两个氢原子的玻尔半径之和要小。这一事实说明，在氢分子中两个氢原子的 1s 轨道发生了重叠。正是由于成键的原子轨道发生了重叠,其结果是两核间形成了一个电子出现概率密度较大的区域,在两核间产生了吸引力，系统能量降低，形成稳定的共价键，氢原子结合形成了氢分子。

2) 价键理论要点

将量子力学研究氢分子的结果推广应用到其他分子系统，发展成为价键理论。它的基本要点如下：

(1) 原子中自旋方向相反的未成对电子相互接近时，可相互配对形成稳定的化学键。一个原子有几个未成对电子，便可和几个自旋相反的未成对电子配对成键。例如，H—H、H—Cl、H—O—H、N≡N 等。

(2) 原子轨道重叠时，必须考虑原子轨道的"+" "–"号。因电子运动具有波动性，两个原子轨道只有同号才能实行有效重叠。而原子轨道重叠时总是沿着重叠最多的方向进行。重叠越多,形成的共价键越牢固,这就是原子轨道的最大重叠原理(maximum overlap principle)。

3) 共价键的特征

与离子键不同，共价键是具有饱和性和方向性的化学键。

饱和性 由于电子自旋方向只有两种，根据上述要点(1)可知，自旋方向相反的电子配对之后，就不能再与另一个原子中未成对电子配对了。这就是共价键的饱和性。

方向性 根据最大重叠原理，除 s 轨道外，p、d 轨道总是沿着轨道最大值的方向才会有最大重叠，因而决定了共价键的方向性。例如，氢原子 1s 轨道与氯原子的 $2p_x$ 轨道有四种可能的重叠方式(图 4-14)，其中只有采取(a)的重叠方式成键才能使 s 轨道和 p_x 轨道的有效重叠最大。

4) 共价键的键型

根据原子轨道重叠的情况不同，可以形成两种类型的共价键：σ 键和 π 键。

原子轨道沿键轴(两核间连线)方向以"头碰头"方式进行重叠而形成的共价键称为σ 键。例如，H_2 分子中的 s-s 重叠、HCl 分子中 s-p_x 重叠、Cl_2 分子中的 p_x-p_x 重叠等都形成σ 键[图 4-15(a)]。

另一类是原子轨道沿键轴方向以"肩并肩"方式进行重叠[图 4-15(b)]，这种键称π 键。

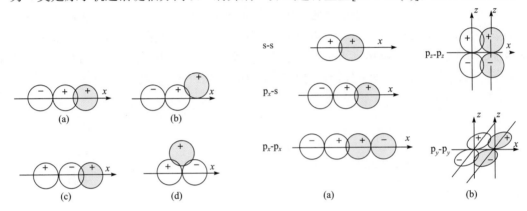

图 4-14   s 和 p_x 轨道可能的重叠方式   图 4-15   σ 键和π 键

从原子轨道重叠程度看，π 键重叠程度小于σ 键，因而能量较高，是化学反应中的积极参与者。共价单键一般为σ 键，在共价双键和叁键中，除一个σ 键外，其余为π 键。

上面所讨论的共价键的共用电子对都是由成键的两个原子分别提供一个电子组成的。此外，还有一类共价键，其共用电子对是由一个原子提供的，这个原子称为电子对给予体(electron pair donor)；参与成键的另一原子必须具有空的原子轨道，这个原子称电子对接受体(electron pair acceptor)。例如，NH_4^+ 的形成：NH_3 分子中，N 原子最外层的 5 个电子($2s^2 2p^3$)，有 3 个电子已与氢成键，还有一对电子；H^+ 是一个只有空的 1s 轨道的质子。N 原子的电子对与 H^+ 的 1s 轨道形成共价键，如果以"→"表示这种共价键的形成，则可写成：

$$\left[\begin{array}{c} H \\ | \\ H\!-\!N\!\rightarrow\!H \\ | \\ H \end{array}\right]^+$$

以这种方式形成的共价键称配位键(coordination bond)。配位键存在于许多化合物中，如$CO(C\!\equiv\!O)$、$H_4BF(H_3B\!\leftarrow\!FH)$、含氧酸根等。特别是配离子中的化学键，主要是配位键。配位键属于σ 键。

2. 离子的极化理论与键型的过渡

当成键原子的电负性相同时，两个原子核的正电荷所形成的正电荷中心与核外电子云的负电荷中心恰好重合，便形成了非极性共价键；若两个成键原子的电负性不同，则两个原子核间的正、负电荷中心不重合，便形成了极性共价键。成键原子的电负性相差越大，键的极性越大。当成键原子的电负性相差很大时，可以认为共价键的电子对完全转移到电负性大的原子上，这时成键原子转变成离子，共价键转变为离子键。

因此，从键的极性角度看，可以认为离子键是最强的极性键，而极性共价键则是离子键和非极性共价键间的一种过渡类型。这种过渡可以用离子极化理论来解释。

离子极化理论是先将化合物中的组成元素看作正、负离子，然后全面考虑正、负离子间的相互作用。孤立的离子可以被看成是正、负电荷中心重合的球体，不存在偶极[图 4-16(a)]，但在电场中离子将会发生原子核和电子云的相对位移，结果离子发生了变形而产生了诱导偶极，使离子具有了极性[图 4-16(b)]。这个过程就称离子的极化(ion's polarization)。实际上离子本身就可以产生电场，会使邻近的离子极化[图 4-16(c)]。

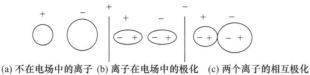

(a) 不在电场中的离子 (b) 离子在电场中的极化 (c) 两个离子的相互极化

图 4-16 离子的极化作用

离子极化的程度取决于两个因素：离子的极化力和离子的变形性。

(1) 离子的极化力(ionic polarizing power)是指某种离子使邻近的异电荷离子极化而发生变形的能力。离子的极化力与离子的电荷、离子的半径和离子的电子层构型有关。离子的电荷越多，半径越小，产生的电场强度越大，其极化力就越强。当离子的电荷相同、半径相近时，离子的电子层构型对离子的极化力就会起到决定性作用：18 电子型离子(如 Ag^+、Zn^{2+}、Hg^{2+}等)，18+2 电子型离子(如 Sn^{2+}、Pb^{2+}、Bi^{3+}等)以及 2 电子型离子(如 Li^+、Be^{2+})具有最强极化力；9～17 电子型离子(如 Mn^{2+}、Fe^{2+}、Fe^{3+}、Cu^{2+}等)次之；8 电子型离子(如 Na^+、K^+、Ca^{2+}、Ba^{2+}等)极化力最弱。

(2) 离子的变形性(ionic deformation)是指某种离子在外电场作用下电子云发生形变，正、负电荷中心发生相对位移。离子的变形性主要取决于离子的半径。离子的半径越大，核与外层电子距离越远，在外电场作用下越容易产生相对位移，变形性越大。例如：

$$F^- < Cl^- < Br^- < I^-；Li^+ < Na^+ < K^+ < Rb^+ < Cs^+$$

当离子半径大小相仿时，离子的变形性取决于外层电子结构：9～17 以及 18 或 18+2 电子构型的离子比 8 电子构型的离子变形性大得多。例如：

$$Ag^+ > K^+；Hg^+ > Ca^{2+}$$

一般说来，负离子半径大，电荷少，具有 8 电子外层结构，它们的极化力较弱而变形性较大。相反，正离子具有较强的极化力而变形性较小。所以，在考虑离子极化作用时，主要考虑阳离子的极化力和阴离子的变形性。但对半径大且外层电子多的阳离子也要考虑其变形性，如 Zn^{2+}、Cd^{2+}、Hg^{2+}。

当正、负离子结合成晶体时，若正、负离子相互之间完全没有极化作用，粒子间的结合力属纯粹的离子键。实际上，离子极化作用不同程度地存在于离子晶体之中。当极化力强、变形性大的正离子与变形性大的负离子相互结合时，由于正、负离子间的相互极化作用显著，负离子的电子云便会向正离子方向偏移。同时，正离子也发生了相应的变形，导致正、负离子外层轨道发生不同程度的重叠。正、负离子的核间距(键长)缩短，键的极性减弱，从而使键型发生了变化,从离子键向共价键转变(图 4-17)。

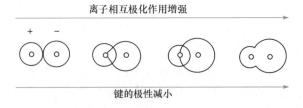

图 4-17   离子键向共价键转变的示意图

现以第三周期元素的氯化物为例,可用离子极化理论解释其晶体结构和熔、沸点的递变规律。从表 4-12 中的数据可以看出,正离子极化力按 Na^+、Mg^{2+}、Al^{3+}、$Si^{4+}\cdots$的顺序增强,Cl^-的变形也依次增大,使得电子云重叠程度逐渐增大,键的极性减弱,由 NaCl 的离子键过渡到 $SiCl_4$ 的共价键。晶体的类型也相应由典型的离子晶体经过渡型晶体($MgCl_2$、$AlCl_3$ 的层状晶体)转变为分子晶体。所以上述氯化物的熔、沸点也随之出现相应的变化。

表 4-12   第三周期元素氯化物的熔、沸点

氯化物	NaCl	$MgCl_2$	$AlCl_3$	$SiCl_4$	PCl_5
熔点/℃	801	714	190(升华)	−70	166.8(分解)
沸点/℃	1443	1000	—	57.5	—

又如,同一金属不同氧化数的氯化物,则由于高氧化数的离子具有较强的极化力,因而其氯化物的熔点较低。例如,$FeCl_3$ 的熔点(306℃)比 $FeCl_2$(672℃)的低;$SnCl_4$(−33℃)比 $SnCl_2$(246℃)的低。

3. 键参数

能表征化学键性质的物理量称为键参数(bond parameter),如键能、键长和键角等物理量。

(1) 键能(bond energy,B.E.):在 100kPa、298K 时气态分子每断裂 1mol 化学键(成气态原子)所需的能量 E_b,单位 $kJ \cdot mol^{-1}$。

对双原子分子:$E_b=D$ (D 为键解离能)

多原子分子:$E_b = \sum \dfrac{D}{n}$

例如,NH_3 分子有三个等价的 N—H 键,但每个键的解离能不同:$D_1=427kJ \cdot mol^{-1}$,$D_2=375kJ \cdot mol^{-1}$,$D_3=356kJ \cdot mol^{-1}$。则在 NH_3 分子中 N—H 键的键能就是三个等价键的平均解离能:

$$E_b = \frac{D_1 + D_2 + D_3}{3} = 386\,kJ \cdot mol^{-1}$$

(2) 键长(bond length):成键原子的核间平均距离。一般来说,两个原子之间形成的键越短,表示键越强、越牢固。

(3) 键角(bond angle):分子中键与键之间的夹角(图 4-18)。键角是反映分子空间结构的重要因素之一。

一般来说，如果已经知道了一个分子中的键长和键角数据，那么这个分子的几何构型就确定了。

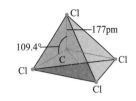

图 4-18　CCl_4 中的键长和键角

三、分子的空间构型

价键理论可以很好地说明共价键的形成，但是它却不能很好地解释分子的空间构型。实际上，由于组成分子的原子在三维空间的排列顺序与方式的不同，多原子分子的结构呈现出了多样性，这是需要结构理论予以说明的。这里简单介绍用于预测多原子分子空间构型的价层电子对互斥理论和用于解释多原子分子空间构型的杂化轨道理论。

1. 价层电子对互斥理论

为了预测 AX_n 型(A 为中心原子，X 为配位原子)多原子分子的几何构型，西奇威克(N. V. Sidgwick，英)等于 1940 年提出了价层电子对互斥理论(valence shell electron pair repulsion theory)，简称 VSEPR 法。现将价层电子对互斥理论的基本要点和判断共价分子结构的一般规则作一简单介绍。

1) 价层电子对互斥理论的基本要点

(1) AX_n 型分子或离子的几何构型，主要取决于中心原子价电子层中电子对的互相排斥作用，它总是采取电子对相互排斥最小的那种结构。中心原子的价层电子对的类型包括成键电子对(BP)和未成键的孤对电子(LP)。

(2) 价层电子对相互排斥作用的大小，取决于电子对的成键情况和电子对的夹角。一般规律为

$$孤对电子\text{-}孤对电子 > 孤对电子\text{-}成键电子对 > 成键电子对\text{-}成键电子对$$

$$叁键 > 双键 > 单键$$

电子对之间的夹角越小，排斥力越大。

2) 判断共价分子或离子结构的一般步骤

(1) 确定中心原子的价层电子对数(VP)，判断电子对的空间分布。

$$VP = \frac{中心原子的价电子数 + 配位原子提供的价电子数 \pm 离子电荷数\binom{负离子}{正离子}}{2}$$

计算 VP 时有如下规定：氢与卤素作为配位原子时，每个原子各提供 1 个价电子，而卤素作为中心原子时，则提供 7 个价电子；氧族元素作为配位原子时可认为不提供价电子，而作为中心原子时则提供 6 个价电子；若计算 VP 时剩余 1 个电子未能整除，也当作 1 对电子处理；双键、叁键作为 1 对电子看待。

(2) 确定中心原子的孤对电子数(LP)，成键电子对数(BP)，推断分子的几何构型。

若中心原子价层电子对全是成键电子对，电子对的空间分布就是该分子的空间构型。例如，BeH_2、BF_3、CH_4、PCl_5、SF_6 分别为直线形、平面三角形、四面体、三角双锥和八面体。

若中心原子价层电子对中有孤对电子，分子的几何构型将不同于电子对空间分布。

表 4-13 给出了价层电子对与分子几何构型的关系。

表 4-13　价层电子对与分子几何构型的关系

VP	价层电子对空间分布	BP	LP	分子几何构型	实例
2	直线形	2	0	直线形	$HgCl_2$, CO_2
3	平面三角形	3	0	平面三角形	BF_3, SO_3
		2	1	V 形	$PbCl_2$, SO_2
4	四面体	4	0	四面体	CH_4, SO_4^{2-}
		3	1	三角锥形	NH_3, SO_3^{2-}
		2	2	V 形	H_2O, ClO_2^-
5	三角双锥	5	0	三角双锥	PCl_5
		4	1	变形四面体	SF_4, $TeCl_4$
		3	2	T 形	ClF_3, BrF_3
		2	3	直线形	XeF_2, I_3^-
6	八面体	6	0	八面体	SF_6, $[AlF_6]^{3-}$
		5	1	四方锥	IF_5, $[SbF_5]^{2-}$
		4	2	平面正方形	XeF_4, ICl_4^-

例题 4-1　试判断 SO_4^{2-} 的几何构型。

解　在 SO_4^{2-} 中，中心原子 S 有 6 个价电子，配位原子 O 不提供电子，SO_4^{2-} 的负电荷数为 2，所以 S 原子的价层电子对数为 $\dfrac{6+2}{2}$=4，电子对空间分布为四面体形。因价层电子对中无孤对电子，所以 SO_4^{2-} 的几何构型为四面体。

例题 4-2　试判断 SF_4 分子的几何构型。

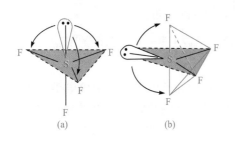

图 4-19　SF_4 分子两种可能的几何构型

解　在 SF_4 分子中，中心原子 S 有 6 个价电子，4 个 F 原子共提供 4 个电子，所以 S 原子的价层电子对数为 $\dfrac{6+4}{2}$=5，电子对空间分布为三角双锥。其中 4 个顶角被与 F 原子相结合的成键电子对所占据，1 个顶角被孤对电子所占据，此时有两种可能的结构，如图 4-19 所示。这时需要进一步分析其中哪一种是最稳定的结构。

由图 4-19 可见，结构(a)和结构(b)都没有孤对电子-孤对电子间的排斥作用，不过结构(b)中孤对电子-成键电子对间 90°的排斥作用有 2 个，要比结构(a)中的同种排斥作用(有 3 个)小，所以结构(b)应为 SF_4 分子的稳定结构，即为变形的四面体。

价层电子对互斥理论在预测由第一周期到第三周期元素所组成的多原子分子的几何构型及键角变化的规律等方面是很成功的。但用此法无法判断含 d 电子的过渡元素，而且判断长周期主族元素形成的分子时常常与实验结果有出入。同时，它也无法解释多原子分子中共价键的形成和稳定性。

2. 杂化轨道理论

1931 年，鲍林在价键理论的基础上提出了轨道杂化的概念，较好地解释了许多分子的空间构型问题，形成杂化轨道理论(hybrid orbital theory)。

1) 杂化轨道理论的要点

在成键过程中，由于原子间的相互影响，同一原子中能量相近的某些原子轨道可以"混合"起来，重新组合成数目相等的成键能力更强的新的原子轨道，从而改变了原有轨道的状态。这个过程称为原子轨道的杂化(hybridization of atomic orbital)，所组成的新的原子轨道称为杂化轨道(hybrid orbital)。为使成键电子之间的排斥力最小，各个杂化轨道在核外要采取最对称的空间分布方式。杂化轨道的类型对分子的空间构型起决定性作用。

2) 轨道杂化的类型与分子的空间构型

根据原子轨道的种类和数目的不同，可以组成不同类型的杂化轨道：

(1) sp 杂化。能量相近的一个 ns 轨道和一个 np 轨道进行的杂化称为 sp 杂化(sp hybridization)，所形成的轨道称 sp 杂化轨道。sp 杂化轨道有两个，它的特点是每个 sp 杂化轨道含有 $\frac{1}{2}$ s 和 $\frac{1}{2}$ p 的成分。sp 杂化轨道间的夹角是 180°，呈直线形[图 4-20(a)]。

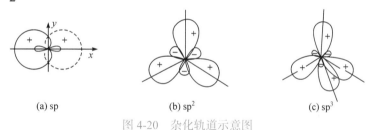

| (a) sp | (b) sp² | (c) sp³ |

图 4-20　杂化轨道示意图

例如，气态的 $BeCl_2$ 分子构型为直线形，键角 180°，两个 Be—Cl 键是等同的。

基态的 Be 原子外层电子构型为 $2s^2$，并无未成对电子，那么 Be 原子与 Cl 原子怎样形成共价键呢？这是因为成键时，基态 Be 原子的 2s 轨道中的一个电子被激发到 2p 轨道上去，产生两个未成对电子，因而可与两个氯原子形成两个 Be—Cl 键。但得到的应是两个重叠程度不同的 Be—Cl 键，即一个是 s-p 键，一个是 p-p 键。但实验测知，两个 Be—Cl 键是等同的。杂化轨道理论认为，Be 原子的一个 2s 轨道和一个 2p 轨道发生杂化，形成两个 sp 杂化轨道。

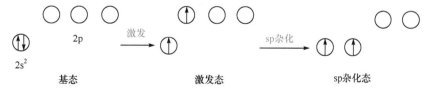

Be 原子的两个 sp 杂化轨道分别与 Cl 原子的 3p 轨道重叠形成两个 sp-p 的 σ 键。

(2) sp² 杂化。由一个 ns 轨道和两个 np 轨道进行的杂化称 sp² 杂化。所形成的三个杂化轨道称 sp² 杂化轨道，每个 sp² 杂化轨道含有 $\frac{1}{3}$ s 和 $\frac{2}{3}$ p 成分，杂化轨道夹角 120°，呈平面三角形[图 4-20(b)]。

例如,气态的 BF_3 分子构型为平面三角形结构。B 原子位于三角形的中心,三个 B—F 键是等同的,键角为 $120°$(图 4-21)。

基态 B 原子的外层电子构型为 $2s^2 2p^1$,在成键过程中,B 原子的一个 2s 电子被激发到一个空的 2p 轨道上去,产生三个未成对电子。同时 B 原子中的 1 个 2s 轨道和 2 个 2p 轨道进行杂化,三个 sp^2 杂化轨道对称地分布在 B 原子周围,在同一平面内互成 $120°$。

这三个 sp^2 杂化轨道各与一个 F 原子的 2p 轨道重叠,形成三个 sp^2-p 的 σ 键。因而 BF_3 分子的空间构型为平面三角形。

图 4-21　BF_3 分子

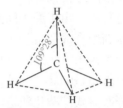

图 4-22　CH_4 分子

(3) sp^3 杂化。由一个 ns 轨道和三个 np 轨道进行的杂化称 sp^3 杂化。所形成的四个杂化轨道称 sp^3 杂化轨道,每个 sp^3 杂化轨道含有 $\frac{1}{4}$ s 和 $\frac{3}{4}$ p 成分,杂化轨道夹角 $109°28'$,空间构型为四面体形[图 4-20(c)]。

例如,甲烷的分子构型为正四面体分子(图 4-22)。基态 C 原子外层电子构型为 $2s^2 2p^2$,在成键过程中,有 1 个 2s 电子被激发到 2p 轨道上,产生四个未成对电子。同时 C 原子中的 1 个 2s 轨道和三个 2p 轨道杂化,四个 sp^3 杂化轨道对称分布在 C 原子周围,在空间互成 $109°28'$ 夹角。

四个 sp^3 杂化轨道各与一个 H 原子的 1s 轨道重叠,形成四个 sp^3-s 的 σ 键。

(4) 等性杂化与不等性杂化。一般情况下,某原子进行杂化时所形成的若干杂化轨道的成分是相同的,因而形状和能量也是相同的,这种杂化称为等性杂化(even hybridization)。前面讨论的杂化轨道都是等性杂化。例如在甲烷分子中,碳的四个 sp^3 杂化轨道每一个都含 $\frac{1}{4}$ s 和 $\frac{3}{4}$ p 成分,每条杂化轨道的成分、能量和形状都是相同的。有些情况下,含孤对电子的原子轨道也可与含未成对电子的原子轨道一道杂化。此时,由于孤对电子的存在,各杂化轨道所含的成分、能量和形状将不完全相同,这样的杂化称为不等性杂化(uneven hybridization)。

NH_3 分子就是一例。N 原子的外层电子构型为 $2s^2 2p^3$,其中 2s 为含孤对电子的轨道,它仍能与 $2p_x 2p_y 2p_z$ 轨道杂化,形成四个 sp^3 杂化轨道。其中三个含未成对电子的杂化轨道与三个氢原子的 1s 轨道成键,另一个含孤对电子的杂化轨道则未参与成键。由于这一对孤对电子未被 H 原子共用,更靠近 N 原子,所以孤对电子(只受 N 原子核吸引)轨道比成键电子(受 N 核和 H 核的吸引)轨道“肥大”。或者说,电子云伸展得更开些,所占体积更大。这就使 N—H

键在空间受到排斥，使 N—H 键之间的夹角压缩到 107°18′，因此，氨分子的空间构型不是正四面体，而是三角锥形(图 4-23)。

在水分子中，由于氧原子有两对孤对电子，因此 O—H 键在空间受到更强烈的排斥，O—H 键之间的夹角被压缩到 104°45′。因此，水分子的几何形状为 V 字形(图 4-24)。

图 4-23　氨分子的空间构型　　　　　　图 4-24　水分子的空间构型

在氨和水分子中氮、氧的杂化轨道中，孤对电子所占的轨道含 s 轨道成分较多，含 p 轨道成分较少。而成键电子所占的轨道正好相反，含 s 轨道成分较少，含 p 轨道成分较多，属于不等性 sp^3 杂化。

由 s 轨道和 p 轨道形成的杂化轨道和分子的空间构型列于表 4-14 中。

表 4-14　一些杂化轨道(s-p)和分子空间构型

杂化轨道类型	sp	sp^2	sp^3	sp^3(不等性)	
参加杂化轨道	1个 s、1个 p	1个 s、2个 p	1个 s、3个 p	1个 s、3个 p	
杂化轨道数	2	3	4	4	
成键轨道夹角	180°	120°	109°28′	90°< θ <109°28′	
空间构型	直线形	平面三角形	正四面体	三角锥	V 字形
实例	$BeCl_2$、$HgCl_2$	BF_3、BCl_3	CH_4、$SiCl_4$	NH_3、PH_3	H_2O、H_2S

(5) s-p-d 型杂化。以上讨论了各类 s-p 型杂化，下面讨论有 d 轨道参加的杂化。这类杂化在过渡元素形成的配位化合物中特别重要。

价键理论认为，配位化合物的中心离子与配位原子的化学键是配位键。中心离子有空的价电子轨道[如 $(n-1)d$、ns、np、nd 轨道]，可接受配位体中配位原子所提供的孤对电子。在形成配合物时，中心离子的空轨道进行杂化，形成各种类型的杂化轨道，从而使配合物有一定的空间构型。

例如，$[Ni(CN)_4]^{2-}$ 的形成和空间构型。Ni^{2+} 的外层电子构型为 $3d^8 4s^0 4p^0$，如下：

$$Ni^{2+} \quad \text{3d} \, \uparrow\downarrow\,\uparrow\downarrow\,\uparrow\downarrow\,\uparrow\,\uparrow \quad \text{4s} \, \bigcirc \quad \text{4p} \, \bigcirc\bigcirc\bigcirc$$

其中 3d 轨道没有充满，且有 2 个未成对电子，而 4s 和 4p 轨道是空的；如果 CN^- 中的孤对电子都进入这四个空轨道，则应采取 sp^3 杂化，空间构型为正四面体。但实验证明，$[Ni(CN)_4]^{2-}$ 的空间构型为平面正方形，磁矩为 $0B \cdot M$[①]。可以推知，Ni^{2+} 与 CN^- 化合时，电子均已成对，说明 Ni^{2+} 中的 2 个未成对 d 电子重新分布，空出一个 d 轨道，此 d 轨道与一个 4s、两个 4p 轨

---

① 物质磁性来自电子自旋。通常在逆磁性物质中电子都已配对，在顺磁性物质中则含有未成对电子。原子或离子的磁矩 μ 与其未成对电子数 n 的关系为 $\dfrac{\mu}{B \cdot M} = \sqrt{n(n+2)}$，式中，$\mu$ 以 $B \cdot M$(玻尔磁子)为单位。但 IUPAC 不推荐使用该单位。SI 制中磁矩的符号为 μ_B，$\mu_B = 9.27 \times 10^{-24} A \cdot m^2$。

道组成四个 dsp² 杂化轨道，它们分别指向平面正方形的四个顶点。

[Ni(CN)₄]²⁻ 的成键情况及电子分布如下：

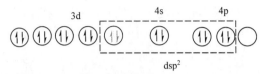

配离子 [Ni(CN)₄]²⁻ 的空间构型如图 4-25 所示。

例如，[Fe(CN)₆]³⁻ 的形成和空间构型。Fe^{3+} 的外层电子构型为 $3d^5 4s^0 4p^0$：

图 4-25　[Ni(CN)₄]²⁻
的空间构型
●表示 Ni²⁺；○表示 CN⁻

Fe^{3+} 的价电子轨道只有四个(1 个 4s 和 3 个 4p)是空的，应能形成配位数为 4 的配离子。但实验证明 Fe^{3+} 的配位数为 6，[Fe(CN)₆]³⁻ 的空间构型为正八面体，磁矩为 2.0 B·M，相当于一个未成对电子。由此可以推知，Fe^{3+} 与 CN⁻ 化合时，Fe^{3+} 的 3d 轨道的 5 个未成对电子进行重排：4 个电子成对，1 个电子未成对，空出 2 个 3d 轨道。这样，Fe^{3+} 共有 6 个空轨道(2 个 3d、1 个 4s 和 3 个 4p)。Fe^{3+} 与 CN⁻ 成键时，Fe^{3+} 的 6 个空轨道进行杂化，形成 6 个 d^2sp^3 杂化轨道接受 6 个 CN⁻ 提供的 6 对孤对电子，从而形成了 [Fe(CN)₆]³⁻。其电子分布如下：

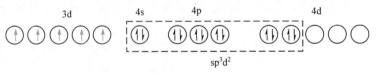

[Fe(CN)₆]³⁻ 的空间构型为正八面体，如图 4-26 所示。

再如，[FeF₆]³⁻ 的形成和空间构型。实验证明，[FeF₆]³⁻ 的空间构型为正八面体，Fe^{3+} 的配位数也是 6，但磁矩 μ=5.9B·M，相当于 5 个未成对电子。这表明 Fe^{3+} 的 3d 轨道中电子的分布($3d^5$)在形成配离子前后没有变化。由于没有空的 3d 轨道，只能动用 4s、4p、4d 空轨道进行杂化。由此可推知，Fe^3 与 F⁻ 化合时，采用 sp^3d^2 杂化轨道与 6 个 F⁻ 的电子对成键，[FeF₆]³⁻ 的电子分布如下：

[FeF₆]³⁻ 配离子的空间构型如图 4-27 所示。

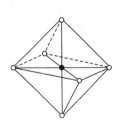

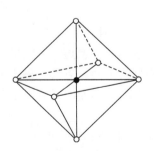

图 4-26　[Fe(CN)₆]³⁻ 的空间构型　　　　　　　　图 4-27　[FeF₆]³⁻ 的空间构型
●表示 Fe³⁺；○表示 CN⁻　　　　　　　　　　　●表示 Fe³⁺；○表示 F⁻

在配合物中，以$(n-1)d$、ns、np 等轨道杂化形成的配合物称内轨型配合物(inner-orbital complex)，由 ns、np 或 ns、np、nd 等轨道杂化形成的配合物称外轨型配合物(outer-orbital complex)。一般内轨型配合物较外轨型的稳定。

3. 分子轨道理论

价键理论和杂化轨道理论能够比较简单直观地说明共价键的形成和分子的空间构型，但它们只着眼于原子，缺乏对分子的整体考虑，因而具有一定局限性。例如，无法解释 H_2^+ 这样单电子键分子或离子的形成，也无法解释一些分子的磁性。分子轨道理论(简称 MO 法)着重于分子的整体性，把分子作为一个整体来处理，非常成功地解释了分子的磁性和稳定性，是化学键理论的重要组成部分。

1) 分子轨道理论的基本要点

(1) 在分子中，电子不再属于某个原子。原子在形成分子时，所有电子都有贡献，分子中的电子是在整个分子空间范围内运动。电子的空间运动状态可用波函数 ψ 来描述，ψ 称为分子轨道。电子在分子中的排布同样遵循能量最低原理、泡利不相容原理和洪德规则。

(2) 分子轨道是由原子轨道线性组合而成，分子轨道的数目等于参与组合的原子轨道的数目。形成的分子轨道中，能量低于原来原子轨道者，有利于成键，称为成键轨道；能量高于原来原子轨道者，不利于成键，称为反键轨道；能量等于原来原子轨道者，称为非键轨道。

(3) 原子轨道组合成分子轨道时，要满足三原则。

(i) 对称性匹配原则。只有对键轴具有相同对称性的原子轨道才能线性组合成分子轨道。例如，s 轨道和 p_x 轨道以键轴(x 轴)为轴旋转 180°，形状和符号都不变化，故 s 轨道和 p_x 轨道对键轴呈轴对称。p_z 轨道和 p_y 轨道以键轴(x 轴)为轴旋转 180°，形状不变但符号相反，故 p_z 轨道和 p_y 轨道对键轴呈反对称。因此，s 轨道和 p_z 轨道[图 4-28(a)]、p_x 轨道和 p_z 轨道[图 4-28(b)]对称性不匹配，不能线性组合成分子轨道。而 p_z 轨道和 p_z 轨道对称性匹配，能够线性组合成分子轨道[图 4-28(c)]。

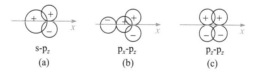

图 4-28　原子轨道对称性示意图

(ii) 能量相近原则。在对称性匹配的原子轨道中，只有能量相近的原子轨道才能组合成有效的分子轨道，而且原子轨道的能量越相近组合成的分子轨道能量越低，形成的化学键越稳定。

(iii) 最大重叠原则。在满足对称性匹配和能量相近的原则基础上，两个进行线性组合的原子轨道其重叠程度越大，则组合成的分子轨道能量越低，所形成的化学键越稳定。

在上述三条原则中，对称性匹配原则是首要条件，它决定原子轨道有无组合成分子轨道的可能性。

2) 分子轨道的类型

不同类型的原子轨道线性组合可得不同类型的分子轨道，一般分为 σ 轨道和 π 轨道。两个原子轨道沿着轴线以"头碰头"方式组合成的分子轨道为 σ 轨道，两个原子轨道垂直于轴线以"肩并肩"方式组合成的分子轨道为 π 轨道。

s-s 组合：两个原子的 s 轨道沿连接两个原子核的轴线进行线性组合，可得到两个 σ 分子轨道。其中重叠相加形成成键分子轨道 σ_s，重叠相减形成反键分子轨道 σ_s^*。如图 4-29 所示。

s-p 组合：一个原子的 s 轨道和另一个原子的 p_x 轨道沿连接两个原子核的轴线(x 轴)进行线性组合，同样形成两个 σ 分子轨道，成键 σ_{sp} 和反键 σ_{sp}^*。如图 4-30 所示。

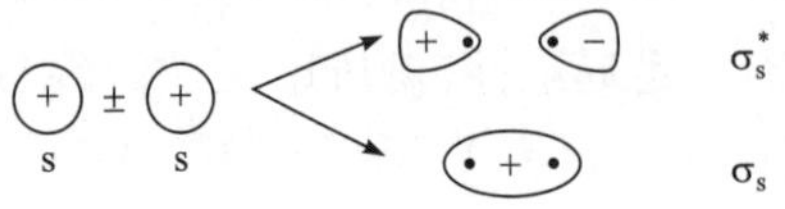

图 4-29　s-s 组合的分子轨道 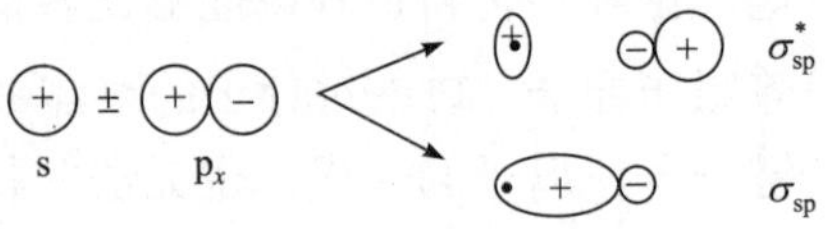　　　　　　图 4-30　s-p 组合的分子轨道

p-p 组合：两个原子的 p 轨道可以有"头碰头"和"肩并肩"两种重叠方式。两个原子的 p_x 轨道沿连接两个原子核的轴线(x 轴)以"头碰头"方式进行线性组合，得两个 σ 分子轨道，分别是成键分子轨道 σ_{p_x} 和反键分子轨道 $\sigma_{p_x}^*$，如图 4-31 所示。两个原子的 p_z 轨道沿 x 轴以"肩并肩"方式进行线性组合，得两个 π 分子轨道，分别是成键分子轨道 π_{p_z} 和反键分子轨道 $\pi_{p_z}^*$，如图 4-32 所示。

图 4-31　p-p "头碰头"组合的分子轨道　　　　图 4-32　p-p "肩并肩"组合的分子轨道

3) 同核双原子分子的分子轨道能级图

每个分子轨道都有相应的能量，能级顺序由光谱实验确定。分子轨道按能级高低顺序排列起来得到分子轨道能级图，如图 4-33 所示。对于第二周期的同核双原子分子轨道能级图分为两种情况，一种适用于 O_2 和 F_2 分子或分子离子[图 4-33(a)]，另一种适用于 B_2、C_2、N_2 分子或分子离子[图 4-33(b)]。

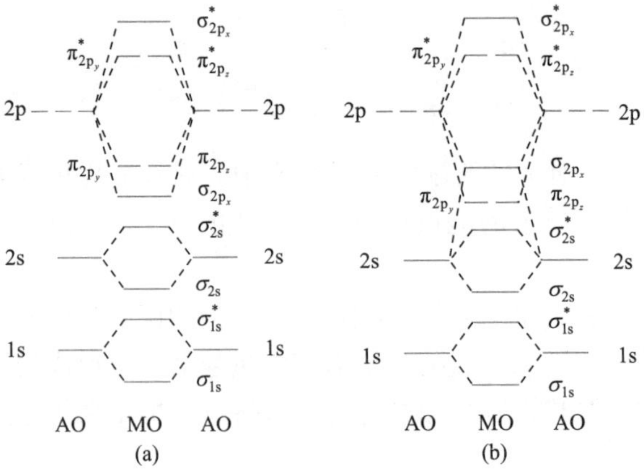

图 4-33　第二周期同核双原子分子的分子轨道能级图

由于 O 和 F 原子的 2s 和 2p 轨道能量相差较大，不考虑 2s 和 2p 轨道的相互作用，σ_{2p}

轨道能量低于 π_{2p} 轨道能量；而 B、C、N 原子的 2s 和 2p 轨道能量相差不大，组合成分子轨道时，不仅有 2s-2s 重叠和 2p-2p 重叠，也有 2s-2p 重叠，使得 σ_{2p} 轨道能量比 π_{2p} 轨道能量高。

H_2 分子：H_2 分子共有两个电子，两个氢原子各提供一个电子，按照能量最低原理两个电子占据 σ_{1s} 成键轨道，形成了一对自旋方向相反的电子对，如图 4-34 所示。由于这对电子的能量低于单独的氢原子中电子所具有的能量，所以形成的氢气分子较单独的氢原子更加稳定。为方便起见，H_2 分子的电子排布可用分子轨道式表示：$(\sigma_{1s})^2$。

He_2^+：He_2^+ 有三个电子，按照能量最低原理和泡利不相容原理，其中两个电子占据了成键轨道，另外的一个电子就不得不占据反键轨道，分子轨道能级图如 4-35 所示。这样成键轨道中电子降低的能量又被反键轨道中电子升高的能量部分抵消，共价键强度降低。在分子轨道理论中，共价键的强度可用键级(bond order)定义，即

$$键级 = \frac{成键电子数 - 反键电子数}{2}$$

一般来说，键级越大，原子间形成的共价键就越牢固，分子就越稳定。根据公式可得 He_2^+ 的键级为 0.5，只有半个键，虽存在但不稳定。He_2^+ 分子轨道式表示为 $(\sigma_{1s})^2(\sigma_{1s}^*)^1$。

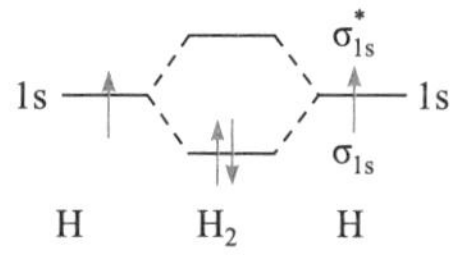

图 4-34　H_2 的分子轨道示意图 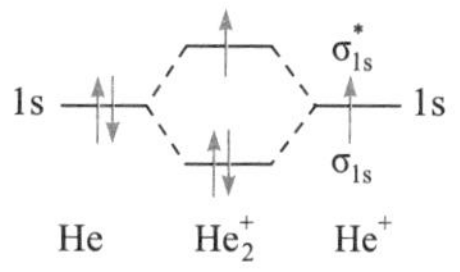　　　　　图 4-35　He_2^+ 的分子轨道示意图

N_2 分子：N 原子的电子排布式为 $1s^2 2s^2 2p^3$，N_2 分子中共有 14 个电子，它们按图 4-33(b) 的能级顺序填入分子轨道。

N_2 分子的分子轨道式为 $(\sigma_{1s})^2(\sigma_{1s}^*)^2(\sigma_{2s})^2(\sigma_{2s}^*)^2(\pi_{2p_y})^2(\pi_{2p_z})^2(\sigma_{2p_x})^2$，可简写为 KK $(\sigma_{2s})^2(\sigma_{2s}^*)^2(\pi_{2p_y})^2(\pi_{2p_z})^2(\sigma_{2p_x})^2$，其中 KK 表示为充满电子的 σ_{1s} 和 σ_{1s}^* 轨道。由 N_2 分子的分子轨道式可看出 σ_{1s}、σ_{1s}^*、σ_{2s} 和 σ_{2s}^* 各填满两个电子，能量降低和升高相互抵消，对成键没有贡献。只有 $(\pi_{2p_y})^2(\pi_{2p_z})^2(\sigma_{2p_x})^2$ 三对电子对成键有贡献，N_2 分子的键级为 3，形成一个 σ 键，两个 π 键，故 N_2 分子特别稳定，与价键理论结果一致。

O_2 分子：O 原子的电子排布式为 $1s^2 2s^2 2p^4$，O_2 分子中共有 16 个电子，它们按图 4-33(a) 的能级顺序填入分子轨道。最后两个电子根据洪德规则分别填入两个等价的 π_{2p}^* 轨道，并且保持自旋平行。O_2 的分子轨道式为 KK $(\sigma_{2s})^2(\sigma_{2s}^*)^2(\sigma_{2p_x})^2(\pi_{2p_y})^2(\pi_{2p_z})^2(\pi_{2p_y}^*)^1(\pi_{2p_z}^*)^1$，键级为 2。可以看出对成键有贡献的 $(\sigma_{2p_x})^2$ 形成一个 σ 键，$(\pi_{2p_y})^2(\pi_{2p_y}^*)^1$ 形成一个三电子 π 键，$(\pi_{2p_z})^2(\pi_{2p_z}^*)^1$ 形成另一个三电子 π 键。由于三电子 π 键其中一个电子处于反键轨道上，不利于成键，故三电子 π 键的强度相当于正常 π 键的一半。

O_2 的分子轨道式表明 O_2 分子有两个单电子，分子具有顺磁性，与实验结果完全相符。这是价键理论所无法解释的，氧气分子的成键为分子轨道理论的正确性提供了很好的证明。

科苑导读 量子技术加快电动汽车充电速度

第三节　分子间力与氢键
(Intermolecular Force and Hydrogen Bond)

化学键是分子中原子与原子之间的一种较强的相互作用力，它是决定物质化学性质的主要因素。但对处于一定聚集状态的物质而言，单凭化学键，还不能够说明它的整体性质。分子和分子之间还存在着一种较弱的作用力——分子间力，也称范德华力。气体能凝聚成液体和固体，主要是靠这种分子间的作用力。它是决定物质的熔点、沸点、溶解度等物理性质的一个重要因素。

分子间作用力与分子的极性密切相关，下面先讨论分子的极性问题。

一、分子的极性和电偶极矩

1. 分子的极性

分子中的正、负电荷的电量是相等的，所以分子总体上是电中性的。但按分子内部的两种电荷分布情况可把分子分成极性分子和非极性分子两类。设想在分子中每一种电荷都有一个“电荷中心”，正、负电荷中心的相对位置用“+”和“–”表示。正、负电荷中心重合的分子称为非极性分子[nonpolar molecule，图 4-36(a)]，正、负电荷中心不重合的分子称为极性分子[polar molecule，图 4-36(b)]。

(a)　(b)

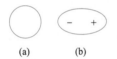

图 4-36　极性分子和非极性分子示意图

2. 分子的电偶极矩

分子的极性也可以用分子的电偶极矩来衡量。电偶极矩(μ)定义为分子中正、负电荷中心间的距离(d)和极上电荷(q)的乘积：

$$\mu = qd \tag{4-7}$$

电偶极矩的数值可由实验测出，它的单位是 C · m。表 4-15 列出一些物质的电偶极矩。电偶极矩的数值越大，表示分子的极性越大，电偶极矩为零的分子是非极性分子。

表 4-15　一些物质的电偶极矩(在气相中)

物质	偶极矩 μ/(10^{-30}C · m)	分子空间构型	物质	偶极矩 μ/(10^{-30}C · m)	分子空间构型
H_2	0	直线形	H_2S	3.07	V 字形
CO	0.33	直线形	H_2O	6.24	V 字形
HF	6.40	直线形	SO_2	5.34	V 字形
HCl	3.62	直线形	NH_3	4.34	三角锥形

续表

物质	偶极矩 μ /(10^{-30}C·m)	分子空间构型	物质	偶极矩 μ /(10^{-30}C·m)	分子空间构型
HBr	2.60	直线形	BCl_3	0	平面三角形
HI	1.27	直线形	CH_4	0	正四面体形
CO_2	0	直线形	CCl_4	0	正四面体形
CS_2	0	直线形	$CHCl_3$	3.37	四面体形
HCN	9.94	直线形	BF_3	0	平面三角形

从表 4-15 中可见，由同种元素组成的双原子分子(如 H_2、N_2、O_2、Cl_2 等)是非极性分子，电偶极矩为零。例如，卤化氢(HF、HCl、HBr、HI)这类由不同元素组成的双原子分子的极性强弱与分子中共价键的极性强弱是一致的。由于从 F 到 I，电负性依次减小，氢卤键的极性也依次减弱，所以电偶极矩依次减小。对于多原子分子，分子的极性除取决于键的极性外，还与分子的空间构型是否对称有关。例如，P_4、S_8 分子中均为非极性键，分子中正、负电荷中心重合，为非极性分子；H_2O、NH_3 等分子中 H—O、H—N 键为极性键，分子的空间构型不对称，电偶极矩也不等于零，所以为极性分子。

CO_2、CS_2 等分子中的共价键虽然有极性，但分子的空间结构对称，电偶极矩等于零，所以为非极性分子。

分子是否有极性对物质的一些性质有明显的影响。例如，极性物质易溶于极性溶剂中，非极性物质易溶于非极性溶剂中。NH_3、HF、HCl 等极性物质在水中溶解度很大，而 CH_4、H_2 等在水中溶解度就很小。用微波炉能加热食物，就是由于食物中含有强极性的水分子。当微波通过时，它们在超高频电磁场中反复交变极化，在此过程中完成电磁能向热能的转换，食物被加热。

二、分子间力

1. 分子间力的产生

当非极性分子相互靠近时[图 4-37(a)]，由于分子中的电子和原子核不断运动，电子云和原子核的相对位移是经常发生的，这就会使分子中的正、负电核中心出现暂时的偏移，分子发生瞬时变形(instantaneous distortion)，产生瞬时偶极(instantaneous dipole)。分子中原子数越多，原子半径越大或原子中电子数越多，则分子变形越显著。一个分子产生的瞬时偶极会诱导邻近分子的瞬时偶极采取异极相邻的状态[图 4-37(b)]，这种瞬时偶极之间产生的吸引力称为色散力(dispersion force)，又称伦敦力(London force)。虽然瞬时偶极存在的时间极短，但异极相邻的状态总是不断重复着[图 4-37(c)]，使得分子间始终存在着色散力。

当极性分子和非极性分子相互靠近时[图 4-38(a)]，除存在色散力外，非极性分子在极性分子的固有偶极(inherent dipole)的电场影响下也会产生诱导偶极[induced dipole，图 4-38(b)]，在诱导偶极和极性分子的固有偶极之间产生的吸引力称诱导力(induced force)。同时诱导偶极又反作用于极性分子使偶极长度增加，极性增强，从而进一步加强了它们之间的吸引。

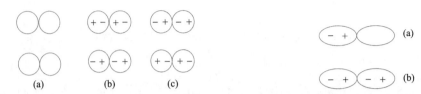

图 4-37　非极性分子相互作用的情况　　　图 4-38　非极性分子与极性分子相互作用的情况

当极性分子相互靠近时[图 4-39(a)]，除存在色散力的作用外，由于它们固有偶极之间的同极相斥、异极相吸，它们在空间按异极相邻的状态取向[图 4-39(b)]。由固有偶极的取向而引起的分子间吸引力称为取向力(orientation force)。由于取向力的存在，极性分子更加靠近[图 4-39(c)]。在两个相邻分子固有偶极的诱导下，每个分子的正、负电荷中心的距离会进一步增加，产生了诱导偶极[图 4-39(d)]，因此极性分子间还存在诱导力。

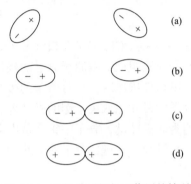

图 4-39　极性分子间相互作用的情况

综上所述，在非极性分子之间存在色散力；在非极性分子和极性分子间存在色散力和诱导力；在极性分子间存在色散力、诱导力和取向力。其中色散力在各种分子间都有，只有极性很大的分子(如 H_2O)之间才以取向力为主，而诱导力一般较小(表 4-16)。

表 4-16　分子间作用力的分配

物质分子	取向力/kJ·mol⁻¹	诱导力/kJ·mol⁻¹	色散力/kJ·mol⁻¹	总作用力/kJ·mol⁻¹
H_2	0	0	0.17	0.17
Ar	0	0	8.49	8.49
Xe	0	0	17.41	17.41
CO	0.003	0.008	8.74	8.75
HCl	3.30	1.10	16.82	21.22
HBr	1.09	0.71	28.45	30.25
HI	0.59	0.31	60.54	61.44
NH_3	13.30	1.55	14.73	29.58
H_2O	36.36	1.92	9.00	47.28

2. 分子间力的特征

分子间力是普遍存在的一种作用力，其强度较小(一般在几十千焦每摩尔)，与共价键(一般为 $100\sim450kJ\cdot mol^{-1}$)相比可以差一两个数量级；作用范围一般在 $0.3\sim0.5nm$，与其他力相比属近距离作用力。分子间力没有方向性和饱和性，并与分子间距离的 7 次方成反比，即随分子间距离增大而迅速地减小。

3. 分子间力对物质物理性质的影响

对于结构相似的物质，一般来说，相对分子质量越大，分子变形性越大，分子间力越强，物质的熔、沸点越高。例如：

氢化物	CH_4	SiH_4	GeH_4	SnH_4
沸点/℃	–164	–112	–90	–52

物质的溶解性也与分子间作用力有关，分子间作用力相似的物质易于互相溶解，反之，则难于互相溶解。分子极性相似的物质易于互相溶解("相似相溶")。例如，I_2 易溶于 CCl_4、苯等非极性溶剂而难溶于水。这是由于 I_2 为非极性分子，与苯、CCl_4 等非极性溶剂有着相似的分子间力(色散力)。而水为极性分子，分子间除色散力外，还有取向力、诱导力及氢键。要使非极性分子能溶于水中，必须克服水的分子间力和氢键，这就比较困难。

三、氢键

1. 氢键的形成

除上述三种作用力外，在某些分子间还存在着与分子间力大小相当的另一种作用力——氢键(hydrogen bond)。氢键是氢原子与电负性大的 X 原子(如 F、O、N 原子)形成共价键时，由于键的极性很强，共用电子对强烈地偏向 X 原子一边，而使氢原子的核几乎"裸露"出来。这个半径很小的氢核还能吸引另一个分子中电负性大的 X(或 Y)原子的孤对电子而形成氢键。

氢键只有当氢与电负性大、半径小且有孤对电子的元素的原子化合时才能形成。这样的元素有氧、氮和氟等，如 H_2O、NH_3、HF 等都含有氢键(图 4-40)。

氢键的存在相当普遍，无机含氧酸、有机酸、醇、胺、蛋白质等分子间都存在氢键。除分子间可形成氢键外，分子内也可以形成氢键。例如，硝酸分子内的氢键(图 4-41)。

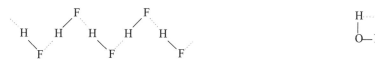

图 4-40　HF 中的氢键示意图　　　　图 4-41　HNO_3 分子内氢键

2. 氢键的特征

氢键的键能一般在 $40kJ \cdot mol^{-1}$ 以下，比化学键弱，与分子间力具有相同的数量级，属分子间力的范畴。氢键具有饱和性和方向性。由于氢原子的体积小，X、Y 都比氢大，当有另一个 Y 接近时，这个 Y 受到 X—H…Y 上 X 和 Y 的排斥力大于受到氢原子的吸引力，使得 X—H…Y 上的氢原子不能再和第二个 Y 原子结合，因此氢键具有饱和性。同时形成氢键时，氢原子两侧电负性较大的原子相互排斥，两个原子在氢的两侧尽量成直线排列，这样两原子斥力最小，因此氢键具有方向性。对于某些物质，由于氢键的存在，分子间作用力大大加强，从而对其性质产生明显影响。

3. 氢键对化合物性质的影响

分子间形成氢键，可使化合物的熔、沸点显著升高。例如，HF 较同族氢化物熔、沸点高(HF、HCl、HBr、HI 的沸点分别为 20℃、–85℃、–67℃、–36℃)，这是因为 HF 分子间存在氢键，使分子发生缔合。彼此能形成氢键的物质能互相溶解。例如，乙醇、羧酸等有机物都易溶于水，因为它们与 H_2O 分子之间能形成氢键，使分子间互相缔合而溶解。

分子内形成氢键，可使化合物的熔、沸点降低。例如，邻硝基苯酚可形成分子内氢键，其熔点较低(318K)，而对硝基苯酚可形成分子间氢键，其熔点较高(387K)。分子内形成氢键，可使水中溶解度减小。

第四节 晶 体 结 构
(Crystal Structure)

自然界中的大多数固态物质都是晶体。物质的许多物理性质都与其晶体结构有关。

一、晶体与非晶体

1. 晶体与非晶体

物质的固态有晶体(crystal)和非晶体(non-crystal)之分。晶体一般都有整齐、规则的几何外形，如食盐晶体是立方体，明矾是正八面体(图 4-42)等。非晶体则没有一定的几何外形，又称为无定形体(amorphous solid)，如玻璃、沥青、树脂、石蜡等。有一些物质，如炭黑，外观上虽然似乎没有整齐的几何外形，但实际上它是由极微小的晶体组成。这种物质称为微晶体(microcrystal)，仍属于晶体。

(a)   (b)

图 4-42 食盐、明矾的几何图形

同一物质，由于形成时的条件不同，可以成为晶体，也可以成为非晶体。例如，石英是 SiO_2 的晶体，燧石却是 SiO_2 的非晶体。

2. 晶体的特征

规整的几何外形是晶体内部微粒(原子、分子、离子等)有规则排列的结果。若把晶体内部的微粒抽象成几何学上的点，它们在空间有规则的排列所形成的点群称为晶格(lattice，图 4-43)或点阵。晶格上排有物质微粒的点称为晶格结点(lattice crunode)。

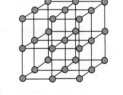

图 4-43 晶格

晶体不仅具有一定的几何外形，而且还具有一定的熔点。在一定压力下将晶体加热，温度达到其熔点时，晶体才开始熔化。在晶体未全部熔化之前，即使再加热，系统温度也不会上升。此时所提供的热量被消耗于晶体的相变，直至全部转变为液体，温度才会继续上升。而非晶体则无一定熔点，只有一段软化的温度范围。例如，松香在 50~70℃软化。

晶体的另一特征是各向异性。晶体的某些性质，如光学性质、力学性质、导电、导热性及溶解性等，从不同方向测量时，常常得到不同的数值。例如，云母特别容易裂成薄片，石墨不仅容易分层裂开，而且其导电率在平行于石墨层的方向比垂直于石墨层的方向要大得多。晶体的这种性质称为各向异性(anisotropy)。非晶体则是各向同性的。

晶体还可以分为单晶和多晶。单晶(single crystal)是由一个晶核沿各个方向均匀生长而形成的，其晶体内部粒子基本上按一定规则整齐排列，如单晶硅、单晶锗等。单晶多在特定条件下才能形成,自然界较为少见。通常晶体是由很多单晶颗粒杂乱聚结而成。尽管每颗晶粒是各向异性的,由于晶粒排列杂乱,各向异性互相抵消,整个晶体便失去了各向异性的特征。这种晶体称多晶体(polycrystal)。多数金属及其合金都是多晶体。

二、晶体的基本类型

按照晶格结点上粒子的种类及其作用力的不同,从结构上可把晶体分为离子晶体、原子晶体、分子晶体和金属晶体四种基本类型。

1. 离子晶体

在离子晶体(ionic crystal)的晶格结点上交替排列着正离子和负离子。正、负离子之间靠静电引力(离子键)作用。由于离子键没有饱和性和方向性,每个离子可在各个方向上吸引尽量多的异号电荷离子。所以,在离子晶体中,配位数一般都较高。例如,在 NaCl 晶体中,Na^+ 和 Cl^- 的配位数都是 6。在离子晶体中没有独立的分子,就整个 NaCl 晶体来看,Na^+ 和 Cl^- 数目比为 1:1。化学式 NaCl 只表明两种离子的比值,不表示 1 个 NaCl 分子的组成。

属于离子晶体的物质通常是活泼金属的盐类和氧化物。由于离子键较强,离子晶体有较大的硬度,较高的熔、沸点,延展性很小,熔融后或溶于水能导电。

在离子晶体中,正、负离子电荷越多,离子半径越小时,所产生的静电场强度越大,与异号电荷离子的作用力也越强。因此,该离子晶体的熔、沸点越高,硬度越大。例如,NaF 和 MgO 都属 NaCl 型晶体,它们的硬度和熔点却有很大差别。NaF:硬度 3.6,熔点 995℃;MgO:硬度 4.5,熔点 2800℃。

2. 原子晶体

在某些物质中,原子间通过共价键组成晶体,这类晶体称为原子晶体(covalent crystal)。在原子晶体的晶格结点上排列着中性原子。例如,金刚石的晶体(图 4-44)中,晶格结点上排列着中性 C 原子,每一个 C 原子是通过共价键(由 4 个 sp^3 杂化轨道形成的)与其他四个 C 原子结合,构成正四面体。由于共价键具有饱和性和方向性,配位数一般比离子晶体小。金刚石的配位数为 4。同离子晶体一样,原子晶体中也没有独立存在的分子。

属于原子晶体的物质较少。单质中除金刚石外,还有单晶硅、单晶锗和单质硼;化合物中有 SiC(金刚砂)、GaAs、B_4C、AlN 和 SiO_2(石英)等。

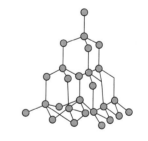

图 4-44 金刚石的晶体结构

由于共价键的键能强,所以原子晶体一般具有很高的熔、沸点和很大的硬度。例如,金刚石熔点高达 3570℃,硬度为 10;金刚砂熔点为 2700℃,硬度为 9.5。由于晶体中没有离子,固态或熔融态均不导电,是电的绝缘体。但某些原子晶体,如硅、锗、砷化镓等,可作为优良的半导体材料。原子晶体在一般溶剂中都不溶解,延展性也很差。

3. 分子晶体

以共价键结合的共价型分子,除少数构成原子晶体外,绝大多数分子通过分子间力形成分子晶体(molecular crystal)。在分子晶体的晶格结点上排列着分子(极性或非极性分子)，在分子间有分子间力作用着(某些分子晶体中还有氢键)。由于分子间力无方向性和饱和性，其配位数可高达12。与离子晶体和原子晶体不同，在分子晶体中有独立存在的分子。例如，CO_2 晶体(图 4-45)，化学式 CO_2 能代表一个分子的组成，也就是分子式。许多非金属单质、非金属元素所组成的化合物以及绝大多数有机化合物的晶体都属于分子晶体。

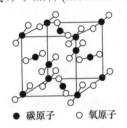
● 碳原子 ○ 氧原子

图 4-45　CO_2 的晶体结构

由于分子间力较弱，分子晶体硬度小，熔点低(一般低于400℃)。有些分子晶体可升华，如碘、萘等。这类晶体固态或熔融态都不导电，但某些分子晶体具有强极性共价键，能溶于水产生水合离子，因而水溶液能导电，如冰醋酸、氯化氢等。分子晶体延展性也很差。

值得提出的是，SiO_2 和 CO_2 这两种共价化合物。它们的化学式相似，都属酸性氧化物，能和碱作用。但从晶体结构看，前者属于原子晶体，晶格结点上排列着 Si 和 O 原子；后者为分子晶体，晶格结点上排列着 CO_2 分子。破坏晶格时，对 SiO_2 要克服较强的 Si—O 键，而对 CO_2 只要克服较弱的分子间力就够了。所以常压下，CO_2 晶体在-78.5℃时即可升华，而 SiO_2 晶体的熔点则高达1610℃。

4. 金属晶体

在金属晶体(metallic crystal)的晶格结点上排列着金属原子和金属正离子。在它们中间有由金属原子脱落下来的自由电子(free electron，图 4-46)。自由电子时而与金属正离子结合成金属原子，时而又从金属原子上脱落下来，从而在金属原子、金属正离子和自由电子之间产生了一种结合力——金属键(metallic bond)。自由电子并不为某个原子或离子所共有，而是为许多原子或离子所共有。从电子共用这个角度来讲，有人把金属键称为改性共价键(modified covalent bond)。金

图 4-46　金属晶体示意图

属晶体中没有独立存在的分子，金属单质的化学式通常是用元素符号表示的，如 Fe、Cu 等。这并不表明金属是单原子分子。

金属晶体具有良好的导电性、导热性和延展性，金属具有不透明性和金属光泽，这些特性与金属晶体中存在着自由电子以及紧密堆积的晶格有关。

5. 过渡型结构晶体

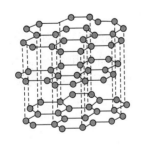

图 4-47　石墨的层状结构

属于典型的四种基本类型的晶体并不是很多，实际上有相当多的晶体，不仅有过渡型的化学键，而且可以由不同的键型混合组成。

层状晶体的结构属于混合键型晶体，层内是共价键力，层间为分子间力。例如，石墨、二硫化钼(MoS_2)、氮化硼(BN)等均属层状结构的晶体。

在石墨晶体结构中(图 4-47)，同层碳原子之间的距离为145pm，层间碳原子的距离为334.5pm。在同一层内，碳原子以 sp^2 杂化轨道和其他碳原子形成共价键，构成正六角形平面。每一个碳

原子还有一个 2p 电子，其 p 轨道垂直于上述平面层。这些相互平行的 p 轨道相互重叠形成遍及整个平面层的离域π键(又称大π键)。由于大π键的离域性，电子能沿每一层的平面移动，使石墨具有良好的导电、导热性。因此，工业上常以石墨作电极和冷却器。又由于石墨晶体中层与层之间的距离较远，相互作用力与分子间力相仿，所以在外力作用下容易滑动。工业上用石墨作固体润滑剂。二硫化钼被用作高温润滑剂或润滑油的添加剂。新型的无机合成材料氮化硼被称作"白色石墨"，它比石墨更耐高温，化学性质更稳定，因此它不仅是优良的耐高温固体润滑剂，还可用作熔化金属的容器和高温实验仪器。

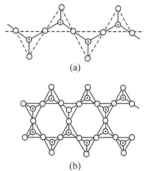

自然界中存在的硅酸盐晶体有层状的，有骨架状的(三维网络)的，还有链状的。但它们的基本结构单元都是 SiO_4 四面体。图 4-48 是链状结构示意图。Si 和 O 之间以共价键结合，每个氧原子最多可被两个 SiO_4 四面体所共有，并由它们组成硅酸盐负离子的单链 $(SiO_3)_n^{2n-}$ [图 4-48(a)]，四面体也可结合成双链 $(Si_4O_{11})_n^{6n-}$ [图 4-48(b)]。链与链之间有金属正离子以静电引力(离子键)与硅酸盐负离子相结合。石棉 $(CaO \cdot 3MgO \cdot 4SiO_2)$ 是典型的链状结构晶体，其长链是由 Si—O 共价键连接而成的双链 $(Si_4O_{11})_n^{6n-}$ 结构。若沿着平行于链的方向用力，这种晶体便会被撕裂成纤维状或柱状。石棉耐热、耐酸，可用来包扎蒸气管道和热水管，也可用来纺织耐火布。

图 4-48　$(SiO_3)_n^{2n-}$ 的链状结构

三、液晶

晶体是各向异性的，液体则是各向同性的。一般的晶体熔化后就由各向异性转化为各向同性的液体。但是，有些物质在由晶体向液体的转变过程中，要经历一种各向异性的液态，这种状态的物质称液晶(liquid crystal)。

1888 年奥地利科学家莱尼茨尔(F. Reinizer)发现胆甾醇脂在某温度范围内呈白色浑浊液体，并发出多彩美丽的珍珠光泽。100 多年来人们已合成了 50 000 多种液晶化合物。

由于液晶兼有液体的流动性和晶体的有序排列、各向异性的特点，这就使液晶有许多特别的电、磁、光学特性。图 4-49 表示晶态、液态和液晶态分子排列状态的对比。

液晶分子可以有棒状、盘状、板状等几何形状。它们可以是较小分子，也可以是聚合物。棒状分子如图 4-50 所示。液晶小分子长 2~4nm，宽 0.4~0.5nm，实验证明，当分子的长宽比大于 4 时，才有可能呈液晶态。

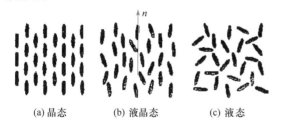

(a) 晶态　　(b) 液晶态　　(c) 液态

图 4-49　物质的晶态液晶态和液态的示意图

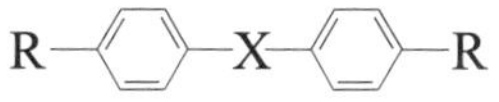

$$R-\!\!\!\!\bigcirc\!\!\!\!-X-\!\!\!\!\bigcirc\!\!\!\!-R$$

图 4-50　棒状液晶分子的化学结构

但是液晶不同于晶体，其各向异性的分子排列并不稳定，易受电场、磁场和温度的影响而发生变化，从而导致宏观性质也发生变化。例如：

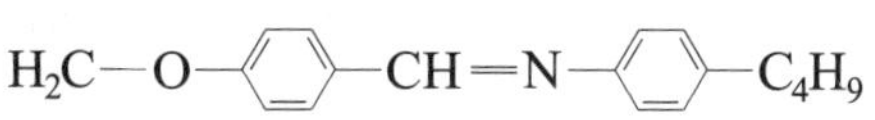

$$H_2C-O-\!\!\!\!\bigcirc\!\!\!\!-CH=N-\!\!\!\!\bigcirc\!\!\!\!-C_4H_9$$

在 22℃由晶态(各向异性)转变为液晶，47℃又转变为各向同性(液态)，这种转变也可由电场诱发，结果就出现了在不同条件下透明与不透明或颜色的变化。

把一层液晶夹于两层透明的导电玻璃电极之间，施以电压，液晶便在有电场和无电场之间表现出不同的光学性质。在一定形状的电极下便可显示出汉字或符号。若采用彩色偏振薄膜技术，便可实现彩色显示。

液晶显示具有功耗小、用量少、成本低、可在明亮环境下工作等特点。因此，自 1968 年 Heilmeier 首次报道液晶的电光效应以来，液晶工业得到了飞速发展，已成为显示工业的重要组成部分。液晶显示从 20 世纪 70 年代初主要用于电子表、计算器的笔画单色显示，现在已迅速发展到数万、数十万像元的有源矩阵大面积彩色显示，其应用范围已扩大到文字处理、掌上电脑、彩色电视、计算机终端等领域。

四、晶体的缺陷

纯净的完整晶体是一种理想状态，实际晶体总是存在着缺陷。晶体的缺陷有空位(晶格结点上缺少原子)、位错(点阵排列出现偏离)、杂质(掺杂其他原子)等。在非晶格结点的位置也可出现粒子，也属缺陷。图 4-51 是点缺陷示意图。

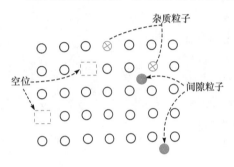

图 4-51   点缺陷示意图

若按缺陷的形成和结构可分为：本征缺陷——由于实际晶体粒子的排列偏离理想点阵结构而形成，并无外来杂质原子的掺入；杂质缺陷——由于杂质原子进入基质晶体而形成的缺陷。

晶体缺陷必然带来晶体性质的变化。有时会在光、电、磁、声、热学上出现新的特性，这给新材料的开发提供了可能。例如，单晶硅、锗都是优良半导体材料，但是人为地在硅、锗中掺入微量砷、镓形成有控制的晶体缺陷(第六章第四节)，便成为晶体管材料，是集成电路的基础。

离子晶体的缺陷有时可使绝缘性发生变化。例如，在 AgI 中掺杂+1 价阳离子得到 M_xAgI_{1+x} 时，室温下就有了较强的导电性。这类固体电解质能在高温下工作，可用于制造燃料电池、离子选择电极等。

杂质缺陷可使离子型晶体具有绚丽的色彩。例如，α-Al_2O_3 中掺入 CrO_3 呈现鲜艳的红色，称"红宝石"，而且可用于激光器中作晶体材料。

五、非化学计量化合物

尽管晶体普遍存在着缺陷，但它们多数仍然具有固定的组成，其中各元素原子数均呈简单整数比，即它们是化学计量化合物(stoichiometric compounds)。但近代晶体结构理论和实验研究结果都表明，有相当一部分晶体化合物中各元素原子数不是简单的整数比，即非化学计量化合物(non-stoichiometric compounds)，又称非整比化合物。

非化学计量化合物的形成是由于晶体中某些元素呈现多余或不足，因此总是伴有晶体缺陷。

过渡金属常有多种氧化值，若低氧化值的阳离子被高氧化值的离子取代，就会出现阳离子空位。因此，非化学计量化合物大多是过渡金属化合物。但是如 ZnO、NaCl 也会形成 ZnO_{1-x}、$NaCl_{1-x}$，是由于电子占据了阳离子空位。由于空穴上有电子，易被激发，因此会成为发色中心，如 ZnO_{1-x} 呈黄色，$NaCl_{1-x}$ 呈蓝色。

有时杂质的掺入会使原离子的氧化值发生变化，便也形成了非化学计量化合物，如在 NiO 中掺入少量 Li_2O，形成 $Li_\delta^+Ni_{1-\delta}^{2+}Ni_\delta^{3+}$，表明部分 Ni^{2+} 变成了 Ni^{3+}。

非化学计量化合物的形成一般不影响化学性质，甚至基本结构也能得以保持，但在导电性、磁性、光学性质、催化性能等方面会有变化。这种变化对非化学计量化合物十分重要。例如，非化学计量化合物 $YBa_2Cu_3O_{7-x}(0 \leqslant x \leqslant 0.5)$，其导电临界温度 T_c 高达 90℃，用液氮冷冻即可出现超导态。这种突破性使超导材料进入了实用研究的阶段。

六、单质的晶体类型

表 4-17 列出了周期系中元素单质的晶体类型。从表 4-17 中可以看出，元素单质的晶体结构从左到右大体呈现出金属晶体、原子晶体向分子晶体的转变。在ⅢA～ⅦA 族内，元素单质的晶体结构呈现出自上而下由分子晶体或原子晶体向金属晶体的转变。p 区是这种转变的过渡区，出现了各种不同类型的过渡型结构的晶体。例如，碳、磷、砷、硫、硒、锡、锑都出现了同质异晶体(paramorph)现象，即同一单质可以有不同类型的晶体形式存在，而且这些单质的不同晶型中，总有一种是层状或链状晶体。

晶体结构的上述规律性变化导致了元素单质的性质，特别是物理性质也呈现出一定的递变规律。元素单质的密度、硬度、熔点、沸点在同一周期大体呈现"两头小、中间大"的特征。

表 4-17 周期系中元素单质的晶体类型

ⅠA	ⅡA	ⅢB～ⅡB	ⅢA	ⅣA	ⅤA	ⅥA	ⅦA	0
							(H₂) 分子晶体	He 分子晶体
Li 金属晶体	Be 金属晶体		B 近于原子晶体	C* 金刚石 原子晶体 石墨 层状晶体	N₂ 分子晶体	O₂ 分子晶体	F₂ 分子晶体	Ne 分子晶体
Na 金属晶体	Mg 金属晶体		Al 金属晶体	Si 原子晶体	P 白磷 分子晶体 黑磷 层状晶体	S 菱形、针形硫 分子晶体 弹性硫 链状晶体	Cl₂ 分子晶体	Ar 分子晶体
K 金属晶体	Ca 金属晶体	过渡元素	Ga 金属晶体	Ge 原子晶体	As 黄砷 分子晶体 灰砷 层状晶体	Se 红硒 分子晶体 灰硒 层状晶体	Br₂ 分子晶体	Kr 分子晶体
Rb 金属晶体	Sr 金属晶体		In 金属晶体	Sn 灰锡 原子晶体 白锡 金属晶体	Sb 黑锑 分子晶体 灰锑 层状晶体	Te 灰碲 层状晶体	I₂ 分子晶体 (具金属性)	Xe 分子晶体
Cs 金属晶体	Ba 金属晶体	金属晶体	Tl 金属晶体	Pb 金属晶体	Bi 层状晶体 (近于金属晶体)	Po 金属晶体	At	Rn 分子晶体

* C₆₀ 为分子晶体。

 周期表探趣

思考题与习题

一、判断题

1. 将氢原子的一个电子从基态激发到 4s 或 4f 轨道所需要的能量相同。 （ ）

2. 波函数 ψ 的角度分布图中，负值部分表示电子在此区域内不出现。 （　　）

3. 核外电子的能量只与主量子数有关。 （　　）

4. 外层电子指参与化学反应的外层价电子。 （　　）

5. 因为 Hg^{2+} 属于 9～17 电子构型，所以易形成离子型化合物。 （　　）

6. s 电子与 s 电子间配对形成的键一定是 σ 键，而 p 电子与 p 电子间配对形成的键一定是 π键。 （　　）

7. 凡是以 sp^3 杂化轨道成键的分子，其空间构型必为正四面体。 （　　）

8. 由单齿配体形成的配合物，内界中心离子的配位数等于配体总数。 （　　）

9. 非极性分子永远不会产生偶极。 （　　）

10. 正、负离子相互极化，导致键的极性增强，可使离子键转变为共价键。 （　　）

11. 因为 Al^{3+} 比 Mg^{2+} 的极化力强，因此 $AlCl_3$ 的熔点低于 $MgCl_2$。 （　　）

12. 分子中键的极性可以根据电负性差值判断，电负性差值越大，则键的极性越大。 （　　）

13. 非金属元素间的化合物为分子晶体。 （　　）

14. 金属键和共价键一样都是通过自由电子而成键的。 （　　）

二、选择题

15. 下列各组波函数中不合理的是 （　　）

A. $\psi_{1,1,0}$ B. $\psi_{2,1,0}$ C. $\psi_{3,2,0}$ D. $\psi_{5,3,0}$

16. 波函数的空间图形是 （　　）

A. 概率密度 B. 原子轨道 C. 电子云 D. 概率

17. 与多电子原子中电子的能量有关的量子数是 （　　）

A. n, m B. l, m_s C. l, m D. n, l

18. 下列电子分布属于激发态的是 （　　）

A. $1s^2 2s^2 2p^4$ B. $1s^2 2s^2 2p^3$ C. $1s^2 2s^2 2p^6 3d^1$ D. $1s^2 2s^2 2p^6 3s^2 3p^6$

19. 下列原子中第一电离能最大的是 （　　）

A. Li B. B C. N D. O

20. 下列离子属于 9～17 电子构型的是 （　　）

A. Sc^{3+} B. Br^- C. Zn^{2+} D. Fe^{3+}

21. 下列原子轨道沿 x 轴成键时，形成 σ 键的是 （　　）

A. s-d_{xy} B. p_x-p_x C. p_y-p_y D. p_z-p_z

22. ICl_4^- 的几何构型为 （　　）

A. 四面体 B. 平面正方形 C. 四方锥 D. 三角锥

23. 在化合物 $ZnCl_2$、$FeCl_2$、$MgCl_2$、KCl 中，阳离子极化能力最强的是 （　　）

A. Zn^{2+} B. Fe^{2+} C. Mg^{2+} D. K^+

24. 下列化合物中，键的极性最弱的是 （　　）

A. $FeCl_3$ B. $AlCl_3$ C. $SiCl_4$ D. PCl_5

25. 下列分子属于极性分子的是 （　　）

A. PF_3 和 PF_5 B. SF_4 和 SF_6 C. PF_3 和 SF_4 D. PF_5 和 SF_6

26. 下列分子中电偶极矩为零的是 （　　）

A. CO_2 B. CH_3Cl C. NH_3 D. HCl

27. 下列过程需要克服的作用力为共价键的是 （　　）

A. NaCl 溶于水 B. 液 NH_3 蒸发 C. 电解水 D. I_2 升华

28. 下列物质间，相互作用力最弱的是 （　　）

A. HF-HF B. Na^+-Br^- C. Ne-Ne D. H_2O-O_2

29. 下列分子间可以形成氢键的是 （　　）

A. CH_3CH_2OH B. $N(CH_3)_3$ C. CH_3COOCH_3 D. CH_3COCH_3

30. 下列分子采取 sp^3 不等性杂化，成键分子空间构型为三角锥形的是 （　　）

A. SiH_4　　　　　B. PH_3　　　　　C. H_2S　　　　　D. CH_4

31. 下列物质的沸点由高到低排列顺序正确的是 　　　　　　　　　　（　　）

A. $HF>CO>Ne>H_2$　　　　　　　B. $HF>Ne>CO>H_2$

C. $HF>CO>H_2>Ne$　　　　　　　D. $CO>HF>Ne>H_2$

32. 下列离子中，外层电子构型为 $3s^23p^63d^6$ 的是 　　　　　　　　（　　）

A. Mn^{2+}　　　　　B. K^+　　　　　C. Fe^{2+}　　　　　D. Co^{2+}

33. 下列各物质化学键只存在σ 键的是 　　　　　　　　　　　　　（　　）

A. PH_3　　　　　B. C_2H_4　　　　　C. CO_2　　　　　D. N_2O

34. 在 HCl 和 He 分子间存在的分子间作用力是 　　　　　　　　　（　　）

A. 诱导力和色散力　　B. 色散力和取向力　　C. 氢键　　D. 取向力和诱导力

35. 下列物质熔点高低正确的是 　　　　　　　　　　　　　　　　（　　）

A. $CaCl_2<ZnCl_2$　　B. $FeCl_3>FeCl_2$　　C. $CaCl_2<CaBr_2$　　D. $NaCl>BeCl_2$

36. 下列分子中，几何构型为平面三角形的是 　　　　　　　　　　（　　）

A. ClF_3　　　　　B. NCl_3　　　　　C. AsH_3　　　　　D. BCl_3

37. 下列说法正确的是 　　　　　　　　　　　　　　　　　　　　（　　）

A. 极性键构成的分子都是极性分子

B. p 电子与 p 电子间配对形成的键一定是π键

C. sp^3 杂化轨道是由 1s 轨道和 3p 轨道混合起来形成的 4 个 sp^3 杂化轨道

D. 取向力一定存在于极性分子之间

三、填空题

38. 位于 Kr 前某元素，当该元素的原子失去 3 个电子之后，在它的角量子数为 2 的轨道内电子为半充满状态，该元素是_____，原子外层电子构型是_____，位于_____周期、_____族，属于_____区，+3 价离子的电子层构型属于_____电子构型。

39. CuCl 和 KCl 中，Cu^+ 为_____电子构型，K^+ 为_____电子构型。极化力大小为_____<_____，_____中电子云有较大程度重叠，离子键成分_____(减少或增加)，故在水中溶解度 CuCl_____KCl(>或<)。

40. 填表：

原子序数	19			
电子分布式		$1s^22s^22p^6$		
外层电子构型			$4d^55s^1$	$6s^26p^3$
周期	5			
族				
未成对电子数	5			
最高氧化数	+7			+5

41. 用价键理论试推 PH_3 的几何构型为_____，PO_4^{3-}为_____。

42. 下列各物质：NH_4^+、CO_2、H_2S、C_2H_6，化学键中存在 π 键的是_____。

43. 下列四种物质：①$CsCl$、②C_6H_5Cl、③$[Cu(NH_3)_4]SO_4$、④SiO_2 中，含有离子键的是_____，含有共价键的是_____，含有配位键的是_____。

44. 下列过程需要克服哪种类型的力？

NaCl 溶于水_____，液 NH_3 蒸发_____，SiC 熔化_____，干冰升华_____。

45. NH_3、PH_3、AsH_3 三种物质，分子间色散力由大到小的顺序是_____，沸点由高到低的顺序是_____。

46. 填表：

化合物	HgCl₂	H₂S	CHCl₃	NF₃	PCl₅
杂化类型					
空间构型					
是否极性分子					

47. NH_3 与 BF_3 的空间构型分别为_____和_____，因此偶极矩不为零的是_____。

48. 填表：

物质	晶体结点上的粒子	粒子间作用力	晶体类型
CO_2			
SiO_2			
H_2O			
Ag			
MgO			

四、问答题

49. Na 的第一电离能小于 Mg，而 Na 的第二电离能却大于 Mg，为什么？

50. BF_3 是平面三角形的几何构型，NF_3 却是三角锥形的几何构型，试用杂化轨道理论加以说明。

51. 按沸点从高到低的顺序排列 CO、Ne、HF、H_2，并说明原因。

52. 已知下列两类化合物的熔点如下：

钠的卤化物	NaF	NaCl	NaBr	NaI
熔点/℃	993	801	747	661
硅的卤化物	SiF_4	$SiCl_4$	$SiBr_4$	SiI_4
熔点/℃	−90.2	−70	5.4	120.5

(1) 为什么钠的卤化物的熔点总是比相应硅的卤化物熔点高？

(2) 为什么钠的卤化物的熔点的递变规律与硅的卤化物不一致？

 基于原子中电子跃迁的技术——原子发射和原子吸收光谱法

 自测练习题

第五章　金属元素与金属材料
(Metallic Elements and Metallic Materials)

材料是人类社会赖以生活和生产的物质基础。现代工程材料涉及了工程技术的各个领域，其中金属材料是最重要的工程材料。

金属作为元素的一大类，其原子结构具有区别于非金属元素的一些特征(如最外层电子数少而 d 电子较多)。这就决定了金属材料内部原子间的结合主要依靠金属键，它几乎贯穿在所有的金属材料之中。这就是金属材料有别于其他材料的根本原因。因此，掌握金属元素本身的特征对金属材料的研究和应用是很重要的。本章就是从金属元素开始进而讨论金属材料的。

第一节　金属元素概述
(A Survey of Metal)

在目前已知的 118 种元素中，除了 22 种非金属外都是金属元素。金属和非金属的物理、化学性质有明显的区别。但有些元素如硼、硅、锗、砷等兼有某些金属和非金属的性质，所以金属和非金属之间并没有严格的界限。

一、金属的物理性质及分类

金属单质一般具有金属光泽、良好的导电性、导热性和延展性。

固态金属单质都属于金属晶体，排列在晶格结点上的金属原子或金属正离子依靠金属键结合构成晶体；金属键的键能较大，与离子键或共价键的键能相当。但对于不同金属，金属键的强度仍有较大的差别，这与金属的原子半径、能参加成键的价电子数以及核对外层电子的作用力等有关。

金属都能导电，是电的良导体，处于 p 区对角线附近的金属，如锗，导电能力介于导体与绝缘体之间，是半导体(见第六章第四节)。温度的升高，通常能使金属的导电率下降。根据金属键理论，金属晶体中存在的自由电子是引起金属导电的根本原因。对于金属中微粒排列十分规整的理想晶体来说，在外电场的作用下，晶体内的自由电子几乎可以无阻碍地定向运动。但当金属晶体中存在其他杂质原子(缺陷)时，电子的运动受到阻碍作用，金属的导电性下降。温度升高，这种阻碍作用更为显著，金属的导电性也将会降低。

金属的分类方法很多。按金属的化学活泼性，可分为活泼金属(在 s 区、ⅢB族)、中等活泼金属(在d、ds、p区)、不活泼金属(在 d 区)，如图 5-1 所示。按金属的熔点高低来划分，则有高熔点金属和低熔点金属。低熔点轻金属多集中在 s 区，低熔点重金属多集中在Ⅱ副族以及 p 区，而高熔点重金属则多集中在 d 区。

图 5-1　金属按化学活泼性分类

在工程技术上，常把金属分为黑色金属和有色金属两大类。黑色金属(ferrous metal)包括铁、锰、铬及其合金；有色金属(non-ferrous metal)包括除黑色金属以外的所有金属及其合金。按其密度、化学稳定性及其在地壳中的分布情况等，有色金属可分为以下五类：

(1) 轻金属。一般指密度小于 $5g \cdot cm^{-3}$ 的金属。包括铝、钠、钾、钙、锶、钡、钛。其特点是质轻，化学性质活泼。

(2) 重金属。一般指密度在 $5g \cdot cm^{-3}$ 以上的金属。包括铜、镍、铅、锌、锡、锑、钴、汞、铬、铋等。

(3) 贵金属。指金、银和铂族元素(铂、锇、铱、钌、铑、钯)。这类金属的化学性质特别稳定，在地壳中含量很少，开采和提取都比较困难，所以价格比一般金属高，称为贵金属(noble metal)。

(4) 稀有金属。通常是指在自然界中含量一般较少，分布稀散、发现较晚、难于提取或工业上制备及应用较晚的金属。包括锂、铷、铯、铍、镓、铟、铊、锗、钛、锆、铪、铌、钽、钼、钨、稀土元素等。需要指出的是，与普通金属相比，稀有金属只是个相对概念，有些稀有金属在自然界的含量并不少，只是因分布零散提取困难而显得稀有，如钛。

(5) 放射性金属。指金属元素的原子核能自发地放射出射线的金属。包括钫、锝、钋、镭、和锕系元素。

二、金属元素的化学性质

金属的化学性质与其原子结构相关，多数金属元素的原子最外层电子数少于 4 个。金属原子比同周期非金属原子的半径大，其原子核对最外层电子的引力较小，因此，在发生化学反应时，它们的最外层电子较容易失去或所形成的共用电子对偏离于金属元素。所以金属最主要的化学性质是容易失去电子变成金属正离子，表现出还原性：

$$M - ze^{-} \longrightarrow M^{z+}$$

1. 金属与氧气(空气)的作用

1) 一般情况

元素的金属性越强，与氧的反应越激烈。金属与氧反应的通式是

$$mM + \frac{n}{2}O_2 \longrightarrow M_mO_n$$

s 区金属很容易与氧化合。作用的激烈程度符合周期系中元素金属性递变的规律：锂在空气中缓慢氧化；钾、钠很快便被氧化；铷、铯则会自燃；钙的氧化比同周期的钾要缓慢些。s 区金属在空气中燃烧时除能生成正常的氧化物(如 Li_2O、BeO、MgO)外，还能生成过氧化物(如 Na_2O_2、BaO_2)。这些过氧化物都是强氧化剂，遇到棉花、木炭或银粉等还原性物质时会发生

爆炸。钾、铷、铯及钙、锶、钡等金属在过量的氧气中燃烧时还会生成超氧化物(如 KO_2、BaO_4 等)。过氧化物和超氧化物都是固体储氧物质,它们与水作用会放出氧气,装在面具中,可供在缺氧环境中工作的人员呼吸用。例如,超氧化钾能与人呼吸时所排出气体中的水蒸气发生反应:

$$4KO_2 + 2H_2O \longrightarrow 3O_2 + 4KOH$$

呼出气体中的二氧化碳则可被氢氧化钾所吸收:

$$KOH + CO_2 \longrightarrow KHCO_3$$

p 区金属较 s 区金属活泼性差。其中ⅢA族的铝较活泼,易与氧化合。但铝在空气中立即生成致密氧化物薄膜,阻止了进一步的氧化。锡在空气中很稳定。

在 d 及 ds 区的金属中,第四周期金属中的钪在空气中迅速被氧化成 Sc_2O_3 薄膜。这一周期其他金属都能与氧作用,但在常温下不显著,尤其是铜;高温下,它们都能与氧化合生成不同氧化数的氧化物。例如,在 150℃ 以下铁的氧化层以 Fe_2O_3 为主,150~170℃ 则以 FeO 为主。第五、六周期的 d 及 ds 区金属与氧的结合力有减弱的趋势。常温下,这些金属在空气中都相当稳定,尤其是铂系元素。

2) 钝化

在金属和氧作用时,化学活泼性不仅与金属本身的活泼性有关,还与其氧化物膜的性质有关。例如,铝、铬、镍等金属是较易与氧作用的,但是,实际上它们在空气中,甚至在一定的较高温度范围内都是相当稳定的。这是由于它们在空气中形成的氧化膜具有明显的保护作用,能阻止金属进一步被氧化,这种作用称为钝化(passivation)。

一般地说,s 区金属(除铍外)的氧化膜是不连续的,对金属在空气中的氧化没有保护作用。钼的氧化物在 520℃ 就开始挥发;钨的氧化物的体积很大,然而较脆,容易破裂,也起不到保护作用。铝、铬、硅之所以在空气中相当稳定并能用作耐高温(抗氧化)合金元素,不仅与其氧化膜的连续结构有关,而且与其氧化物(Al_2O_3、Cr_2O_3、SiO_2)具有高度的热稳定性有关。铁在一定条件下(如"发蓝"处理)可形成致密的 Fe_3O_4 保护膜。但通常条件下的铁锈或氧化皮,其组成随温度而变化,结构疏松,保护性能差,在电化学腐蚀中反而起了加速腐蚀的作用。

3) 氧化反应与温度的关系

表 5-1 列出了一些金属与氧反应的热力学数据。这些数据表明,金属与氧反应的值是负值,按第一章第三节讨论的结论,这种类型的反应在常温下是可以自发进行的,所生成的氧化物也是稳定的。但是,温度对这类反应是有影响的,在一定的高温下,氧化物也是可能发生分解的。温度对氧化反应的影响,可以按下式进行计算:

$$\Delta_r G_m^{\ominus}(T) \approx \Delta_r H_m^{\ominus} - T\Delta_r S_m^{\ominus}$$

表 5-1 某些氧化反应的热力学数据(以 1mol O_2 计)

氧化反应	$\Delta_r S_m^{\ominus}$ /kJ·K^{-1}·mol^{-1}	$\Delta_r H_m^{\ominus}$ /kJ·mol^{-1}
$4Ag + O_2 \longrightarrow 2Ag_2O$	−0.133	−62
$2Hg + O_2 \longrightarrow 2HgO$	−0.216	−182
$4Cu + O_2 \longrightarrow 2Cu_2O$	−0.152	−337
$2C(石墨) + O_2 \longrightarrow 2CO$	0.179	−221

续表

氧化反应	$\Delta_r S_m^{\ominus} / kJ \cdot K^{-1} \cdot mol^{-1}$	$\Delta_r H_m^{\ominus} / kJ \cdot mol^{-1}$
$C(石墨) + O_2 \longrightarrow CO_2$	0.003	−394
$2Ni + O_2 \longrightarrow 2NiO$	−0.189	−479
$2H_2 + O_2 \longrightarrow 2H_2O(l)$	−0.327	−572
$2Fe + O_2 \longrightarrow 2FeO$	−0.141	−544
$2CO + O_2 \longrightarrow 2CO_2$	−0.173	−787
$2Zn + O_2 \longrightarrow 2ZnO$	−0.201	−701
$\frac{4}{3}Cr + O_2 \longrightarrow \frac{2}{3}Cr_2O_3$	−0.183	−760
$2Mn + O_2 \longrightarrow 2MnO$	−0.150	−770
$4Na + O_2 \longrightarrow 2Na_2O$	−0.260	−828
$Si + O_2 \longrightarrow SiO_2$	−0.183	−911
$Ti + O_2 \longrightarrow TiO_2$	−0.185	−944
$\frac{4}{3}Al + O_2 \longrightarrow \frac{2}{3}Al_2O_3$	−0.209	−1117
$2Mg + O_2 \longrightarrow 2MgO$	−0.217	−1203
$2Ca + O_2 \longrightarrow 2CaO$	−0.212	−1270

以消耗 1mol O_2 生成氧化物过程的 $\Delta_r G_m^{\ominus}(T)$ 值为纵坐标，以温度 T 为横坐标，绘出这些氧化反应的 $\Delta_r G_m^{\ominus}$-T 图(图 5-2)。

由图 5-2 可以十分清楚地看出温度对氧化反应的影响趋势：对各氧化反应 (除碳的氧化反应以外)，随温度的升高，其 $\Delta_r G_m^{\ominus}(T)$ 的负值变小。在单质的熔点，特别是在沸点之前，其斜率 ($\Delta_r S_m^{\ominus}$) 虽然基本不变，但是略有不同。这就是说温度对各氧化反应的影响是不同的。

在图 5-2 中，氧化反应的 $\Delta_r G_m^{\ominus}$-T 线位置越低，表明此反应的 $\Delta_r G_m^{\ominus}(T)$ 越负，金属与氧反应的自发性越强，即单质与氧的结合力越大，这也表明氧化物的热稳定性越强；反之，氧化反应的 $\Delta_r G_m^{\ominus}$-T 线位置越高，单质生成氧化物的倾向越小。位于图 5-2 下方的单质可以从上方的氧化物中将另一种金属单质置换出来。例如，钙、镁、铝、硅、锰等都可还原铁或铬的氧化物。以铝为例，其反应如下：

$$8Al + 3Fe_3O_4 \longrightarrow 4Al_2O_3 + 9Fe$$

$$2Al + Cr_2O_3 \longrightarrow Al_2O_3 + 2Cr$$

前一反应是铝热法的基本反应，后一反应则是铝热法用于熔炼高熔点金属铬的反应。

由于 $\Delta_r G_m^{\ominus}$-T 图中各反应的斜率不同，甚至有的相互交错，因此在不同温度范围内单质与氧结合力的大小次序也是会发生变化的。在 873K(600℃)时金属单质 (包括 CO、H_2、C)与氧结合能力由大到小的次序大致为

Ca　Mg　Al　Ti　Si　Mn　Na　Cr　Zn　CO　Fe　H_2　C　Co　Ni　Cu

这种次序既不同于水溶液中金属的电动序，也不同于周期系中元素金属性强弱的次序。

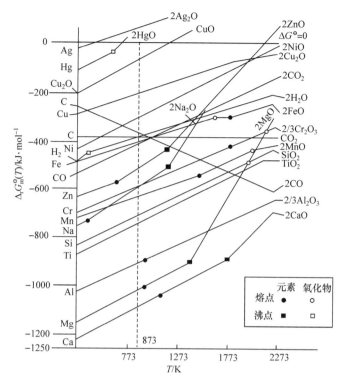

图 5-2 一些氧化反应的 $\Delta_r G_m^\ominus$-T 图

应该指出,在图 5-2 中,一般的氧化反应 $\Delta_r G_m^\ominus$-T 线都是向上倾斜的,唯独 $2C+O_2 \longrightarrow 2CO$ 反应的直线却向下倾斜。就是说,温度越高,碳的还原能力越强。在高温下(如在 1773K 以上) 碳可将大多数金属的氧化物还原,甚至可以从氧化物中置换出锰、铬等活泼金属。但是在 873K 左右,碳甚至不能把铁还原出来。与此相反,从图 5-2 中可以看出,CO 只有在 873K 以下才 是 FeO 的还原剂。所以高炉中的反应主要发生在温度较低的炉体上部,其反应是

$$CO + FeO \longrightarrow Fe + CO_2$$

$\Delta_r G_m^\ominus$-T 图在冶金工业领域中有着广泛的应用。

2. 金属与水的作用

周期系主族中的活泼金属都能与水作用生成氢氧化物和氢气:

$$M + nH_2O \longrightarrow M(OH)_n + \frac{n}{2}H_2(g)$$

式中:n 为金属的氧化数。上述反应的剧烈程度符合周期系中同族金属活泼性自上而下增强的 规律:锂较慢,钠较快,钾会燃烧,铷、铯遇水会爆炸;在同一周期中的元素自左至右金属 性减弱,其与水作用的程度也减弱:钠较快,镁则较慢,铝与水几乎不发生任何反应。

金属与水作用的难易程度与两个因素有关:一是金属的电极电势,二是反应产物的性质。 在常温下,纯水中 $b(H^+)=10^{-7}mol \cdot kg^{-1}$,$E(H^+/H_2) = -0.413V$。因此,凡电极电势值小于 $-0.413V$ 的金属(位于电动序中 Fe 前的)都可与水发生置换反应。实际上,镁、铝的电极电势都有较大 的负值,但它们在水中较稳定。这主要是由于它们的表面覆盖着氧化膜,或者氢氧化物不溶

于水，使反应难以继续进行。从防止金属腐蚀的角度看，这种覆盖物起了良好的保护作用。因此，有时采取人工钝化的方法(如铝的阳极氧化)提高金属的抗蚀能力。但是金属中的杂质或介质中的某种成分能破坏保护膜，如铝的氧化膜能被 Cl^- 破坏，所以铝在海水中易被腐蚀。

d 区(除ⅢB族外)、ds 区和 p 区金属在常温下不与水作用，主要是这些金属的活泼性较差或者在其表面上生成保护膜。

在高温情况下，电动序中位于镁、铁之间的金属都能与水蒸气反应，生成相应的氧化物和氢气。

3. 金属与酸、碱的作用

金属与酸的作用通常用熟知的金属活动顺序或电动序来判断。

活泼金属可以从稀酸中置换出氢：

$$M + nH^+ \longrightarrow M^{n+} + \frac{n}{2}H_2(g)$$

随金属活泼性的减弱，金属与稀酸的作用也减弱。电动序中氢以后的金属不能从稀酸中置换出氢来。金属活动序与周期系中元素金属性递变的规律不完全一致，如第四周期中的锌、锰位于铬后，而在活动序中却位于铬前。这表明金属的活泼性不仅与元素原子的结构、晶体结构有关，而且与反应介质等其他因素有关。

一些 p 区金属，其电极电势值虽较负，但由于其表面特别容易生成钝化膜，实际上难溶于盐酸或稀硫酸。例如，铅在电动序中位于氢前，然而由于 $PbCl_2$ 和 $PbSO_4$ 难溶，所以铅难与盐酸或稀硫酸反应。

不活泼金属如铜、银等，其电极电势比氢正，因而不能与稀酸反应以置换氢。但它们的电极电势比硝酸负[$E^{\ominus}$ (NO_3^-/NO)=0.96V]，因而能与硝酸作用。不过此时的氧化剂不是 H^+，而是 NO_3^-，所以产物不是 H_2，而是低价氮的氧化物。例如：

$$3Cu+8HNO_3 \longrightarrow 3Cu(NO_3)_2+2NO+4H_2O$$

由于钝化膜的存在，某些活泼金属如铝、铬、铁等在浓硝酸或浓硫酸中也是很稳定的。例如，铁在70%以上的浓硫酸中几乎不发生反应，所以生产上用铸铁容器运输浓硫酸。但是，钝化膜会因加热或 Cl^- 而破坏。

第五、六周期的 d 及 ds 区元素，大多数不活泼，如钼溶于稀盐酸和稀硫酸。不锈钢中加钼可抗 Cl^- 的腐蚀；钨、铂等不与浓硝酸作用。溶解钨需用 HNO_3-HF 混合酸；溶解铂、金需用王水。而铌、钽、锗、锇、铱等在王水中也不溶。铬、钒、钛、锆、钽、钼、钨等之所以能用作耐蚀合金元素，就是因为它们容易钝化或具有高的化学稳定性。

金属能否与强碱作用，主要取决于两个因素：一是在强碱介质中金属能否与水作用，若金属的电极电势小于–0.83V，则可能与水作用生成氢氧化物和氢气；二是生成的氢氧化物是否可溶于碱(即生成的氢氧化物是否具有两性)，若不溶则金属将被其氢氧化物覆盖，阻碍反应继续进行。例如，镁在碱性介质中，虽然 $E^{\ominus}$ [$Mg(OH)_2/Mg$]= –2.69V，但 $Mg(OH)_2$ 不具有两性，故镁不溶于碱；锌在碱性介质中 $E^{\ominus}$ [$Zn(OH)_2/Zn$]= –1.25V，而 $Zn(OH)_2$ 具有两性，故锌可溶于碱。其反应式是

$$Zn + 2H_2O \longrightarrow Zn(OH)_2 + H_2$$

$$Zn(OH)_2 + 2NaOH \longrightarrow Na_2[Zn(OH)_4]$$

将此两式合并:

$$Zn + 2NaOH + 2H_2O \longrightarrow Na_2[Zn(OH)_4] + H_2$$

同样，铍、铝、镓、铟、锗、锡都可溶于强碱。

4. 金属间的置换反应

例如:

$$Zn + Cu^{2+} \longrightarrow Zn^{2+} + Cu$$

这一熟知的在溶液中发生的置换反应之所以能发生，既可用标准吉布斯函数变 $\Delta_r G_m^{\ominus}$ 予以判断，也可用电极电势来说明。

金属在水溶液中的置换反应除与元素的活泼性有关，还与温度、金属的离子浓度有关。例如，在酸性溶液中，金属元素的置换顺序为 Zn　Fe　Pb　Cu　Ag　Sb，但在 12.5% 的 KCN 溶液中，由于配离子的形成，上述顺序就变成了 Zn　Cu　Ag　Sb　Pb　Fe。

在高温无水的情况下，金属的活泼性与其在水溶液中不一定相符。由公式 $\Delta_r G_m^{\ominus}(T) \approx \Delta_r H_m^{\ominus} - T\Delta_r S_m^{\ominus}$ 可以看出，在高温反应中，一方面要看产物的化学键是否比原来更稳定($\Delta_r H_m^{\ominus} < 0$)；另一方面还要看反应后气体物质是否有所增加($\Delta_r S_m^{\ominus} > 0$)。一般地说，用 $\Delta_r G_m^{\ominus}$-T 图(图 5-2)来判断金属从其氧化物中被还原出来的难易程度是很方便的。

当反应物和生成物都是固体时，因 $\Delta_r S_m^{\ominus}$ 比较小，$\Delta_r G_m^{\ominus}$ 的正负将取决于 $\Delta_r H_m^{\ominus}$。例如:

$$\frac{2}{3}Al(s) + \frac{1}{2}SiO_2(s) \longrightarrow \frac{1}{2}Si(s) + \frac{1}{3}Al_2O_3(s)$$

$\Delta_r S_m^{\ominus}$ 比较小，而反应的焓变很负($\Delta_r H_m^{\ominus} = -103.2 \text{kJ} \cdot \text{mol}^{-1}$)，所以 $\Delta_r G_m^{\ominus} < 0$。可见这类置换反应可用焓变的代数值近似地判断其自发进行的可能性。

三、过渡金属元素

元素周期系中 d 和 ds 区元素(不包括镧以外的镧系和锕以外的锕系元素)统称为过渡元素 (transition elements)，分别位于第四、五、六周期中部。由于同周期元素的性质相近，又将过渡元素分为三个系列:

第一过渡系　Sc　Ti　V　Cr　　Mn　Fe　Co　Ni　Cu　Zn
第二过渡系　Y　Zr　Nb　Mo　　Tc　　Ru　Rh　Pd　Ag　Cd
第三过渡系　La　Hf　Ta　W　　　Re　Os　Ir　Pt　Au　Hg

1. 过渡元素原子结构的特征

过渡元素在原子结构上的共同特点就是它们的价电子依次填充在次外层的 d 亚层上。其外层电子构型为 $(n-1)d^{1\sim10}ns^{1\sim2}$ (钯 $4d^{10}5s^0$ 例外)，最外层只有 2 个(或 1 个)电子。它们的单质都是金属，其金属性比同周期 p 区元素的强，而较 s 区元素的弱。

过渡元素的原子半径及其变化规律已在第四章第一节作过讨论，这里不再介绍。

2. 过渡元素的性质

1) 物理性质

过渡元素具有金属的一般通性，但与主族金属又有所不同。除ⅡB族外，过渡元素的单质都是高熔点、高沸点、高密度、导电和导热性良好的金属。在同周期中,它们的熔点从左到右先逐步升高,然后又缓慢下降。一般认为,产生这种现象的原因是在这些金属原子间除了

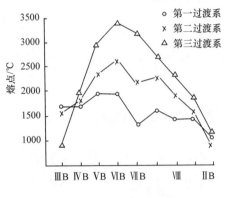

图 5-3　过渡元素的熔点

金属键结合外,还可能具有共价性。这与原子中未成对的 d 电子参与成键有关。原子中未成对的 d 电子数增多,金属键中由这些电子参与成键造成的部分共价性增强,表现出这些金属单质熔点升高。在各周期中,熔点最高的金属在 VIB 族中出现(图 5-3);在同一族中,第二过渡系元素单质的熔、沸点高于第一过渡系,而第三过渡系的熔、沸点又高于第二过渡系(IIB 族除外)。过渡元素单质的硬度也有类似的变化规律。

过渡元素中,单质密度最大的是 VIII 族的锇(Os),其次是铱(Ir)、铂(Pt)、铼(Re)。这些金属都比室温下同体积的水重 20 倍以上,是典型的重金属。

2) 化学性质

在化学性质方面,第一过渡系元素的单质比第二、三过渡系活泼(这与主族元素的情况恰好相反),一般认为由于同族元素自上而下原子半径增加不大,而核电荷数却增加较多,对核外电子吸引能力增强,导致第二、三过渡系元素活泼性下降。例如,在第一过渡系中,除 Cu 外其他金属都能与稀酸(盐酸或硫酸)作用,置换出氢,而第二、三过渡系的单质大多较难,有些仅能溶于王水或氢氟酸中,如锆(Zr)和铪(Hf)等;有些甚至不溶于王水,如钌(Ru)、铑(Rh)、锇(Os)、铱(Ir)等。III B 族比较特殊,其金属性自上而下增强。镧(La)的活泼性与 IIA 族的金属接近。

过渡元素的价电子不仅包括最外层 s 电子,还包括次外层的全部或部分 d 电子。由于过渡元素原子的最外层 s 电子大多是 2 个,因此它们都有+2 氧化数;又由于次外层电子可以部分或全部参与成键,因此过渡元素总是有可变的氧化数,如锰经常出现的氧化数有+2、+3、+4、+6、+7 等,其相应的化合物如 $MnSO_4$、Mn_2O_3、MnO_2、K_2MnO_4、$KMnO_4$ 等。

过渡元素的单质能与活泼的非金属如卤素和氧等直接形成化合物。它们的氧化物的水合物有些是可溶性的,如 $H_2Cr_2O_7$、$HMnO_4$、$HReO_4$ 等;有些是难溶性的,如 $Sc(OH)_3$、$Y(OH)_3$ 等。但是氧化物及其水合物的酸碱性有明显的规律。

过渡元素的另一特点是它们的离子(或原子)很容易形成配离子。按价键理论,配离子是靠配位键结合的。过渡元素的离子都有未充满电子的 $(n-1)d$ 轨道和 ns、np 轨道。这些轨道在同一能级组,能量相近,有利于轨道杂化,接受配体的电子对组成配位键。此外,由于离子最外层结构的 $(n-1)d$ 轨道屏蔽作用小,过渡元素离子有较大的有效核电荷、较小的离子半径,因而有较强的极化力(见第四章第二节)。这就使它们具有较强的吸引配位体形成稳定配合物的倾向,甚至多数过渡元素的原子也能形成配合物,如与 CO 形成羰基配合物。

3) 水合离子的颜色

过渡元素的水合离子,除部分离子外,几乎都呈现出特征颜色。水合离子呈现出颜色的原因是很复杂的。目前一般认为与过渡元素水合离子的 d 轨道上存在着未成对电子有关。从表 5-2 中可以看出,如果水合离子中的电子都已配对,如 d^0、d^{10} 和 $d^{10}s^2$(Cu^+、Ag^+、Au^+、Zn^{2+}、Ti^{4+}、Cd^{2+})等,离子就没有颜色。

表 5-2　离子的电子构型与水合离子的颜色

未成对的 d 电子数	离子在水溶液中(水合离子)的颜色
0	Ag^+(无色)、Zn^{2+}(无色)、Cd^{2+}(无色)、Sc^{3+}(无色)、Ti^{4+}(无色)
1	Cu^{2+}(蓝色)、Ti^{3+}(紫色)
2	Ni^{2+}(绿色)
3	Cr^{3+}(蓝紫)、Co^{2+}(粉红)
4	Fe^{2+}(淡绿)
5	Mn^{2+}(淡红)、Fe^{3+}(淡紫)

注：1. Fe^{2+}、Mn^{2+} 的稀溶液几乎是无色的；
　　2. Fe^{3+} 在溶液中由于水解等原因，常呈黄色或黄褐色。

某些含氧酸根离子也是有颜色的，如 VO_4^{3-}(淡黄)、CrO_4^{2-}(黄)、MnO_4^-(紫红)等。它们的颜色可能与其中的过渡元素具有高氧化数，因而具有较强的极化能力有关。

综上所述，过渡元素的许多特性都是与其未充满的 d 轨道中的电子有关。所以有人说，过渡元素的化学就是 d 电子的化学。

 神奇的液态金属

第二节　几种重要的金属元素及其重要化合物
(Some Important Metallic Elements and Compounds)

一、钛及其重要化合物

钛属于稀有金属，就地球中的丰度而言，在金属元素中仅次于 Al、Fe、Mg，居第四位，但钛在自然界的存在极为分散且冶炼比较困难。钛是德国科学家克拉普罗特(M. H. Klaproth)于 1795 年命名的，但是直到 1910 年才被美国化学家亨特(M. A. Hunter)第一次制得纯度达 99.9% 的金属钛。

钛具有银白色光泽，外观与钢相似，其主要特点是密度小，强度大，熔点高(1675℃)。与钢相比，它的密度($4.5\,g\cdot cm^{-3}$)只相当于钢的 57%，而强度却相近。钛具有良好的可塑性，钛的韧性超过铁的两倍。

钛是一种非常活泼的金属，高温下可与周期表中许多元素发生化合反应，特别是对氧的亲和力非常大。利用钛与氧和氮的化学亲和力非常强的特点，可以在炼钢过程中用钛作脱氧剂和脱氮剂，从钢中彻底清除氧、氮杂质，使钢的结构致密化并提高钢的机械性能。钛粉在电子工业上作吸收剂，能使电子管内达到高度真空。

在常温或低温下钛是钝化的。钛在含氧环境中易形成一致密氧化物薄层，在常温下这种薄膜不与绝大多数的强酸(包括王水)或强碱发生反应，因而钛具有优异的耐腐蚀性能。钛能溶

于热的浓盐酸或浓硫酸，反应生成 Ti^{3+}：

$$2Ti+6HCl(浓，热) \longrightarrow 2TiCl_3+3H_2$$

钛在医学上有着奇妙的"亲生物性"：在骨骼损坏了的地方，用钛片和钛螺丝钉钉好，过几个月骨头就会重新长在钛片的小孔和钛螺丝钉的螺纹里，新的肌肉纤维便包在钛的薄片上，这种钛"骨头"犹如真的骨头一样。因此，钛被称为"亲生物金属"。

钛的化合物中，比较重要的有二氧化钛(TiO_2)、四氯化钛等。二氧化钛有三种晶型，最常见的是金红石型。无水二氧化钛是白色粉末状，不溶于水也不溶于稀酸，但能溶于氢氟酸和热的浓硫酸：

$$TiO_2+6HF \longrightarrow H_2TiF_6+2H_2O$$

纯净的 TiO_2 又称钛白粉，是极好的白色颜料，具有折射率高、着色力强、遮盖能力大、化学稳定、无毒等优点，是制备高级涂料和白色橡胶的重要原料，也是造纸工业的消光剂。

此外，二氧化钛还可以作为光催化剂或新型太阳能电池的主要材料。当二氧化钛受到太阳光或荧光灯的紫外线照射后，会在内部产生电子和空穴。若电子被空气或是水中的氧捕获，将生成过氧化氢；空穴则朝着氧化物表面水分子的方向移动而产生羟基，这些都是具有较强氧化能力的活性氧，能够分解、清除附着在二氧化钛表面的各种有机物。由于自身不分解，且光源易得，二氧化钛光催化剂是一种环境友好的催化剂，在防污、水处理、排气净化等环境保护方面有广泛的应用。

四氯化钛是钛的重要卤化物之一，是制备金属钛和钛化合物的原料。常温下，四氯化钛是一种无色挥发性液体，有刺激性气味。四氯化钛极易水解，在空气中即会冒白烟：

$$TiCl_4+2H_2O \longrightarrow TiO_2+4HCl$$

利用这种水解性，四氯化钛可以用来制造烟幕弹。

二、铬及其重要化合物

铬是高熔点、高沸点、高硬度的重金属，呈灰白色，其硬度在金属中是最大的。在室温下，铬的化学性质稳定，即使在潮湿空气中也不会被腐蚀，依然能保持光亮的金属光泽，因而常用于活泼金属的防腐处理。铬是不锈钢获得耐蚀性的基本元素。铬的化合物中，氧化数为+3 和+6 的化合物最为重要。

氧化铬 Cr_2O_3 是绿色的难溶物质，是冶炼铬的原料。由于氧化铬呈绿色，常用作颜料，俗称铬绿(chrome green)，也用来使玻璃和瓷器着色。

三氧化铬 CrO_3(铬酐)是铬的重要化合物，电镀铬时用它与 H_2SO_4 配成电镀液。CrO_3 具有强氧化性，遇乙醇等易燃有机物，立即着火燃烧，本身还原为 Cr_2O_3。

铬酸钾 K_2CrO_4 呈黄色。当往 K_2CrO_4 溶液中加入酸呈酸性时，溶液的颜色由黄色转变为橙红色。这是因为溶液中存在下列平衡：

$$2CrO_4^{2-} + 2H^+ \rightleftharpoons 2HCrO_4^- \rightleftharpoons Cr_2O_7^{2-} + H_2O$$

$$\text{(黄色)} \qquad\qquad\qquad \text{(橙红色)}$$

$K_2Cr_2O_7$ 俗称红矾钾，是易溶的橙红色晶体，其溶解度随温度升高而增加很快。$Cr_2O_7^{2-}$ 在酸性溶液中氧化性很强，是常用的氧化剂，其还原产物为 Cr^{3+}：

$$Cr_2O_7^{2-} + 14H^+ + 6e^- \rightleftharpoons 2Cr^{3+} + 7H_2O \qquad E^{\ominus}(Cr_2O_7^{2-}/Cr^{3+})=1.232V$$

在碱性介质中，CrO_4^{2-} 的氧化性很弱：

$$CrO_4^{2-} + 2H_2O + 3e^- \rightleftharpoons CrO_2^- + 4OH^- \qquad E^{\ominus}(CrO_4^{2-}/CrO_2^-)= -0.12V$$

根据 $Cr_2O_7^{2-}$ 的氧化性，可用来监测司机是否是酒后开车：

$$2Cr_2O_7^{2-} + 3C_2H_5OH + 16H^+ \longrightarrow 3CH_3COOH + 4Cr^{3+} + 11H_2O$$

(绿色)

重铬酸盐的溶解度往往比铬酸盐的大，所以向 $Cr_2O_7^{2-}$ 的溶液中加入 Ag^+、Ba^{2+}、Pb^{2+} 时，分别生成 Ag_2CrO_4(砖红色)、$BaCrO_4$(淡黄色)、$PbCrO_4$(黄色)沉淀。例如：

$$4Ag^+ + Cr_2O_7^{2-} + H_2O \longrightarrow 2Ag_2CrO_4(s) + 2H^+$$

若要检验 Cr(Ⅵ)的存在，只要在酸性介质中加入双氧水 H_2O_2，有蓝色过氧化铬生成就表示有 Cr(Ⅵ)的存在：

$$H_2Cr_2O_7 + 4H_2O_2 \longrightarrow 2CrO_5 + 5H_2O$$

但产物不稳定，蓝色会因发生如下反应而很快消失：

$$4CrO_5 + 12H^+ \longrightarrow 4Cr^{3+} + 7O_2 + 6H_2O$$

因此，需同时加入乙醚。在乙醚中蓝色物质稳定，这是形成配合物的缘故，其结构式为

铬及其化合物有毒，特别是 Cr(Ⅵ)，因其氧化性而毒性更大，有致癌作用。国家规定排放的废水中铬(Ⅵ)的最大允许浓度为 $0.5mg \cdot dm^{-3}$。因此含铬废水必须经过处理才能排放。

重铬酸盐广泛用于鞣革、印染、颜料、电镀和火柴的制造以及钢铁表面的钝化。

三、锰及其重要化合物

锰是银白色的金属，很像铁，但比铁软一些。如果锰中含有少量的杂质——碳或硅，便变得非常坚硬而且很脆。纯锰是通过铝热反应用铝和 MnO_2 或 Mn_3O_4 来制备。纯锰的用途并不太广，因为它比铁还易氧化，在潮湿的空气中很快变得灰蒙蒙的，失去了光泽。锰最重要的用途是制造合金——锰钢。

锰钢的性质十分古怪而有趣：如果在钢中加入 2.5%～3.5% 的锰，那么所制得的低锰钢脆得像玻璃，一敲就碎。然而，如果加入 13% 以上的锰，制成高锰钢，那么就变得既坚硬又富有韧性，能抗冲击并耐磨损，用于制造钢轨、粉碎机和拖拉机履带、球磨机的钢球等。

锰具有多种氧化数，其化合物中应用最广的是高锰酸钾 $KMnO_4$。

$KMnO_4$ 是易溶的暗紫色晶体，对热不稳定，200℃ 以上即可以分解：

$$2KMnO_4 \xrightarrow{\triangle} K_2MnO_4 + MnO_2 + O_2(g)$$

高锰酸钾溶液(紫红色)在酸性介质中也会缓慢分解：

$$4KMnO_4 + 2H_2SO_4 \longrightarrow 4MnO_2(s) + 2H_2O + 3O_2(g) + 2K_2SO_4$$

光照能促进分解，因此高锰酸钾溶液应装在棕色瓶中。

$KMnO_4$ 是强氧化剂，但介质的酸碱度不同对其氧化性和还原产物的影响很大。相关的半

反应和电极电势如下：

酸性介质

$$MnO_4^- + 8H^+ + 5e^- \Longrightarrow Mn^{2+} + 4H_2O \qquad E^\ominus (MnO_4^-/Mn^{2+}) = 1.507V$$

(浅粉色或无色)

中性或弱碱性介质

$$MnO_4^- + 2H_2O + 3e^- \Longrightarrow MnO_2(s) + 4OH^- \qquad E^\ominus (MnO_4^-/MnO_2) = 0.595V$$

(棕色)

碱性介质

$$MnO_4^- + e^- \Longrightarrow MnO_4^{2-} \qquad E^\ominus (MnO_4^-/MnO_4^{2-}) = 0.558V$$

(绿色)

在医药上，高锰酸钾的稀溶液常用作消毒、杀菌剂、毒气吸收剂。工业上用作纤维漂白、油脂脱色等。

四、稀土元素

周期系 57 号元素的位置上，即从镧到 71 号镥，称为镧系元素(lanthanide elements)，用 Ln 表示。ⅢB 族的钪、钇和镧系元素性质非常相似，而且在矿物中也常常共生，因而把这 17 种元素统称为稀土元素(rare-earth elements)，用 RE 表示。18 世纪时人们把不与水作用的氧化物称为"土"，稀土元素的氧化物是不溶于水的。当时知道的这些元素在地球上的丰度很小，因而称它们为"稀土"。现在，已知许多稀土元素的丰度并不小，只是稀土元素的分布比较分散，而且常常与其他成分混生，分离和提炼都很困难，因此人们较晚认识并应用它们。

我国的稀土资源极为丰富，分布广，品种全，类型多，目前约占世界总储量的 1/3。我国稀土产量居世界首位，近年来我国对稀土的研究和应用也占领先地位。

1. 稀土元素的通性

稀土元素原子的外层电子构型中，除ⅢB 族的钪、钇、镧外，最后增加的电子被填充在屏蔽效应较大的 4f 亚层中(钆的新增电子进入 5d 以保持 4f 的半充满)，因此，随着原子序数增加，有效核电荷数增加缓慢，最外层电子受核的引力只能缓慢增加，导致原子半径和离子半径虽呈减小的趋势，但减小的幅度很小，从镧到镥 15 个元素，原子半径共减小约 14pm，这个现象称为镧系收缩(lanthanide contraction)。镧系收缩的结果导致镧系各元素之间的原子半径非常相近，性质相似，分离困难。同时，镧系后面的各过渡元素的半径都相应地缩小，使得第三过渡系的原子半径与第二过渡系的同族原子半径相近，如 Zr 与 Hf、Nb 与 Ta、Mo 与 W 等在性质上极为相似，难以分离。

稀土元素属典型的金属，其单质呈银白色，软而有延展性。稀土元素室温下便可与空气反应而生成稳定的氧化物。但是氧化膜不致密，没有保护作用，所以需要把稀土金属保存在煤油里。

稀土元素都具有非常活泼的化学性质，无论在酸性还是碱性介质中都是强还原剂。稀土元素的电极电势相当于金属镁，其活泼程度由钪、钇、镧递增，其中镧、铈、镨最活泼，然后按镨、钕、钐至镥递减。它们与水作用产生氢，与酸发生强烈反应，但与碱不发生作用。稀土元素的氢氧化物都具有碱性，与碱土金属的氢氧化物相似，$Ln(OH)_3$ 也是难溶的，溶解度比碱土金属小得多。与 $Ca(OH)_2$ 类似，$Ln(OH)_3$ 的溶解度随温度的升高而降低。稀土元素的硝酸盐、硫酸盐、溴酸盐及氯化物皆易溶于水，而草酸盐、碳酸盐、氟化物是难溶的。其中草酸盐在水中的溶解度依 La 到 Lu 顺次降低，而在硫酸中的溶解度却依次增大。这种特性可用于稀土元素的分离。

　　稀土元素一般以+3 氧化数比较稳定，这反映了ⅢB 族元素的特点。由于 4f 亚层保持或接近全满、半满、全空的构型是稳定的，所以部分镧系元素也有+2、+4 氧化数。镧系元素的 Ln^{3+} 在水溶液中大多数是有颜色的，这是由未充满的电子 f-f 跃迁引起的，这与它们的 4f 轨道中的电子数有关(表 5-3)。当水合离子中没有未成对 4f 电子时(如 La^{3+}、Lu^{3+})是无色的，当离子中 4f 电子数接近全空(1 个电子)、接近半满(6、8 个电子)或接近全充满(13 个电子)时，水合离子也是无色或近于无色的。这是因为上述状态的 4f 亚层较为稳定，其中的电子难以被可见光激发。但在其他结构状态时，4f 电子能被可见光激发而跃迁，吸收相应波长的光而呈现出与所吸收光互补的颜色来。具有 f^x 和 f^{14-x} 构型的离子中，未成对电子数相同，其水合离子的颜色也相同或相近，所以从 La^{3+} 到 Gd^{3+} 颜色变化规律又在 Gd^{3+} 到 Lu^{3+} 中重现。

表 5-3　镧系元素 Ln^{3+} 水合离子的颜色

离子	颜色	离子
$La^{3+}(4f^0)$	无色	$Lu^{3+}(4f^{14})$
$Ce^{3+}(4f^1)$	无色	$Yb^{3+}(4f^{13})$
$Pr^{3+}(4f^2)$	绿	$Tm^{3+}(4f^{12})$
$Nd^{3+}(4f^3)$	浅红	$Er^{3+}(4f^{11})$
$Pm^{3+}(4f^4)$	浅红黄	$Ho^{3+}(4f^{10})$
$Sm^{3+}(4f^5)$	黄	$Dy^{3+}(4f^9)$
$Eu^{3+}(4f^6)$	极浅粉红	$Tb^{3+}(4f^8)$
$Gd^{3+}(4f^7)$	无色	$Gd^{3+}(4f^7)$

2. 稀土元素的应用

　　稀土元素因其独特的性能，已在各个领域获得广泛应用。不过工业上使用的大都是多种稀土的合金，称为混合稀土(rare earth mischmetal)。只有特殊需要时，才使用纯的单一的稀土金属。

　　稀土元素极易与氢、氧、氮、硫作用，生成相应的稳定化合物。因此，在冶金工业上，常用稀土金属或其合金脱氧、脱硫、脱氢。微量稀土元素可以大大改善合金的性质，因此被称为冶金工业的"维生素"。

　　稀土金属及其合金对氢气的吸收能力很强，如 1kg $LaNi_5$ 在室温和 2.551 05Pa 条件下可吸收 15g 氢气。吸收和放出氢气的反应是可逆的，速度很快，因此可以作为储氢材料。

　　稀土用作石油裂化工业中的稀土分子筛裂化催化剂，特点是活性高、选择性好、汽油的生产率高。稀土也是汽车尾气净化催化剂的主要原料，稀土取代部分贵金属，以助催化剂的形式增加催化活性，提高催化效果，并降低汽车尾气净化催化剂的成本。

　　在陶瓷工业，稀土主要作用是陶瓷烧结添加剂、稳定剂以及色釉添加剂。稀土添加剂可以显著改进陶瓷的强度、韧性，降低其烧结温度，降低制备成本。镧系元素具有独特的 f 轨道电子结构，并且电子可以在 f 轨道进行跃迁，进而产生对光的吸收和发射，因此，稀土在陶瓷方面的另一重要应用是可作为陶瓷色釉料的着色剂、助色剂、变色剂，用于改进陶瓷色釉料性质。稀土元素中铈、镨、钕、钇、铒等氧化物，用于陶瓷着色颜料中，具有色彩鲜艳、稳定性好、耐高温性能好、遮盖力强、呈色富有变化等特点。

在玻璃工业，稀土主要应用于玻璃着色、玻璃脱色和制备特种性能的玻璃。用于玻璃着色的稀土氧化物有钕(粉红色并带有紫色光泽)、镨(玻璃为绿色，制造滤光片)等的氧化物；二氧化铈可将玻璃中呈黄绿色的二价铁氧化为三价而脱色。

稀土金属具有较强的顺磁性，是制造永磁材料的主要原料，其磁性是普通永磁体的 $4 \sim 10$ 倍。例如，我国研制的钕铁硼永磁材料，被誉为"永磁王"。

发光材料是稀土应用的一个重要方面，由于 4f 电子在不同能级之间跃迁，稀土离子可以吸收或发射从紫外到红外区的各种波长的光而形成多种多样的发光材料。稀土发光材料已广泛应用于节能灯、白光 LED 灯、夜光应急光源、高清平板显示器等领域，成为节能照明、信息显示等领域的支撑材料之一。

五、合金材料

一般说来，纯金属都具有良好的塑性、较高的导电性和导热性，但它们的机械性能如强度、硬度等不能满足工程上对材料的要求，而且价格较高。因此，在工程技术上使用最多的金属材料是合金。合金(alloy)是由一种金属与另一种或几种其他金属或非金属熔合在一起形成的具有金属特性的物质。

1. 合金的结构和类型

合金的结构比纯金属要复杂得多，根据合金中组成元素之间的相互作用情况，一般可分为三种结构类型。

1) 混合物合金

混合物合金(mixture alloy)是两种或多种金属的机械混合物，此种混合物中组分金属在熔融状态时可完全或部分互溶，而在凝固时各组分金属又分别独自结晶出来。显微镜下可观察到各组分的晶体或它们的混合晶体。混合物合金的导电、导热等性质与组分金属的性质有很大不同。例如，纯锡熔点是 $232\,℃$，纯铅熔点是 $327.5\,℃$，含锡 63%的锡铅合金(通常用的焊锡)的熔点只有 $181\,℃$。

2) 固溶体合金

两种或多种金属不仅在熔融时能够互相溶解，而且在凝固时也能保持互溶状态的固态溶液称为固溶体合金(solid solution alloy)。固溶体合金是一种均匀的组织，其中含量多的金属称为溶剂金属，含量少的金属称为溶质金属。固溶体保持着溶剂金属的晶格类型，溶质金属可以有限地或无限地分布在溶剂金属的晶格中。

3) 金属化合物合金

当两种金属元素原子的外层电子结构、电负性和原子半径差别较大时，所形成的金属化合物(金属互化物)称为金属化合物合金(intermetallic alloy)。金属化合物的晶格不同于原来的金属晶格。通常分为两类：正常价化合物和电子化合物。

正常价化合物是金属原子间通过化学键形成的，其成分固定，符合氧化数规则。例如，Mg_2Pb、Na_3Sb 等属于这类合金。这类合金的化学键介于离子键和金属键之间，导热性和导电性比纯金属低，而熔点和硬度比纯金属高。

大多数金属化合物属于电子化合物。这类化合物以金属键相结合，其成分在一定范围内变化，不符合氧化数规则。

2. 新型合金材料

随着科学技术的发展，工程技术对材料的要求不断提高，已由最初的铜、铁的合金日益开发了许多新品种、新特性的合金。这里介绍其中几种重要的合金材料。

1) 轻质合金

轻质合金(light alloy)是以轻金属为主要成分的合金材料。常用的轻金属有镁、铝、钛及锂、铍等。

铝合金 纯铝的导电性较好，大量用于电气工业。但纯铝的强度、硬度和耐磨性能较差，如果在铝中加入少量其他元素，其机械性能可以大大改善。铝合金密度小、强度高，是轻型结构材料。例如，铝锂合金具有高比强度(断裂强度/密度)、高比刚度且相对密度小的特点，如用作现代飞机蒙皮材料，一架大型客机可减轻 50kg。

经过热处理使强度大为提高的铝合金称为硬铝合金(duralumin alloy)。常见的如 Al-Cu-Mg 合金。根据合金元素的含量，硬铝合金也有不同类型。增加铜和镁的含量可提高合金的强度，但铜含量的增加会降低合金的抗蚀性。加入少量锰能提高合金的耐热性，还可降低合金在焊接时形成裂纹的倾向。硬铝制品的强度和钢相近，而质量仅为钢的 1/4 左右，因此在飞机、汽车等制造方面获得了广泛的应用。但硬铝的耐蚀性较差，在海水中易发生晶间腐蚀，不宜用于造船工业。

钛合金 钛合金比铝合金密度大，但强度高，几乎是铝合金的 5 倍。经热处理，它的强度可与高强度钢媲美，但密度仅为钢的 57%。例如，用钛合金制造的汽车车身，其质量仅为钢制车身的一半，Ti-13V-11Cr-4Al(含 13%V，11%Cr，4%Al 的钛合金)的强度是一般结构钢的 4 倍。"钛飞机"可以减轻机体质量 5 吨，多载乘客 100 多名。在新型喷气发动机中，钛合金已占整个发动机质量的 18%～25%；在最新出现的超音速飞机上，钛合金的使用量几乎占到整个机体结构总质量的 95%，可以说，如果没有钛合金就很难发展目前的超音速飞机。因此，钛合金有"航空金属"(aerial metal)之称。

2) 记忆合金

记忆合金是 19 世纪 70 年代发展起来的一种新型金属材料。它具有"记忆"自己形状的本领。某种合金在一定外力作用下其几何形态(形状和体积)会发生改变，如果让它的温度达到某一范围，它又能够完全恢复到变形前的几何形态，这种现象称为形状记忆效应。具有形状记忆效应的合金称为形状记忆合金(shape memory alloy)，简称记忆合金。

记忆合金的这种在某一温度下能发生形状变化的特性，是由于这类合金存在着一对可逆转变的晶体结构。例如，含 Ti、Ni 各 50%的记忆合金，有菱形和立方体两种晶体结构。两种晶体结构之间有一个转化温度。高于这一温度时，会由菱形结构转变为立方结构，低于这一转变温度时，则向相反方向转变。晶体结构类型的改变导致了材料形状的改变。

到目前为止，形状记忆合金已经有几十种，应用较为广泛的主要有 Ni-Ti 基、Cu 基和 Fe 基三种。在这三大类中，根据不同的要求和工作环境，分别在基体中加入和调整一些合金元素的含量，使得每一大类都有一系列合金被开发出来。形状记忆合金具有许多优异的性能，已广泛应用于航空航天、机械电子、生物医疗、桥梁建筑、汽车工业及日常生活等多个领域。

3) 储氢合金

所谓储氢合金就是两种特定金属的合金：一种金属可以大量吸进 H_2，形成稳定的氢化物；而另一种金属与氢的亲和力小，使氢很容易在其中移动。前一种金属控制 H_2 的吸藏量，而后一种金属(如 Fe、Co、Ni、Cr、Cu 和 Zn 等)控制吸收氢气的可逆性。稀土金属是前一种的代表。

储氢合金能够像人类呼吸空气那样，大量的"呼吸" H_2，是开发利用氢能源(见第八章第四节)、分离精制高纯氢的理想材料。

 高模量异相金属自修复

第三节　金属材料的化学与电化学加工
(Chemical and Electrochemical Proceeding of Metallic Materials)

本节所述的加工方法只涉及以氧化还原反应和电化学过程为基础的处理方法。这些方法可以实现表面改性、涂饰以及赋予表面一些特殊功能，也可以完成机械加工方法难以完成的特殊成形加工。

一、化学镀

化学镀(chemical plating)是指使用合适的还原剂，使镀液中的金属离子还原成金属而沉积在镀件表面上的一种镀覆工艺。最早的银镜镀就是用葡萄糖或甲醛还原 Ag^+ 而获得的。选用不同的还原剂可获得 Ni、Cu、Au、Ag、Pd 等各种镀层。

化学镀的优点是不需通电，仅利用化学反应即可在不规则表面上沉积厚度、质量均一的镀层，也可进行局部施镀。因此这种方法现已广泛用于钢、铜、铝、塑料、陶瓷等许多材料的电镀打底、装饰和防护等。

在非金属表面进行化学镀的步骤大体如下：

(1) 表面处理。用有机溶剂、碱液清除镀件表面污垢，用酸与强氧化剂作用使表面粗化，以增大接触面积与亲水性；再投入敏化剂($SnCl_2$ 或 $TiCl_3$ 溶液)中以吸附一层易氧化的还原性物质(如 $SnCl_2$)，然后浸入含有氧化剂($AgNO_3$、$PdCl_2$、$AuCl_3$ 等)的溶液中使敏化剂被氧化，在镀件表面形成一层有催化活性的金属膜，这一步骤称为活化。活化处理的反应为

$$Sn^{2+}+2Ag^+ \longrightarrow Sn^{4+}+2Ag$$

析出的金属微粒具有催化活性，它既是化学镀的催化剂，又是结晶核心。

(2) 镀覆金属层。经上述处理过的镀件置于含 Ni^{2+}、还原剂、配合剂、缓冲剂和稳定剂的镀液中，使其发生催化还原而连续沉积出金属。

化学镀形成的镀层一般较薄，厚度为 $0.05\sim0.2\mu m$，尚不能满足防腐要求，因此必须再采用电镀方法进行加厚。

二、化学蚀刻

腐蚀会给人类带来损失，但也可被人类利用。工程技术中常利用腐蚀原理进行材料加工。

化学蚀刻(chemical etching)又称化学落料或化学铣切,就是利用腐蚀原理进行金属定域"切削"的加工方法。零件经去油除锈后,常将氯丁橡胶或聚乙烯醇等溶液涂在不需要腐蚀部分的表面,固化后形成耐蚀胶膜的高分子包覆层。再用特殊的刻划刀将准备腐蚀加工处的耐蚀层去掉,浸入蚀刻液中,将未包裹部分腐蚀掉,以达到挖槽、开孔等定域加工的目的,其原理如图 5-4 所示。按照零件要求(腐蚀深度)和金属在蚀刻液中的腐蚀速率确定腐蚀时间。蚀刻液要定期检查、及时调整。腐蚀加工完毕,就可去掉防蚀层。

化学蚀刻不仅适于难切削的不锈钢、钛合金、铜合金等,而且更广泛应用于印刷电路的铜布线腐蚀和半导体器件与集成电路制造中的精细加工,如刻铝引线、照相制版工艺的铬版腐蚀,Si、Ge 等的腐蚀。蚀刻液随加工材料而定,可查有关手册。

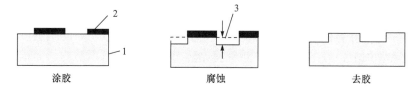

图 5-4　化学蚀刻原理示意图

1. 被加工零件；2. 耐蚀焦膜；3. 腐蚀深度

三、电镀与电铸

电镀是利用电解的方法将金属沉积于导体(如金属)或非导体(如塑料、陶瓷、玻璃钢等)表面,从而提高其耐磨性,增加其导电性,并使其具有防腐蚀和装饰功能。

电镀时,将被镀的制品接在阴极上,要镀的金属接在阳极上。电解液是用含有与阳极金属相同离子的溶液。通电后,阳极逐渐溶解成金属正离子,溶液中有相等数目的金属离子在阴极上获得电子随即在被镀制品的表面上析出,形成金属镀层。对于非导体制品的表面,需经过适当的处理(用石墨、导电漆、化学镀处理,或经气相涂层处理),使其形成导电层后,才能进行电镀。

电铸(electroform)是利用金属的电解沉积原理来精确复制某些复杂或特殊形状工件的特种加工方法。它是电镀的特殊应用,二者的根本区别是镀层的厚度不同。电铸镀层厚度为 0.05～5mm,比一般电镀层(0.01～0.05mm)厚得多。电镀要求镀层薄而致密,以达到保护、防腐和装饰作用。电铸则要求在阴极模具表面有较厚的沉积。这样,镀层本身强度高,而与模具的黏着力较小,能把镀层完整地剥离。

电铸加工的原理如图 5-5 所示,用电铸材料(如紫铜、镍或铁)作阳极,用导电的原模(石膏、石蜡、环氧树脂、低熔合金、铝、不锈钢等)作阴极,用电铸金属的盐溶液(如铸铜时用 $CuSO_4$)作电铸液。在直流电源作用下,金属在原模上析出直至达到预定厚度。镀层与原模分离即可得与原模凸凹相反的电铸件。分离方法常有化学溶解、加热熔化、机械剥离等。

对于机械加工困难或费用太高的部件,以及当制品

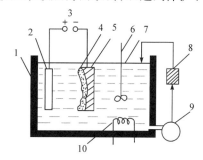

图 5-5　电铸原理图

1. 电铸槽；2. 阳极；3. 直流电源；4. 电铸层；
5. 原模(阴极)；6. 搅拌器；7. 电铸液；
8. 过滤器；9. 泵；10. 加热器

形状复杂并且尺寸精度要求很高、需精密地重现微细表面模纹时，用电铸方法比较适宜。所以电铸常用于复制模具、工艺品和加工高精度空心零件、薄壁零件及导管。如果阴极表面粗糙度小，电铸还可制作镜面。

电铸所用原模均需事先进行表面处理。若是金属材料，一般须经钝化处理；若是非金属材料，则可用化学镀、涂石墨等作导电化处理。

四、化学抛光与电解抛光

化学抛光(chemical polishing)与电解抛光(electrolytic polishing)都是一种依靠优先溶解材料表面微小凸凹中的凸出部位的作用，使材料表面平滑和光泽化的加工方法。不同的只是化学抛光是依靠纯化学作用与微电池的腐蚀作用；电解抛光则是借助外电源的电解作用。电解抛光通过对电压、电流等易控制的量，对抛光实行质量控制，所以产品的质量一般较化学抛光优异。缺点是需要用电，设备较复杂，且对复杂零件因电流分布不易均匀而难以抛匀。下面以电解抛光为例简述其抛光原理。

将工件作阳极，选择在溶液中不溶解且电阻小的材料(如铅、铜、石墨、不锈钢等)作阴极。

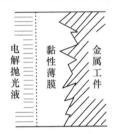

图 5-6   电解抛光薄膜形成示意图

当通电流时，阳极附近随金属溶解生成一种黏性薄膜(图 5-6)，这层盐膜导电不良，使金属表面处于钝态。但工件凸处薄膜较薄，凹处的薄膜较厚，因此凸处的电阻较凹处小；同时凸处与抛光中心的金属离子浓度差较大，使金属离子向中心处的扩散速率比凹处大。这样，阳极在通电情况下就发生了选择性的溶解。显然，阳极凸处的溶解速率将大于凹处，从而起到平整工件表面的作用。

与利用研磨作用的机械抛光相比，化学抛光与电解抛光最大的优越性是抛光面不产生变质、变形，且因生成耐蚀的钝化膜而使光泽持久，适合形状复杂与细微的零件。

五、电解加工

电解加工(electrolysis proceeding)是利用金属在电解液中可以发生阳极溶解的原理，将工件加工成型的一种技术。

电解加工的装置如图 5-7 所示。电解加工时，将工件电极作阳极，模件(工具)作阴极。两极间保持很小的间隙(0.1～1mm)，使高速流动的电解液从中通过，以输送电解液和及时带走电解产物。加工开始时，由于工件与模具具有不同的形状，因此，工件的不同部位有着不同的电流密度。阴极和阳极之间距离最近的地方，电阻最小，电流密度最大，所以在此处溶解最快。随着溶解的进行，阴极不断向阳极自动推进，阴极和阳极各部位之间的距离差别逐渐缩小，直到间隙相等，电流密度均匀，此时工件表面形状与模件的工作表面完全吻合。

电解加工的电极反应为

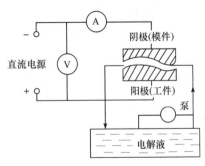

图 5-7   电解加工示意图

阳极：$Fe-2e^- \longrightarrow Fe^{2+}$

阴极：$2H_2O+2e^- \longrightarrow H_2+2OH^-$

阳极溶解产物 Fe^{2+} 与溶液中 OH^- 结合生成的 $Fe(OH)_2$，进一步被溶解于电解液中的氧气氧化而生成 $Fe(OH)_3$ 沉淀并被高速流动的电解液冲走。

　　电解加工的范围很广，能加工特硬、特脆、特韧的金属或合金以及复杂形面的工件，加工表面的光洁度较好，工具阴极几乎没有消耗。但这种方法的精度只能满足一般要求，加工后的零件有磁性，需经退磁处理。模件阴极必须根据工件需要设计成专门形状。

 探访研究材料的科研机构

思考题与习题

一、是非题

1. 铝、铬金属表面的氧化膜具有连续结构并有高度热稳定性，故可作耐高温的合金元素。　　　（　　）

2. 在 $\Delta_r G_m^{\ominus}\text{-}T$ 图中，直线位置越低，$\Delta_r G_m^{\ominus}$ 值越负，则反应速率越快。　　　（　　）

3. Mg 是活泼金属，但由于常温下不与冷水反应，所以不容易腐蚀。　　　（　　）

4. Na 与 H_2O 反应时，水是氧化剂。　　　（　　）

5. 298K 时，钛可与氧、氮、硫、氯等非金属生成稳定化合物，故在炼钢时加入钛以除去这些杂质。

　　　（　　）

6. 某溶液中可同时含有 Na^+、$[Al(OH)_4]^-$ 和 $Cr_2O_7^{2-}$。　　　（　　）

7. MnO_4^- 的还原产物只与还原剂有关。　　　（　　）

8. 反应 $Zn(s)+Cu^{2+}(aq) \longrightarrow Zn^{2+}(aq)+Cu(s)$ 的发生可用电离能说明。　　　（　　）

二、选择题

9. 下列元素在常温时不能与氧气空气作用的是　　　（　　）

A. Li　　　　　　　B. Sn　　　　　　　C. Sc　　　　　　　D. Mn

10. 常温下，在水中能稳定存在的金属是　　　（　　）

A. Ce　　　　　　　B. Ca　　　　　　　C. Cr　　　　　　　D. Ni

11. 下列金属中，能与水蒸气作用生成相应氧化物的是　　　（　　）

A. Ba　　　　　　　B. Fe　　　　　　　C. Hg　　　　　　　D. Pb

12. 过渡元素的下列性质中错误的是　　　（　　）

A. 过渡元素的水合离子都有颜色　　　　B. 过渡元素的离子易形成配离子

C. 过渡元素有可变的氧化数　　　　　　D. 过渡元素的价电子包括 ns 和 $(n-1)d$ 电子

13. 第一过渡系元素的单质比第二、第三过渡系活泼，是因为　　　（　　）

A. 第一过渡系元素原子半径比第二、第三过渡系小

B. 第二、第三过渡元素的单质的外层电子数比第一过渡系多

C. 第一过渡系元素的离子最外层 d 轨道屏蔽作用比第二、第三过渡系的小

D. 第二、第三过渡系比第一过渡系的核电荷增加较多，且半径相近

14. 易于形成配离子的金属元素位于周期系中的　　　（　　）

A. p 区　　　　　　B. s 区和 p 区　　　　C. s 区和 f 区　　　D. d 区和 ds 区

15. 钢铁厂炼钢时，在钢水中加入少量钛铁，是因为　　　（　　）

A. 钛铁可除去钢中的非金属杂质　　　　B. 钛铁具有抗腐蚀性

C. 钛铁密度小　　　　　　　　　　　　D. 钛铁机械强度大

16. 在酸性溶液中，下列各对物质能共存的是　　　　　　　　　　　　　　　（　　）

A. SO_3^{2-}、MnO_4^-　　　　　　　　　　　B. CrO_2^-、Sc^{3+}

C. MnO_4^-、$Cr_2O_7^{2-}$　　　　　　　　　　D. CrO_3、C_2H_5OH

17. 储氢合金是两种特定金属的合金，其中一种可大量吸进氢气的金属是　　　（　　）

A. s 区金属　　　　B. d 区金属　　　　C. ds 区金属　　　　D. 稀土金属

18. 需要保存在煤油中的金属是　　　　　　　　　　　　　　　　　　　　　（　　）

A. Ce　　　　　　B. Ca　　　　　　C. Al　　　　　　D. Hg

三、填空题

19. 根据 $\Delta_r G_m^{\ominus}$-T 图，分别写出有关 Mg、Al 与它们的氧化物间能自发进行的置换反应的方程式。1273K 时：_____；1733K 时：_____。

20. 根据 $\Delta_r G_m^{\ominus}$-T 图，碳的还原性强弱与温度的关系是_____，在 1273K 时 C、Mg、Al 的还原能力由强到弱的顺序是_____；在 2273K 时，Mg_____(能/不能)还原 Al_2O_3。

21. 金属与水作用的难易程度与金属的_____和_____有关，所以在金属 Ca、Co、Cr 中_____可以与 H_2O 反应。

22. 下列物质的化学式：金红石_____、铬绿_____、红矾钾_____。

23. 在 Mg^{2+}、Cr^{3+}、Mn^{2+}、Ca^{2+} 的混合溶液中加入过量氨水后，溶液中存在有_____离子，沉淀中有_____。

24. 写出下列离子或分子的颜色：MnO_4^{2-}_____，Cr^{3+}_____，TiO_2(金红石)_____，Mn^{2+}_____，$K_2Cr_2O_7$_____，K_2CrO_4_____。

25. 填表：

单质特性	化学符号	原子外层电子结构式
最硬的金属		
熔点最低的金属		
导电性最好的金属		
熔点最高的金属		
密度最大的金属		

26. 镧系元素的原子半径和三价离子半径随_____的增加而逐渐_____的现象，称为_____。

27. 稀土元素一般以_____氧化数比较稳定，这反映了_____族元素的特点。

28. 储氢合金中，一种金属能_____，另一种金属与_____，第一种金属的作用是_____，第二种金属的作用是_____。

四、问答题

29. 对于金属的还原性，有以下几种排序方法：(1) 金属电极电势；(2) $\Delta_r G_m^{\ominus}$-T 图给出的顺序；(3) 电离能大小的排列。试指出这三种排序的意义和适用范围。

30. 根据金属铅的电极电势值，说明 Pb 为什么难溶于盐酸或稀 H_2SO_4。

第六章 非金属元素与无机非金属材料
(Nonmetals and Inorganic Nonmetallc Materials)

无机非金属材料是指除金属材料、高分子材料以外的所有材料，主要有陶瓷、玻璃、混凝土和耐火材料等传统无机非金属材料以及各种具有耐高温、耐腐蚀、高强度、多功能的新型无机非金属材料。

本章着重讨论非金属元素及其重要化合物的性质，进而讨论无机非金属材料。

第一节 非金属元素概述
(A Survey of Nonmetal)

一、周期系中的非金属元素

非金属元素共有 22 种，除 H 位于 s 区外都集中在 p 区，分别位于周期表ⅢA～ⅦA 及零族，其中砹、氡为放射性元素。

在这些非金属元素中，稀有气体具有稳定的 ns^2np^6(氦为 $1s^2$)外层电子构型，因而表现出特殊的化学稳定性。其余非金属元素的外层电子构型为 $ns^2np^{1\sim5}$(氢为 $1s^1$)。它们大多具有较强的获得或吸引电子的倾向，这可从它们具有较大的第一电离能(表 4-7)、电子亲和能(表 4-8)和电负性(表 4-9)看出。

非金属元素大多有可变的氧化数，最高正氧化数在数值上等于它们所处的族数 n。由于电负性比较大，它们还有负氧化数，其最低负氧化数的绝对值等于 $8-n$。

非金属元素的单质除硼、碳、硅为原子晶体外，大都是分子晶体。处于金属与非金属元素交界的磷、砷、硒、碲，甚至碳的单质都出现了过渡型的同素异晶现象。这种晶型的过渡也是金属性与非金属性之间存在着某种过渡的表现之一。

二、非金属元素单质的物理性质

非金属元素单质的熔、沸点与其晶体类型有关。属于原子晶体的硼、碳、硅等单质的熔、沸点都很高。分子晶体的物质熔、沸点都很低，其中一些单质常温下呈气态(如稀有气体及 F_2、Cl_2、O_2、N_2)或液态(如 Br_2)。氦是所有物质中熔点(-272.2℃)和沸点(-246.4℃)最低的。液态的 He、Ne、Ar 以及 O_2、N_2 等常用来作低温介质。例如，利用 He 可获得 0.001K 的超低温。一些呈固态的非金属单质，其熔、沸点也不高。

碳的单质金刚石(3550℃)和石墨(3652℃)的熔点是所有单质中最高的；金刚石的硬度为 10，也是所有单质中最高的。根据这种性质，金刚石被用作钻探、切割和刻痕的硬质材料。由于石墨属于层状晶体，具有良好的化学稳定性、传热导电性，在工业上用作电极、坩埚和热交换器的材料。

非金属单质一般是非导体，也有一些单质具有半导体性质，如硼、碳、硅、磷、砷、硒、碲、碘等。在单质半导体材料中以硅和锗为最好，其他如碘易升华，硼熔点高(2300℃)。磷的同素异形体中，白磷剧毒(致死量0.1g)，因而不能作为半导体材料。

三、非金属元素单质的化学性质

单质的化学性质主要取决于其组成原子的性质，特别是原子的电子层结构和原子半径，同时也与分子结构或晶体结构有关。下面主要从非金属元素单质的几种反应来讨论其化学性质。

1. 与金属的作用

氧和卤素能与大多数活泼金属直接反应，并放出大量的热。例如：

$$Mg + \frac{1}{2} O_2 \longrightarrow MgO \qquad \Delta_r H_m^{\ominus} = -601.6 kJ \cdot mol^{-1}$$

$$K + \frac{1}{2} Cl_2 \longrightarrow KCl \qquad \Delta_r H_m^{\ominus} = -436.5 kJ \cdot mol^{-1}$$

但它们在常温下不能与不活泼金属(如铂系金属 Ru、Rh、Pd、Os、Ir、Pt)反应。氯在 250℃以上才能与铂反应生成 $PtCl_2$。

像氮这样化学性质稳定的非金属单质，在高温或高压放电下"活化"后也能与许多活泼金属反应生成相应的氮化物。例如：

$$3Mg + N_2 \longrightarrow Mg_3N_2$$

$$6Li + N_2 \longrightarrow 2Li_3N$$

在这类离子型氮化物中有 N^{3-}。它们在固态时尚稳定，但遇水迅速水解生成氨及金属氢氧化物。

氢在加热时能与活泼金属反应生成离子型氢化物。例如：

$$2Li + H_2 \longrightarrow 2LiH$$

其中，氢是以 H^- 状态存在的，反应中氢与其他非金属一样有氧化性。然而，氢又可以像金属一样与非金属反应，呈现还原性。例如：

$$3H_2 + N_2 \longrightarrow 2NH_3$$

该反应要在 400~500℃和高压下，同时使用催化剂才能实现工业化。而反应：

$$H_2 + \frac{1}{2} O_2 \longrightarrow H_2O(g) \qquad \Delta_r H_m^{\ominus} = -241.8 kJ \cdot mol^{-1}$$

点燃时立即发生。工业上利用这个反应得到高达 3000℃的高温，用来焊接或切割钢板和不含碳的合金。

2. 与氧(空气)的作用

由于常温下氧气的化学性质不很活泼，所以非金属元素与氧的反应都不很明显。除白磷可在空气中自燃外，硼、碳、红磷、硫等都需加热才能与氧化合成相应的氧化物 B_2O_3、CO_2、P_2O_5、SO_2，而卤素在加热时也不与氧直接反应。

氮在常温下也不能与氧反应，这很容易从反应的热力学数据中看出：

$$\frac{1}{2} N_2(g) + \frac{1}{2} O_2(g) \longrightarrow NO(g) \qquad \Delta_r G_m^{\ominus} = 86.6 kJ \cdot mol^{-1}$$

可见，此反应在常温下不能自发进行，因此在空气中氮可以长期与氧共存。基于氮气的这种不活泼性，可用它作防止金属氧化脱碳的保护气体。

但是，上述反应的 $\Delta_r H_m^\ominus = 90.3 kJ \cdot mol^{-1}$、$\Delta_r S_m^\ominus = 0.012 kJ \cdot mol^{-1}$，属于 $\Delta_r H_m^\ominus > 0$、$\Delta_r S_m^\ominus > 0$ 类型。因此可以预期在一定的高温(如汽车发动机、锅炉的高温燃烧、雷电)条件下，这个反应可以发生，将成为大气的一种污染源。

3. 与水的作用

非金属单质中只有卤素能在常温下与水反应。尤其是氟，能剧烈地取代水中的氧：

$$2F_2 + 2H_2O \longrightarrow 4HF + O_2$$

氯则与水发生歧化反应：

$$Cl_2 + H_2O \longrightarrow HCl + HClO$$

溴、碘也有相似的反应，不过反应进行的程度依次减小。这与卤素标准电极电势数值的次序相一致。

氯水是常用漂白剂，其漂白作用来自次氯酸的氧化性：

$$HClO + H^+ + 2e^- \longrightarrow Cl^- + H_2O \qquad\qquad E^\ominus = 1.50V$$

硼、碳、硅等在高温下能与水蒸气作用。例如：

$$C + H_2O(g) \longrightarrow CO + H_2$$

这是制造水煤气的反应，也是工业制氢的一种途径。

氮、磷、氧、硫在高温下也不与水反应。

4. 与酸、碱的作用

非金属元素不能从酸中置换出氢气，即非金属元素不与非氧化性酸反应。

硫、磷、碳、硼等单质能与硝酸或热的浓硫酸反应，被氧化成氧化物或含氧酸。例如：

$$S + 2HNO_3(浓) \longrightarrow H_2SO_4 + 2NO$$

$$C + 2H_2SO_4(浓) \longrightarrow CO_2 + 2SO_2 + 2H_2O$$

浓硫酸的这种使碳气化的作用被应用于光刻工艺中去胶：先使光刻胶碳化，再进一步使碳气化而除去。

从氯与水的反应可以推知，氯也能与碱反应：

$$Cl_2 + 2NaOH \longrightarrow NaCl + NaOCl + H_2O$$

这个反应可以看成是氯与水反应后被碱中和的结果。其他卤素也有类似的反应。

硼、硅、磷、硫等单质也能与较浓的强碱反应。例如：

$$2B + 2KOH + 2H_2O \longrightarrow 2KBO_2 + 3H_2$$

第二节　非金属元素的重要化合物
(Some Important Compounds of Nonmetallic Element)

一、卤化物

卤素(halogen)是典型的非金属元素。除部分稀有气体(He、Ne、Ar)外，所有元素都能与卤素形成化合物。电负性比卤素小的元素与卤素形成的二元化合物称卤化物(haloid)。

1. 卤化物的晶体类型及熔、沸点

一般来说,组成卤化物的两个元素若电负性相差很大,则形成离子型卤化物;若两元素的电负性相差不大,则形成共价型卤化物。从总的情况看,金属的氟化物及活泼金属的氯化物、溴化物为离子型卤化物;碘化物及一般金属的氯化物、溴化物和所有非金属的卤化物为共价型化合物,其间也有一些过渡型卤化物。

氯化物的晶体类型大致与键型变化(表 4-12)相对应。键型与晶体类型的变化直接影响化合物的熔、沸点。一般来说,离子晶体熔、沸点较高,而分子晶体熔、沸点较低;过渡型的链状或层状晶体熔、沸点间于其中。

其他卤化物的熔、沸点与晶体结构和氯化物有相似的变化规律。例如,第三周期氟化物的熔、沸点的变化规律就与相应的氯化物相一致(表 6-1)。

表 6-1　第三周期元素氟化物的物理性质

氟化物	NaF	MgF_2	AlF_3	SiF_4	PF_5	SF_6
熔点/℃	995	1250	1040	−77	−94	−51
沸点/℃	1720	2260	1260	−65	−85	−64
熔融时的导电性	易	易	易	不能	不能	不能

离子型氯化物如 NaCl、KCl、$BaCl_2$,由于其熔、沸点高,稳定性好,受热不易分解,常用作高温时的加热介质——盐浴剂。分子型卤化物如 SF_6(−63.8℃升华),由于其熔、沸点低,稳定性好,不着火而能耐高压,可作优异的气体绝缘材料。$AlCl_3$、$SiCl_4$ 易挥发,并且在高温时能分解出具有活性的铝、硅原子,因而被用于渗铝、渗硅工艺中以进行钢铁工件的表面处理。

2. 卤化物的水解

金属卤化物与水的作用符合一般盐类的水解规律。ⅠA、ⅡA 族氯化物一般情况下不水解,只有在高温下才能水解:

$$2NaCl + H_2O\,(g) \xrightarrow{\text{高温}} Na_2O + 2HCl\,(g)$$

其他金属(包括主族和副族)氯化物在水中会发生不同程度的水解。绝大部分水解生成碱式盐或氢氧化物和盐酸:

$$SnCl_2 + H_2O \longrightarrow Sn(OH)Cl(s) + HCl$$

$$SbCl_3 + H_2O \longrightarrow SbOCl(s) + 2HCl$$

$$BiCl_3 + H_2O \longrightarrow BiOCl(s) + 2HCl$$

为了抑制水解,在配制上述氯化物溶液时,常加入一定量的盐酸。有些金属氯化物可完全

水解，会产生沉淀，欲配制它们的澄清溶液，只能将它们溶于浓盐酸，再用水稀释至所需浓度。

许多非金属氯化物都能完全水解生成盐酸和另一种酸。例如：

$$BCl_3 + 3H_2O \longrightarrow H_3BO_3 + 3HCl$$

$$PCl_5 + 4H_2O \longrightarrow H_3PO_4 + 5HCl$$

$$SiCl_4 + 3H_2O \longrightarrow H_2SiO_3 + 4HCl$$

由于它们极易水解，在潮湿的空气中也能因水解而冒烟(酸雾)，必须密封保存。

二、氧化物

电负性比氧小的元素与氧形成的二元化合物称氧化物(oxide)。

1. 氧化物的晶体类型、熔点和硬度

周期表左边 s 区元素的氧化物为离子晶体，熔、沸点较高；右边非金属的氧化物属分子晶体，熔、沸点较低。但 SiO_2 是原子晶体，熔点高；中部金属性不太强的元素的氧化物为过渡型晶体。其中低价态的氧化物如 Cr_2O_3、FeO、Mn_3O_4 等偏离子型，熔点较高，而高价态的氧化物如 CrO_3、Fe_2O_3、Mn_2O_7 等是偏向共价型的分子晶体，熔点较低。

氧化物晶体结构的上述特征也反映在硬度上。离子型、原子型或介于二者之间的过渡型晶体，其氧化物的熔点高，硬度也较大。表 6-2 列出了一些氧化物的硬度。其中许多氧化物如 Al_2O_3(白色)、Cr_2O_3(绿色，俗称铬绿)、Fe_3O_3(红色)、MgO(白色)、CeO_2(浅黄色)是常用的磨料。

表 6-2　某些金属氧化物和二氧化硅的硬度(金刚石=10)

氧化物	BaO	SrO	CaO	MgO	TiO$_2$	Fe$_2$O$_3$	SiO$_2$	Al$_2$O$_3$	Cr$_2$O$_3$
硬度	3.3	3.8	4.5	5.5~6.5	5.5~6	5~6	6~7	7~9	9

BeO、MgO、Al_2O_3、SiO_2、ZrO_2、HfO_2、ThO_2 等都是很难熔的氧化物，它们的熔点一般为 1500~3000℃，因此常用作耐火材料。

2. 氧化物及其水合物的酸碱性

氧化物按其组成可以分为正常氧化物(含氧离子 O^{2-})、过氧化物(含过氧离子 O_2^{2-}，如 H_2O_2)、超氧化物(含超氧离子 O_2^-，如 KO_2)和臭氧化物(含臭氧离子 O_3^-，如 NaO_3)等。

氧化物按其对酸、碱的不同反应，可分为酸性、碱性、两性和中性氧化物。中性氧化物又称不成盐氧化物，如 CO、N_2O、NO 等，它们不与酸、碱反应，也不溶于水。

与酸性、碱性、两性氧化物相对应，它们的水合物分别也是酸性、碱性、两性的。水合物可以看作氢氧化物 $R(OH)_n$ 的形式。其中 n 是元素 R 的氧化数。当 n 值较大时，水合物脱水变成通常所写的酸的形式。例如，硝酸不是 $N(OH)_5$，而是 HNO_3；硫酸不是 $S(OH)_6$，

而是 H_2SO_4。

氧化物及其水合物的酸碱性的递变规律可归纳如表 6-3、表 6-4 所示。

表 6-3 周期系中主族元素氢氧化物的酸碱性

	I A	II A	III A	IV A	V A	VI A	VII A	
								酸性增强 →
	LiOH (中强碱)	Be(OH)$_2$ (两性)	H$_3$BO$_3$ (弱酸)	H$_2$CO$_3$ (弱酸)	HNO$_3$ (强酸)			
	NaOH (强碱)	Mg(OH)$_2$ (中强碱)	Al(OH)$_3$ (两性)	H$_2$SiO$_3$ (弱酸)	H$_3$PO$_4$ (中强酸)	H$_2$SO$_4$ (强酸)	HClO$_4$ (极强酸)	
	KOH (强碱)	Ca(OH)$_2$ (中强碱)	Ga(OH)$_2$ (两性)	Ge(OH)$_4$ (两性)	H$_3$AsO$_4$ (中强酸)	H$_2$SeO$_4$ (强酸)	HBrO$_4$ (强酸)	
	RbOH (强碱)	Sr(OH)$_2$ (强碱)	In(OH)$_3$ (两性)	Sn(OH)$_4$ (两性)	H[Sb(OH)$_6$] (弱酸)	H$_6$TeO$_6$ (弱酸)	H$_5$IO$_6$ (中强酸)	
	CsOH (强碱)	Ba(OH)$_2$ (强碱)	Tl(OH)$_3$ (弱碱)	Pb(OH)$_4$ (两性)				

碱性增强 ↓

表 6-4 副族元素氢氧化物的酸碱性

	III B	IV B	V B	VI B	VII B	
						酸性增强 →
	Sc(OH)$_3$ (弱碱)	Ti(OH)$_4$ (两性)	HVO$_3$ (弱酸)	H$_2$CrO$_4$ (中强酸)	HMnO$_4$ (强酸)	
	Y(OH)$_3$ (中强碱)	Zr(OH)$_4$ (两性)	Nb(OH)$_5$ (两性)	H$_2$MoO$_4$ (酸)	HTcO$_4$ (酸)	
	La(OH)$_3$ (强碱)	Hf(OH)$_4$ (两性)	Ta(OH)$_5$ (两性)	H$_2$WO$_4$ (弱酸)	HReO$_4$ (弱酸)	

碱性增强 ↓

氧化物及其水合物的酸碱性是工程实践中广泛利用的性质之一。例如，炼铁时的造渣反应：

$$CaO + SiO_2 \xrightarrow{\text{高温}} CaSiO_3$$

就是利用酸性氧化物与碱性氧化物之间的反应除去杂质硅石(主要是 SiO_2，由矿石中带入)。

前曾提到氯化钡可作盐浴剂，但少量的氧化钡是有害的杂质，可用酸性氧化物 SiO_2 或

TiO_2(钛白粉)与之反应而除去：

$$BaO + SiO_2 \xrightarrow{\text{高温}} BaSiO_3$$

$$BaO + TiO_2 \xrightarrow{\text{高温}} BaTiO_3$$

例如，耐火材料的选用也要考虑其酸碱性，酸性耐火材料(以 SiO_2 为主)在高温下易与碱性物质反应而受到侵蚀；碱性耐火材料(以 MgO、CaO 为主)在高温下易受酸性物质侵蚀；而中性耐火材料(以 Al_2O_3、Cr_2O_3 为主)则有抗酸、碱侵蚀的能力。

三、含氧酸及其盐

1. 碳酸及其盐

CO_2 溶于水，其溶液呈弱酸性，因此习惯上将 CO_2 的水溶液称为碳酸。其实只有少数 CO_2 与水结合成碳酸 H_2CO_3，大部分 CO_2 以水合分子 $CO_2 \cdot xH_2O$ 形式存在。纯的碳酸至今尚未制得。

H_2CO_3 是二元弱酸，在水溶液中存在下列平衡：

$$H_2CO_3 \rightleftharpoons H^+ + HCO_3^- \qquad K^{\ominus} = 4.45 \times 10^{-7}$$

$$HCO_3^- \rightleftharpoons H^+ + CO_3^{2-} \qquad K^{\ominus} = 4.67 \times 10^{-11}$$

因此，碳酸盐有两种类型，即正盐(碳酸盐)和酸式盐(碳酸氢盐)。碱金属(Li 除外)和铵的碳酸盐易溶于水，其他金属的碳酸盐难溶于水。对于难溶的碳酸盐来说，通常其相应的酸式盐溶解度较大。例如：

$$\underset{\text{(难溶)}}{CaCO_3} + CO_2 + H_2O \longrightarrow \underset{\text{(可溶)}}{Ca(HCO_3)_2}$$

但对易溶的盐正相反，即相应的酸式盐溶解度较小。例如，Na_2CO_3 和 $NaHCO_3$，在 100g 水中分别可溶解 21.5g 与 9.6g。后者是由于通过氢键连成二聚或多聚链状

而降低了溶解度。

按其热稳定性来说，正盐比酸式盐稳定，酸式盐比酸稳定。例如，$NaHCO_3$(俗称小苏打)在 270℃便分解。含 $Ca(HCO_3)_2$ 或 $Mg(HCO_3)_2$ 的暂时硬水，在煮沸时便会分解：

$$Ca(HCO_3)_2 \longrightarrow CaCO_3(s) + H_2O + CO_2(g)$$

而 $CaCO_3$ 要在 841℃分解。活泼金属的碳酸盐，如 Na_2CO_3 约在 1800℃才分解。其他碳酸盐的稳定性则较差，通常在加热未到熔化时就分解了。分解产物是金属氧化物和二氧化碳：

$$MCO_3(s) \longrightarrow MO(s) + CO_2(g)$$

当 $CaCO_3$ 分解出的 CO_2 的分压与大气中 CO_2 的分压($\varphi = 0.03\%$)相等时，$CaCO_3$ 能明显分解。在 101 325Pa 下，此温度为 505℃。当分解出的 CO_2 的分压达到 101 325Pa 时，分解便呈现"沸腾"状态而剧烈进行。此时的温度就是热分解温度。从表 6-5 中所给出的热分解温度可知，碱土金属碳酸盐的热稳定性的顺序是

$$BaCO_3 > SrCO_3 > CaCO_3 > MgCO_3$$

表 6-5　一些碳酸盐的热分解温度

盐	Li_2CO_3	Na_2CO_3	$BeCO_3$	$MgCO_3$	$CaCO_3$	$SrCO_3$
热分解温度/℃	~1100	~1800	25	558	841	1098
金属离子半径/pm	68	97	35	66	99	112
金属离子的电子构型	2	8	2	8	8	8
盐	$BaCO_3$	$ZnCO_3$	$CdCO_3$	$PbCO_3$	$FeCO_3$	Ag_2CO_3
热分解温度/℃	1292	350	360	300	282	275
金属离子半径/pm	134	74	97	120	74	126
金属离子的电子构型	8	18	18	18+2	9~17	18

2. 氮的含氧酸及其盐

氮是一种多氧化数的元素，+5、+4、+3、+2、+1、-3 都有相应的化合物存在，其中以硝酸、硝酸盐和亚硝酸盐为常用的氧化剂。

硝酸不论浓、稀都是氧化剂，这在一定程度上与它的分子不太稳定有关。硝酸经光照就会分解：

$$4HNO_3 \longrightarrow 4NO_2 + O_2 + 2H_2O \qquad \Delta_r H_m^\ominus = 257.6 kJ \cdot mol^{-1}$$

硝酸的还原产物是多种多样的：

$$HNO_3 \longrightarrow NO_2(g), \quad N_2O_3(l), \quad NO(g), \quad N_2O(g), \quad N_2(g), \quad NH_4^+(aq)$$
$$\text{(红棕色)} \qquad \text{(蓝色)} \qquad \text{(无色)} \quad \text{(无色)} \quad \text{(无色)} \quad \text{(无色)}$$

$$N_2O_4(g) \qquad NO_2(g) \quad + \quad NO(g)$$
$$\text{(无色)} \qquad \text{(红棕色)} \qquad \text{(无色)}$$

硝酸被还原的程度一方面取决于还原剂，另一方面取决于其自身的浓度。例如，以金属锌为还原剂时：

浓 HNO_3　　　$Zn+4HNO_3 \longrightarrow Zn(NO_3)_2+2NO_2+2H_2O$

稀 HNO_3　　　$3Zn+8HNO_3 \longrightarrow 3Zn(NO_3)_2+2NO+4H_2O$

很稀 HNO_3　　$4Zn+10HNO_3 \longrightarrow 4Zn(NO_3)_2+N_2O+5H_2O$

极稀 HNO_3　　$4Zn+10HNO_3 \longrightarrow 4Zn(NO_3)_2+NH_4NO_3+3H_2O$

冷的浓硝酸可使钛、铬、铝、铁、钴和镍等金属"钝化"，生成致密的氧化膜，从而阻止硝酸对金属的进一步作用，但加热可破坏这一层氧化膜。

一体积硝酸与三体积盐酸的混合酸称"王水"。王水可溶解在一般酸中不溶的贵重金属。例如：

$$Au+3HCl+HNO_3 \longrightarrow AuCl_3+NO+2H_2O$$
$$\xrightarrow{\text{HCl}} H[AuCl_4]$$

这一方面是由于浓硝酸的氧化性，同时是由于配离子的生成提高了金属的还原能力。

硝酸盐在高温下也是不稳定的。固体硝酸盐的热分解有这样的规律：最活泼金属的硝酸盐加热分解出氧和亚硝酸盐。例如：

$$2NaNO_3 \xrightarrow{\triangle} 2NaNO_2 + O_2$$

电动序在 Mg 与 Cu 之间的金属的硝酸盐分解出氧和二氧化氮，并生成金属氧化物：

$$2Pb(NO_3)_2 \xrightarrow{\triangle} 2PbO + 4NO_2 + O_2$$

电动序在 Cu 之后的金属的硝酸盐分解出氧和二氧化氮，并生成金属单质：

$$2AgNO_3 \xrightarrow{\triangle} 2Ag + 2NO_2 + O_2$$

这是因为活泼金属的亚硝酸盐稳定，活泼性较差的金属的氧化物稳定，而不活泼金属的亚硝酸盐和氧化物都不稳定。

从上述分解的情况看，硝酸盐在高温下都是氧化剂。我国发明的黑火药就是硝酸钾、硫磺和木炭混合而成的，其燃烧反应大致如下：

$$2KNO_3 + S + 3C \longrightarrow K_2S + N_2 + 3CO_2$$

硝酸铵是爆炸力很强的硝铵炸药的主体，其分解反应如下：

$$2NH_4NO_3 \longrightarrow 2N_2 + 4H_2O + O_2$$

但是，硝酸盐的水溶液只有在酸性介质中才有氧化性：

$$NO_3^- + 2H^+ + e^- \Longleftrightarrow NO_2 + H_2O \qquad E^\ominus = 0.803V$$

$$NO_3^- + 3H^+ + 2e^- \Longleftrightarrow HNO_2 + H_2O \qquad E^\ominus = 0.934V$$

亚硝酸中氮的氧化数为+3，因而它既可成为氧化剂又可成为还原剂。在酸性介质中主要呈现氧化性：

$$2HNO_2 + 4H^+ + 4e^- \Longleftrightarrow N_2O + 3H_2O \qquad E^\ominus = 1.297V$$

$$HNO_2 + H^+ + e^- \Longleftrightarrow NO + H_2O \qquad E^\ominus = 0.983V$$

作为氧化剂，它可以氧化 I^-、Fe^{2+} 和 SO_3^{2-}：

$$2NO_2^- + 2I^- + 4H^+ \longrightarrow 2NO + I_2 + 2H_2O$$

$$NO_2^- + Fe^{2+} + 2H^+ \longrightarrow NO + Fe^{3+} + H_2O$$

$$2NO_2^- + SO_3^{2-} + 2H^+ \longrightarrow 2NO + SO_4^{2-} + H_2O$$

在遇到强氧化剂时，亚硝酸盐又表现为还原剂：

$$HNO_2 + H_2O - 2e^- \Longleftrightarrow NO_3^- + 3H^+ \qquad E^\ominus = 0.934V$$

例如：

$$2KMnO_4 + 5HNO_2 + 3H_2SO_4 \longrightarrow 2MnSO_4 + 5HNO_3 + K_2SO_4 + 3H_2O$$

实际上，亚硝酸盐主要用于在酸性介质中作氧化剂。

亚硝酸盐还广泛用作食品添加剂，起着色、防腐作用，主要应用于熟肉等动物性食品。但用量需严加限制，过量食用会引起中毒、致癌甚至死亡。

3. 硫的含氧酸及其盐

硫也是有多种氧化数的元素，因而有许多含硫的氧化剂和还原剂。常用的氧化剂有硫酸、过二硫酸盐；常用的还原剂有硫化氢、亚硫酸钠、硫代硫酸钠等。

和硝酸相似，浓硫酸的还原产物也是多种多样的。例如：

$$Zn + 2H_2SO_4(浓) \longrightarrow ZnSO_4 + SO_2 + 2H_2O$$

$$3Zn + 4H_2SO_4(较浓) \longrightarrow 3ZnSO_4 + S + 4H_2O$$

$$4Zn + 5H_2SO_4(较浓) \longrightarrow 4ZnSO_4 + H_2S + 4H_2O$$

$$C + 2H_2SO_4(浓) \longrightarrow 2CO_2 + 2SO_2 + 2H_2O$$

但是，在大多数情况下浓硫酸的还原产物还是以 SO_2 为主。

同硝酸一样，浓硫酸也可使钛、铝、铬、铁、钴、镍等钝化。由于浓硫酸沸点高(338℃)，因而可用来制取挥发性强酸。例如：

$$NaNO_3 + H_2SO_4(浓) \xrightarrow{\triangle} NaHSO_4 + HNO_3$$

$$NaCl + H_2SO_4(浓) \xrightarrow{\triangle} NaHSO_4 + HCl$$

但是不能用 KBr、KI 制取 HBr 和 HI，因为后者会被进一步氧化：

$$2KBr + 3H_2SO_4(浓) \xrightarrow{\triangle} 2KHSO_4 + Br_2 + SO_2 + 2H_2O$$

$$8KI + 9H_2SO_4(浓) \xrightarrow{\triangle} 8KHSO_4 + 4I_2 + H_2S + 4H_2O$$

硫酸盐的溶液一般没有氧化性。硫酸盐在加热时也很稳定。在特殊条件下，如 Na_2SO_4 与碳粉强热时才表现出氧化性：

$$Na_2SO_4 + 2C \xrightarrow{1100℃} Na_2S + 2CO_2$$

这是工业上大规模生产 Na_2S 的方法。

过二硫酸铵$(NH_4)_2S_2O_8$可以看成是过氧化氢的衍生物。H_2O_2中两个氢原子被—SO_3H基取代后即为过二硫酸：

过氧键的存在使它具有强氧化性：

$$S_2O_8^{2-} + 2e^- \rightleftharpoons 2SO_4^{2-} \qquad\qquad E^{\ominus} = 2.01V$$

过二硫酸盐的水溶液在沸腾时就会分解：

$$2K_2S_2O_8 + 2H_2O \longrightarrow 2K_2SO_4 + 2H_2SO_4 + O_2$$

通常用作氧化剂的是它的铵盐，即

$$(NH_4)_2S_2O_8 + 2KI \longrightarrow (NH_4)_2SO_4 + I_2 + K_2SO_4$$

$$5(NH_4)_2S_2O_8 + 2MnSO_4 + 8H_2O \longrightarrow 2HMnO_4 + 5(NH_4)_2SO_4 + 7H_2SO_4$$

后一个反应是鉴定 Mn^{2+} 的特征反应，但反应速率很小，要以 Ag^+ 为催化剂。同样的反应可将 Cr^{3+} 氧化为 $Cr_2O_7^{2-}$。

硫代硫酸盐也是常用的还原剂：

$$2S_2O_3^{2-} - 2e^- \rightleftharpoons S_4O_6^{2-} \qquad\qquad E^{\ominus} = 0.08V$$

最常用的是大苏打 $Na_2S_2O_3 \cdot 5H_2O$，又名海波。它的还原反应为

$$S_2O_3^{2-} + 4Cl_2 + 5H_2O \longrightarrow 2SO_4^{2-} + 10H^+ + 8Cl^-$$

可用于防毒面具中吸收氯气。碘也发生类似的反应，但产物不同：

$$2S_2O_3^{2-} + I_2 \longrightarrow S_4O_6^{2-} + 2I^-$$

根据这一反应，以淀粉为指示剂，可以用 $Na_2S_2O_3$ 标准溶液滴定碘。这种定量测定方法称为碘量法。

大苏打在工业上主要用于鞣革、漂染、照相等。

4. 氯的含氧酸及其盐

氯有四种含氧酸，对应的盐也有四类。从相应的标准电极电势数值中可以看出氯的含氧酸根离子在酸性溶液中都是强氧化剂：

$$HClO + H^+ + 2e^- \rightleftharpoons Cl^- + H_2O \qquad\qquad E^\ominus = 1.482V$$

$$HClO_2 + 3H^+ + 4e^- \rightleftharpoons Cl^- + 2H_2O \qquad\qquad E^\ominus = 1.57V$$

$$ClO_3^- + 6H^+ + 6e^- \rightleftharpoons Cl^- + 3H_2O \qquad\qquad E^\ominus = 1.45V$$

$$ClO_4^- + 8H^+ + 7e^- \rightleftharpoons \frac{1}{2}Cl_2 + 4H_2O \qquad\qquad E^\ominus = 1.39V$$

在这些含氧酸及盐中，次氯酸是应用最广的，主要用于漂白和杀菌。漂白粉的主要成分是次氯酸盐，它由 Cl_2 通入消石灰中制得：

$$2Cl_2 + 2Ca(OH)_2 \xrightarrow{\ \ \text{冷}\ \ } \underbrace{Ca(ClO)_2 + CaCl_2}_{\text{漂白粉}} + 2H_2O$$

氯酸钾在高温时是重要的强氧化剂：

$$4KClO_3 \xrightarrow{480℃} 3KClO_4 + KCl$$

进一步加热也能放出氧，是 $KClO_4$ 分解产生的。$KClO_3$ 在有催化剂时，在约 200℃ 即可放出 O_2：

$$2KClO_3 \xrightarrow{MnO_2} 2KCl + 3O_2$$

将 $KClO_3$ 与易燃物(如炭粉、木屑、有机物)一起加热，它就会猛烈爆炸。氯酸钾用来制造炸药和火药，也是安全火柴、焰火中的成分。

高氯酸盐比其他氯的含氧酸盐稳定。它在中性及碱性溶液中无显著氧化性。在高温时按下式分解：

$$KClO_4 \xrightarrow{\ \triangle\ } KCl + 2O_2$$

这是一个微弱的吸热反应，但它产生的氧气多，余下的残渣(KCl)少，可制得比 $KClO_3$ 威力还大的炸药。

高氯酸铵 NH_4ClO_4 的分解反应如下：

$$2NH_4ClO_4 \xrightarrow{\ \triangle\ } N_2 + Cl_2 + 2O_2 + 4H_2O \qquad\qquad \Delta_r H_m^\ominus = -376.6 kJ \cdot mol^{-1}$$

它是某些炸药及火药的主要成分，也是火箭固体推进剂的主要组分。

5. 含氧酸盐的热稳定性

若将一般的无机含氧酸盐的热稳定性加以归纳，可得如下规律：

(1) 酸不稳定，对应的盐也不稳定。H_3PO_4、H_2SO_4、H_2SiO_4 等酸稳定，相应的磷酸盐、硫酸盐、硅酸盐也稳定；HNO_3、H_2CO_3、H_2SO_3、$HClO$ 等酸不稳定，它们相应的盐也不稳定。

(2) 同一种酸，其盐的稳定性规律是：正盐＞酸式盐＞酸。例如：

	Na_2CO_3	$NaHCO_3$	H_2CO_3
分解温度/℃	～1800	270	常温分解

(3) 同一酸根，其盐的稳定性次序是：碱金属盐＞碱土金属盐＞过渡金属盐＞铵盐。例如：

	Na_2CO_3	$CaCO_3$	$ZnCO_3$	$(NH_4)_2CO_3$
分解温度/℃	～1800	841	350	58

(4) 同一成酸元素，高氧化数的含氧酸比低氧化数的稳定，相应的盐也是这样，如 Na_2SO_3 加热即分解，而 Na_2SO_4、K_2SO_4、$BaSO_4$ 等在 1000℃时仍不分解。但也有例外，如 $NaNO_3$ 不如 $NaNO_2$ 稳定。

盐的热分解反应有氧化还原与非氧化还原反应之分。硝酸盐、亚硝酸盐、高锰酸盐等的热分解是氧化还原反应，而碳酸盐、硫酸盐的热分解则是非氧化还原反应。

 扫一扫　基于液态金属与水凝胶的自成型软体电子器件

第三节　耐火、保温与陶瓷材料
(Fireproofing，Insulating and Ceramic Materials)

一、耐火材料

耐火材料(fireproofing materials)是指耐火度 1580℃以上，并在高温下能耐气体、熔融炉渣等物质侵蚀，且具有一定机械强度的材料。耐火材料广泛用于冶金、化工、石油、机械制造、硅酸盐、动力等工业领域，在冶金工业中用量最大，占总产量的 50%～60%。

中国在 4000 多年前就使用杂质少的黏土烧成陶器，并用以铸造青铜器。东汉时期(公元 25～220 年)已用黏土质耐火材料做烧瓷器的窑材和匣钵。20 世纪初，耐火材料向高纯、高致密和超高温制品方向发展，同时发展了完全不需烧成、能耗小的不定形耐火材料和高耐火纤维(用于 1600℃以上的工业窑炉)。随着原子能技术、空间技术、新能源开发技术等的迅速发展，耐高温、抗腐蚀、耐热震、耐冲刷等具有综合优良性能的特种耐火材料，如熔点高于 2000℃ 的氧化物、难熔化合物和高温复合耐火材料等得到了更广泛的应用。

1. 耐火材料的分类

耐火度(refractoriness)指耐火材料锥形体试样在没有荷重情况下，抵抗高温作用而不软化熔倒的温度，是耐火材料的重要性能之一。根据耐火度的高低，可将耐火材料分为普通耐火材料(1580～1770℃)、高级耐火材料(1770～2000℃)和特级耐火材料(＞2000℃)。

按材料的化学性质，耐火材料又可分为酸性、中性、碱性耐火材料。此外还有碳质耐火材料。几种耐火材料的成分、性能和用途列于表 6-6 中。

表 6-6　常用耐火材料的主要成分、性能及用途

材料	主要成分	酸碱性	耐火度/℃	主要性能及用途
硅砖	$SiO_2>93\%$	酸性	1690～1710	抗酸性氧化物性能好，用于酸性平炉、炼焦炉、盐熔炉等
半硅砖	$SiO_2>65\%$ 20%～30% Al_2O_3	酸性	1650～1710	由含砂耐火黏土烧结而成。抗酸性氧化物性能好。用作炉子衬里，烟道及盛钢水桶衬里等
黏土砖	50%～60% SiO_2 30%～48% Al_2O_3	弱酸性	1610～1730	由耐火黏土加熟料烧结而成。热稳定性好。在氧化气氛中不易损坏。广泛用于高炉、平炉及各种热处理加热炉
刚玉砖	$Al_2O_3>72\%$	中性	1840～1850	以刚玉砂加热制成。抗酸、碱性比高铝砖好，但价格较贵
镁砖	$MgO>87\%$	碱性	2000	由镁砂(MgO)加工制成。抗碱性能良好，但抗温度急变性差。用于碱性电炉
铬镁砖	30%～70% MgO 10%～30% Cr_2O_3	碱性	1850	用铬铁矿和镁砂加工制成。抗碱性能良好，但抗温度急变性差。用于碱性电炉

2. 耐火材料的选用

在选用耐火材料时，应根据其所接触的物料的酸、碱性和氧化还原性来选择。

加热工艺不同，耐火材料的选择也有不同要求。例如，在使用可控气氛热处理工件时，因气氛中含有较多的 CO 和 H_2，在高温下易与材料中 Fe_2O_3 作用还原出铁，体积发生变化，造成耐火材料强度下降而碎裂。因此要求耐火砖含铁氧化物应小于 1%。这样的耐火砖称抗渗碳砖。

再如真空熔炼中，材料中氧化物在减压下易被钢水中的碳还原。这种还原作用以 SiO_2 或 Cr_2O_3 含量高的耐火材料最为显著。钢水含碳量越高其反应程度越大。

3. 特种耐火材料

使用特殊的原料、用特殊工艺制备或者有特殊用途的耐火材料称为特种耐火材料。特种耐火材料可能在组成、生产工艺以及使用条件上不同于传统的耐火材料。常见的有氮化硅 (Si_3N_4，熔点 1900℃，下同)、氮化铝(AlN，2400℃)、碳化硅(SiC，2700℃)、硼化锆(ZrB_2，3060℃)、氮化硼(BN，3000℃)等。大多数非氧化物耐火材料是由人工合成的，它们也可以与氧化物构成复合耐火材料，其中有些已使用得比较广泛。

特种耐火材料可应用于特种冶金以及航天、航空技术中，如喷气发动机的喷嘴、燃气发动机的涡轮片以及航天器进入大气层的被动热防护系统等。

二、保温材料

绝热材料通常是指以阻止热传导为目的的材料，一般用来防止热力设备及管道的热量散失，当然，也可在冷冻(也称普冷)和低温(也称深冷)下使用。因此，在我国绝热材料又称为保冷或保温材料(insulating materials)。同时，由于绝热材料的多孔或纤维状结构具有良好的吸声功能，因而也被广泛应用于建筑行业。

保温材料的种类很多。按材质可分为有机绝热材料、无机绝热材料和金属绝热材料。无

机绝热材料的主要成分也都是 Al_2O_3、SiO_2、MgO 等氧化物。

保温材料的密度小、小气孔多，在相互交错的气孔内容易储存空气，形成很好的绝热体。表 6-7 列出了几种保温材料的主要成分和性能。物质的绝热性能常用导热系数来衡量。导热系数越小，绝热性能越好。

表 6-7　几种保温材料的主要成分和性能

材料	主要成分	导热系数/$(kJ \cdot m^{-1} \cdot h^{-1} \cdot ℃^{-1})$*	使用温度/℃
石棉粉	$CaO \cdot 3MgO \cdot 4SiO$	$0.38 \sim 0.75$	500
石棉板	$CaO \cdot 3MgO \cdot 4SiO$	0.59	500
硅藻土粉	SiO_2(非晶形)	0.38	900
硅藻土	SiO_2(非晶形)	0.71	900
蛭石	SiO_2(38%~42%)	0.26	1100

*这是工程上习惯使用的单位。国标规定其单位为 $W \cdot m^{-1} \cdot K^{-1}$。

保温材料中以石棉制品为最多。石棉是一种矿物纤维材料，质软如棉，耐酸碱、不腐、不燃，有良好的抗热和绝缘性能。可单独或与其他材料配合制成制品作耐火、耐热、耐酸、耐碱、保温、绝热、隔音、绝缘及防腐材料。

石棉的主要成分是 SiO_2、MgO、Fe_2O_3、CaO 和结晶水。石棉制品有石棉线、石棉绳、石棉布、石棉纸、石棉板等。这些制品多用作绝热、保温和密封材料。橡胶石棉盘根、石棉橡胶板可用于蒸汽机、往复泵，密封水、汽及其他液体。

石棉摩擦片是用铜丝、石棉带、胶黏剂和填料浸渍后热压而成。制品具有机械强度高、耐磨性好、摩擦系数大、摩擦升温后稳定性好等优点，主要用于各种车辆、船舶、飞机等制动器中。

二氧化硅(SiO_2)气凝胶是一种结构可控的纳米多孔轻质材料，为目前世界上高温隔热领域导热系数最低的材料之一。同时，SiO_2 气凝胶密度低、防水阻燃、绿色环保、防酸碱、耐腐蚀、不易老化、使用寿命长，是其他传统材料所无法比拟的，因此被称为超级保温材料。

三、陶瓷材料

陶瓷(ceramic)是指经高温烧结而成的一种各向同性的多晶态无机材料的总称，是人类在征服自然中最早经化学反应而制成的材料，是我国劳动人民的重要发明之一。

传统陶瓷以氧化物为主，主要是天然硅酸盐矿物的烧结体，是将层状结构的硅酸盐(黏土)与适量水做成一定形状的坯体，经低温干燥、高温烧结、低温处理和冷却，最终生成以 $3Al_2O_3 \cdot 2SiO_2$ 为主要成分的坚硬固体。新型陶瓷则采用人工合成的高纯度无机化合物为原料，在严格控制的条件下经成型、烧结和其他处理而制成具有微细结晶组织的无机材料。它具有一系列优越的物理、化学和生物性能，其应用范围是传统陶瓷远远不能相比的，这类陶瓷又称为特种陶瓷或精细陶瓷。

精细陶瓷按照其应用情况可分为结构陶瓷和功能陶瓷两类。结构陶瓷具有高硬度、高强度、耐磨耐蚀、耐高温和润滑性好等特点，用作机械结构零部件；功能陶瓷具有声、光、电、磁、热特性及化学、生物功能等特点。

1. 结构陶瓷材料

随着各种新技术的发展，特别是空间技术和能源开发技术的发展，对耐热高强结构材料的需要越趋迫切。例如，航天器的喷嘴、燃烧室内衬、喷气发动机叶片及能源开发等。目前已经使用的结构陶瓷材料共有如下四种。

(1) 氧化铝陶瓷。氧化铝(俗称刚玉)最稳定晶形是 α-Al_2O_3。经烧结，致密的氧化铝陶瓷具有硬度大、耐高温、耐骤冷急热、耐氧化、使用温度高(达 1980℃)、机械强度高、高绝缘性等优点。氧化铝陶瓷是使用最早的结构陶瓷，用于制作机械零部件、工具、刃具，喷砂用的喷嘴、火箭用导流罩及化工泵用密封环等。氧化铝陶瓷的缺点是脆性大。

(2) 氮化硅陶瓷。氮化硅 Si_3N_4 硬度为 9，是最坚硬的材料之一。它的导热性好且膨胀系数小，可经低温、高温、急冷、急热反复多次而不开裂。因此，可用于制作高温轴承、炼钢用铁水流量计、输送铝液的电磁泵管道。用它制作的燃气轮机，效率提高 30%，并可减轻自重，已用于发电站、无人驾驶飞机等。

(3) 氧化锆陶瓷。以 ZrO_2 为主体的增韧陶瓷具有很高的强度和韧度。能抗铁锤的敲击，可以达到高强度高合金钢的水平，故有人称之为陶瓷钢。

(4) 碳化硅陶瓷。SiC(俗名金刚砂)熔点高(2450℃)、硬度大(9.2)，是重要的工业磨料。SiC具有优良的热稳定性和化学稳定性，热膨胀系数小，其高温强度是陶瓷中最好的，因此最适用于高温、耐磨和耐蚀环境。现已用于制作火箭喷嘴、燃气轮机的叶片、轴承、热电偶保护管、各种泵的密封圈、高温热交换器材和耐蚀耐磨的零件等。

2. 功能陶瓷材料

功能陶瓷材料是以特定的性能或通过各种物理因素(如声、光、电、磁)作用而显示出独特功能的材料。

外界条件变化时会引起陶瓷本身某些性质的改变，测量这些性质的变化，就可"感知"外界变化，这类陶瓷被称为敏感陶瓷，可用于制造各种传感器。目前已制成了温度传感材料(如 $BaTiO_3$ 类陶瓷)；湿度传感材料(如 Fe_3O_4、Al_2O_3、Cr_2O_3 与其他氧化物的二元或多元材料)；气体传感材料(如 SnO_2、ZnO 和 Fe_2O_3 系 n 型半导体，吸附 H_2 等还原性气氛时导电率增加，吸附 O_2 等氧化性气氛时导电率下降)；压力和振动传感材料(主要有 $BaTiO_3$ 和 $PbTiO_3$-$PbZrO_4$ 复合陶瓷)。ZrO_2、ThO_2、$LaCrO_3$ 的高温电子陶瓷，用来制造电容器和电子工业中的高频高温器件；用尖晶石型铁氧体(组成为 MO·Fe_2O_3，M 为 Mn、Zn、Cu、Ni、Mg、Co 等)制成的磁性陶瓷，用作制造能量转换、传输和信息储存器件，广泛应用在电子、电力工业中。

目前，结构陶瓷和功能陶瓷正向着更高阶段的称为智能陶瓷的方向发展。智能陶瓷(intelligent ceramic)有很多特殊的功能，能像有生命物质(如人的五官)那样感知客观世界，也能能动地对外做功、发射声波、辐射电磁波和热能，以及促进化学反应和改变颜色等对外做出类似有智慧的反应。

生物陶瓷是用于人体器官替换、修补及外科矫形的陶瓷材料，如羟基磷灰石陶瓷(HA)。它的化学成分是 $Ca_{10}(PO_4)_6(OH)_2$，其单位晶胞与人体骨质是相同的，是骨、牙组织的无机组成部分，因此被用作人工骨种植材料。一般种植四五年后，HA 逐渐被吸收，用于不承载的小型种植体(如耳骨)、用金属支撑加强的牙科种植体等。

最近由于纳米结晶复合材料的迅速发展，出现了纳米陶瓷材料。陶瓷材料的显微结构中，晶粒、晶界以及它们之间的结合都处在纳米水平(1～100nm)，使得材料的强度、韧性和超塑性大幅度提高，以此克服陶瓷材料的脆性，使之具有金属般的柔韧性和可加工性。例如，TiO₂纳米陶瓷的断裂韧性比普通多晶陶瓷增高了一倍。

 超轻、超弹、隔热的陶瓷海绵

第四节　新型无机非金属材料
(New Type of Inorganic Nonmetal Materials)

半导体材料、激光材料、光导材料、超导材料、纳米材料等一大批伴随科学技术的飞速发展而出现并发展的无机材料，不同于经典的以硅酸盐为主的无机非金属材料，称为新型无机非金属材料。

一、半导体材料

半导体(semiconductor)技术是当前重要的科技领域之一。空间技术、能源开发、电子计算机、红外探测技术等都离不开半导体材料的应用。

1. 半导体导电机理

为了解释导体、绝缘体和半导体所表现出的电性能，首先简单介绍金属能带理论。

金属能带理论(band theory of metals)是在分子轨道理论(MO 法)的基础上发展起来的。分子轨道理论认为，两个原子间相应的两个原子轨道可通过适当的线性组合组成两个分子轨道(图 6-1)。其中的一个能量降低，称为成键轨道(bonding orbital)；另一个能量升高，称为反键轨道(antibonding orbital)。每个分子轨道最多能容纳两个电子，且自旋方向相反。

在金属晶体中，原子间靠得很近，可以由原子轨道组合成分子轨道，使系统的能量降低。以钠为例，1g 金属钠约有 3×10^{22} 个原子。若每个钠原子都以 3s 轨道参加组合，便可组合成 3×10^{22} 个分子轨道。其中一半为成键轨道，一半为反键轨道。分子轨道的数目如此庞大，相邻分子轨道间的能量差必定极小。实际上，这些能级已经连成一片，如同一条能量带，称为能带(energy band)。能带有一定的宽度。填满电子的能带称满带(filled band)，满带中的电子不能自由跃迁。没有电子的能带称空带或导带(empty band)，如图 6-2 中 Na 的 3s 反键轨道是空的。满带与空带之间还有一段电子不能停留的区域(正如原子轨道中 2s 与 3s 能级之间电子不能停留一样)，称禁带(forbidden band)。物质不同，禁带宽度也不同。通电时，电子可以从满带跃迁到导带而导电。

镁($1s^22s^22p^63s^2$)的能带都已填满电子，没有空带，似乎不能导电。但是，由于金属紧密堆积，核间距离极小，相邻能带间的能量差也极小，甚至可以部分地相互重叠。镁的 3s 与 3p 就因部分重叠而不存在禁带。3s 能带上的电子便很容易激发到 3p 的空带上而导电[图 6-3(a)]。过渡金属由于 ns、np 与 $(n-1)d$ 轨道能级相近而能带部分重叠，所以都是良导体。

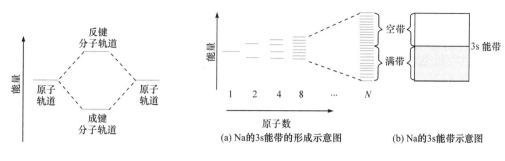

图 6-1 原子轨道组合成分子轨道示意图

(a) Na的3s能带的形成示意图

(b) Na的3s能带示意图

图 6-2 金属钠的能带示意图

绝缘体禁带宽度超过 480kJ·mol⁻¹，太宽，电子不能越过，因此不能导电[图 6-3(c)]。半导体禁带宽度为 9.6～290kJ·mol⁻¹，不宽，导带上虽有少量电子，但一般情况下导电性不好[图 6-3(b)]。升温时，满带的电子获得能量可以越过禁带而导电。

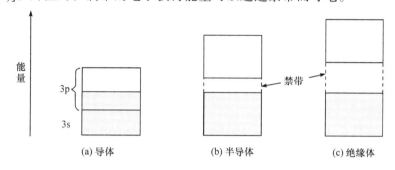

图 6-3 导体、半导体、绝缘体的能带

在半导体材料中，当一个电子从满带激发到导带时，在满带中留下一个空穴(hole)，空穴带正电。在电场作用下，带负电荷的电子向正极移动，空穴向负极移动。因此半导体的导电是靠电子和空穴的迁移来实现的。电子和空穴都是载流子(carrier)，半导体的电导率是满带和导带的电导率之和。半导体的导电能力随温度升高而增加。

在单位电场内，电子或空穴的平均迁移速率分别称为两种载流子的迁移率(mobility)。迁移率是固体材料电学性能的一个重要特性参数。迁移率的大小表征了电场内载流子运动的难易程度。半导体材料的迁移率值越大，它的导电能力越大，信息传递速率也越快。半导体中载流子的迁移率一般大于 10^{-2}m·V⁻¹·s⁻¹。

2. 半导体的种类

半导体材料的种类很多，按其化学成分可分为单质半导体和化合物半导体；按其是否含有杂质，可分为本征半导体和杂质半导体。

1) 单质半导体

处于元素周期表 p 区的金属-非金属交界处大多数元素单质多少都具有半导体性质，但具有实用价值的、目前被公认为最优越的单质半导体是 Si 和 Ge。

应该说，在极低的温度(如 0K)下，纯净的单质 Si 或 Ge 是绝缘体。因为理想的 Si 晶体和 Ge 晶体都是原子晶体，其中没有任何能够自由运动的载流子。它们需借助于足够大的外加能量(如热能、电磁辐射能或光能)才能把电子从结合状态下释放出来，并进入导带，这时才具有半导体性质。这种半导体在导电时电子和空穴的数目都相同，称为本征半导体(intrinsic semiconductor)。

但是在电子工业中，使用的大多数是杂质半导体(impurity semiconductor)。这是因为我们期望的半导体的最为重要的用途不在于传导电流，而在于对电量进行控制和调节，而选择性掺入杂质以改变半导体的导电形式即可达到这一目的。根据对导电性的影响，可将杂质分为两种。若将一种能提供 5 个价电子的原子(如ⅤA 主族的 P、As)掺入 Si、Ge 晶体中，将有一个多余的电子，此电子与原子的键合较松散，易参与导电，即载流子主要是电子。这类杂质为施主杂质(donor impurity)，这种杂质半导体称为 n 型半导体或电子半导体。相反地，若将一种只能提供 3 个价电子的原子(如ⅢA 族的 B、In)掺入 Si、Ge 晶体中，每个杂质原子比与之键合的 Si、Ge 原子少一个电子，即产生了一个空穴，该空穴与原子结合得也较松散，附近电子较易进入这个空穴，同时又产生一个新空穴。此时主要是空穴参与导电，即载流子主要是空穴。这类杂质称为受主杂质(acceptor impurity)，这种杂质半导体称为 p 型半导体。

必须指出，在半导体晶体中，杂质和晶体缺陷对半导体材料的导电特性的影响十分敏感。在制备半导体材料时，要求 Si 或 Ge 原料本身必须是高纯的，而杂质是有意掺入的，需要精确控制掺杂元素的量，并使它在材料中分布均匀，制成的材料应是无晶界的晶体，即为单晶体。

2) 化合物半导体

除单质半导体外，还有许多合金及其化合物(包括某些有机化合物)具有半导体性质。其中常见的是ⅢA 和ⅤA 主族元素的化合物，这些化合物半导体具有范围较宽的禁带和较小的迁移率等优点，用途相当广泛。以 GaAs 及 InSb、AlP 尤为重要，GaAs 被认为是下一代最优秀的半导体。

3. 半导体材料的特性及用途

半导体与导体、绝缘体的区别在不仅在于导电能力的不同，更重要的是半导体具有独特的性能。

利用半导体的热敏性，即电导率随环境温度升高而增强特性，可制作各种热敏电阻用以制作测温元件；利用光照射能使半导体材料的电导率增大这一现象，即光敏性，可制作各种光敏电阻，用于光电自动控制以及制作半导体光电材料。

如果将一个 p 型半导体与一个 n 型半导体相接触，组成一个 p-n 结，利用 p-n 结形成的接触电势差可对交变电源电压起整流作用以及对信号起放大作用。整个晶体管技术就是在 p-n 结的基础上发展起来的。

半导体材料又是制作太阳能电池所必需的材料。若在 p 型半导体表面沉积上极薄的 n 型杂质层，组成 p-n 结，这种半导体材料在光照射下，光线能完全透过这一薄层，满带中的电子吸收光子能量后跃迁到导带，并在半导体中同时产生电子和空穴。电子移到 n 区，空穴移到 p 区，使 n 区带负电荷，p 区带正电荷，形成光生电势差，如图 6-4 所示。利用这种光生伏特效应(photo voltage effect)，可制成光电池，使太阳能直接转变为电能。

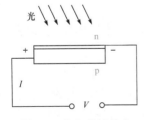

图 6-4　光生伏特效应

发光二极管(light emitting diode, LED)，是一种常用的发光器件，可高效地将电能转化为光能，其核心也是 p-n 结。初时多用作为指示灯、显示板等；随着白光 LED 的出现，也被用作照明。它被誉为 21 世纪的新型光源，具有效率高、节能、环保、寿命长、不易破损等传统光源无法比拟的优点。加正向电压时，发光二极管能发出单色、不连续的光，这是电致发光效应的一种。改变所采用的半导体材料的化学组成成分，可使发光二极管发出近紫外线、可见光或红外线的光。由于发光二极管所需的电压只有 3.5V 左右，与太阳能发电的电压很容易匹配，所以，它与太阳能、风能发出的绿色电力完全可以配套使用。

二、超导材料

随着温度的降低，金属的导电性逐渐增加。当温度降到接近热力学温度 0K 的极低温度时，某些金属及合金的电阻急剧下降变为零，这种现象称为超导电现象。具有超导电性的物质称为超导电材料，简称超导材料(superconducting material)。

1. 超导的发现及临界条件

1908 年，荷兰物理学家昂尼斯(H. K. Onnes)在莱登实验室实现了氦的液化。当时测定出在标准压力下氦的沸点 4.25K(-268.9℃)。1911 年他们正在观察低温下汞电导的变化现象时，于 4.2K 附近突然发现汞的电阻消失，其电阻值实际变为零。对这种具有特殊电性质的物质状态，他们定名为超导态(superconducting state)，而把电阻发生突然变化的温度 T_c 称为超导临界温度(superconducting critical temperature)。随后他们又发现其他许多金属的超导现象，如 Sn 约在 3.8K 时变为超导态(表 6-8)。

表 6-8 超导材料 T_c 的进展

物质	T_c/K	观测年	物质	T_c/K	观测年
Hg	4.2	1911	Nb_3Ge	23.2	1973
Pb	7.18	1913	$YBa_2Cu_3O_{7-x}$	~90	1987
Nb	9.2	1930	Ca-Cu-Ba	123	1997
V_3Si	17.1	1954	$LaFeAsO_{1-x}F_x$	26	2008
Nb_3Sn	18.1	1954	Hg-Ba-Ca-Cu-O	134	1993
$Nb_3Al_{0.75}Ge_{0.25}$	20.5	1967	H_3S (220 万个大气压下)	203	2015
Nb_3Ga	20.3	1973	LaH_{10} (170GPa 压力下)	250	2019

1933 年，迈斯纳(W. Meissner，德)等小心地测量了单晶锡球形导体的磁场分布，惊奇地发现对于超导体来说，不论是先降温后加磁场还是先加磁场而后降温，只要锡球过渡到超导临界温度以下，磁感强度也降为零(称为迈斯纳态)，即具有完全的抗磁性，而完全导体的磁场是不随温度而变化的。

超导电性也可被外加磁场所破坏。对于温度低于临界温度的超导体，当外磁场超过某一数值 H_c 时，超导性就被破坏而变为正常状态。把 H_c 称为临界磁场(critical magnetic field)。对一定的超导物质，H_c 是随温度而变化的。实验还表明，当通过超导体的电流超过一定的数值 I_c 后，超导性同样也被破坏。I_c 称临界电流(critical current)，同样 I_c 也随温度而变化。

上述三个临界条件称为超导体的三大临界条件。

2. 超导材料与超导的应用

目前，已发现有近 30 种元素的单质可作为超导材料，还发现有 8000 多种金属、合金和化合物具有超导性。一些超导材料的 T_c 和 H_c 列于表 6-9。

表 6-9　一些超导材料的临界温度 T_c 与临界磁场强度 H_c

超导材料		T_c/K	$H_c/kA \cdot m^{-1}$	超导材料		T_c/K	$H_c/kA \cdot m^{-1}$
纯金属	Al	1.19	7.9	合金	Mo-Re(25%)	10.0	1 276
	Cd	0.52	23.9		Nb-Zr(78%)	10.0	7 660 (4.2K 时)
	In	3.41	22.6	化合物	Nb₃Al	17.5	16 700 (4.21K 时)
	Pb	7.18	64.1(0K 时)		Nb₃Ge	23.2	
	Os	0.65	5.2~6.5		Nb₃Sn	18.3	
	Re	1.7	16.0		V₃Si	17.0	
	Ta	4.48	66.1		V₃Ga	16.5	
	Sn	3.72	24.4				
	Zn	0.6	~159.6				

超导材料可以没有电阻，是一种非常理想的电工材料，能运用到很多的领域，包括军事、医疗、轨道交通、能源电力，还有一些大型的科学装置。超导材料最诱人的应用是在发电、输电和储能方面。在电力领域，利用超导线圈磁体可以将发电机的磁场强度提高到 $5 \times 10^4 \sim 6 \times 10^4$ Gs，并且几乎没有能量损失，这种发电机便是交流超导发电机。超导发电机的单机发电容量比常规发电机提高 5~10 倍，达 1×10^4 MW，而体积却减少 1/2，整机质量减轻 1/3，发电效率提高 50%。超导电线和超导变压器可以把电力几乎无损耗地输送给用户。据统计，目前的铜或铝导线输电，约有 15% 的电能损耗在输电线路上，在中国每年的损失即达 1000 多亿度。若改为超导输电，节省的电能相当于新建数十个大型发电厂。超导的抗磁性还应用于磁悬浮列车和热核聚变反应堆等。

目前，由于超导材料的临界温度还较低，其实际应用受到极大的限制。科学家们正努力寻找高温超导体(临界温度接近室温)材料，为超导材料从实验室走向应用铺平道路。

三、激光材料

由激光器发出的光称为激光(light amplification by stimulated emission of radiation, LASER)，是 20 世纪 60 年代才出现的一种新型光源。简单地说，激光就是工作物质受光或电刺激，经过反复反射传播放大而形成强度很大、方向集中的光束。激光具有许多宝贵的特性：首先，有极高的光源亮度，比太阳表面的发光亮度还高 10^{10} 倍；有极高的方向性，其光束发散度比探照灯少几千倍；具有极高的单色性，普通光源中单色性最好的是氪灯，其谱线宽度室温下为 0.95pm，而由 He-Ne 激光器发射的光只有 10^{-5}pm。激光器的这些特性是由激光器发光的特殊方式所决定的。

1. 激光产生的原理

当物质吸收外界能量(光能、热能、动能)后，组成物质的粒子会从较低的能态跃迁到较高的能态(激发态)；反之，当这些粒子从较高的能态回到较低的能态时将放出光能或热能。放出光能则称为辐射跃迁(radiative transition)，若放出热能则称为非辐射跃迁(nonradiative transition)。通常，大多数粒子处于能量最低能态(基态)，只有少数处于激发态。处于激发态的粒子有自发回到基态或较低能态(亚稳态)的趋势。粒子由高能态自发跃迁到低能态时发射出一个光子，其能量等于高、低能级间的能量差 $E_{h\nu} = E_2 - E_1$。

粒子由高能态自发跃迁到低能态所发射出的光称自发辐射(spontaneous radiation)，普通光源的发光都是自发辐射。在一般光源中通过激发而聚集在高能态上的粒子数总是有限的，因而发光亮度也很有限；由于自发辐射的光子在各个方向上杂乱分布，光源方向性很差；由于粒子分别从不同的激发态向亚稳态或基态跃迁，产生的光子的能量互不相同，颜色也就各不相同，单色性差。

如果借助于某种人为的手段使多数粒子聚集在激发态而不在基态，这样的状态称粒子数反转状态(population inversion)。造成粒子数反转状态的原子、离子或分子称为工作物质(working materials)。在反转状态下，当能量为 $E_{h\nu} = E_2 - E_1 = h\nu_{21}$ 的光子入射后，处在激发态的粒子在入射光的激发下跃迁至基态，同时，受激原子可发射出与诱发光子完全相同的光子：不仅频率(能量)相同，而且发射方向、偏振方向以及光波的相位都完全一样。于是，具有一定特征的光子入射后，可获得大量相同特征的光子，产生雪崩式的光放大作用。把粒子数反转状态的工作物质的上述行为称受激辐射(stimulated radiation)，也称受激发射(stimulated emission)。这种在受激过程中产生并被放大的光就是激光。若采用适当的方法和装置，使这种放大过程以一定的方式持续下去就成为一种光的受激发射的振荡器，简称激光器(laser)。

2. 激光器的种类

根据激光工作物质的性质，激光器可分为固体、气体及半导体等类型激光器。

1) 固体激光器

工作物质包括受激发射作用的金属离子(激活离子，即产生激光的离子)和基质(传播光束的介质)。应用最多的激活离子是 Cr^{3+} 和 Nd^{3+}。基质材料为晶体的称晶体激光器，为玻璃的称玻璃激光器。每一种激活离子有一对应的基质，如氧化铝掺入 Cr^{3+} 能发激光，但 Cr^{3+} 掺入其他基质就难以发光。

2) 气体激光器

气体激光器可分为三类：

(1) 原子气体激光器。工作物质是原子气体(稀有气体)及金属蒸气(如 Cu、Pb、Mn 等)。输出波长在 $1 \sim 3\mu m$ 的近红外，少数在可见光范围。最常用的是 He-Ne 激光器，有多种输出波长，最重要的是 632.8nm，相当于 Ne 的 3s 电子跃迁到 2p 所辐射的能量。

(2) 分子气体激光器。工作物质有 CO_2、N_2、O_2、HF 等。其中 CO_2 激光器发射波长 $10.6\mu m$，

输出功率目前已达几万瓦,是输出功率最大的激光器,应用在通信、雷达及加工领域。

(3) 离子气体激光器。工作物质是稀有气体离子或某些金属(如 Hg、Zn、Cd 等)蒸气通过强电流放电产生的离子。最典型的是 Ar^+ 激光器,最强发射波长在 488~514.5nm(蓝-绿区)。输出功率从几十至几百瓦,在可见光区输出而有实用意义。

3) 半导体激光器

能产生激光的半导体材料有 ⅢA~ⅤA 族化合物 GaAs、InSb、GaAlAs,ⅡB~ⅥA 族化合物 ZnS、CdTe 和ⅣA~ⅥA 族化合物 SnTe、PbSnTe 等,激光波长在 330nm~34μm 的近紫外、可见光和红外区。比固体和气体激光器效率高、体积小,广泛用于短距离激光测距、通信、警戒、测污、计算机技术与自动控制,以及在飞机、军舰和飞船上应用。

3. 激光的应用

由于激光具有优异的单色性、方向性和高亮度,在许多方面得到应用,被誉为“最快的刀”“最准的尺”“最亮的光”。

1) 激光加工

一束光会聚后能达到的温度主要取决于光源亮度。激光是最亮的光源,只要将中等强度的激光束会聚,在焦点处可产生上百万度的高温,使难溶物质瞬间熔化或气化。

激光打孔就是将聚焦的激光束射向工件“烧穿”指定区域。难以用机械打孔的材料(如宝石、轴承)用激光打孔却很容易。由于不和工件接触,时间短,避免了钻头磨损、材料的氧化、变形等。激光切割切缝窄、速度快、成本低,目前已广泛用于切割钢板、不锈钢、石英、陶瓷、布匹、木材、纸张、塑料等。激光可使任何材料,特别是难熔及物理性质不同的金属焊接。

激光武器具有高速发射,命中率高,对攻击目标瞄准即摧毁和抗电磁干扰等优异性能,在光电对抗、防空和战略防御中可发挥独特作用。某些类型的激光武器已经在实战中得到应用。激光武器也有弱点,如只能沿直线攻击目标,使用易受天气的影响,在雨雪、沙尘暴等天气里,空气中的微粒会反射激光,吸收光能,从而使光束的能量快速降低,射程受限。高能激光武器设备体积大、笨重,对作战平台要求很高,短期内难实现成规模的列装与部署。

2) 激光通信

利用激光有效地传送信息具有以下优势:通信容量大,理论上激光通信可同时传送 1000 万路电视节目和 100 亿路电话,且保密性强;激光不仅方向性特强,而且可采用不可见光,因而不易被敌方所截获,保密性能好;另外,结构轻便,设备经济。由于激光束发散角小,方向性好,激光通信所需的发射天线和接收天线都可做得很小,一般天线直径为几十厘米,质量不过几公斤,而功能类似的微波天线,质量则以几吨、十几吨计。

3) 激光测距

激光测距仪是利用激光对目标的距离进行准确测定的仪器。激光测距仪在工作时向目标射出一束很细的激光,由光电元件接收目标反射的激光束,计时器测定激光束从发射到接收的时间,计算出从观测者到目标的距离。激光测距仪质量轻、体积小、操作简单、速度快而准确,其误差仅为其他光学测距仪的五分之一到数百分之一,因而被广泛用于地形测量、战场测量、导弹以及人造卫星的高度测量等。它是提高坦克、飞机、舰艇和火炮精度的重要技术装备。

激光还可用来照排文字。激光打印机是目前打印速率最高、打印文字最清晰的打印机。

农业用激光照射种子能缩短成熟期。医疗上用激光治病、手术等。激光手术具有手术时间短、精确度高的特点，患者可以在手术期间不出血或出血量比较少，从而减少感染机会。目前激光手术在临床外科已经取代了部分的传统手术。

四、光导材料

光通信是当代新技术革命的重要内容之一，也是信息社会的重要标志。光通信的关键是有性能优异的光导纤维。光导纤维(optical fiber，简称光纤)是随 20 世纪 60 年代末兴起的光通信技术而迅速发展起来的。如今，光纤构成了支撑我们信息社会的环路系统。这种低损耗性的玻璃纤维推动了诸如互联网等全球宽带通信系统的发展。光流动在极细的玻璃丝中，它携带着各种信息数据，使得文本、音乐、图片和视频能在瞬间传遍全球。

1. 光纤的组成及通信原理

在结构上，光纤由三部分组成，即内芯玻璃(简称芯料)、涂层玻璃(简称皮料)和插入芯料与皮料之间的吸收料。光纤是根据光从一种折射率大的介质射向另一种折射率小的介质时会发生全反射的原理制成的。所以，要求芯料玻璃具有高折射率和透光度，皮料玻璃具有低折射率，这两种玻璃的性能如热膨胀系数、黏度尽量接近，而且芯料玻璃的析晶倾向要小。

光纤芯料的折光指数大于皮料的折光指数，光从芯料入射皮料，会在界面上发生全反射，入射光几乎全部封闭在芯料内部。经过无数次的全反射，光波呈锯齿状向前传播，使光由纤维的一端曲折地传到另一端(图6-5)。光通信就是把声音或图像由发光元件(如 GaAs 等ⅢA～ⅤA 族半导体激光器)转换成光信号，经光导纤维传向另一端，再由接收元件(如 CdS、ZnSe)恢复为电信号，使受话机发出声音或经接收机回复到原来的图像。

光纤通信最重要的特点是抗电磁干扰能力强，不受自然界的太阳黑子活动的干扰、电离层的变化以及雷电的干扰，也不会受到人为的电磁干扰。

光纤除了用于通信，近年来出现了各种光纤传感器，用来检测温度、压力、磁场、电流等。新近研制的化学光纤传感器用来连续、自动、遥测痕迹量的物质，速度快、成本低，是一项有效的分析测试新技术。

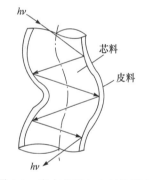

图 6-5　光在芯料与皮料界面全反射示意图

2. 光导纤维材料

从材料的组成来看，构成光纤芯料和皮料的材料均为高透明的介质，如石英玻璃、塑料等透明材料。光纤应用较普遍的有高纯石英(掺杂)光纤、多组分玻璃光纤和塑料光纤。

石英光纤的主要成分是二氧化硅(石英)，在光纤制作过程中，往往在芯层掺入极少量的杂质如 GeO_2 等，并按不同的掺杂量来控制芯料和皮料的折射率分布。石英光纤具有低耗、宽带的特点，现在已广泛应用于通信系统。

多组分玻璃光纤是指由硅酸盐系玻璃制成的纤维，其主要成分为 SiO_2-Na_2O-K_2O-B_2O_3，表 6-10～表 6-12 是常用多组分玻璃光纤原料配方。相比石英玻璃，多组分玻璃的软化点较低，制造成本低，且纤芯与皮料的折射率可调节的空间大。但由于其损耗大，主要用于医疗光纤内窥镜和短距离图像成像。

表 6-10　芯料的几种配方

	成分	SiO₂	B₂O₃	Al₂O₃	CaO	ZnO	K₂O[1]	K₂O[2]	MgO	Na₂O	As₂O₃	软化温度	折射率
B-46#	质量分数/%	15.0	55.0	10.1	1.0	4.0	8.1	1.8	0.4	4.0	0.2	476℃	1.4987
C-35#	成分	SiO₂	B₂O₃	Al₂O₃	BaO	CaO	PBO	CdO	TiO₂	—	—	520℃	1.8119
	质量分数/%	12.23	12.21	0.98	14.69	0.97	27.12	28.93	2.85	—	—		

1) 来自 K₂CO₃；2) 来自 KNO₃。

表 6-11　皮料的配方之一

皮 15-1 成分	SiO₂	B₂O₃	K₂O	Al₂O₃	Na₂O	CaF₂	KHF₂	MgO	软化温度
质量分数/%	68.19	4.57	17.00	1.50	2.30	1.79	2.00	0.49	600℃

表 6-12　吸收料成分

成分	B₂O₃	SiO₂	K₂O	CaF₂	MgO	Fe₂O₃	CoO	MnO₂	K₂Cr₂O₇
质量分数/%	4.98	68.90	18.00	1.79	0.49	3.50	0.60	4.00	0.40

　　玻璃光纤在制作时最常采用的制备方法是先将经过提纯的原料制成一根满足一定性能要求的圆柱体玻璃棒，称之为光纤预制棒。光纤预制棒是控制光纤性能的原始棒体材料，它的内层为高折射率的纤芯，外层为低折射率的皮料层，以满足光波在芯层传输的基本要求。再将制得的光纤预制棒放入高温拉丝炉中加温软化，并以相似比例尺寸拉制成线径很小的又细又长的玻璃丝。这种玻璃丝中的芯料和皮料的厚度比例及折射率分布，与原始的光纤预制棒材料完全一致，这些很细的玻璃丝就是光纤。

　　塑料光纤的芯料和皮料是由高纯度透明塑料，如聚甲基丙烯酸甲酯、氟塑料等制成。塑料光纤具有芯径大、质地柔软、连接容易、质量轻、价格便宜、传输带宽大等优点，可广泛应用在宽带接入网系统(楼外长距离传输用石英光纤，楼内短距离到户用塑料光纤)、数据传输系统、汽车智能系统、工业控制系统等方面，是优异的短距离数据传输介质。

　　光纤带领人类由工业社会进入信息社会，社会发展和科技进步对光纤提出了更多、更高的要求，研究探索高性能和多功能新型光纤，已成为光纤领域研究的热点。复合技术的应用为光纤发展开辟了新空间，赋予光纤新的性能和功能。例如，目前性能优良的商用石英光纤因在紫外、中远红外波段具有强烈的吸收而使用受限，而一些晶体和半导体材料在紫外甚至深紫外、中远红外波段具有很高的透过率。将不同材料复合到光纤中，可充分发挥材料的各自优势，产生众多新颖而奇异的性能和功能，可为传统光纤的发展打开一扇新的大门。

进入材料科学大世界

思考题与习题

一、判断题

1. 热稳定性比较：$HNO_3 < NaNO_3$，$HClO_3 < HClO_4$，$CaCO_3 > BeCO_3$。　（　）

2. 卤素能与金属反应而不与非金属反应。　（　）

3. 铜和浓硫酸反应的主要产物有 SO_2 气体。　（　）

4. 用来与氯气反应制备漂白粉的物质是氢氧化钙。　（　）

5. 王水能溶解金而硝酸不能，是因为王水对金有配合性，又有氧化性。　（　）

6. 单质碘 I_2 与碱 $NaOH$ 作用，不能发生歧化反应。　（　）

7. 亚硝酸钠的主要工业用途是作食品防腐剂。　（　）

8. 离子极化作用越强，所形成的化合物的离子键的极性就越弱。　（　）

9. $F_2 + 2OH^- \longrightarrow F^- + FO^- + H_2O$ 成立。　（　）

二、选择题

10. 下列生成 HX 的反应不能实现的是　（　）

A. $NaI + H_3PO_4(浓) \xrightarrow{\triangle} HI + NaH_2PO_4$

B. $2KBr + H_2SO_4(浓) \longrightarrow 2HBr + K_2SO_4$

C. $Br_2 + 2HI \longrightarrow 2HBr + I_2$

D. $NaCl + H_2SO_4(浓) \longrightarrow NaHSO_4 + HCl$

11. 浓 HNO_3 与 B、C、As、Zn 反应，下列产物不存在的是　（　）

A. 和 B 反应得到 H_3BO_3　　　　　　B. 和 C 反应得到 H_2CO_3

C. 和 Zn 反应得到 $Zn(NO_3)_2$　　　　D. 和 As 反应得到 H_3AsO_4

12. 下列酸中，酸性由强至弱排列顺序正确的是　（　）

A. $HF > HCl > HBr > HI$　　　　　　B. $HI > HBr > HCl > HF$

C. $HClO > HClO_2 > HClO_3 > HClO_4$　　D. $HIO_4 > HClO_4 > HBrO_4$

三、填空题

13. 周期系中非金属元素有_____种，它们分布在_____区、_____族。在非金属元素的单质中，熔点最高的是_____，沸点最低的是_____，硬度最大的是_____，密度最小的是_____，非金属性最强的是_____。

14. 比较下列几组氯化物熔点的高低：

$SnCl_2$ 和 $SnCl_4$ 中，_____>_____；$NaCl$ 和 $AgCl$ 中，_____>_____；KCl 和 $NaCl$ 中，_____>_____。

15. 按要求选择：

(1) $SiCl_4$、$SnCl_2$、$AlCl_3$、KCl 中熔点最高的是_____；

(2) $FeCl_3$、$FeCl_2$、$BaCl_2$、BCl_3 的水溶液中酸性最强的是_____；

(3) $Mg(HCO_3)_2$、$MgCO_3$、H_2CO_3、$SrCO_3$ 中热稳定性最好的是_____。

16. 陶瓷材料根据_____可分为_____和_____；耐火材料根据其_____可分为_____、_____、_____耐火材料。

17. 将 Na_2CO_3、$MgCO_3$、K_2CO_3、$MnCO_3$、$PbCO_3$ 按热稳定性由高到低排列，顺序为_____。

18. 反应 $KX(s) + H_2SO_4(浓) \Longrightarrow KHSO_4 + HX$，卤化物 KX 是指_____和_____。

19. HOX 的酸性按卤素原子半径的增大而_____。

四、问答题

20. 简述周期系中各元素所形成的氧化物及其水合物酸碱性的递变规律。

21. 简单说明 p 型半导体、n 型半导体和 p-n 结，指出其导电性和产生电势的机理。

22. 在温热气候条件下的浅海地区往往发现有厚层的石灰岩 $CaCO_3$ 沉积，而在深海地区却很少见到。试用平衡移动原理说明 CO_2 浓度的变化对海洋中碳酸钙的沉积有何影响。

23. 稀 HNO_3 与浓 HNO_3 比较,哪个氧化性强?举例说明。为什么在一般情况下,浓 HNO_3 被还原成 NO_2,而稀 HNO_3 被还原成 NO?这与它们的氧化能力强弱是否矛盾?

24. 稀释浓 H_2SO_4 时一定要把 H_2SO_4 加入水中边加边搅拌,而稀释浓 HNO_3 与浓盐酸没有什么严格规定,为什么?

25. 解释下列事实,并写出化学反应方程式。

(1) NH_4HCO_3 俗称"气肥",储存时要密闭。

(2) 不能把 $Bi(NO_3)_3$ 直接溶入水中来制备 $Bi(NO_3)_3$ 溶液。

 基于分子振动及转动能级跃迁的技术——红外吸收光谱法

第七章　有机高分子化合物与高分子材料
(Organic Polymer and Polymeric Materials)

人们对有机高分子化合物已不陌生，棉、麻、丝、毛、角、胶、塑料、橡胶、纤维，无论是天然的还是合成的，这类材料在人们日常生活和工程技术中都占有越来越重要的地位。早就有人断言，21 世纪将成为高分子的世纪。这一方面说明高分子材料种类、数量之多，另一方面也说明高分子材料在社会生活的各个领域中的作用之大。同时，也意味着高分子材料将有更迅速的发展。

本章以高分子化合物的最基本概念为基础，介绍一些重要的有机高分子材料以及某些复合材料。

第一节　高分子化合物的基本概念
(Basic Concepts of Polymers)

一、高分子化合物

高分子化合物(macromolecules)又称高聚物(polymer)或聚合物，是相对分子质量很大的一类化合物。高分子化合物与低分子化合物的根本区别在于相对分子质量的大小不同。低分子化合物(如酸、碱、盐、氧化物及有机化合物等)的相对分子质量大多数是比较小的，一般不超过 1000；而高分子化合物的相对分子质量很大，因此它们的分子体积也是很大的。

由于高聚物的相对分子质量很大，所以在性质上与低分子化合物有很大的差异，这也是量变引起质变的客观规律的一个很好证明。

1. 高聚物的组成

高聚物相对分子质量大的原因是它们的分子是由特定的结构单位多次重复而形成的。例如聚乙烯，它的分子式(也是结构式)为 $\{CH_2-CH_2\}_n$。从它的结构式可以看出，聚乙烯是由它的特定的结构单元—CH_2-CH_2—经 n 次重复而形成的，此特定的结构单位称为链节(chain)，链节重复的次数 n 称为聚合度(degree of polymerization)。又如，聚甲基丙烯酸甲酯(polymethyl methacrylate，PMMA，俗称有机玻璃)的结构式为

$$\left\{CH_2-\underset{\underset{COOCH_3}{|}}{\overset{\overset{CH_3}{|}}{C}}\right\}_n \quad 其链节为-CH_2-\underset{\underset{COOCH_3}{|}}{\overset{\overset{CH_3}{|}}{C}}-$$

因为聚合度可以是几个、几十、几百甚至几千、几万，所以相对分子质量很大。高聚物的相对分子质量应该等于其链节的化学式量与聚合度的乘积。但是，生产中得到的同一高聚物，不同的分子个体 n 值并不完全相同，因而每个分子的相对分子质量也就不完全相同。由此可知，高聚物的相对分子质量与低分子化合物不同，它没有一个确定的数值，而只有一个

平均值，依据测试方法不同有数均摩尔质量、重均摩尔质量等表达形式。这是由于同一种高聚物的聚合度可以各不相同。也就是说，高分子化合物在本质上是由许多链节相同而聚合度不同的化合物所组成的混合物。

由聚合度 n 的不同而引起高聚物相对分子质量的不同，这种现象通常称为高聚物相对分子质量的多分散性(polydispersity)。反映高聚物相对分子质量多分散性的特点，除具有平均值外，还有一个"相对分子质量的分布"。由于这一特点，高聚物的一些性质表现出某种特殊性。例如熔点，对于低分子化合物来说，一般均有一个固定的熔点；但对于高聚物来说，一般无明显的熔点，而只有范围较宽的软化温度。

2. 高聚物分子的结构

高聚物的分子相对而言是很大的，而且一般呈链状结构，故常称其为高分子链(或大分子链)。高分子链的形状有线型结构(linear structure)和体型结构(network structure)两类。前者可以含有支链，后者又称网状结构，如图 7-1 所示。这两类高分子的合成与控制以及线型向体型的转变是高分子化学研究的主要内容。线型及支链型大分子彼此间以分子间力聚集在一起，加热时可以熔融，并在适当溶剂中可以溶解。而体型大分子则因分子链间以化学键相连而在加热时不能熔融，也不能溶于溶剂之中。

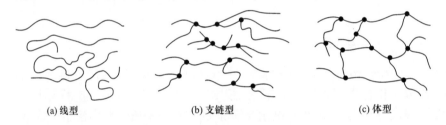

(a) 线型　　　　　　　(b) 支链型　　　　　　　(c) 体型

图 7-1　高聚物分子链的几何形状

线型结构的高聚物，如聚乙烯：

$$\sim\!\!\sim\!\!\sim\!\!-CH_2-CH_2-CH_2-CH_2-CH_2-CH_2\sim\!\!\sim\!\!\sim$$

体型(网状)结构的高聚物，如酚醛树脂：

线型结构的高分子链又细又长，其直径 d 与长度 l 之比可达 $1:1000$ 以上，如聚异丁烯

的 $d:l$ 在 $1:50\ 000$ 以上。这种分子存在的状态类似直径为 1mm、长度为 50m 的线，在无外力作用时，会任意卷曲，如同"无规线团"。体型结构的高聚物则不然，由于大分子之间有化学键，大分子链不易产生相对运动。相比之下，体型结构的高聚物具有更好的力学强度。

长链大分子之所以在自然条件下采取卷曲的状态，是因为大分子链具有一定的柔顺性。以碳链高分子为例：由于 C—C 单键是 σ 键，电子的分布是沿键轴方向圆柱状对称的，因此碳原子可以绕 C—C 键自由旋转，如图 7-2 所示。如果原子 C_1 和 C_2 连接起来，则 C_2—C_3 键可以绕 C_1—C_2 键旋转，即 C_3 处于沿 C_1—C_2 轴旋转而形成的圆锥底圆的边上，而且 C_1—C_2 与 C_2—C_3 所构成的键角等于 109°28′。C_3 原子在圆锥底边的任意位置上键角都保持着这个值。同样，C_3—C_4 键可以绕 C_2—C_3 键旋转，即 C_4 处于沿 C_2—C_3 轴旋转形成的圆锥的底圆边上，

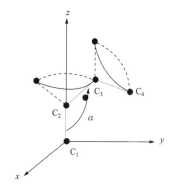

图 7-2　单键内旋转示意图

C_3—C_4 与 C_2—C_3 所构成的键角也等于 109°28′。一个高分子链可以有几百、几千个 C—C 键，因而分子的形状具有无数种可能性。同理，分子的末端距(高分子链两端的距离)也是不定的，每一瞬间都不相同。因此由于高聚物分子的内旋转可产生无数构象[①](conformation)，所以高分子链是非常柔软的。高分子链的这种特性称为高分子链的柔顺性(flexibility)。

柔顺性是高分子链的重要物理特性，也是它们与低分子物质性质不同的原因之一。

3. 晶态和非晶态高聚物

高聚物按其聚集态结构可分为晶态和非晶态两种。晶态结构指分子的排列是有规则的，即为有序结构；非晶态结构指分子的排列是没有规则的，即为无序结构。

熔融的高聚物，其分子链是非常卷曲紊乱的。如果温度降低，分子运动会减缓，最后被慢慢冻结凝固。有时可能出现两种情况：一种是分子链就按熔融时的无序状态固定下来，如有机玻璃、聚苯乙烯等，属无序结构的非晶态(amorphous state)；另一种是分子链在其相互作用力影响下，有规则地排列成有序结构，形成"结晶"，称晶态(crystalline state)，如尼龙、聚乙烯等。

通过进一步的研究发现，即使像聚乙烯这类很容易结晶的高聚物，其聚集态内部也并非是百分之百结晶，不过是"结晶度"很高而已。因此，提出了"两相结构"模型。这个模型认为：晶态高聚物中存在着链段排列整齐的"晶区"和链段卷曲而又互相缠绕的"非晶区"两部分。一条高分子链在高聚物中可以穿越几个晶区和非晶区(图 7-3)。

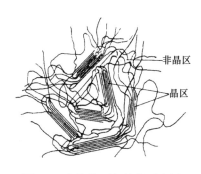

图 7-3　高聚物两相结构示意图

高聚物的聚集态除晶态和非晶态外，还有取向态结构。高聚物在其熔点以下，玻璃化温度(见后)以上的温度加以拉伸，此过程称为取向(orientation)。由于高分子链是长链，而且具有一定的柔顺性，所以分子链可以沿拉伸方向发生有序

---

① 高分子的每一种空间排列方式便是一种构象。

的排列。例如，聚甲基丙烯酸甲酯和聚丙乙烯等被拉伸后，可用光学的方法测得它们的分子链是取向态的。

取向和结晶虽然都使高分子链排列有序，但它们的有序程度不同：取向态是一维或二维有序，而结晶态是三维有序。

二、高分子化合物的制备

由低分子化合物合成高分子化合物的反应称聚合反应(polymerization reaction)，其起始原料称单体(monomer)。按单体和聚合物在组成和结构上发生的变化将聚合反应分为加聚反应和缩聚反应。

1. 加聚反应

加聚反应(addition polymerization)是由不饱和低分子化合物相互加成，或由环状化合物相互作用而形成高聚物的反应。例如，由乙烯生成聚乙烯的反应就是加聚反应的一个例子，即

$$n\mathrm{CH_2}\!=\!\mathrm{CH_2} \longrightarrow \left[\!\mathrm{CH_2}\!-\!\mathrm{CH_2}\!\right]_n$$

又如环氧乙烷聚合生成聚氧化乙烯的反应，即

$$n\mathrm{CH_2}\!-\!\mathrm{CH_2} \longrightarrow \left[\!\mathrm{CH_2}\!-\!\mathrm{CH_2}\!-\!\mathrm{O}\right]_n$$
$$\diagdown\!\mathrm{O}\!\diagup$$

从以上这些反应可以看出，能发生加聚反应的低分子化合物(单体)或者是不饱和的(具有双键、叁键)，或者是容易开环的环状化合物。

上述只由一种单体生成的聚合物称为均聚物；若两种或两种以上的单体反应则称共聚，产物为共聚物。例如，工程塑料 ABS 就是由丙烯、丁二烯、苯乙烯共聚而成的共聚物。

2. 缩聚反应

缩聚反应(condensation polymerization)是由相同的或不同的低分子化合物相互作用形成高聚物，同时析出如水、卤化氢、氨、醇等低分子物质的反应。例如，二元酸与二元醇经酯化而得到聚酯的反应就是缩聚反应的一个例子，即

$$n\mathrm{HO}\!-\!\mathrm{R}\!-\!\mathrm{OH}+n\mathrm{HOOC}\!-\!\mathrm{R'}\!-\!\mathrm{COOH} \longrightarrow \mathrm{H}\!\left[\!\mathrm{OR}\!-\!\mathrm{OCO}\!-\!\mathrm{R'}\!-\!\mathrm{CO}\right]_n\!\mathrm{OH}+(2n\!-\!1)\mathrm{H_2O}$$

很明显，参加缩聚反应的低分子化合物至少应该有两个能参加反应的官能团，才可能形成高聚物。当用包含三个能反应的官能团的低分子化合物时，如丙三醇与邻苯二甲酸酐作用，便能得到体型结构的高聚物，称聚邻苯二甲酸甘油酯。反应式为

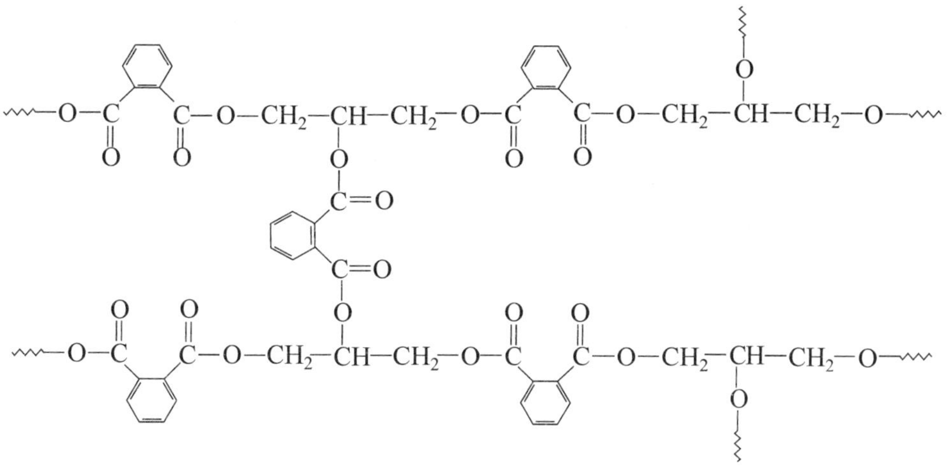

再如，由环氧氯丙烷和双酚 A 在碱的作用下生成环氧树脂(EP)的反应也是缩聚反应：

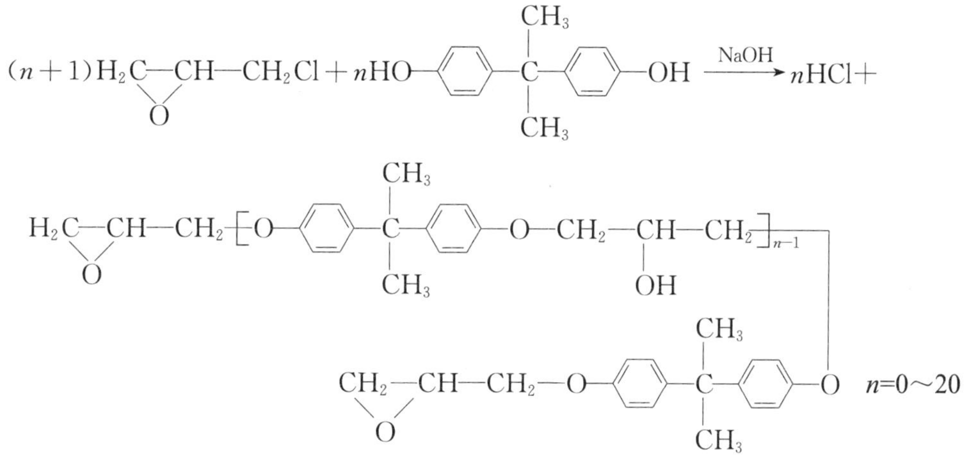

环氧树脂在使用时必须加入固化剂，使它由线型结构交联成体型结构。常用的固化剂为胺类化合物，如乙二胺、二乙烯三胺、间苯二胺等。乙二胺($H_2N—CH_2—CH_2—NH_2$)与环氧树脂两端的环氧基的反应可表示如下：

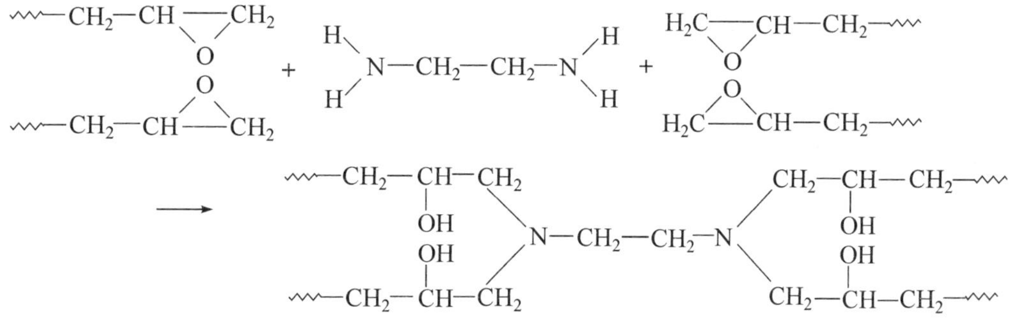

在这种环氧树脂网状结构中存在着脂肪族羟基(—CH(COH)—)、醚键(—O—)和环氧基(—CH—CH₂ 环氧)。当环氧树脂与其他物质紧密接触时，这些极性基团容易与该物质的极性部分(如木材纤维素中的—OH)相吸引，增强分子间力。因此环氧树脂的黏结能力很强，能黏结金属、木材、玻璃、陶瓷、塑料、皮革、橡胶等各种材料，故得名“万能胶”。

环氧树脂未经固化前是热塑性树脂,无实用价值。固化后可作热固性塑料,具有良好的耐磨性和稳定性,也可作为油漆、涂料使用。

三、高聚物的性能

1. 高聚物的物理状态

线型非晶态高聚物在恒定外力作用下,形变和温度的关系(又称热-机械曲线)如图 7-4 所示。

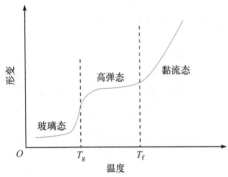

图 7-4　高分子化合物形变与温度的关系

由图 7-4 可知,线型非晶态高聚物在恒定外力作用下,以温度为标尺,可划分为三个性质不同的物理状态:玻璃态、高弹态和黏流态。对高聚物的这三种物理状态分别讨论如下:

(1) 黏流态。当温度较高时(高于黏流化温度 T_f),由于分子动能较大,不仅能满足高分子链的“局部”(称为链段)独立活动所需的能量,而且还能克服高分子链整体移动时部分分子间力的束缚。因此,此时链段和整个大分子链均可运动,成为具有流动性的黏液,称为黏流态(viscous state)。处于黏流态的高聚物,在很小的外力作用下,分子间便可以相互滑动而变形;当外力消除后,不会回复原状。这是一种不可逆变形,称为塑性形变(plastic deformation),具有可塑性,可以用于塑制成型。所以,黏流态是高分子化合物作为材料在进行加工成型时所处的工艺状态。

(2) 高弹态。温度逐渐下降至不太高时(在玻璃化温度 T_g 与黏流化温度 T_f 之间),因分子动能减小,大分子链整体的运动已不能发生,但链段的运动仍能自由进行。高聚物的这种状态称为高弹态(high elastic state)。此时,当受外力作用时,可通过链段的运动使大分子链卷曲(或伸展);当外力去除后,又能恢复到原来的卷曲(或伸展)状态。宏观表现为柔软而富有弹性,这种可逆形变称为高弹形变(high elastic deformation)。

(3) 玻璃态。当温度继续下降至玻璃化温度 T_g 以下时,分子的动能更小,以至于不但整个大分子链不能运动,就是链段也不能自由运动。此时分子只能在一定的位置上做微弱的振动。分子的形态和相对位置被固定下来,彼此距离缩短,分子间作用力较大,结合很紧密。高聚物的这种状态称为玻璃态(glassy state)。此时受外力而产生的微小形变称为普弹形变(general elastic deformation)。

某些线型非晶态高聚物的 T_g 和 T_f 见表 7-1。

表 7-1　某些线型非晶态高聚物的 T_g 和 T_f

高聚物	T_g/℃	T_f/℃	高聚物	T_g/℃	T_f/℃
聚氯乙烯	87	175	聚碳酸酯	148	225
聚甲基丙烯酸甲酯	90	170	天然橡胶	−73	122
聚苯乙烯	90	135	硅橡胶	−109	250
聚砜	189	300	尼龙-66	50	280

研究高聚物的三种物理状态以及 T_g 与 T_f 的高低，对选择和使用高分子材料具有重要的意义。例如，橡胶主要使用它的高弹性，它们在室温下应处于高弹态。为了提高橡胶的耐寒性和耐热性，要求作为橡胶材料的高聚物的 T_g 低一些，而 T_f 则要高一些，从而扩大橡胶的使用温度范围。$T_f - T_g$ 差值越大，橡胶耐寒性越好，性能越优越。又如，塑料在室温下应是玻璃态，则希望它们的 T_g 适当地高一些，即扩大塑料的使用温度范围。但塑料的 T_f 不要太高，因为塑料在加工成型时的温度必须高于 T_f。T_f 太高，则不但消耗能源，而且加工成型温度过高，会使塑料在成型时就受到老化破坏，因而缩短了它的使用寿命。

2. 高聚物的基本性能

1) 质轻

高聚物一般比金属轻，密度为 $1\sim2\mathrm{g\cdot cm^{-3}}$。最轻的泡沫塑料密度大约只有 $0.01\mathrm{g\cdot cm^{-3}}$。聚丙烯塑料密度也只有 $0.91\mathrm{g\cdot cm^{-3}}$。在满足使用强度的条件下，用高分子材料代替金属材料，对需减轻自重的场合具有重要意义。

2) 强度高

聚合物的机械强度，如抗拉、抗压、抗弯、抗冲击等，主要取决于材料的聚集状态、聚合度、分子间力等因素。聚合度越大，分子间作用力就越大，以至于超过了化学键的键能。因此，聚合物具有良好的机械强度。如果分子链的极性强，或有氢键存在，聚合物的强度更高，有的已经超过了钢铁和其他金属材料。例如芳纶 1414 纤维，其弹性模量是钢丝的 5 倍，具有耐磨、耐疲劳、耐冲击的特性，有"人造钢丝"之称。

3) 可塑性

线型聚合物受热达一定温度(T_f)后，会逐渐变软并最终成为黏性流体状态，因而具有良好的可塑性。由于这个软化过程不是瞬间完成的，需要经过一个较长的时间和温度间隔，为聚合物的加工成型带来很大方便。能耗远远低于金属材料的机械加工，这也是聚合物材料获得广泛应用的原因之一。

4) 电性能

由于高聚物分子中的化学键绝大多数是共价键，不能产生离子，也没有自由电子，所以是良好的电绝缘体。但对交流电而言，极性高聚物中，由于极性基团或极性链节会随电场方向发生周期性的取向，形成"位移电流"而产生导电性。这就是说，高聚物的电绝缘性是与其极性有关的。

如果将高聚物当作电绝缘材料，那么，非极性的高聚物可用作高频率的绝缘材料，如聚乙烯、聚四氟乙烯等；弱极性的高聚物可用作中频率的绝缘材料。但像酚醛塑料、聚乙烯醇等强极性高聚物，则只可用作低频率的绝缘材料。

5) 耐腐蚀性

高聚物的化学反应性能较差，对化学试剂比较稳定，所以一般具有耐酸、碱腐蚀的特性。高聚物普遍可用作耐腐蚀材料，其原因主要是共价键结合牢固，不易破裂。例如，具有"塑料王"之称的聚四氟乙烯在王水中煮沸也不会变质，是优异的耐腐蚀材料。

6) 溶解性

一方面，高聚物的溶解与低分子化合物的溶解有相同之处，一般情况下也符合相似相溶(like dissolves like)规则，即极性高聚物易溶于极性溶剂中，非极性或弱极性高聚物易溶于非极性或弱极性溶剂中。例如，极性的聚甲基丙烯酸甲酯可溶于氯仿，弱极性的聚苯乙烯可溶于苯或甲苯等。

另一方面，高聚物由于其分子结构可以是线型的，也可以是支链型或体型的，聚集态又有结晶与非结晶之分，而且相对分子质量极大又有多分散性，所以，高聚物的溶解过程要比低分子化合物复杂得多。通常，这种溶解过程都比较慢，要经过两个阶段：首先是溶剂分子向高聚物中扩散，从表面渗透到内部，使高分子链之间的距离增加，体积增大，这种溶解之前的体积膨胀称为溶胀(swelling)。随着溶胀的进行，高分子链间的距离不断增加，以致高分子链被大量的溶剂分子隔开而完全进入溶剂之中，完成第二阶段的溶解过程，形成均一溶液。

在选择合适溶剂的前提下，高聚物的溶解性好坏受极性大小、结晶度、相对分子质量等的影响。对于体型高聚物来说，由于分子链间有化学键相连，只有程度不等的溶胀而不能溶解。

 塑料酶降解再获突破

第二节　有机高分子材料
(Organic Polymer Materials)

合成高分子虽然有不少优异的性能，但大多数情况下还不能直接使用，必须在加工成型时加入多种添加剂，如增塑剂、稳定剂、阻燃剂等，以进一步提高和改善某些性能，但材料的性能仍主要取决于合成高分子的本性。习惯上，我们把高分子材料按使用性能分为塑料、橡胶和纤维三大类。有时，同一种高分子会分属于不同类别，如尼龙既可以是纤维，也可以是塑料，这取决于材料的加工方式和使用要求。

一、塑料

1. 塑料及其分类

塑料(plastic)是指具有塑性的高分子化合物。现在称为塑料的是指以有机合成树脂为主要成分的高分子材料。这种材料通常在加热、加压等条件下，可塑制成一定的形状。塑料的特点是具备良好的可塑性，在室温下能保持自己的形状不变。

(1) 塑料按加工时的工艺性能可分为热塑性塑料和热固性塑料两类。

热塑性塑料(thermoplastic plastic)的高分子链属线型结构(包括含有支链的)，这类塑料可溶、可熔。但由于种类不同，其溶解性及黏流化温度各不相同。这类塑料加热后会软化，冷却后变硬，并且可以多次反复进行。例如，聚乙烯、聚甲醛、氟塑料、ABS、尼龙(聚酰胺)、聚酯等。

热固性塑料(thermosetting plastic)的高分子链在固化成型前还是线型结构的，当它在固化成型过程中由于固化剂的作用而成型后就转化为网状结构的高分子链，成为不溶、不熔的材料，冷却后就不会再软化，所以只能受热一次加工成型。例如，酚醛树脂、环氧塑料等。

(2) 塑料按使用状况又可分为通用塑料和工程塑料两大类。

通用塑料(general-purpose plastic)主要指产量大、用途广、价格低，一般只能作为非结构材料使用的一类塑料。通常指聚乙烯(polyethylene，PE)、聚丙烯(polypropylene，PP)、聚氯乙烯(polyvinyl chloride，PVC)、聚苯乙烯(polystyrene，PS)、酚醛塑料和氨基塑料六个品种，产量占全部塑料的大多数。

工程塑料(engineering plastic)主要指机械性能较好，可以代替金属，可以作为结构材料使用的一类塑料。例如，聚酰胺(尼龙)、聚碳酸酯、聚甲醛、聚砜、聚酯、聚苯醚、氟塑料、环氧树脂等。

2. 工程塑料

1) 聚甲醛(polyoxymethylene，POM)

聚甲醛可分为均聚和共聚两种。均聚甲醛是以精制三聚甲醛为原料，以三氟化硼乙醚配合物为催化剂，在石油醚中聚合，再除去高分子链两端不稳定部分。其分子结构式为

$$CH_3-\underset{\underset{O}{\|}}{C}-O \left[CH_2O \right]_n \underset{\underset{O}{\|}}{C}-CH_3$$

目前，工业生产中是以共聚甲醛为主。它是以三聚甲醛与少量二氧五环为原料，其分子结构式为

$$\left[O-CH_2-O-CH_2 \right]_m \left[O-CH_2-CH_2-O \right]_n$$

这是 20 世纪 60 年代问世的工程塑料，它的发展极其迅速，目前已成为工程塑料中举足轻重的一种。

聚甲醛的分子链是一种没有侧链的、高密度、高结晶性的线型高聚物，属热塑性塑料。它的力学性能、机械性能与铜、锌极其相似。它可以在-40～100℃温度范围内长期使用，耐磨性和自润滑性都很优越，又有良好的耐油、耐过氧化物的性能；尺寸稳定性好，还有良好的电绝缘性。但不耐酸、不耐强碱、不耐日光和紫外线的辐射；高温下不够稳定，易分解出甲醛，加工成型也较困难。

聚甲醛的用途很广，可以代替各种金属和合金制造某些零部件，如齿轮、凸轮、阀门、管道、泵叶轮等，尤其是适用于某些不允许使用润滑油的轴承、齿轮。用它制作汽车上的轴承，使用寿命比金属的要长一倍；制作变换继电器，经 50 万次启闭仍完好无损。

2) 聚碳酸酯(polycarbonate，PC)

聚碳酸酯是一种新型的性能优异的热塑性塑料。工业上用精制的碳酸二苯酯和双酚 A，在高温(180～300℃)、高真空(137.3～6666Pa)、碱性催化剂存在下进行酯交换反应以制备聚碳酸酯，副产品为苯酚：

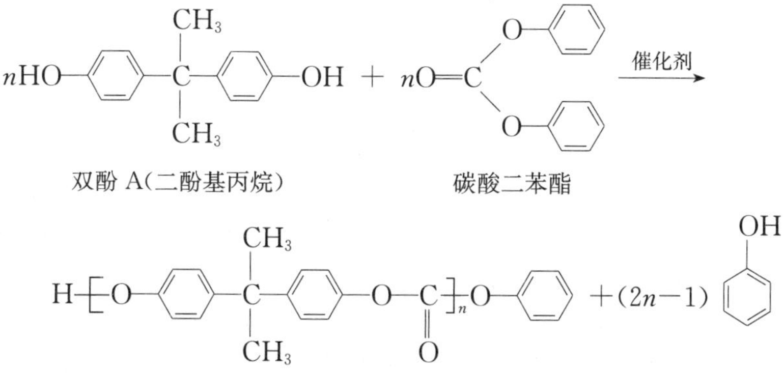

双酚 A(二酚基丙烷)　　　　　碳酸二苯酯

由于聚碳酸酯分子链中含有苯环，分子链间的作用力较大，所以具有强度大、刚性好、耐冲击、防破碎等特点。可在-100～150℃的较宽温度范围使用，如其薄膜可在沸水中放 28 天而性能不变。具有良好的电性能；具有无毒、无味、耐油、耐酸、吸水性低的优点。但不耐芳香烃、酮类、酯类等有机溶剂和强碱的侵蚀，这是因为在它的分子链中含有苯环和酯基。

聚碳酸酯不但可代替某些金属(如黄铜)，还可代替玻璃、木材和特种合金等。它可作电子仪器的外壳、零件、信号灯。有的客机每架耗用此材料不下两吨。由于其透光性好，可用于制作挡风玻璃、座舱罩等。宇宙飞船有数百个部件是玻璃纤维增强聚碳酸酯制造的。用低发泡聚碳酸酯制造的全塑轻便自行车只有 7.5kg，而其强度与金属自行车不相上下。PC 的成型加工性能良好，除可制成各种形状的零部件外，还可制成薄膜。用它发泡制造的人造木材做家具，不仅美观、耐用，而且不蛀。至于做各种日用品就更多了，如太空杯。

3) 聚四氟乙烯(polytetrafluoroethylene，PTFE，F-4)

用单体四氟乙烯可制取聚四氟乙烯，即

$$n\text{CF}_2\!=\!\!=\!\text{CF}_2 \longrightarrow \text{—}\!\!+\!\text{CF}_2\!\text{—}\text{CF}_2\!\text{—}\!\!\text{—}_n$$

聚四氟乙烯的性能优异、独特。它可耐强酸、强碱、强氧化剂，即使在高温下王水对它也不起作用，因而有"塑料王"之称。它在-250～260℃的温度范围内都可应用。它的绝缘性能好，具有优异的阻燃性和自润滑性。但是合成聚四氟乙烯的成本较高，而且加工成型比较困难，在 260℃以上的高温会放出毒气 HF。

聚四氟乙烯具有这些优异性能是与其分子链结构有关的。聚四氟乙烯是不含支链的很规整的线型分子，分子链排列较紧密，结晶度可达 90% 以上。由于聚四氟乙烯具有对称性结构，所以是一种非极性分子。又由于 C—F 键结合极牢固(键能 490kJ·mol^{-1})，不易破坏，而且 C—C 主链外围被氟原子所包围，使 C—C 键不易断裂，因此聚四氟乙烯分子链是不易被破坏的，所以具有许多很优异的性能。

聚四氟乙烯在冷冻工业、化学工业、电器工业、航空工业上得到了广泛的应用。例如，在医学上作代替血管的材料，高压电器设备上的薄膜，食品工业中的传送带与模子，化学工业上作耐腐蚀性要求极高的管道与衬里等。

4) 聚醚醚酮(polyetheretherketone，PEEK)

PEEK 是在主链结构中含有一个酮键(—CO—)和两个醚键(—O—)的重复单元所构成的高聚物，一般采用与芳香族二元酚缩合而得，其分子结构式是

PEEK 具有耐高温、耐化学药品腐蚀等物理化学性能，是一类结晶高分子材料，可用作耐高温结构材料和电绝缘材料，在许多特殊领域可以替代金属、陶瓷等传统材料。长期使用温度可达 239℃。PEEK 的耐高温、自润滑、耐磨损和抗疲劳等特性，使之成为当今最热门的高性能工程塑料之一。它主要应用于航空航天、汽车工业、电子电器和医疗器械等领域。例如，制作各种高精度的飞机零部件、需高温蒸气消毒的各种医疗器械。尤为重要的是 PEEK 无毒、质轻、耐腐蚀，是与人体骨骼最接近的材料，因此可采用 PEEK 代替金属制造人体骨骼。

工程塑料最初是为某一特定用途而开发的，量小价高。随着科学技术的发展，对高分子材料性能的要求也越来越高。工程塑料的应用领域不断拓展，产量也逐年增加，使工程

塑料与通用塑料之间的界限已难以划分。

二、合成橡胶

橡胶(rubber)是一类在室温下具有显著高弹性能的高聚物。它的特性是在外力作用下极易发生形变，形变率可达 100%以上。当外力消除后，又能很快恢复到原来的状态。通常，这种优异的性能可在较宽的温度范围(-50～150℃)内保持。

天然橡胶是橡胶树上流出的胶乳经凝固、干燥等工序加工而成的弹性体。橡胶是以聚异戊二烯为主要成分的不饱和状态的天然高分子化合物，其结构式是

$$\require{enclose}\ \left[CH_2-\underset{\underset{\displaystyle CH_3}{|}}{C}=CH-CH_2\right]_n$$

天然橡胶具有很好的弹性、机械强度、电绝缘性和较好的耐气透性。由于分子链中有双键，可发生加成、取代、裂解等反应。

随着工程技术上对橡胶制品的需求越来越大(例如，一辆解放牌汽车需 200kg，一架喷气式飞机需 600kg，三万吨级舰艇需 60 000kg)，天然橡胶供不应求。合成橡胶有了很大的发展。合成橡胶的原料主要来自石油产品，如共轭二烯烃(丁二烯、异戊二烯等)、单烯烃(乙烯、丙烯、苯乙烯等)。它们经过聚合或共聚，制取了与天然橡胶结构相似，因而性能也相似的各种线型高分子化合物。下面介绍几种重要的合成橡胶。

1. 丁苯橡胶

丁苯橡胶(styrene-butadiene rubber)是由丁二烯和苯乙烯进行共聚反应制得的高聚物，其结构式为

$$\left[(CH_2-CH=CH-CH_2)_x(CH_2-CH)_y\right]_n$$

数均摩尔质量为 $150～1500kg \cdot mol^{-1}$。

在实际生产中，所用原料的质量分数可以不同，如有的用丁二烯 90%、苯乙烯 10%，丁二烯 46%、苯乙烯 54%等。原料配比不同，虽然所得产物统称为丁苯橡胶，但它们的可塑性、热稳定性以及其他物理机械性能等都有差异。

由于丁苯橡胶的性能较好，原料又便宜易得，是产量和消耗量最大的合成橡胶种类，占全部合成橡胶的 50%以上。它作为通用橡胶，大部分用于代替天然橡胶，制造各种轮胎，其他还包括传送带、电线和电缆包皮、胶鞋和硬质橡胶等制品。

2. 顺丁橡胶

顺丁橡胶(polybutadiene rubber)是由单体丁二烯经均聚反应制得的顺式结构的高聚物。它具有良好的弹性、耐寒性、耐磨性、耐老化性与电绝缘性，有些性能还超过天然橡胶。例如，耐磨性比一般天然橡胶高 30%左右，可耐-90℃的低温(天然橡胶为-70℃，丁苯橡胶为-52℃)。但它的抗湿滑性、抗撕裂性和加工性较差些。顺丁橡胶作为通用橡胶通常与天然橡胶、丁苯橡胶混用制造轮胎胎面，所制得的轮胎胎面在苛刻的行驶条件下，如高速、低温时，可以显著改善耐磨性能，提高轮胎使用寿命。顺丁橡胶还可以用来制造其他耐磨制品，如胶辊、胶

管、衬垫、运输带等，也可用作防震橡胶、塑料的改性剂等。

顺丁橡胶的结构式为

$$\left[CH_2 \begin{matrix} H \\ | \\ C \end{matrix} = \begin{matrix} H \\ | \\ C \end{matrix} CH_2 - CH_2 \begin{matrix} H \\ | \\ C \end{matrix} = \begin{matrix} H \\ | \\ C \end{matrix} CH_2 \right]_n$$

3. 硅橡胶

硅橡胶分子主链由硅原子和氧原子组成，是一种兼具无机和有机性质的高分子弹性体。硅和碳在周期系中是同族，化学性质相似。硅原子也能相互结合成链，但纯硅链不能连得很长，同时硅原子之间也不能形成双键或叁键。如果硅氧交替组成主链，由于硅氧键键能较高(Si—O键能为378.6kJ·mol⁻¹，C—C键能为277.3kJ·mol⁻¹)，这种有机硅聚合物就很稳定。

硅橡胶(silicon rubber)的结构式如下：

$$HO - \begin{matrix} CH_3 \\ | \\ Si \\ | \\ CH_3 \end{matrix} - O \left[\begin{matrix} CH_3 \\ | \\ Si \\ | \\ CH_3 \end{matrix} - O \right]_n \begin{matrix} CH_3 \\ | \\ Si \\ | \\ CH_3 \end{matrix} - OH$$

硅橡胶的特点是既耐低温又耐高温，能在–65～250℃保持弹性，耐油、防水、不易老化，绝缘性能也很好。缺点是机械性能较差，耐酸碱性不如其他橡胶。硅橡胶可用作高温高压设备的衬垫、油管衬里、火箭导弹的零件和绝缘材料等。由于硅橡胶制品柔软、光滑、对人体无毒以及有良好的加工性能，所以用它制造多种医用制品，可经煮沸或高压蒸气消毒，如多种口径的导管、静脉插管、脑积水引流装置。由于硅橡胶可以消除人体的排斥反应，所以可用来制造人造关节、人造心脏、人造血管等。

4. 聚氨酯弹性体

聚氨酯(polyurethane，PU)是聚氨基甲酸酯的简称，为主链含—NHCOO—重复结构单元的一类聚合物，是由二元或多元异氰酸酯与二元或多元羟基化合物作用而生成的高分子化合物的总称。

聚氨酯橡胶(UR)具有硬度高、强度好、弹性高、耐磨性高、耐撕裂、耐老化、耐臭氧、耐辐射、耐化学药品性好及导电性好等优点，是一般橡胶所不能比的，其耐磨性能是所有橡胶中最高的。实验室测定结果表明，聚氨酯橡胶的耐磨性是天然橡胶的3～5倍，实际应用中往往高达10倍左右。聚氨酯弹性体的综合性能出众，任何其他橡胶和塑料都不能与其相比。聚氨酯弹性体可根据加工成型的要求进行加工，几乎能用高分子材料的任何一种常规工艺加工，如混炼模压、液体浇注、熔融注射、挤出、压延、吹塑、胶液涂覆、纺丝和机械加工等。

聚氨酯橡胶由于性能优异而广泛用于汽车工业、机械工业、电器和仪表工业、皮革和制鞋工业、医疗和体育等领域。例如，用聚氨酯制成的合成革材料具有最接近天然皮革的性能，手感好、透气性高、柔软适度，广泛用于服装、皮鞋、家具、箱包及车辆座椅等；聚氨酯橡胶可以应用到田径场塑胶跑道等运动场地；利用聚氨酯弹性体的生理相容性和抗血栓的优点，其可用于绷带、心脏起搏器血泵、人造血管、人工肾及人造心室等。

5. 氟橡胶

氟橡胶(fluororubber)是指主链或侧链的碳原子上含有氟原子的合成高分子弹性体。自从1934 年法国化学家聚合成功聚三氟氯乙烯、1938 年美国化学家在实施曼哈顿计划时发现聚四氟乙烯以来，人们认识到含氟高分子聚合物具有优异的耐高温性能和化学惰性。聚四氟乙烯已发展成为最大规模的氟聚合物产业。

但塑料自身的性能特点决定了其作为密封材料尚有较大的缺陷，迫切需要一种弹性体密封材料。在 20 世纪 50 年代中期，美国杜邦公司成功合成了含氟量足够高、有一定耐高温、耐介质性能的含氟弹性体，即 VITON 型氟橡胶。它具有优良的耐高温、耐寒、耐辐射、耐油、耐溶剂、耐腐蚀、耐药品、耐强氧化剂等特性和良好的物理机械性能，以及良好的电绝缘性，可用在一般橡胶无法承受的苛刻环境中。在军事工业上，氟橡胶主要用于航天、航空，如运载火箭、卫星、战斗机以及新型坦克的密封件、油管和电气线路护套等方面，是国防尖端工业中无法替代的关键材料。

三、合成纤维

在日常生活中，人们把细而柔韧的物质称为纤维(fiber)。纤维分为天然纤维和人造纤维两大类。棉、麻、丝、毛等属天然纤维。合成纤维是指以合成高分子为原料，经拉丝工艺获得的纤维。在室温下纤维沿大分子主链方向有很大强度，受力后形变很小，并在较宽的范围内强度很大。合成纤维的品种很多，如涤纶、丙纶等，其中聚酯、聚酰胺、聚丙烯腈的产量占世界合成纤维总产量 90%以上。

1. 尼龙(polyamide，PA)——聚酰胺纤维(锦纶)

尼龙是目前世界上产量最大、应用范围最广、性能比较优异的一种合成纤维。常用的有尼龙-6、尼龙-66、尼龙-1010 等。其中尼龙-66 是下述缩聚反应的产物：

$$n\text{HOOC}\text{-}(\text{CH}_2)_4\text{COOH}+n\text{H}_2\text{N}\text{-}(\text{CH}_2)_6\text{NH}_2 \longrightarrow$$

$$\text{HO}\text{-}[\overset{\text{O}}{\underset{}{\text{C}}}\text{-}(\text{CH}_2)_4\overset{\text{O}}{\underset{}{\text{C}}}\text{—NH}\text{-}(\text{CH}_2)_6\text{NH}]_n\text{H}+(2n-1)\text{H}_2\text{O}$$

聚酰胺分子链是极性的，而且链间还有氢键，所以分子间力很大；链中有 C—N 键，容易内旋转，因此柔顺性好。由于这些结构的特点，尼龙表现出"强而韧"的特性，是合成纤维中的"耐磨冠军"，弹性也很好。它的强度比棉花大两三倍，耐磨性比棉花高 10 倍。因此广泛用于制造袜子、绳索、轮胎帘子线、运输带等需要高强度和耐摩擦的物品。此外，由于锦纶不仅质轻强度高，而且不怕海水腐蚀、不发霉、不受蛀，因此可用来制造降落伞、宇宙飞船服、渔网等。它的最大弱点是耐热性差。

如果在聚酰胺的分子链中引入苯环，则分子链的刚性提高，其纤维的强度也大大增加。这种聚酰胺称为芳纶(国外牌号为凯夫拉)。芳纶中最具实用价值的品种有两个，一是间位芳纶(聚间苯二甲酰间苯二胺)，二是对位芳纶(聚对苯二甲酰对苯二胺)，在我国分别称为芳纶 1313 和芳纶 1414。两者化学结构相似，但性能差异却很大，应用领域各有不同。

芳纶 1313　　　　　　　　　芳纶 1414

芳纶1313以其出色的耐高温绝缘性，成为高品质功能性纤维的一种；芳纶1414外观呈金黄色，貌似闪亮的金属丝线，实际上是由刚性长分子构成的液晶态聚合物。由于芳纶1414的分子链沿长度方向高度取向，并且具有极强的链间结合力，从而赋予纤维空前的高强度、高模量和耐高温特性，具有极好的力学性能，这使它在高性能纤维中占据着重要核心地位。芳纶1414的连续使用温度范围极宽，在-196～204℃范围内可长期正常使用。在150℃下的收缩率为0，在560℃的高温下不分解、不熔化，耐热性更胜芳纶1313一筹，且具有良好的绝缘性和抗腐蚀性，生命周期很长，因而赢得"合成钢丝"的美誉。

芳纶1414首先被应用于国防军工等尖端领域。许多国家军警的防弹衣、防弹头盔、防刺防割服、排爆服、高强度降落伞、防弹车体、装甲板等均大量采用了芳纶1414。在防弹衣中，由于芳纶纤维强度高，韧性和编织性好，能将子弹冲击的能量吸收并分散转移到编织物的其他纤维中去，避免造成"钝伤"，因而防护效果显著。芳纶防弹衣、头盔的轻量化，有效地提高了军队的快速反应能力和防护能力。除了军事领域外，芳纶1414已作为一种高技术含量的纤维材料被广泛应用于航天航空、机电、建筑、汽车、体育用品等国民经济各个方面。

2. 涤纶(polyester)——聚酯纤维(的确良)

这里所说的涤纶是指由对苯二甲酸与乙二醇缩聚而得的聚对苯二甲酸乙二醇酯的纤维。由于含有酯基(—COO—)而称为聚酯纤维。它也是极性分子，分子间力较大。由于分子主链中含有苯环，所以柔顺性较差。涤纶的结构式是

$$\left[O-CH_2-CH_2-O-CO-\bigcirc-CO\right]_n$$

涤纶的最大优点是抗皱性好，"挺拔不皱"，保型性特别好，外形美观。强度比棉花高1倍，而且湿态时强度不变。由于纤维的截面是圆形的，所以光滑易洗、不吸水、不缩水。它的另一优点是耐热性好，可在-70～170℃使用，是常用纤维中最好的一种。耐磨性仅次于尼龙居第二位。由于含有酯基，耐浓碱性较差。

涤纶除作衣料外，还可作渔网、救生圈、救生筏以及绝缘材料(如涤纶薄膜)等。

3. 腈纶(polyacrylic)——聚丙烯腈纤维

腈纶是聚丙烯腈纤维的商品名，是仅次于聚酯和聚酰胺的合成纤维产品。它质轻，强度大，保暖性好，有"人造羊毛"之称。它还具有耐热、耐光、不怕虫蛀的优点，但耐磨性较差。腈纶大量用于代替羊毛，制作毛线、毛毯等，也可作防酸布、滤布、帐篷等。腈纶的结构式是

$$\left[CH_2-CH\right]_n$$
$$| $$
$$CN$$

应该指出，合成纤维吸湿性很差，如腈纶仅为棉花的18%，锦纶仅为棉花的40%。若用它们制作服装，汗液无法排出体外，汗液的分泌物会逐渐积聚，刺激皮肤，产生过敏反应。不少人穿了化纤衣服，皮肤瘙痒难忍，所以化纤不宜用作内衣材料。

四、高分子材料的老化与防老化

高分子材料在加工、储存和使用过程中，由于受到环境因素的影响，其物理、化学性质及力学性能发生不可逆的变坏现象，称为老化(ageing)。

1. 老化的实质

高分子材料的老化是一个复杂的物理、化学变化过程，其实质是发生了大分子的降解和

交联反应。

降解(degradation)是指聚合物在化学因素(如氧或其他化学试剂)或物理因素(如光、热、机械力、辐射等)作用下发生聚合度降低的过程。降解的结果可能是大分子链的无规断裂,变成相对分子质量较低的物质;也可能是解聚(聚合的逆过程),连接从末端逐步脱除。无论是哪种情况,都必然导致材料性能下降,如变软、发黏、失去原有的力学强度等。

交联(crosslinking)反应是指若干个线型高分子链通过链间化学键的建立而形成网状结构(体型结构)大分子的反应。线型聚合物经适度交联后,在耐热性、耐溶剂性、化学稳定性以及机械强度方面都有所提高。但是,如果制品在加工及使用过程中有不希望的交联出现,将使材料失去我们所要求的弹性而变硬、变脆甚至是龟裂,从而失去使用价值。

降解和交联在老化过程中往往同时出现,只不过是哪一类反应为主而已。例如,老化了的乳胶管,经常是外表面变脆,里面却发黏。

2. 防老化的方法

聚合物虽有老化现象发生,但其过程是十分缓慢的,在一定温度范围内仍可作耐热、耐腐蚀材料。为了延长聚合物材料的使用寿命,需要抑制各种促进老化的因素。聚合物在光与氧共同作用下的光氧老化、热与氧共同作用下的热氧老化是十分常见的。这里主要介绍防止这两种老化所采取的措施。

(1) 添加防老剂。防老剂是一种能够防护、抑制或延缓光、热、氧、臭氧等对高分子材料产生破坏作用的物质。添加防老剂是当前防老化的主要途径之一,可以在聚合反应时或聚合反应的后处理中加入,也可以在制作半成品或成品时加入。防老剂可分为抗氧剂、光稳定剂、热稳定剂等。选择时除必须考虑针对性外,还应考虑相混性、不污染制品、对人体无毒或低毒、廉价等因素。常用的有抗氧剂 2,6-二叔丁基-4-甲基苯酚、光屏蔽剂炭黑、热稳定剂硬脂酸钙等。

(2) 物理防护。物理防护是指在高分子材料表面附上一层防护层,起到阻缓甚至隔绝外界因素(这里指的主要是氧)对高聚物的作用,从而延缓高聚物的老化。

物理防护方法还有涂漆、镀金属、浸涂防老剂溶液等。涂漆可以提高聚氯乙烯、聚甲醛、ABS 等塑料制品的耐老化性。用电镀方法在聚丙烯、ABS 等表面镀上金属,不但提高了它们的耐老化性能,而且能制成导电体,也增加了表面的金属光泽,具有装饰性。例如,将高聚物制品浸入含有防老剂的溶液中,待晾干后,表面形成了防老剂集中的保护膜,可以显著提高防护效果。

(3) 改性。用各种方法改变高聚物的化学组成或结构,可以改善其使用性能,提高耐老化性。改性(modification)的方法有共混、共聚、交联、增强等。例如,以丙烯酸酯代替丁二烯使 ABS 改变为 AAS,其耐候性比 ABS 提高了 8~10 倍。又如,将聚氯乙烯进行氯化处理,使分子结构对称,可大大提高其耐热、耐老化性能。

第三节　功能高分子材料
(Functional Polymer Materials)

某些高聚物除机械性能外还具有一些特定的功能,如导电性、生物活性、光敏性、催化性等。这些在高分子主链或侧链上带有反应性功能基团的一类新型高分子材料称为功能高分子(functional polymer)，也称精细高分子。

一、吸附分离高分子

吸附分离高分子是指对某些特定离子或分子具有选择性吸附作用的高分子。这种高分子通常含有能与特定离子或分子产生强烈亲和作用的特殊官能团，可以将离子或分子固定在固体材料上。由于对不同分子的亲和作用有差异，即选择性吸附，吸附分离高分子可以实现对复杂物质体系的分离与产品提纯。

1. 离子交换树脂

现在应用很广泛的离子交换树脂(ion exchange resin)是一种能与溶液中的离子发生交换反应的功能高分子。按交换基团的不同，可将离子交换树脂分为阳离子交换树脂和阴离子交换树脂两大类，其中又分强酸性和弱酸性阳离子交换树脂、强碱性和弱碱性阴离子交换树脂，它们都是交联型的，骨架以二乙烯基苯交联的聚苯乙烯居多。强酸性阳离子交换树脂和强碱性阴离子交换树脂的结构可分别表示为

简写为 RSO_3H　　　　　　简写为 $R'N^+(CH_3)_3OH^-$

前者能与阳离子发生交换反应。例如：

$$RSO_3H + Na^+ \longrightarrow RSO_3Na + H^+$$

后者能与阴离子发生交换反应。例如：

$$R'N^+(CH_3)_3OH^- + Cl^- \longrightarrow R'N^+(CH_3)_3Cl^- + OH^-$$

离子交换法是水处理中制备高纯度去离子水的最重要的方法。通常，水中含的钙、镁、钠等阳离子和硫酸根、碳酸根、硝酸根、氯离子等阴离子在经过这两种树脂处理后，由于发生 $H^+ + OH^- \longrightarrow H_2O$ 的反应，基本不含电解质产生的正、负离子，称为去离子水。

离子交换树脂使用一段时期后会失效，需再生。再生时可用稀盐酸、稀硫酸处理阳离子交换树脂，用稀的氢氧化钠溶液处理阴离子交换树脂，其反应就是上述离子交换反应的逆反应。

离子交换树脂的用途很广，如制取净化水、糖的纯化处理、回收稀有金属和贵金属等，特别是在电厂锅炉用水和工业废水的处理中大量采用。

2. 高吸水性树脂

高吸水性树脂(supper absorbent resin)又称超级吸水剂，它能够在短时间内吸收自身质量几百倍甚至上千倍的水，而且有非常高的保水能力，即使受到外加压力也不会脱水。相比之下，普通的海绵、棉布、纸所吸收的水量约为自身质量的 20 倍，在挤压时大部分水会被排挤出去。

高吸水性树脂的种类繁多，从其原料来源角度可分为两类，一类是天然高分子改性物，如

淀粉、纤维素、甲壳素等进行结构改造(接枝、羧甲基化等)而得到的高吸水性树脂。这类高吸水性树脂的特点是材料来源广泛，生产成本低，产品具有生物降解性，适合作为一次性使用产品。另一类主要是指对聚丙烯酸、聚乙烯醇、聚丙烯腈等人工合成的水溶性聚合物进行交联改性而得的高吸水性树脂，其特点是吸水后机械强度高、热稳定性好，但吸水率偏低。

高吸水性树脂能够吸收自身质量数百倍至数千倍的水分，是由其特殊的结构特征决定的。从化学结构上来说，一方面，高吸水性树脂具有轻度交联的三维网络结构，它们的主链大多由饱和的碳碳键组成，侧链通常带有羧基、羟基、磺酸基等亲水基团。这类基团能够与水分子形成氢键，对水有很高的亲和性。与水接触后，高吸水性树脂能够迅速吸水并溶胀，水被包裹在呈凝胶状的分子网络内部，在液体表面张力的作用下不易流失与挥发。另一方面，由于高吸水性树脂多数属于聚电解质，遇水溶胀时，聚合物的反离子溶解于水，同时在网络结构上也形成固定的离子基团(例如含羧酸钠的聚合物，羧基—COO^-固定在聚合物链上，其旁边的反离子 Na^+可以进入水中)，导致树脂内部的水溶液离子浓度高于外部而产生渗透压。在渗透压的作用下，更多的水分子进入树脂内部直至达到平衡。

高吸水性树脂具有的高吸水性、高保水性使其在个人卫生用品、农用保水剂、建筑止水材料等方面得到广泛应用。其中，婴儿纸尿裤等个人卫生用品是高吸水性树脂使用量最大的领域，占总量的一半以上。在农业方面，利用高吸水性树脂的吸水可逆性，施用在土壤中的树脂将吸收的水分逐渐提供给植物，相当于在植物根系周围的微型水源。高吸水性树脂在荒漠和沙漠绿化方面将能够发挥极其重要的作用。

3. 高分子功能膜

普通膜材料(如食品保鲜膜、农用塑料膜等)的主要功能在于保护与隔离，而高分子功能膜则是一种特殊性质的膜，对物质具有选择性透过的能力。高分子功能膜的发展是与膜分离技术息息相关的。

膜分离过程是利用薄膜对混合组分的选择性通过使混合物分离的过程。膜分离过程的主要特点是以具有选择性透过的膜作为组分分离的手段，膜分离过程(渗透蒸发膜分离过程除外)没有相变，不需要使液体沸腾，也不需要使气体液化，因而是一种低能耗、低成本的分离技术。同时，由于膜分离过程一般在常温下进行，对需要避免高温的体系，如果汁、药品等的分级、浓缩富集具有极大的优势。

随着高分子合成工业的发展，高分子膜的制备材料早已不限于纤维素类衍生物，还包括聚烯烃类、聚酰胺类、有机硅等，如属于高力学性能工程材料的聚砜类材料。聚砜具有良好的化学、热学稳定性。pH 的适用范围为 1～13，最高使用温度达到 120℃，抗氧化性和抗氯性都十分优良，既适合直接制作超滤膜、微滤膜和气体分离膜，也可以用于制作复合膜的底膜，以提供更好的耐用性。

聚砜

4. 超高分子量聚乙烯纤维

超高分子量聚乙烯(UHMWPE)纤维的重均分子量可达百万数量级，是 20 世纪 70 年代发展起来的一种高性能纤维，与碳纤维、芳香族聚胺纤维并称为世界三大高性能纤维。高性能合成纤维是近年来纤维高分子材料领域发展迅速的一类特种纤维。它是具有高强度、高模量、耐高温、耐腐蚀、耐燃中一种或几种优异性能的纤维的统称，是支撑高科技产业发展的重要基础材料。

以石蜡油为溶剂将 UHMWPE 配制成浓度为 4%～12%的溶液，使高分子链处于解缠状态。然后经喷丝孔挤出后快速冷却成凝胶状纤维，其所具有的折叠链表层结构保持了低缠结的性质，萃取出溶剂后，通过超倍拉伸，纤维的结晶度和取向度提高，高分子折叠链转化成伸直链结构，并且非晶区均匀分散在连续伸直链结晶基质中，因此纤维具有高强度和高模量。

UHMWPE 纤维强度高，模量大，耐磨，耐切割，耐冲击性能好，同时具有良好的抗化学腐蚀性、电绝缘性和耐光性，特别适于制作绳索。由于密度小，自重断裂长度远大于其他纤维，达到 400km 左右。同样质量的绳索，断裂强度是钢丝绳的 8 倍以上。在受到冲击作用时，UHMWPE 纤维能够迅速消耗冲击能量，是目前理想的防弹纤维材料之一，多用于制造轻型复合装甲。

二、导电高分子

1977 年，美国化学家麦克·迪尔米德(A. G. MacDiarmid)、物理学家黑格(A. J. Heeger)和日本化学家白川英树(H. Shirakawa)首次发现掺杂碘的聚乙炔具有金属的导电性。导电高分子的出现打破了聚合物仅能作为绝缘体的传统观念。他们三人因导电高分子的研究获 2000 年诺贝尔化学奖。

1. 导电高分子

导电高分子(conductive polymer)是指具有共轭π键的高分子经化学或电化学"掺杂"而由绝缘体转变为导体的一类高分子材料。按照材料的结构与组成，导电高分子可以分成两类，一类是结构型(也称本征型)导电高分子，另一类是复合型导电高分子(见第七章第四节)。

结构型导电高分子本身具有导电性能，由聚合物结构提供导电的载流子(电子、离子或空穴)，这类聚合物经化学或电化学掺杂后，电导率可大幅度提高。国内外研究较为深入的导电高分子有聚乙炔、聚噻吩、聚吡咯、聚苯撑、聚苯乙炔、聚苯胺等。

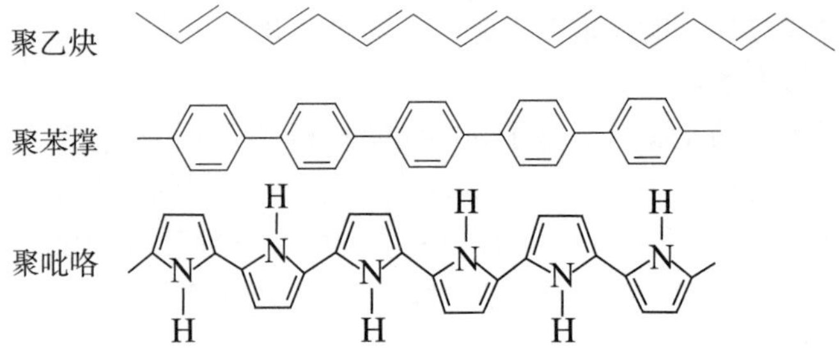

聚乙炔

聚苯撑

聚吡咯

结构型导电高分子完全不同于由金属或碳粉末与高分子共混而制成的导电塑料。由于导电高分子具有特殊的结构和优异的物理化学性能，它在能源、光电子器件、信息、传感器、分子导线和分子器件，以及电磁屏蔽、金属防腐和隐身技术上有着广泛、诱人的应用前景。因此，导电高分子自发现之日起就成为材料科学的研究热点。

2. 导电高分子的导电机理

根据导电载流子的不同，结构型导电高分子有两种导电形式：电子导电和离子传导。对于不同的高分子，导电形式可能有所不同，但在许多情况下，高分子的导电是由这两种导电形式共同引起的。

共轭聚合物具有较强的导电倾向，但电导率并不高。研究表明，共轭聚合物的能隙很小，电子亲和力很大，容易与适当的电子受体或电子给予体发生电荷转移。例如，在聚乙炔中添加碘或五氧化二砷等电子受体，由于聚乙炔的 π 电子向受体转移，电导率可增至 $10^4\Omega^{-1}\cdot cm^{-1}$，达到金属导电的水平。同样，因为聚乙炔的电子亲和力很大，也可从作为电子给予体的碱金属接受电子而使电导率上升。这种因添加电子受体或电子给予体提高电导率的方法称为掺杂。

3. 导电高分子的应用

导电高分子同时具有导体的良好导电性和聚合物优异的加工性能，因而作为特殊的有机导体，在能源、光电子器件、信息、传感器、分子导线和分子器件、大功率聚合物蓄电池、微波吸收材料、高能量密度电容器、电致变色材料等领域都有重要的应用。

(1) 电磁屏蔽与隐身。导电高分子对电磁波有良好的吸收性能，可用于电磁屏蔽与隐身。同时，由于高分子材料的密度小，比起其他隐身材料在轻质上具有较大优势，因此，导电高分子作为新一代隐形吸波材料很受关注。利用导电高分子在掺杂前后导电性能的巨大变化，可以实现防护层从反射电磁波到透过电磁波的转换，使被保护设备既能摆脱敌方的侦查，又不妨碍自身雷达的工作。这种可逆智能隐身功能是导电高分子隐身材料所特有的。

(2) 抗静电。通常的合成高分子由于导电性能差，容易产生电荷积累、放电及电磁干扰，严重时会导致灾难性事故。最常用的抗静电方法是添加金属粉、炭黑、表面活性剂、无机盐等抗静电剂，这种方法的缺点是用量大、抗静电性能不持久、制品颜色不佳等，使用导电高分子可以很好地解决这些问题。以纤维和织物为例，可以在其表面覆盖一层导电高分子，最简单的方法是将导电高分子(如聚苯胺)通过溶液法沉降在纤维或织物表面。

(3) 电致变色。主链具有共轭结构的导电高分子在电化学掺杂时能引起颜色改变，而这种掺杂过程是完全可逆的。因此，导电高分子是潜在的电致变色材料。例如，聚噻吩在还原态的最大吸收波长为 470nm 左右，呈红色；氧化掺杂后最大吸收波长为 730nm 左右，呈蓝色。高分子电致变色材料在信息显示器、电色信息存储器、智能窗等方面有广阔的应用前景。

三、医用高分子

1. 概述

医用高分子泛指具有治疗、修复、替代、恢复、增强人体组织或器官等功能的高分子材料。由于原料来源广泛，具有可以通过分子设计改变结构、生物活性高、材料性能多样等优点，医用高分子已经成为 21 世纪最具活力的研究领域。目前，人体除了大脑，其他一切器官均可以用高分子材料代替。例如，用硅橡胶、聚氨酯等制成的人工心脏，聚氯乙烯、硅橡胶、聚丙烯空心纤维、聚砜空心纤维制成的人工肺等。

医用高分子材料直接作用于人体或用于与人体健康密切相关的目的，有些需要长期接触或植入活体内部，因此，对材料的要求比较高。材料除了必须满足医疗过程中对其机械、物理和化学方面的标准，还必须满足生物医学方面的要求，包括：血液相容性，材料在体内与血液接触后不发生凝血现象、不形成血栓；组织相容性，与肌体组织接触过程中不发生不利的刺激性，不发生炎症、排斥反应，没有钙沉积、致癌作用；生物惰性，对于需要在人体中长期保持使用功能的材料，在生物内部环境下自身不发生有害的化学反应和物理破坏，即具有生物相容性；生物可降解性，在某些场合医用高分子材料需要具有可生物降解性，材料使用寿命有限，使用期过后，材料可以被生物体分解和吸收。

2. 隐形眼镜与水凝胶

最早的隐形眼镜的材质是聚甲基丙烯酸甲酯，具有优异的光学特性，但佩戴不太舒适。后来人们发明了软性隐形眼镜，它能紧密地贴在角膜上，比之前的硬接触镜片舒服很多。通常，软性隐形眼镜是由以下三种单体的共聚物水凝胶制得的。其中，聚乙烯基吡咯烷酮类水凝胶具有良好的生物相容性、透光性，含水量比较高，透氧性也比较好，但强度低，与甲基丙烯酸甲酯、甲基丙烯酸羟乙酯共聚后可改善其机械强度。

甲基丙烯酸甲酯　　　　甲基丙烯酸羟乙酯　　　　乙烯基吡咯烷酮

角膜的代谢过程十分特殊，由于没有血管，角膜是通过泪液直接从大气中吸收氧气的，软质接触眼镜与角膜贴合紧密，泪液难以通过，所以软质接触眼镜的氧气透过性十分重要。由上述共聚物的水凝胶制成的软质接触眼镜，能很好地满足透气性和亲水性的要求。

水凝胶是一类含有亲水官能团的交联网络状聚合物，其高密度的官能团能够吸收和保留大量水。水凝胶是亲水的，在水中能够溶胀但不溶解，它具有渗透性并可以进行溶质转运，具有黏弹性且表面光滑，还具有环境变化敏感性。因为能够满足多种功能的需要，水凝胶在药物递送、脊髓再生、神经组织工程甚至器官生成等过程中发挥重要作用，被描述为"地球上最具生物相容性的材料"。

3. 聚乳酸手术缝合线

聚乳酸(polylactide, PLA)具有优良的生物相容性和生物可降解性。它的最终降解产物是二氧化碳和水，中间产物乳酸也是体内正常糖代谢的产物，所以不会在重要器官聚集。PLA对人体无毒、无刺激，已成为一种备受关注的可生物降解的医用高分子材料。

$$\text{聚乳酸} \left[\text{C} \overset{\text{O}}{\underset{}{\parallel}} - \text{CH} \overset{\text{CH}_3}{\underset{}{|}} - \text{O} \right]_n$$

PLA 及其共聚物作为外科手术缝合线，在伤口愈合后能自动降解并吸收，术后无需拆除。与非吸收性缝合线相比，聚乳酸类缝合线刺激小、不易产生炎症反应、局部不出现硬结，受到医生们的青睐，目前已经广泛应用于各种手术。

扫一扫　水环境中具有高强度的可降解聚乙烯醇基超分子塑料

第四节　复合材料
(Composite Material)

一、复合材料概述

单一的材料往往很难满足生产和科技部门的需求，因此发展了复合材料。复合材料是由两种或两种以上物理和化学性质不同的物质组合而成的一种多相固体材料。木材和竹子就是复合材料，它们都是木质素和纤维复合的材料。不同的非金属材料可以相互复合，非金属材料也可以与各种不同的金属材料复合，不同的金属材料也可相互复合。这样形成的复合材料，既保留了原材料各自的优点，又得到了单一材料无法比拟的优异的综合性能，已成为一类新型的工程材料。高分子复合材料就是其中的一大类，是指以聚合物为基体或增强材料的复合材料。

二、高分子结构复合材料

1. 基体材料与增强材料

复合材料主要由基体材料和增强材料两部分组成。基体材料一般有合成高分子、金属、陶瓷等，主要作用是把增强材料黏结成整体，传递载荷并使载荷均匀。常用的高分子有酚醛树脂、环氧树脂、不饱和聚酯及多种热塑性聚合物。这类树脂工艺性好，如室温下黏度低并在室温下可固化。固化后综合性能好，价格低廉。其主要缺点是树脂固化使体积收缩较大、耐热强度较低、易变形。如果将树脂与纤维增强材料复合可得到性能较好的复合材料，目前主要用于与玻璃纤维复合。

增强材料按形态可分为纤维增强材料和粒子增强材料两大类。纤维增强材料是复合材料的支柱，决定复合材料的各种力学性能。常用的有玻璃熔融拉丝而成的玻璃纤维；有机纤维在隔绝空气条件下经高温碳化而得到的碳纤维(或石墨纤维)；还有陶瓷纤维、晶须纤维等。粒子增强材料除一般作为填料以降低成本外，也可改变材料的某些性能，起到功能增强作用。例如，炭黑、陶土、粒状二氧化硅为橡胶的增强剂，可使橡胶的强度显著提高。

2. 高分子结构复合材料的性能特点

高分子结构复合材料具有单一组分无法比拟的优异力学性能，主要有以下两方面。

(1) 比强度、比模量高。聚合物基复合材料的突出优点是比强度及比模量高。比强度是材料的强度与密度之比，比模量是材料的模量与密度之比。在质量相等的前提下，它是衡量材料承载能力和刚度特性的指标，对于在空中或太空中工作的航空航天材料而言，无疑是非常重要的力学性能。表 7-2 列出了几种材料的比强度和比模量，碳纤维树脂基复合材料表现出了较高的比模量和比强度。复合材料的高比强度和高比模量来源于增强纤维的高性能和低密度。玻璃纤维由于模量相对较低、密度较高，其玻璃纤维树脂基复合材料的比模量略低于金属材料。复合材料提供了与钢铁等金属材料相近甚至更优异的力学性能，同时还大幅降低材料自重，在航空航天飞行器、船舶等领域得到广泛应用。

表 7-2　各种材料的比强度和比模量

材料	密度/g·cm^{-3}	拉伸强度/GPa	弹性模量/10^{2}GPa	比强度/10^{6}cm	比模量/10^{8}cm
钢	7.8	1.03	2.1	1.3	2.7
铝合金	2.8	0.47	0.75	1.7	2.6
钛合金	4.5	0.96	1.14	2.1	2.5
玻璃纤维复合材料	2.0	1.06	0.4	5.3	2.0
碳纤维/环氧复合材料	1.6	1.07	2.4	6.7	15.0
硼纤维/环氧复合材料	2.1	1.38	2.1	6.6	10.0

(2) 耐疲劳性能好。金属材料的疲劳破坏常常是没有明显征兆的突发性破坏，而复合材料中增强材料与基体的界面能阻止裂纹的扩展，裂纹扩展或损伤逐步进行，时间长，破坏前有明显预兆。大多数金属材料的疲劳强度极限是其拉伸强度的 30%～50%，而碳纤维/聚酯复合材料的疲劳强度极限是其拉伸强度的 70%～80%。由于基体中有大量独立的纤维，当少数纤维发生断裂时，其失去部分载荷又会通过基体的传递迅速分散到其他完好的纤维上去，复合材料在短期内不会因此而丧失承载能力。

3. 纤维增强复合材料

纤维增强复合材料是以合成高分子为基体，以各种纤维为增强材料的复合材料。常用的有玻璃纤维增强复合材料、碳纤维增强复合材料等。

1) 玻璃纤维增强复合材料

玻璃纤维增强复合材料是以树脂为基体，玻璃纤维为增强材料制成的一类复合材料。用玻璃纤维增强热固性树脂得到的复合材料一般称为玻璃钢(glass fiber reinforced plastic)。常用的热固性树脂有环氧树脂、酚醛树脂、有机硅树脂、不饱和聚酯树脂等。玻璃钢的主要特点是质轻、耐热、耐老化、耐腐蚀性好，电绝缘性优良和成型工艺简单，但其刚度尚不及金属，长时间受力时有蠕变现象。热塑性树脂主要有尼龙、聚碳酸酯、聚乙烯、聚丙烯等。

由于其质轻、强度高、电绝缘性优良，玻璃钢常用于航空、车辆、农业机械等的结构零件及电机电器的绝缘零件。例如，在国防工业中用于制造一般常规武器、火箭、导弹，也用于制造潜水艇、扫雷艇的外壳；在机械工业中用于制造各种零部件，如轴承、齿轮、螺丝等，既节约了金属，也延长了寿命；在石油化工方面，用以代替不锈钢、铜等金属材料，收到了良好效果，如作储罐、槽、管道、泵和塔等；在车辆制造方面，玻璃钢可用来制造汽车、机车、拖拉机的机身和配件。"全塑"汽车的车身比铁车身减轻 20%～30%，燃料使用率提高 5%左右。

2) 碳纤维增强复合材料

碳纤维是含碳量高于 90%的高强度、高模量纤维的通称。它是将聚丙烯腈等原料纤维在一定的张力、温度下，经过一定时间的预氧化、炭化和石墨化处理等过程制成的。碳纤维具有元素碳的各种优良性能，如密度小、耐热性好、热膨胀系数小、导热系数大、耐腐蚀性和导电性良好等。同时它又具有纤维般的柔曲性，可进行编织加工和缠绕成型。碳纤维的最优良性能是它的强度超过一般增强纤维。

碳纤维增强复合材料是指以碳纤维为增强材料，合成高分子为基体的复合材料。基体材料以环氧树脂、酚醛树脂和聚四氟乙烯最多。

4. 粒子增强复合材料

粒子增强复合材料是以各种合成树脂为基体，而以各种粒子填料为增强材料的复合材料。根据填料的各种性质不同，可制造出各种性能的粒子增强复合材料。例如，以热塑性(线型结构)树脂为基体，以碳酸钙、硫酸钙等钙质填料为增强材料的钙塑材料，又如以石棉粉为增强材料的耐磨塑料等。

如果增强材料的粒径达到纳米尺度，则纳米粒子的粒径小、比表面积大，与高分子复合会产生很强的界面作用，使得纳米粒子的刚性、热稳定性、尺寸稳定性与高分子的强度、韧性、介电性、加工性能有机地结合在一起，可以得到性能提升的纳米复合材料。例如，纳米碳酸钙可同时提高高分子复合材料的拉伸性能、弯曲性能和抗冲击性能。

三、高分子功能复合材料

功能复合材料是指除力学性能以外而提供其他物理性能，如导电、磁性、压电、屏蔽等功能的复合材料。

(1) 导电复合材料。导电复合材料是由导电材料和作为基体的绝缘材料复合得到的具有导电功能的材料。在高分子基体中加入导电填料，如金属、金属氧化物、碳素等就构成了高分子导电复合材料。通常这些填料以粉末状、粒状、长纤维状等形态分散在基体中，当达到一定含量和分散程度，形成导电通路而具有导电能力。基体材料的选择主要依据导电材料的用途，如导电塑料、导电橡胶、导电涂料、导电黏合剂等，选择相应的热塑性或热固性树脂。

导电复合材料因其导电性而广泛应用于电子电气等领域。例如，导电黏合剂可粘接引线、导电元件；导电涂料涂覆在塑料表面可有效防止由静电累积、吸附灰尘而导致的火花放电现象，从而应用于需要防爆的场合。

(2) 磁性复合材料。目前工业上常用的磁性材料主要有三种，它们分别是铁氧体磁铁、稀土类磁铁和铝镍钴合金磁铁。这三种磁性材料的缺点是相对密度大，又硬又脆，难以加工成型。为了克服这些缺点，人们在塑料或橡胶中添加磁粉和其他助剂，将它们均匀混合后加工而制成高分子磁性复合材料。

聚合物基磁性复合材料的主要优点是密度小、耐冲击强度大、加工性能好、易成型、生产效率高，其尺寸变化小，易加工成尺寸精度高、壁薄、复杂形状的制品。制品可进行切割切削、钻孔、焊接、层压和压花纹等后加工，且使用时不会发生碎裂。聚合物基磁性复合材料作为一种新型功能性材料，以其固有的特性广泛用于电子电气、仪表、通信、玩具、文具、体育用品及日常生活中的诸多领域。

(3) 导热高分子复合材料。随着微电子高密度组装技术和集成技术的迅猛发展，电子设备的组装密度大大提高，使电子元器件、逻辑电路体积缩小的同时，电子设备随之所产生的热量也急剧增加，这将影响设备的运行稳定性。高分子材料绝缘性虽好，但作为导热材料，纯的高分子材料一般是无法胜任的，因为高分子材料大多是热的不良导体，它的导热系数非常小，一般在 $0.2\mathrm{W} \cdot \mathrm{m}^{-1} \cdot \mathrm{K}^{-1}$。将高导热性填料引入高分子形成的导热高分子复合材料很好地满足了设备对导热的要求。

导热高分子复合材料常用的导热填料有金属、金属氧化物、氮化物等。在对绝缘性能要求不高的场合下，如化工生产和废水处理中使用的热交换器、太阳能热水器、蓄电池冷却器等，可以采用导热非绝缘高分子复合材料，金属材料则可以作为其导热填料。常用的金属导热填料有铝、铁、铜、锡、银等。在对绝缘性要求高的场合下，无机陶瓷填料是应用最为广泛的导热填料，如 Al_2O_3、ZnO、MgO、SiO_2、BeO、AlN、BN、Si_3N_4、SiC 等。

导热高分子复合材料作为当今重要的热管理材料在航空航天飞行器、化工热交换器、特种电缆、电子封装、导热灌封等领域中都有广泛的应用。

通向专利的便车道

思考题与习题

一、判断题

1. 高聚物一般没有固定的熔点。　　　　　　　　　　　　　　　　　　　　（　　）

2. 体型高聚物分子内由于内旋转可以产生无数构象。　　　　　　　　　　　（　　）

3. 在晶态高聚物中，有时可同时存在晶态和非晶态两种结构。　　　　　　　（　　）

4. 二元醇和二元酸发生聚合反应后，有水生成，因此为加聚反应。　　　　　（　　）

5. 线型晶态高聚物有三种性质不同的物理状态。　　　　　　　　　　　　　（　　）

6. 高聚物强度高是由于聚合度大，分子间力超过化学键的键能。　　　　　　（　　）

7. 高聚物由于可以自然卷曲，因此都有一定的弹性。　　　　　　　　　　　（　　）

8. 具有强极性基团的高聚物，在极性溶剂中易溶胀。　　　　　　　　　　　（　　）

二、选择题

9. 高分子化合物与低分子化合物的根本区别是　　　　　　　　　　　　　　（　　）

A. 结构不同　　　　　B. 相对分子质量不同　　　　C. 性质不同　　　　D. 存在条件不同

10. 体型结构的高聚物有很好的力学性能，其原因是　　　　　　　　　　　　（　　）

A. 分子间有化学键　　　　　　　　　　　　　B. 分子内有柔顺性

C. 分子间有分子间力　　　　　　　　　　　　D. 既有化学键又有分子间力

11. 长链大分子在自然条件下呈卷曲状，是因为　　　　　　　　　　　　　　（　　）

A. 分子间有氢键　　B. 相对分子质量太大　　　　C. 分子的内旋转　　　　D. 有外力作用

12. 大分子链具有柔顺性时，碳原子均采取　　　　　　　　　　　　　　　　（　　）

A. sp 杂化　　　　　B. sp^2 杂化　　　　　　　C. sp^3 杂化　　　　　D. 不等性 sp^3 杂化

13. 在晶态高聚物中，其内部结构为　　　　　　　　　　　　　　　　　　　（　　）

A. 只存在晶态　　　B. 晶态与非晶态同时存在　　C. 不存在非晶态　　　　D. 取向态结构

14. 下列化学式中，可以作为单体的是　　　　　　　　　　　　　　　　　　（　　）

A. $\text{—}CH_2\text{—}CH_2\text{—}O\text{—}_n$　　　　　　　　　　B. $CH_2OH\text{—}CHOH\text{—}CH_2OH$

C. $\text{—}CH_2\text{—}CH_2\text{—}_n$　　　　　　　　　　　D. $\text{—}CF_2\text{—}CF_2\text{—}_n$

15. 适宜作为塑料的高聚物是　　　　　　　　　　　　　　　　　　　　　　（　　）

A. T_g 较低，T_f 较高的非晶态高聚物　　　　　B. T_g 较高，T_f 也较高的非晶态高聚物

C. T_g 较底，T_f 也较低的非晶态高聚物　　　　D. T_g 较高，T_f 较低的非晶态高聚物

16. 高聚物具有良好的电绝缘性，主要是由于　　　　　　　　　　　　　　　（　　）

A. 高聚物的聚合度大　　　　　　　　　　　　B. 高聚物的分子间作用力大

C. 高聚物分子中化学键大多数是共价键 　　　D. 高聚物分子结晶度高

17. 塑料的特点是 　　　　　　　　　　　　　　　　　　　　　　　　（　　）

A. 可以反复加工成型 　　　　　　　　　　B. 室温下能保持形状不变

C. 在外力作用下极易发生形变 　　　　　　D. 室温下大分子主链方向强度大

18. 下列高聚物中柔顺性较差的是 　　　　　　　　　　　　　　　　　　（　　）

A. 聚酯纤维 　　　　B. 聚酰胺纤维 　　　　C. 聚乙烯 　　　　D. 聚四氟乙烯

19. 从下列 T_g、T_f 值判断，适宜作为橡胶的是 　　　　　　　　　　　（　　）

	A	B	C	D
T_g/℃	87	189	90	−73
T_f/℃	175	300	135	122

20. 不属于高分子材料老化现象的是 　　　　　　　　　　　　　　　　　（　　）

A. 高度分子材料经过一段时期使用后失效，经再生处理可重复使用

B. 高分子材料性能下降，变软，失去原有力学强度等现象

C. 线型高分子材料通过链间化学键形成网状大分子

D. 以上三点都不对

三、填空题

21. 线型非晶态高聚物在恒定外力作用下，当温度降至 T_g 以下时，称为_____态；温度下降至 T_g～T_f 时，称为_____态；温度高于 T_f 时，称为_____态。

22. 玻璃化温度 T_g 高于室温的高聚物称为_____，低于室温的高聚物称为_____。作为塑料要求 T_g 适当_____(高/低)，作为橡胶 T_g 越_____越好。

23. 高分子主链或侧链上带有_____的一类高分子材料，并具有某种特定的功能，称为_____。

24. 高聚物中素有"耐磨冠军"之称的是_____；素有"挺拔不皱"特性的是_____；素有"人造羊毛"之称的是_____；素有"玻璃钢"之称的是_____。

25. 高分子材料的老化是一个复杂的物理、化学变化过程，其实质是发生了大分子的_____和_____反应。

四、问答题

26. 什么是功能高分子材料？简述离子交换树脂的作用。

27. 复合材料由哪两部分组成？各有什么作用？

28. 高聚物的机械强度与结构有什么关系？

第八章 化学与能源
(Chemistry and Energy Sources)

能源是一种物质资源，是人类生存和发展的物质基础。能量是人类社会各种经济活动的原动力。能源的开发和利用是社会经济发展水平的重要标志。但是，随着社会的发展，能源的供需矛盾日趋尖锐。因此，如何合理地利用现有能源，开发新的能源是人类必须关注的一个重大社会问题。

第一节 能源概述
(Introduction of Energy)

伴随社会的进步和经济的发展，能源的消耗正在以十分惊人的速度增加。人类在享受能源带来的经济发展、科技进步等利益的同时，也遇到了一系列无法避免的能源挑战。能源短缺、资源争夺以及过度使用能源造成的环境污染等问题正在威胁着人类的生存与发展。

历史上，一种新能源的出现和能源科学技术的每一次重大突破，都带来了世界性的经济飞跃和产业革命，极大地推动着社会的进步。目前，一场新能源的技术革命正在兴起。

一、能量的形态与能量的转换

能量(energy)被定义为物质做功的本领。能量有各种不同的形式，如机械能、热能、化学能、光能、电能和原子核能等，如果把生物能也包括进去就有七种形式。

各种不同形态的能量可以相互转化，转化规律服从能量守恒定律。例如，内燃机、蒸汽机可以将热能转变为机械能，热发电机可以将热能转化为电能，而原电池可以将化学能转变为电能。实际上，能量的转换并不都是十分彻底的。有的能量如热能，理论上已经证明它不能百分之百地转换成别种能量。遗憾的是无论石油还是原子能，利用现在的技术总要先把它们变为热能，然后再转换成电能。因此，火力发电和原子能发电的效率只有 30%～40%，其余的能量就以热的形式散失了。

二、能源的概念与分类

能源(energy sources)是指可以从其中获得能量的资源。我们把存在于自然界中的可直接利用其能量的能源称为"一次能源"(primary energy resources)，把需要依靠其他能源制取的能源称为"二次能源"(secondary energy resources)。在一次能源中，诸如风、流水、潮汐、地热、日光及草木燃料等，不随人类的利用显著减少的能源称为"再生能源"(renewable energy resources)，而化石燃料和核燃料却随着人类的利用而减少，称为"非再生能源"(non-renewable energy resources)。能源的分类可归纳如下：

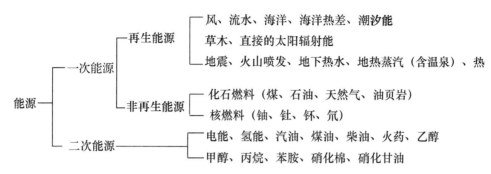

在一次能源通过某种装置转换成二次能源时，转换率很低，其中一部分能量被浪费掉了。人类目前面临的问题一方面是开发新能源，另一个重要方面就是开发高效率的转换技术，以使能源充分发挥其应有的作用。

第二节 燃料能源
(Fuel Energy Sources)

一、燃料概述

1. 燃料的分类与组成

燃料(fuel)一般指产生热能或动力的可燃性物质。但工业上选作燃料的仅指在燃烧过程中以氧气(空气)作氧化剂的物质，主要是含碳物质或碳氢化合物。按其物态可分为固态、液态和气态三类燃料；若按其来源可分为天然燃料和人造燃料(表 8-1)。

表 8-1　燃料的一般分类

燃料的物态	天然燃料	人造燃料
固体燃料	木柴、泥煤、褐煤、无烟煤、油页岩	木炭、焦炭、粉煤、煤砖(饼、球)
液体燃料	石油	汽油、煤油、柴油、重油、渣油、乙醇、煤焦油
气体燃料	天然气(气田和油田)	高炉煤气、焦炉煤气、发生炉煤气、石油裂化气、沼气、地下气化煤气

天然矿物燃料(化石燃料)主要是由植物和动物残骸在地下经长时期的堆积、埋藏，受到地质变化的作用(包括物理、化学、生物等作用)，逐渐分解而最后形成的可燃性矿物燃料。所以它们的组成主要是有机化合物以及部分无机化合物、水分和灰分。人造燃料就是对这些天然燃料进行加工处理后所得到的各种产品。

燃料的化学组成极其复杂，它是由有机可燃物和不可燃的金属氯化物、硫酸盐、硅酸盐等无机矿物杂质(灰分)与水分等组成的混合物。气体可燃物一般有 CO、H_2、CH_4、C_2H_4、C_nH_m 以及 H_2S 等，不可燃气体有 CO_2、N_2 和少量 O_2。在气体燃料中还含有水蒸气、焦油蒸气以及粉尘等固体微粒。固体和液体燃料中的可燃物质是各种复杂的有机化合物的混合物。根据燃料的元素分析可知，这些可燃的有机化合物都是由碳、氢、氧、氮、硫等化学元素所组成的。

2. 燃料的发热量

在工程上，燃料的发热量(heating quantity，或称热值，习惯上用 Q_{DW} 表示)是指单位质量或单位体积的燃料完全燃烧时所能释放出的最大热量，单位为 kJ·kg^{-1}(对固体和液体燃料)或 kJ·m^{-3}(对气体燃料，在 101 325Pa、298.15K 时)。它是衡量燃料作为能源的一个重要指标。

燃料发热量的高低显然取决于燃料中含有可燃物质的多少。但是，固体燃料和液体燃料的发热量并不等于各可燃物质组分(碳、氢、硫等)发热量的代数和。因为它们不是这些元素的机械混合物，而是具有极其复杂的化合关系，所以难于导出理论公式来进行计算。目前，最可靠地确定燃料发热量的办法是依靠实验测定。

气体燃料因为是由一些具有独立化学特性的单一可燃气体所组成，每种单一可燃气体的发热量(Q_{DW})可以精确地测定。表 8-2 为一些常见单一可燃气体发热量的理论值。因此，气体燃料的发热量可以按每种单一可燃气体组成的发热量计算后相加起来，即

$$Q_{DW} = (127\mathrm{CO}\% + 108\ \mathrm{H_2}\% + 360\ \mathrm{CH_4}\% + 595\ \mathrm{C_2H_4}\% + \cdots + 231\ \mathrm{H_2S}\%)\mathrm{kJ \cdot m^{-3}} \qquad (8\text{-}1)$$

式中："127"是指 1% m^3 的 CO 在标准条件下完全燃烧放出 127kJ 的热，即 1m^3 CO 完全燃烧放出的热为 12 700kJ。其余的类同。

表 8-2   一些单一可燃气体的发热量

可燃气体	氢(H_2)	一氧化碳(CO)	甲烷(CH_4)	乙烷(C_2H_6)	丙烷(C_3H_8)	乙炔(C_2H_2)	乙烯(C_2H_4)	丙烯(C_3H_6)	硫化氢(H_2S)
Q_{DW}/ kJ·m^{-3}	10 800	12 700	36 000	64 400	93 600	56 500	59 500	86 300	23 100

表 8-3 为一些常用的固体、液体和气体燃料的发热量值。

表 8-3   一些常用的固体、液体和气体燃料的发热量

固体燃料	发热量 Q_{DW} / kJ·kg^{-1}	液体燃料	发热量 Q_{DW} /kJ·kg^{-1}	气体燃料	发热量 Q_{DW} / kJ·m^{-3}
干木材	19 000	航空汽油	>43 100	天然气	33 500~46 100
烟煤	25 100~29 300	柴油	~42 500	发生炉煤气	3 770~6 700
无烟煤	20 900~25 100	重油	39 800~41 900	水煤气	1 000~1 1300
木炭	34 000				

二、几种常见的传统燃料

1. 煤

煤(coal)的蕴藏量远比石油和天然气丰富，因此煤仍然是当前的主要燃料。我国是一个缺油少气、煤炭资源相对丰富的国家，因此，煤在中国能源可持续利用中扮演了重要角色。由于煤中的碳含量高且含有硫、氮等杂原子和无机矿物质以及芳香族类物质等，煤燃烧带来了严重的环境污染问题，而且煤的燃烧也不完全，热效率低。因此，如何开发和提高煤的使用价值显得尤为重要。2021 年，中国煤炭占能源消费总量比重由 2005 年的 72.4%下降到 56%，非化石能源消费比重增长到 16.6%左右。

煤化工是化学工业的重要组成部分，它以煤为原料，经过物理及化学加工使煤转化为气

体、液体和固体燃料以及各种精细化学品。传统的煤化工技术主要包括煤焦油化工、煤的气化、煤的裂解等。目前比较成熟的技术是煤的液化，在直接液化和间接液化两个方面都有发展。直接液化法就是将煤在高温、高压、催化剂存在下进行加氢处理。把煤变成油，不仅可以缓解我国能源结构中煤多油少的矛盾，还能减少煤炭对环境的污染。间接液化法就是先将煤气化，然后再合成液体燃料。煤的液化为生产洁净燃料代替石油开辟了有希望的途径。

2. 天然气

天然气(natural gas)的主要成分是甲烷。当甲烷的体积分数 $\varphi_B > 0.5$ 时，称为"干天然气"；当甲烷的 $\varphi_B \leq 0.5$ 时，称为"湿天然气"。"湿"的意思是表示这种天然气中含有较多高沸点的容易液化的烃类。

天然气的用途主要是作为工业或家庭的燃料气。此外，富含甲烷的天然气也是驱动汽车发动机的优良燃料，其突出的优点是抗震性能好和排出的废气不污染环境。为此，我国城市的公交车正逐步采用天然气来取代汽油作燃料。天然气代替焦炭用来炼铁的技术正不断扩大。这种"直接还原法"炼铁对那些没有煤炭资源的国家来说具有特殊意义。

另外，在空气充足的条件下，甲烷燃烧不会生成炭黑和不饱和烃等，故不会对环境造成污染。

$$CH_4 + 2O_2 == CO_2 + 2H_2O$$

在天然气所含的杂质中，只有硫化氢对环境有污染，而且在输送中会对管道造成腐蚀，所以在输送前要除去硫化氢。

3. 石油

石油(petroleum)又称为原油，是一种黏稠的深褐色液体，主要是各种烷烃、环烷烃和芳香烃的混合物。它是由几百万年前的海洋动、植物经过漫长的演化形成的混合物，与煤一样属于化石燃料。石油主要用于生产燃油和汽油，而且是许多化学工业产品的原材料。

由于全球对非再生性能源(如煤、石油、天然气等)的过度开发和利用，能源危机已迫在眉睫。如何合理应用传统能源、开发新能源，对于解决当今世界严重的环境污染问题和资源(特别是化石能源)枯竭问题具有重要意义。

 北京冬奥会彰显绿色新能源

第三节 化学电源
(Batteries)

借助于化学变化将化学能直接转变为电能的装置称为化学电源(batteries)。化学电源可分为原电池、蓄电池和燃料电池等。

一、原电池

原电池是利用化学反应得到电流，放电完毕后不能再重复使用的电池，故又称为一次性电池(primary battery)。

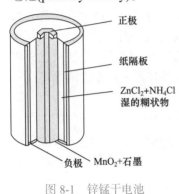

图 8-1　锌锰干电池

常用的锌锰干电池、锌汞电池(纽扣电池)、锂-铬酸银电池等都是原电池。

1. 锌锰干电池

锌锰干电池负极材料是金属锌筒，正极的导电材料是石墨棒(碳棒)，两极间充满 MnO_2、$ZnCl_2$ 和 NH_4Cl 的糊状混合物(图 8-1)。锌锰干电池的结构可用电池符号表示为

$$(-)Zn|ZnCl_2, NH_4Cl (糊状)|MnO_2|C(石墨)(+)$$

接通外电路放电时，负极上的锌发生氧化反应：

$$Zn(s)-2e^- \longrightarrow Zn^{2+}$$

正极上发生还原反应：

$$2MnO_2(s)+2NH_4^+ +2e^- \longrightarrow Mn_2O_3(s) +2NH_3(aq) +H_2O$$

电池总反应为

$$Zn(s)+2MnO_2(s)+2NH_4^+ \longrightarrow Zn^{2+} +Mn_2O_3(s)+2NH_3(aq)+H_2O(l)$$

锌锰干电池的电动势为 1.5V，与电池的大小无关。锌锰干电池的缺点是产生的 NH_3 能被碳棒吸附，引起极化，导致电动势的下降。如果用高导电的糊状 KOH 电解质代替锌锰干电池中的 NH_4Cl，正极的导电材料改用钢筒，MnO_2 层紧靠钢筒，就变成碱性锌锰干电池。这样一来干电池内便没有气体生成，内电阻较低，正常电动势为 1.5V，较稳定。这种电池能借充电再使用数次。

2. 锌汞电池

锌汞电池(图 8-2 所示)是以 Zn 汞齐为负极材料，HgO 和碳粉(导电材料)为正极材料，电解质为含有饱和 ZnO 和 KOH 的糊状物(实际上 ZnO 与 KOH 形成了 $[Zn(OH)_4]^{2-}$ 配离子)。该电池的结构可表示为

$$(-) Zn | Hg | KOH(糊状，含饱和 ZnO)|HgO|Hg|C(石墨)(+)$$

放电时的电极反应为

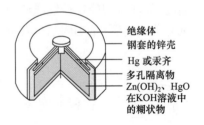

图 8-2　锌汞电池示意图

负极　$Zn(汞齐) +2OH^- -2e^- \longrightarrow ZnO(s)+H_2O$

正极　　　　　$HgO(s) + H_2O + 2e^- \longrightarrow Hg(l) + 2OH^-$

电池总反应　　$Zn(汞齐)+HgO(s) \longrightarrow ZnO(s)+Hg(l)$

锌汞电池的特点是电动势和工作电压均稳定，整个放电过程中其电压变化不大，保持在 1.34V 左右。锌汞电池可制成纽扣形状，用作助听器、心脏起搏器等小型装置的电源。

3. 锂-铬酸银电池

锂-铬酸银电池以锂为负极材料，铬酸银为正极的氧化剂，其导电介质为含有高氯酸锂的

碳酸丙烯酯。原电池的电极反应为

负极 $\qquad$ $Li - e^- \longrightarrow Li^+$

正极 $\qquad$ $Ag_2CrO_4 + 2Li^+ + 2e^- \longrightarrow 2Ag + Li_2CrO_4$

电池总反应 $\qquad$ $2Li + Ag_2CrO_4 \longrightarrow Li_2CrO_4 + 2Ag$

锂-铬酸银电池是一种采用有机电解质的新型电池,可用于微电流工作的仪器设备中。它的优点是单位体积所含能量高,体积很小,稳定性好,能长期储存。

二、蓄电池

蓄电池又称二次性电池(secondary battery)。它不仅能使化学能转变成电能,而且还可借助其他电源使反应逆转,让反应系统恢复到放电前的状态,因而可以再放电。它是一种可逆电池(reversible battery)。

蓄电池的电解质如果为酸液则称为酸性蓄电池,如果为碱液则称为碱性蓄电池。最常用的是铅-酸蓄电池,简称铅蓄电池(lead-acid bettery)。

1. 铅蓄电池

铅蓄电池原材料丰富、价格低廉、技术成熟、循环使用寿命长,是目前世界上各类电池中生产量最大、使用途径最广的一种电池。铅蓄电池根据外形、结构和用途的不同又分固定型和移动型两种。移动型铅蓄电池适于短时间、大电流的放电,广泛用于汽车、拖拉机、摩托车、内燃机车等的启动、点火和照明。固定型蓄电池一般在 0.5A 的放电电流下工作,能提供非常稳定的电压。2020 年中国铅蓄电池的市场规模快速达到 1659 亿元,已成为世界最大的铅蓄电池生产国、消费国和出口国。

通常的铅蓄电池是两组铅-锑合金隔板作电极。其中一组隔板的孔穴中填充二氧化铅作正极,另一组隔板孔穴中填充海绵状金属铅作负极。以稀硫酸(密度为 1.2~1.3g · cm^{-3})作为电解液。

铅蓄电池在放电时相当于一个原电池的作用(图 8-3)。其结构可用下面的符号表示:

$$(-)\ Pb\ |\ H_2SO_4\ |\ PbO_2\ (+)$$

其充、放电反应为 $\qquad$ $Pb + PbO_2 + 2H_2SO_4 \underset{\text{充电}}{\overset{\text{放电}}{\rightleftharpoons}} 2PbSO_4 + 2H_2O$

在正常情况下,铅蓄电池的电动势为 2.1V。电池放电时,随着 $PbSO_4$ 沉淀的析出和 H_2O 的生成,H_2SO_4 溶液的浓度降低,溶液的密度变小。因而用比重计测量硫酸溶液的密度,可以方便地检查出蓄电池的情况。一般在一只充电的蓄电池中硫酸密度为 1.25~1.30g · cm^{-3}。若硫酸密度低于 1.20g · cm^{-3},则表示电池已部分过放电,应予充电。

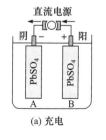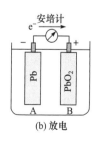

图 8-3 铅蓄电池充放电示意图

2. 碱性蓄电池

按碱性蓄电池所采用极板的活性物质性质的不同,分为铁镍蓄电池、镉镍蓄电池和银锌蓄电池三种，电池的工作电压均在 1.5V 左右。

(1) 铁镍蓄电池的电池符号是

$$(-) \ Fe \mid KOH \ (w_B=30\%) \mid Ni(OH)_3 (+)$$

其充、放电反应为

$$Fe+2Ni(OH)_3 \underset{充电}{\overset{放电}{\rightleftharpoons}} Fe(OH)_2+2Ni(OH)_2$$

此电池价格较贵，但质量轻、体积小、抗震性能好，常用于矿井中作照明电源。

(2) 将铁镍蓄电池中的铁以镉代替便成为镉镍蓄电池，其电池符号为

$$(-) \ Cd \mid KOH \ (w_B = 20\%) \mid Ni(OH)_3 (+)$$

为加强导电性能，铁镍和镉镍电池的电解液中都要加入 LiOH。小型镉镍蓄电池可用于袖珍计算器中。

(3) 银锌蓄电池是一种新型的高能电池。用再生纤维素薄膜为隔膜。它的电池符号为

$$(-) \ Zn \mid KOH \ (w_B = 40\%) \mid Ag_2O \mid Ag \ (+)$$

其充、放电反应为

$$Zn + Ag_2O + H_2O \underset{充电}{\overset{放电}{\rightleftharpoons}} Zn(OH)_2 + 2Ag$$

这种电池不仅体积小、质量轻，而且电压平稳，可用于飞机启动、仪器仪表的自动控制等。它也是宇航、卫星和导弹不可缺少的电源。但是这种电池价格贵、寿命短、不耐低温。

3. 锂离子电池

锂离子电池是指分别用两个能可逆地嵌入与脱嵌锂离子的化合物作为正、负极构成的二次电池。一般采用嵌锂过渡金属氧化物作正极，如 $LiCoO_2$、$LiNiO_2$、$LiMn_2O_4$、$LiFePO_4$、Li_2FePO_4F 等。作为负极的材料则选择电位尽可能接近锂电位的可嵌入锂的化合物，包括天然石墨、合成石墨、碳纳米管等。电解质采用 $LiPF_6$ 的乙烯碳酸酯(EC)、丙烯碳酸酯(PC)和低黏度二乙基碳酸酯(DEC)等烷基碳酸酯搭配的高分子材料。

当对电池进行充电时，电池的正极上有锂离子生成，生成的锂离子经过电解质运动到负极。而作为负极的碳呈层状结构，它有很多微孔，达到负极的锂离子就嵌入碳层的微孔中。嵌入的锂离子越多，充电容量越高。充电反应如下：

正极反应　　　　　　　　$$LiMO_2 \longrightarrow Li_{1-x}MO_2 + x \, Li^+ + xe^-$$

负极反应　　　　　　　$$x \, Li^+ + C + xe^- \longrightarrow Li_xC$$

电池总反应　　　　　　$$LiMO_2 + C \longrightarrow Li_{1-x}MO_2 + Li_xC$$

锂离子电池过度充放电会对正、负极造成永久性损坏。在手机中一般锂电池放电尚未达到下限保护值时，手机就会因为电量不足而关机，因此不会造成过度放电。

2016 年 7 月 8 日，我国发布世界首款石墨烯基锂离子电池，代表着我国在石墨烯技术上已领先别国。该锂离子电池性能优良，可在−30～80℃环境下工作，电池循环寿命高达 3500 次左右，充电效率是普通充电产品的 24 倍。

三、燃料电池

在火力发电中，通常燃料先经燃烧，把化学能转化为热能，然后再由热能经机械能转换

为电能。在转换过程中，能量损失很大。化学能利用的总效率一般仅为 35%～40%，大部分能量都散失到环境中。如果能将燃料通过电池的形式直接氧化而发电，即将化学能直接转换成电能，其转化效率理论上可达 100%。实际上，目前的技术水平也可将化学能的利用效率提高到 50%～80%。由于燃料电池的反应物质是储存于电池之外的，所以可以随反应物质的不断输入而连续发电。它是一种理想的高效率的能源装置。燃料电池本身具有发电效率高、环境污染少等优点。

燃料电池(fuel cell)是根据原电池的原理，以还原剂(如氢气、肼、烃、甲醇、煤气、天然气等燃料)为负极反应物质，以氧化剂(如氧气、空气等)为正极反应物质而组成的。

1. 氢-氧燃料电池

氢-氧燃料电池的负极是多孔活性炭(低压)或多孔镍(高压)，正极也可以是碳电极。正、负极上都分散着催化剂(Pt、Pd 和 Co_2O_3 或 Ag)。氧气通入正极，氢气通入负极，电解液为 35% KOH 溶液，置于正、负电极之间(图 8-4)。其电池符号为

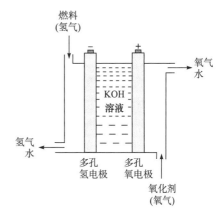

图 8-4　氢-氧燃料电池示意图

$$(-)C \mid H_2 \mid KOH\ (w_B = 35\%) \mid O_2 \mid C(+)$$

其电池反应如下：

负极　　　$H_2 + 2OH^- - 2e^- \longrightarrow 2H_2O$

正极　　　$O_2 + 2H_2O + 4e^- \longrightarrow 4OH^-$

电池总反应　　　$2H_2 + O_2 \longrightarrow 2H_2O$

这个反应相当于氢的燃烧。该电池的优点是碱液中的电化学反应速率比酸性溶液中大，因此可有较大的电流密度和输出功率。

氢燃料电池是当前氢能最具潜力的终端应用方式。在我国 2008 年北京奥运会和 2010 年上海世博会上，就有氢燃料电池汽车用于大会各项服务。

2. 甲醇-氧燃料电池

甲醇-氧燃料电池是一种低温燃料电池。正、负极都可用多孔 Pt 为电极，也可用其他材料，如用少量贵金属作催化剂的 Ni 电极为负极，用 Ag 或载有催化剂的活性炭作正极。电解液用 H_2SO_4 或 KOH，燃料为甲醇(工业甲醇可直接使用，它比 H_2 便宜)。电解液循环流动，把甲醇带到电极上进行反应：

正极反应　　　　　　$\dfrac{3}{2}O_2 + 6H^+ + 6e^- \longrightarrow 3H_2O$

负极反应　　　　　　$CH_3OH + H_2O - 6e^- \longrightarrow CO_2 + 6H^+$

电池符号　　　　　　$(-)Pt \mid CH_3OH \mid H_2SO_4 \mid O_2 \mid Pt(+)$

电池总反应　　　　　$CH_3OH + \dfrac{3}{2}O_2 \longrightarrow CO_2 + 2H_2O$

甲醇燃料电池有很高的能量转化效率，并且甲醇燃料为液体，相比氢气燃料更容易储存

运输。但由于电池阳极的甲醇会渗透到阴极并毒化铂催化剂，严重限制了其广泛应用。

目前，燃料电池技术已经发展到第五代，拥有众多可能的应用场景，包括大规模长时间储能，边远无电网地区供电，备用电源、应急电源，交通运输等方面。同时，我国氢燃料电池汽车基础设施不断完善，2021 年，实现建成加氢站数、在营加氢站数、新建加氢站数三个全球"第一"。截至 2022 年 6 月底，全国已建成加氢站超 270 座。

第四节 新 能 源
(New Energy Sources)

随着科技的进步、工业的发展以及人口的快速增长，能源的消耗也随之增加，传统燃料能源(如煤炭、石油、天然气等)正在走向枯竭。而且，燃料能源使用需求的不断增长，带来日益严重的环境污染和能源危机。这些问题必然会制约人类社会的可持续发展。因此，大规模开发和利用以环保和可再生为特质的新能源，越来越受到世界各国的重视。

本节主要介绍氢能、核能、太阳能和生物质能这四种新能源。

一、氢能

氢能是一种储量丰富、来源广泛、绿色低碳的二次能源。2022 年氢能被确定为未来国家能源体系的重要组成部分和用能终端实现绿色低碳转型的重要载体，氢能产业被确定为战略性新兴产业和未来产业重点发展方向。氢能产业的健康持续发展可有效减少我国对油气的进口依存度。

1. 氢燃料的使用特点

(1) 氢燃料无污染。氢的燃烧产物是水，对环境和人体无害，无腐蚀。所以氢燃料是最清洁的能源。因此，国际氢能源协会称氢是全世界环保问题的"永久解决之道"。

(2) 氢资源丰富。氢是地球上最丰富的元素。在地球上的氢主要以化合物(如水)的形式存在，地球表面的 70% 被水覆盖。氢气可以通过水的分解制得，其燃烧产物又是水。因而氢燃料的资源极为丰富，是取之不尽，用之不竭的，可永久循环使用。

(3) 氢具有最高的燃烧热值。燃烧 1g 氢可获得相当于 3g 汽油燃烧的热量，而且氢燃烧速度快，燃烧分布均匀，点火温度低。

(4) 氢气既可直接燃烧获取热量，又可作为各种内燃机的燃料，是电厂的高效燃料。在许多方面氢气比汽油和柴油更优越，如可低温启动等。

2. 氢燃料的制取

我国是世界第一产氢大国，目前制氢有多种方法，既可通过化学方法对化合物进行重整、分解、光解或水解等方法获得，也可通过电解水制氢，或利用产氢微生物进行发酵或光合作用来制得。

1) 电分解水法
通过电能使水分解产生氢气：

$$H_2O(l) \xrightarrow{\text{电解}} H_2(g) + \frac{1}{2}O_2(g)$$

传统的电解水法很不经济，在大气压下产生 $1m^3$ 的 H_2 至少需要 $4.3kW \cdot h$ 的电力。但电解水制氢，在制氢过程中没有碳排放。此处的电能可由太阳能或核聚变能等能源提供。长远来看，电解水制氢易与可再生能源结合，规模潜力更大，更加清洁可持续，是最有潜力的氢供应方式。未来，随着可再生能源发电成本持续降低，电解制氢占比将逐年上升，预计 2050 年将达到 70%。

2) 热分解水法

使用中间介质，在不高的温度下分步完成水的分解反应。目前提出的制氢方法极多。例如，在 730～1000℃时用钙、溴和汞等化合物作为中间介质，经过下面四步反应可使水分解产生氢气，热效率超过 50%。

$$CaBr_2 + 2H_2O \xrightarrow{730℃} Ca(OH)_2 + 2HBr$$

$$Hg + 2HBr \xrightarrow{280℃} HgBr_2 + H_2$$

$$HgBr_2 + Ca(OH)_2 \xrightarrow{200℃} CaBr_2 + HgO + H_2O$$

$$HgO \xrightarrow{600℃} Hg + \frac{1}{2}O_2$$

总反应为
$$H_2O \xrightarrow{催化剂} H_2 + \frac{1}{2}O_2$$

上述反应中的中间介质不被消耗，可循环使用。又如在 200～650℃时，用 $FeCl_3$ 循环制氢也获得了较满意的结果。

3) 光分解水法

在催化剂的催化作用下，用阳光分解水制氢。有人研究出以 Ce(Ⅳ)-Ce(Ⅲ) 系统催化剂催化分解水，其过程为

$$2Ce^{4+} + H_2O \xrightarrow{h\nu} 2Ce^{3+} + \frac{1}{2}O_2 + 2H^+$$

$$Ce^{3+} + H_2O \xrightarrow{h\nu} Ce^{4+} + \frac{1}{2}H_2 + OH^-$$

总反应为
$$H_2O \xrightarrow{h\nu, 催化剂} H_2 + \frac{1}{2}O_2$$

4) 催化重整法

将燃料和水蒸气混合，在高温、中压和 Ni 催化剂的作用下，发生重整反应，产生氢气。所用的燃料可以是甲烷、甲醇、乙醇等轻质碳氢燃料。以甲烷为例：

$$CH_4 + 2H_2O \xrightarrow{催化剂} CO_2 + 4H_2$$

这种方法制取氢气的最高能量效率(所产生的氢气的热值与制氢的能耗比)达到 65%～75%。目前，世界上大多数氢气都是通过这种方法制取的。我国氢气制取以催化重整为主，占比约 80%，其制氢产率为 70%～90%。

此外还有光电分解水法、生物质能法、等离子化学法、有机物制氢法等方法。

3. 氢燃料的储存

氢能的利用需要解决三个问题：氢的制取、储运和应用，而氢能的储运则是氢能利用的

瓶颈。氢在正常情况下以气态形式存在、密度最小且易燃、易爆、易扩散，这给储存和运输带来很大困难。

氢的储存技术主要分为三大类：第一类是高压气态储氢技术，是现今市场上应用最广泛的一种储氢方式。将氢气压缩后存储在容器中，这就要求储氢容器具有较高的耐压强度。这种储氢方式的缺点是储氢质量密度和体积密度小，而且还有爆炸的危险。第二类是低温液态储氢技术，即在常压下将温度降低至零下 252.8℃，得到液态氢气。液态氢气存储在绝热容器中，液氢的密度为 $70.8kg \cdot m^{-3}$，是常温常压下气态氢密度的 845 倍，因此这种储氢技术具有较高的体积储氢密度。但氢气液化需要很低的温度，储存器隔热要求比较高，而且容易泄漏，这就使得低温液态储氢成本昂贵，只适用于航天、航空和军事领域。第三类是储氢材料储氢技术，包括金属氢化物储氢、无机物储氢、液体有机氢化物储氢、配位氢化物储氢、多孔材料吸附储氢等。高容量储氢系统是储氢材料研究中长期探索的目标，也是当前材料研究的一个热点项目。

1) 金属氢化物储氢

金属(合金)储氢材料是目前研究较多，而且发展较快的储氢材料。人们已经研究出利用一些过渡金属或其合金的可逆吸氢作用，生成固态氢化物而将大量氢气固定储存起来。当需要使用氢气时，可在方便条件下让氢化物分解得到氢气，留下的金属在相应的条件下再次吸氢。金属储氢材料大致分为四类：稀土系储氢材料、钛系储氢材料、锆系储氢材料和镁系储氢材料。例如：

$$H_2 + Ti \rightleftharpoons TiH_2$$

$$3H_2 + LaNi_5 \rightleftharpoons LaNi_5H_6 \qquad \Delta_r H_m^{\ominus} (323K) = -301.1kJ \cdot mol^{-1}$$

钛中储氢的密度可达液氢的四倍，稍加热 TiH_2 即可迅速分解释放出氢气。在 $LaNi_5H_6$ 中氢的密度也较大，吸氢反应在 $(2\sim3)\times10^5Pa$ 的压力下就能可逆进行。其释放的速率也很快，只需微热就能释放出储存的氢气。像用 $LaNi_5$ 这样的合金储存大量的氢气，甚至可使氢的密度超过液态氢的密度。

用储氢合金可以制造出使用方便、转化效率很高的氢-空气燃料电池，储氢合金还可以作为汽车的燃料。

近年来镁系储氢材料逐渐成为最有发展前景的一类储氢材料。因为镁是吸氢量最大的金属元素，而且价格便宜，密度小，理论储氢量可达到 7.6%(质量分数，下同)。

2) 无机物储氢

一些无机物(如 N_2、CO、CO_2)能与 H_2 反应，其产物既可作燃料，又可分解获得 H_2，是目前正在研究的储氢新技术。例如，碳酸氢盐与甲酸盐之间相互转化的储氢反应为

$$HCO_3^- + H_2 \xrightarrow{Pd或PdO, 70℃, 0.1MPa} HCO_2^- + H_2O$$

反应以 Pd 或 PdO 作催化剂，吸湿性强的活性炭作载体，其储氢量为 2%左右。主要优点是便于大量储存和运输，安全性好。

碳纳米材料是一种新型储氢材料，用它作氢动力系统的储氢介质前景良好，其吸氢量可达 5%～10%。在过去 10 年间，碳基纳米材料是一种备受关注的潜在储氢材料。为了提高氢分子在碳材料表面的吸附能，人们提出了多种方法修饰碳材料。2014 年希腊科学研究人员利用 4 条碳纳米管通过节点连接成七边形的新奇多孔纳米超级钻石结构，实验发现在 77K 下氢

的储存量能达到 20%，即使在室温条件下也能达到 8%。

3) 有机液体氢化物储氢

苯和甲苯是比较理想的有机液体储氢材料，吸氢反应是

$$C_6H_6 +3H_2 \rightleftharpoons C_6H_{12} \qquad\qquad \Delta_r H_m^{\ominus} = -206.0 kJ \cdot mol^{-1}$$

$$C_6H_5CH_3+3H_2 \rightleftharpoons C_6H_{11}—CH_3 \qquad\qquad \Delta_r H_m^{\ominus} = -204.8 kJ \cdot mol^{-1}$$

苯和甲苯储氢密度分别是 $56.0 g \cdot dm^{-3}$ 和 $47.4 g \cdot dm^{-3}$。有机液体储氢的优点是储氢量大，储运、维护、保养方便，可循环使用，寿命可达 20 年。吸氢时所放出的大量热可以利用，脱氢时所需加热的能耗与液化储氢能耗相当。

4) 配位氢化物储氢

配位氢化物的结构类似无机盐，H 原子与中心配位金属原子间通过共价键形成一个配位的阴离子基团，然后再与金属阳离子间通过离子键形成金属配位氢化物。这类储氢材料最大的特点就是容量非常高，因此近年来获得了广泛的关注。

配位氢化物一般分为三类：金属铝氢化物、金属氮氢化物和金属硼氢化物。$NaAlH_4$、$LiAlH_4$、$Mg(AlH_4)_2$ 等都是典型的金属铝氢化物，其中 $NaAlH_4$ 储氢容量较高(7.4%)，因此研究最为广泛。$LiNH_2$、$NaNH_2$、KNH_2、$Mg(NH_2)_2$ 等为典型的金属氮氢化物。常见的金属硼氢化物主要有 $LiBH_4$、$NaBH_4$、$Mg(BH_4)_2$、$Ca(BH_4)_2$ 等，其中 $LiBH_4$ 理论储氢容量高达 18.5%而成为研究的焦点。然而金属硼氢化物具有较强的 B—H 键，较高的热稳定性，分解放氢需要较高的温度。2010 年，我国科研工作者发现添加碳纳米管到 $LiBH_4$ 体系中，可降低其放氢温度，有效改善 $LiBH_4$ 吸放氢动力学和热力学性能。

5) 多孔材料吸附储氢

多孔吸附材料具有较高的比表面积，对氢气的吸附属于物理吸附。目前研究较多的包括金属有机骨架材料(MOFs)、共价有机骨架材料(COFs)和多孔芳香骨架材料(PAFs)等。MOFs 是通过过渡金属离子与含氧、含氮等多齿有机配体之间进行配位、自组装而成，具有高的孔隙率和良好的稳定性，比表面积高，晶体结构丰富多样，可以实现氢气的存储。例如，MOFs-177 比表面积可达 $5500 m^2 \cdot g^{-1}$，在 7MPa 压力下能吸 7.5%的氢气。COFs 是由有机配体和 B—O 团簇通过强共价键组装而成的配位聚合物(图 8-5)，仅含有 B、O、C 和 H 等轻元素。COFs 由较轻质量的元素组成，具有质量更轻、比表面积更大的优点，因此通常具有更高的吸附量，是非常有潜力的储氢材料。

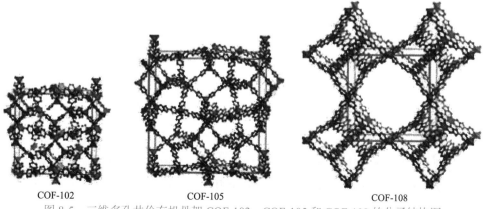

COF-102　　　　　　COF-105　　　　　　COF-108

图 8-5　三维多孔共价有机骨架 COF-102、COF-105 和 COF-108 的分子结构图

PAFs 材料是采用一个或多个苯环作为桥联体连接金刚石骨架中的碳原子而形成的一系列多孔骨架材料的总称。2009 年，吉林大学朱广山课题组首次设计、合成了以四溴四苯甲烷作为建筑基块的超大比表面积的有机多孔材料，并命名为多孔芳香骨架材料 PAF-1。PAF-1 材料具有当时世界上最大的 BET 比表面积($5600m^2 \cdot g^{-1}$)，工作成果一经发表，引起了较大关注。当压力为 4.8MPa 时，PAF-1 材料氢气储存量达到 10.7%，这一吸附量处于高比表面积的多孔材料的前列。

二、核能

核能是原子核发生变化(裂变、聚变等)而释放的能量，它比化学变化(燃烧、炸药爆炸等)释放的能量大百万倍。

当核分解为质子和中子时吸收能量；反之，由质子和中子结合成核时将放出能量，后者称核生成焓(formation enthalpy)，例如：

$$26{}_1^1H + 30{}_0^1n \longrightarrow {}_{26}^{56}Fe \qquad \Delta_r H_m^{\ominus} = -4.75 \times 10^9 kJ \cdot mol^{-1}$$

将核的平均生成焓与每种元素最稳定同位素的质量数作图，如图 8-6 所示。显然最稳定的核是质量数接近 60 的核。具有最低能量的核是 Fe 核，由于较轻的原子核和较重的原子核的生成焓都比较高，而中等质量核的生成焓则较低，核也比较稳定。因此，把轻核聚合成中等质量的原子核就能释放出大量的能量，这个过程称为核聚变(nuclear fusion)。把重核分裂成两个中等质量的核时，原子也释放出大量的能量，这个过程称核裂变(nuclear fission)。核聚变和核裂变释放出的巨大能量称为核能(nuclear energy)。

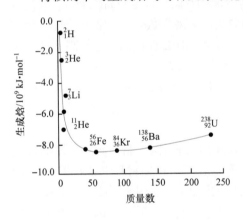

图 8-6　核的平均生成焓

1. 核裂变能

许多重元素的同位素受到足够能量的中子轰击后都能发生裂变。但实际上，人们最关心的是铀的同位素 ^{235}U 和钚的同位素 ^{239}Pu。因为它们都能在较低能量中子的作用下裂变成碎片。原子弹和核电站所使用的就是这两种同位素。

当 ^{235}U 原子核发生裂变时，分裂成两个不相等的碎片和若干个中子。裂变过程相当复杂，已经发现裂变产物有 35 种元素(从 $_{30}Zn$ 到 $_{64}Gd$)，放射性核有 200 种以上。下面是 ^{235}U 裂变的几种方式：

$$
{}_{92}^{235}U + {}_0^1n \longrightarrow
\begin{cases}
{}_{30}^{72}Zn + {}_{62}^{160}Sm + 4{}_0^1n \\
{}_{35}^{87}Br + {}_{57}^{146}La + 3{}_0^1n \\
{}_{56}^{146}Br + {}_{36}^{91}Kr + 3{}_0^1n \\
{}_{37}^{90}Rb + {}_{55}^{144}Cs + 2{}_0^1n
\end{cases}
$$

核裂变时，释放出能量的原因是裂变前后的总质量不相等。核裂变后有质量亏损，亏损的质量转变成了能量。质能转换关系可由爱因斯坦(A. Einstein，美)定律 $E = mc^2$ 求得

$$\Delta E = \Delta mc^2 \tag{8-2}$$

式中：$\Delta m = \sum m(生成物) - \sum m(反应物)$。式(8-2)表明系统质量的改变$\Delta m$，必然引起系统能量的改变$\Delta E$，其中$c$为光速($2.9979 \times 10^8 \mathrm{m \cdot s^{-1}}$)。现以如下的裂变为例：

$$^{235}_{92}\mathrm{U} + ^{1}_{0}\mathrm{n} \longrightarrow ^{142}_{56}\mathrm{Ba} + ^{91}_{36}\mathrm{Kr} + 3^{1}_{0}\mathrm{n}$$

已知$^{235}_{92}\mathrm{U}$、$^{1}_{0}\mathrm{n}$、$^{142}_{56}\mathrm{Ba}$、$^{91}_{36}\mathrm{Kr}$的摩尔质量分别为$235.0439\mathrm{g \cdot mol^{-1}}$、$1.00867\mathrm{g \cdot mol^{-1}}$、$141.9092\mathrm{g \cdot mol^{-1}}$、$90.9056\mathrm{g \cdot mol^{-1}}$，则

$$\Delta m = (141.9092 + 90.9056 + 3 \times 1.00867 - 235.0439 - 1.00867)\mathrm{g \cdot mol^{-1}}$$
$$= -0.2118 \times 10^{-3}\mathrm{kg \cdot mol^{-1}}$$
$$\Delta E = \Delta m \cdot c^2 = -0.2118 \times 10^{-3}\mathrm{kg \cdot mol^{-1}} \times (2.9979 \times 10^8 \mathrm{m \cdot s^{-1}})^2$$
$$= -1.9035 \times 10^{13}\mathrm{kg \cdot m^2 \cdot s^{-2} \cdot mol^{-1}}$$
$$= -1.9035 \times 10^{10}\mathrm{kJ \cdot mol^{-1}}$$

$1.000\mathrm{g}$ $^{235}\mathrm{U}$ 按上式裂变所放出的能量为

$$\Delta E = -1.9035 \times 10^{10}\mathrm{kJ \cdot mol^{-1}} \times 1.000\mathrm{g} / 235.0439\mathrm{g \cdot mol^{-1}}$$
$$= -8.1 \times 10^7 \mathrm{kJ}$$

即$1\mathrm{g}$ $^{235}\mathrm{U}$裂变放出的能量约为$8 \times 10^7\mathrm{kJ}$，相当于3吨煤($30\mathrm{kJ \cdot g^{-1}}$)燃烧所放出的能量。例如，北京市每年需消耗几百万吨煤，而用$^{235}\mathrm{U}$能源时则只需几千克。

2. 核聚变能

核聚变是使很轻的原子核在异常高的温度下合并成较重的原子核的反应，这种反应进行时放出更大的能量。以氘与氚核的聚变反应为例：

$$^{2}_{1}\mathrm{H} + ^{3}_{1}\mathrm{H} \longrightarrow ^{4}_{2}\mathrm{He} + ^{1}_{0}\mathrm{n}$$

该反应需在几千万摄氏度的温度下才能进行，所以核聚变反应也称为热核反应。

上述核聚变反应所释放出的能量按爱因斯坦公式的计算值为$\Delta E = -1.698 \times 10^9\mathrm{kJ \cdot mol^{-1}}$。每$1\mathrm{g}$氘(或氚)核经核聚变所产生的能量比每$1\mathrm{g}$铀经核裂变所产生的能量大得多。

核聚变反应所需的氘可以从重水中取得，而普通水中有0.015%(按w_B计)的重水。海洋中水的总量为$1.3 \times 10^{24}\mathrm{kg}$，即海水中含重水近$2 \times 10^{20}\mathrm{kg}$。它将成为以核聚变反应为动力的丰富的潜在资源。有人估计，按目前全世界每年对能量的需求计算，仅利用海洋中的氘进行核聚变提供的能量，即可足够供人类使用10 000亿年。核聚变能还是一种清洁的能源。

目前已实现的人工热核反应是氢弹爆炸，它能产生剧烈而不可控的聚变反应。如果热核反应能够加以控制，人类将能利用海水的重氢获得无限丰富的能源。为使核聚变能量的利用成为现实，必须解决两个关键的技术问题：一是使反应系统有足够高的温度(10^9℃)，并维持有足够长的时间(如$1\mathrm{s}$以上)；二是能人为地控制核聚变反应进行的速率(否则会像氢弹那样爆炸)。

2022年中国新一代"人造太阳"装置(HL-2M)等离子体电流突破100万A(1MA)，创造了中国可控核聚变装置运行新纪录，标志着我国核聚变研发距离聚变点火迈进重要一步，跻身国际第一方阵，技术水平居国际前列。此次全新的突破，意味着该装置未来可以在超过1MA的等离子体电流下常规运行，开展前沿科学研究，对我国未来深度参与国际热核聚变实验堆(ITER)实验及自主设计运行聚变堆具有重要意义。

3. 核能的特征

核能作为一种清洁能源，在降低煤炭消费、有效减少温室气体排放、缓解能源输送压力等方面具有独特的优势和发展潜力，是实现"碳达峰、碳中和"目标的重要能源组成。打造清洁低碳的新型能源系统，核能的优势显而易见。首先，核燃料体积小、能量大，不会排放二氧化碳等温室气体，为其他能源所不及。1kg 铀裂变产生的热量相当于 1kg 标准煤燃烧后产生热量的 270 万倍。其次，核能的储量丰富，可保障长期利用。核能发电用的是核裂变能，主要燃料是铀。地球上有丰富的铀资源，相当于有机燃料储量的 20 倍。最后，在能量储存方面，核能比太阳能、风能等其他新能源容易储存。核燃料的储存占地面积不大，一般装在核船舶或核潜艇中，通常两年才换料一次。

4. 核能的危险性

核能问世常被形容为"人类第二次发现了火"，核能为人类未来拓展新的美好前景的同时，却也伴生着种种安全风险和挑战。1986 年 4 月 26 日，苏联的切尔诺贝利核电站发生爆炸，这次灾难所释放出的核辐射线剂量是第二次世界大战时期广岛原子弹的 400 倍以上。被核辐射污染过的云层向北飘往众多地区，即便到了今天，受灾地区依然没有摆脱核事故影响，食物链、土地和水资源遭受的污染仍看不到尽头。核安全事故从未淡出，核安全挑战仍然在全世界范围内存在。

在核泄漏中，有 4 种放射性同位素对人体比较有危害：^{131}I、^{137}Cs、^{90}Sr 及 ^{239}Pu。这 4 种放射性同位素中以 ^{131}I 最为危险。因为它可以在最短的时间里让人体细胞癌变。^{131}I 的物理半衰期是 8 天，一旦进入人体，意味着它需要数月时间才能完全消失。

2011 年日本福岛核事故发生后，世界各国开始对核电发展保持谨慎态度，我国也一度暂停了核电项目审批，将"安全""有序"作为核电发展的关键词。随着欧洲能源危机不断发酵，核电发展重新受到重视，2022 年，法国宣布大规模重振核电计划。我国 2021 年《政府工作报告》明确提出，在确保安全的前提下积极有序发展核电，明确了核电在清洁低碳、安全高效能源体系中的地位和作用。截至 2021 年 6 月 30 日，我国在运核电机组 51 台，全球第三；我国在建核电站 15 台，全球第一；核能发电量超过法国，全球第二。预计到 2025 年，我国核电在运装机 7000 万 kW 左右，在建约 5000 万 kW；到 2030 年，核电在运装机容量达到 1.2 亿 kW，核电发电量约占全国发电量的 8%。

核电站对人类究竟是福是祸？它的安全问题会不会导致全球的灾难，给人类生存带来威胁？如何更安全、高效地使用核能将成为人类科研不可回避的新课题。总之，人类对核能的彻底驾驭还需要漫长的时间。

三、太阳能

太阳能是由太阳中的氢气经过核聚变反应所产生的一种能源。太阳能既是一次能源，又是可再生能源。大力发展太阳能资源将为人类提供充足的能源，减少化石能源的消耗，减轻环境污染，减缓全球气候变暖，是解决能源和环境问题、实现可持续发展的重要措施。所以，太阳能资源逐渐从众多的新型可再生能源中脱颖而出，成为世界各国在能源发展战略中优先选择的新能源。

1. 太阳能的优点

(1) 储量丰富。太阳能可谓是取之不尽用之不竭的理想能源。在所有太阳表面释放的能量中，大约有 30%反射到宇宙中，而剩下的 70%被地球吸收。太阳光辐射到地球表面的能量总功率约为 1.7×10^{14}kW，太阳照射地球 1h 所释放的能量，相当于世界一年总的消费量。据科学家推测，太阳的寿命至少还有几十亿年，所以太阳能对于人类来说可以算是一种无限的能量。

(2) 没有地域限制，分布广泛。无论陆地还是海洋，高山还是平原皆有太阳能的存在。既可免费使用，又无需运输。不但可直接应用，还可以就地储存利用。太阳能的开发研究对交通不发达的偏远山区或者海岛更具有价值。

(3) 环境友好型能源。太阳能不会产生废水和有害气体，也不排放二氧化碳，是一种极为理想的清洁能源。

2. 太阳能的应用

太阳能的主要利用形式是太阳能的光热转换、光电转换以及光化学能转换三种主要方式。太阳能是最重要的基本能源，生物质能、风能、潮汐能、水能等均来自太阳能。

1) 太阳能的光热转换

现代的太阳热能科技将阳光聚合，运用其能量产生热水、蒸气，并利用其发电。太阳能热利用的本质在于将太阳辐射能转化为热能。集热器技术是整个光热转化过程的核心。目前使用最多的太阳能收集装置主要有平板型集热器、真空管集热器、陶瓷太阳能集热器和聚焦集热器。

2) 太阳能的光电转换

在光照条件下，半导体 p-n 结的两端产生电位差的现象称为光生伏特效应(photovoltaic effect)。光生伏特效应在固体、液体和气体中均可产生。光生伏特效应的实际应用导致太阳能电池的出现，太阳能电池是把太阳能转换为电能的装置。纵观近几十年，发展最为迅猛、应用最为普遍的是将太阳能直接转变为电能，即太阳能电池产业。

制作太阳能电池主要是以半导体材料为基础，它们的发电原理基本相同。将光能转换成电能可以分为三个主要过程：①吸收一定能量的光子后，产生电子-空穴对(称为"光生载流子")；②电性相反的光生载流子被半导体中 p-n 结所产生的静电场分离开；③光生载流子被太阳能电池的两极所收集，并在外电路中产生电流，从而获得电能。

不论以何种材料来制作太阳能电池，对电池材料一般的要求有：①半导体材料的禁带不能太宽；②要有较高的光电转换效率；③材料本身对环境不造成污染；④材料便于工业化生产且性能稳定。太阳能电池按材料分类可分为硅基太阳能电池、无机薄膜太阳能电池和有机太阳能电池等。

硅基太阳能电池是最早发展起来，并且是目前发展最成熟的太阳能电池，在光伏市场占据主导地位，超过 90%。经过数十年的努力，截至 2022 年，硅基太阳能电池最高光电转化效率达到 26.81%，这是光伏史上第一次由中国太阳能科技企业创造的硅电池效率世界纪录。由于这类电池具有较高的光电转换效率和超高的稳定性，在航天中起着举足轻重的作用。但是硅基太阳能电池工艺条件苛刻、制造成本过高，不利于广泛应用，在民用方面目前性价比还不能和传统能源相竞争。未来十年，硅基太阳能电池仍是光伏行业的主流技术。

无机薄膜太阳能电池通常使用以下几种材料：无定形硅(α-Si)、砷化镓(GaAs)、碲化镉(CdTe)和铜铟镓硒(CIGS)等。它们是目前比较成熟的无机薄膜太阳能电池，最高光电转化效率已经达到了 29%。无机薄膜太阳能电池具备价格低廉、制作工艺简单、性能优良等特点。但是无机光电材料大多含有有毒元素，材料再度利用处理工序难，对环境容易造成二次污染。

有机太阳能电池是发展最晚的一种太阳能电池。因其成本低、具有柔韧性等特点得到了国内外的广泛研究并且有望实现产业化。有机太阳能电池是以有机材料为核心把太阳能转化成电能的装置。有机太阳能电池是一个大家族，从广义上讲只要涉及有机化合物的太阳能电池就称为有机太阳能电池。它包括染料敏化太阳能电池、有机小分子太阳能电池、聚合物太阳能电池和新兴的钙钛矿型太阳能电池等。近年来钙钛矿型太阳能电池已经成为有机太阳能电池的领头羊。2009 年，研究人员首次把 $CH_3NH_3PbX_3(X=Br, I)$钙钛矿型材料作为染料应用到太阳能电池中，取得了很好的效果。钙钛矿型太阳能电池经过十年多的快速发展，目前最高效率已经达到了 25.7%，可以和硅太阳能电池相媲美，成为全球太阳能电池研究的新热点。随着科技的进步与发展，有机材料在太阳能电池的应用上逐渐崭露头角，是太阳能电池发展应用的重要方向。

3) 太阳能的光化学能转换

光化学能转换就是将太阳能转换为化学能，此技术尚处于研究开发阶段。它主要有两种方法：光合作用和光分解水制氢。光催化制氢的原理为：光催化材料在受到能量大于或等于半导体禁带宽度的光辐照时，材料晶体内的电子受激发从价带跃迁到导带，在导带和价带分别形成自由电子和空穴，水在这种电子-空穴对的作用下发生电离而生成 H_2 和 O_2。经过数十年的研究探索，用于光催化水解反应的光催化剂已达数百种。随着光催化研究的不断发展，光催化制氢已经不仅仅局限在光分解水上，目前还出现了光催化分解 H_2S 污染物制氢、光催化重整生物质制氢、人工模拟光合作用制氢等技术。

光化学能转换还可以利用氢氧化钙或金属氢化物等热分解储能。可利用下述可逆反应，在不同的条件下吸收或放出热量：

$$Ca(OH)_2(s)+热 \longrightarrow CaO(s)+H_2O(l)$$

在绿色可再生能源中，太阳能首屈一指，是目前生活中应用较为广泛的一种清洁能源，当然太阳能也有诸如不集中、不稳定、利用效率低和利用成本高等严重缺点。进入 21 世纪以来，世界各国都十分重视太阳能技术的开发和利用，太阳能一直是发展最活跃、最具吸引力的研究领域。中国光伏发电行业从 2004 年进入快速发展时期，光伏电池产量和装机量逐年上升，2012 年以后我国光伏发电电池产量占全世界的 45%以上，成为全球最大的生产国和出口国。截至 2016 年底，中国光伏发电新增装机容量 34.54GW，累计装机容量 77.42GW，新增和累计装机容量均为全球第一。预测到 2050 年左右，太阳能将超过石油、天然气等其他常规能源的使用规模而成为新能源的典型代表。

四、生物质能

生物质能(biology energy)就是太阳能以化学能形式储存在生物质中的能量形式，即以生物质为载体的能量。它直接或间接地来源于绿色植物的光合作用，可转化为常规的固态、液态和气态燃料，取之不尽、用之不竭，是一种可再生能源。由于生物质能资源极为丰富，是一种无害的能源，所以人们预言生物质能必将成为 21 世纪的一种新能源。

生物质能源又称可再生有机质能源，如木材、薪草、藻类等。生物质能分布广，储量丰富，全球每年通过光合作用储存于植物的能量，大约是世界目前消费能量的 17 倍。各国都非常重视生物质能的开发利用。

现代生物转换技术包括转换为电能和转换为固体燃料、液体燃料、气体燃料，小规模地取代矿物燃料。在生物质生产液体燃料方面，开发的新技术有：更有效地从甘蔗和玉米生产乙醇的技术；从几种植物衍生油生产生物柴油的技术；从棕榈油和椰子油大规模生产生物柴油的技术。例如，巴西、美国广泛开发利用甘蔗、玉米和薯类等制取乙醇，用作车辆燃料；亚洲国家(中国、印度)的农家小型沼气池建设和利用已初具规模，其质量及数量已居世界前列。

目前广泛采用生产沼气的方法是厌氧发酵法。发酵用的有机物一般是人畜粪便、植物秸秆、野草、海藻、城市垃圾和工业有机废料(如奶厂废奶液、酒厂的酒精废渣、污泥等)。这些有机物经过厌氧发酵，在菌解作用下产生沼气。沼气的主要成分甲烷的含量约为 60%。此外还有少量的 CO、H_2、H_2S 等，它的热值达 20 900kJ·m^{-3}，比一般城市煤气热值高。沼气是一种较好的气体燃料，价廉、简便，具有废物利用和环保的优点，宜于在农村推广。

沼气的应用十分广泛，不但可作燃料煮饭、照明，还可用于动力能源，如可用于汽油机或柴油机改装成的沼气机燃料。以沼气作为燃料的新型汽车已经面世。因此，专家认为在 2100 年，全球 50%的一次性能量可以采用生物质能。

 “黑金”石墨烯

 能源发展的目标

思考题与习题

一、判断题

1. 化学反应是能量转换的重要基础之一。 （ ）

2. 燃料电池的能量转换方式是由化学能转化成热能，再进一步转化成电能。 （ ）

3. 化石燃料是不可再生的“二次能源”。 （ ）

4. 锂电池就是锂离子电池。 （ ）

5. 由光合作用储存于植物的能量属于生物质能，又称可再生有机质能源。 （ ）

6. 发展核能是解决能源危机的重要手段。 （ ）

7. 燃料的发热量是指单位物质的量的燃料完全燃烧所释放的最大热量。 （ ）

8. 生物质能是可再生能源。 （ ）

9. 太阳上发生的是复杂的核聚变反应。 （ ）

10. 氢是一种非常清洁的能源，但其热效率较低。 （ ）

二、选择题

11. 将氧化还原反应设计成原电池，对该反应的要求是 （ ）

A. $\Delta G>0$ B. $\Delta G<0$ C. $\Delta H<0$ D. $\Delta S>0$

12. 下列各种电池中属于"一次性电池"的是   (　　)

A. 锌锰电池   B. 铅蓄电池   C. 银锌蓄电池   D. 燃料电池

13. 下列能源中属于"二次能源"的是   (　　)

A. 潮汐能   B. 核能   C. 地震   D. 火药

三、填空题

14. 能源是＿＿＿＿，包括＿＿＿＿、＿＿＿＿、＿＿＿＿、＿＿＿＿、＿＿＿＿、＿＿＿＿。

15. 一次能源是＿＿＿＿，二次能源是＿＿＿＿。一次能源又可分为＿＿＿＿和＿＿＿＿。

16. 燃料是一种＿＿＿＿物质，工业上的燃料主要是含＿＿＿＿的物质或＿＿＿＿。作为氧化剂的物质主要是＿＿＿＿。

17. 燃料的元素组成主要是＿＿＿＿等。

18. 原电池又称＿＿＿＿；蓄电池又称＿＿＿＿，它是一种＿＿＿＿。

19. 由于燃料电池可直接把＿＿＿＿转换成＿＿＿＿，在转换过程中没有＿＿＿＿，因此它是一种＿＿＿＿装置。

20. 氢能是指用氢气作＿＿＿＿而＿＿＿＿，使用氢燃料具有＿＿＿＿、＿＿＿＿、＿＿＿＿的特点。

21. 核能是＿＿＿＿。其中，核聚变是把＿＿＿＿聚合成＿＿＿＿；核裂变是把＿＿＿＿分裂成＿＿＿＿。

四、计算题

22. 已知 $\Delta_c H_m^{\ominus}$ (CH₃CH₂OH, l, 298.15K)=-1366.91kJ·mol⁻¹，$\Delta_c H_m^{\ominus}$ (CH₃COOH, l, 298.15K)=-874.54kJ·mol⁻¹，$\Delta_c H_m^{\ominus}$ (CH₃COOCH₂CH₃, l, 298.15K)=-2730.9kJ·mol⁻¹。求在 298.15K 时反应 CH₃COOH+CH₃CH₂OH ⟶ CH₃COOCH₂CH₃+H₂O 的 $\Delta_r H_m^{\ominus}$。

23. 已知 $\Delta_c H_m^{\ominus}$ (C₂H₂, g, 298.15K)=-1299.6kJ·mol⁻¹，由附录一之附表 1 中查出 H₂O(l)和 CO₂(g)的 $\Delta_f H_m^{\ominus}$，求 $\Delta_f H_m^{\ominus}$ (C₂H₂，g)。

24. 氢-氧燃料电池的电池反应为 H₂(g)+$\frac{1}{2}$O₂(g) ⟶ H₂O(l)，其 $\Delta_r G_m^{\ominus}$ (298.15K) = -237.19kJ·mol⁻¹。试计算：

(1) 该电池的标准电动势；

(2) 燃烧 1mol H₂ 可获得的最大功；

(3) 若该燃料电池的转化率为 83%，燃烧 1mol H₂ 又可获得多少电功？

 基于元素质荷比的分析技术——质谱法

第九章　化学与环境保护
(Chemistry and Enviromental Protection)

过去的一百多年是人类社会高速发展的时期,也是人类对资源和环境破坏最严重的时期。

第一次世界大战结束后,一方面,人口的增长、生产的发展、城市化的加速、人们消费方式的变化,导致人类对自然资源的需求不断增加;另一方面,不合理地开发利用自然资源、随意大量排放生产和生活污染物,使人类生存环境日益恶化,公害频繁发生。

屡屡发生的触目惊心的环境污染事件使人们认识到:一味地向自然环境索取而不加保护无异于自掘坟墓;建立在此基础上的发展是不可持续的;人类不仅需要对已经发生的污染进行有效的治理,更需要从源头上防止污染的发生。只有当人们普遍树立起环境意识,形成世界范围的巨大力量来保护我们共同的环境时,科学技术的进步才能给人类带来稳定的繁荣。

第一节　人类与环境
(Humanity and Environment)

一、环境

所谓环境(environment)是指围绕着某一事物并对该事物会产生某些影响的所有外界事物。

环境总是相对于某一中心事物而言的,环境因中心事物的不同而不同。在环境科学中,中心事物是人,因此我们通常所称的环境就是人类的生活环境。

《中华人民共和国环境保护法》从法学的角度对环境概念进行了阐述:"本法所称环境,是指影响人类生存和发展的各种天然的和经过人工改造的自然因素的总体,包括大气、水、海洋、土地、矿藏、森林、草原、野生生物、自然遗迹,人文遗迹、风景名胜区、自然保护区、城市和乡村等。"

近年来,国际环境教育界提出了新的"环境"定义,主要有两个要点:第一,人以外的一切都是环境;第二,每个人都是他人环境的组成部分。这一定义有利于公众理解环境问题与自己的关系,从而激发人们为保护环境而脚踏实地做一些力所能及的事情。

人类的生活环境按要素分为自然环境和社会环境,我们所讨论的是自然环境。

自然环境是环绕人们周围的各种自然因素的总和,如大气、水、植物、动物、土壤、岩石矿物、太阳辐射等。自然环境可以分为四个圈层:大气圈、水圈、土石圈、生物圈。它们之间存在着复杂的物质交换和能量交换,它们之间又相互制约、相互影响,处于一种动态平衡之中。

二、人类与环境的关系

自然环境为人类的生存和发展提供了必要的物质条件。人体从自然环境中摄取空气、水和食物，经过消化、吸收、合成，组成人体组织的细胞和组织的各种成分并产生能量，以维持生命活动，同时，又将体内不需要的代谢产物通过各种途径排入环境，从而对环境产生影响。

在构成自然环境的四个圈层中，和人类生活关系最密切的是生物圈。在这里，生活着包括人类在内的所有动植物和微生物，统称为生物。生物多以群落形式存在。生物群落与其周围的自然环境构成的统一整体，就是生态系统(ecological system)。在生态系统中，生物与环境之间、生物各个群落之间相互依存、相互影响、相互制约，在长期的共存与复杂的演变过程中结构与功能达到高度适应、协调统一的相对稳定状态。这种相对稳定状态称为生态平衡(ecological balance)。例如，人类、森林、草原、水域、野生动物、水生生物之间就存在着这种平衡。当生态系统遭受自然或人为因素的影响而破坏了原平衡状态时，便称为生态平衡失调。

人体对某些化学物质或病菌有一定的抵抗力。同理，自然界的各个生态系统对某些外来的化学物质也有一定的抵抗和净化能力，称为环境的自净(self-cleaning)能力。环境的自净能力是生态系统自我调节能力中的一种，它也是有一定限度的。当污染的空气或废水只是少量地进入环境时，环境的自净能力可使其不致发生危害作用。但污染超出环境的自净能力的限度时，生态平衡会遭到不可逆转的严重破坏。例如，1984 年 12 月，印度博帕尔市美国联合碳化物公司发生毒气泄漏，空气、水源、土壤被严重污染，造成人畜大量死亡。

人类是生态系统中的一员，由于现代科技的发展，人类对生态系统影响的深度和广度日益增强。如果人类无视生态规律，只顾眼前利益，有意无意地破坏生态平衡的协调与平衡，将直接或间接地危害到人类自身的生存和发展！

第二节　环境污染
(Environmental Pollution)

环境污染是指人类直接或间接地向环境排放超过其自净能力的物质或能量，从而使环境质量恶化，对人类的生存与发展、生态系统和财产造成不利影响的现象。

环境污染包括物理、化学和生物三方面因素，其中因化学物质引起的污染占到 80%～90%。表 9-1 列出了 20 世纪 70～90 年代世界范围内发生的十大环境污染事件，它们都是由化学物质污染所引起的。

表 9-1　20 世纪 70～90 年代世界十大污染事件

污染事件	时间、地点	危害	产生原因
北美死湖事件	20 世纪 70 年代，美国东北部和加拿大东南部	出现了大面积酸雨区，多个湖泊池塘漂浮死鱼，湖滨树木枯萎	向大气中排放大量二氧化硫
卡迪兹号油轮事件	1978 年 3 月，法国布列塔尼海岸	350km 长海岸带遭污染，牡蛎死亡超过 9000 多吨，海鸟死亡超过 2 万多吨	原油泄漏

续表

污染事件	时间、地点	危害	产生原因
墨西哥湾井喷事件	1979 年 6 月，墨西哥湾	海洋环境受到严重污染	原油污染
库巴唐"死亡谷"事件	20 世纪 80 年代，巴西库巴唐市	2 万多人呼吸道过敏、患病	炼油、石化、炼铁等企业随意排放废气废水
西德森林枯死病事件	1983 年，联邦德国	80 多万公顷森林被毁，鲁尔工业区森林里到处可见秃树、死鸟、死蜂，该区儿童每年有数万人感染特殊的喉炎症	酸雨
博帕尔农药厂事件	1984 年 12 月，印度博帕尔市	大量食物、水源被污染，2500人死亡，20 万人受害，10 万人终身残疾，5 万人双目失明，牲畜和动物大量死亡	美国联合碳化物公司所属农药厂地下储气罐 45 吨异氰酸甲酯渗漏
切尔诺贝利核泄漏事故	1986 年 4 月，苏联乌克兰切尔诺贝利	3 个月内有 31 人死亡，之后 15年内有 6 万~8 万人死亡，13.4万人遭受各种程度的辐射疾病折磨	大量放射性物质泄漏
莱茵河污染事件	1986 年 11 月，瑞士巴富尔市	流经地区鱼类死亡，沿河自来水厂全部关闭，莱茵河生态严重污染	装有 1250 吨剧毒农药的钢罐爆炸，污染物进入下水道，排入莱茵河
雅典"紧急状态事件"	1989 年 11 月，希腊首都雅典	许多市民出现头疼、乏力、呕吐、呼吸困难等中毒症状	空气中二氧化碳浓度严重超标
海湾战争油污染事件	1990 年 8 月至 1991 年 2 月，波斯湾	油膜一度达到宽 16km、长90km，数万只海鸟丧命，波斯湾一带大部分海洋生物被毁灭	伊拉克将原油排入波斯湾

这些污染事件表明，在经济高度发达的今天，在建设和发展的同时，必须加强环境保护工作，否则，其后果将不堪设想。

一、大气污染

1. 大气污染的概念

大气不仅是环境的重要组成要素，而且参与地球表面的各种化学过程，是维持生命的必需物质。人几天不喝水、几周不吃饭尚可生存，但隔绝空气 5min 就会死亡。这充分说明空气对维持生命的重要性。因此，大气质量的优劣，对整个生态系统和人类健康至关重要。

按照国际标准化组织(ISO)的定义，大气污染(air pollution)通常是指人类活动或自然过程引起某些物质进入大气中，呈现出足够的浓度，达到足够的时间，并因此危害了人类的舒适、健康和福利或环境的现象。

人类活动是引起大气污染的主要原因。这一方面是由于人口的迅速增长，人类在进行生活活动时需要燃烧大量的矿物燃料，从而产生大量有害的废气；另一方面，人类在工业生产过程中，将大量含有有害物质的废气未经净化处理或处理得不够彻底就排入大气中，从而造成大气的污染。

2. 大气中的主要污染物

大气环境的污染物主要有总悬浮颗粒物、可吸入颗粒物(飘尘)、氮氧化物、二氧化硫、一氧化碳、臭氧、挥发性有机化合物等。

长期以来，以煤为主的能源结构是影响我国大气环境质量的主要因素。煤炭在我国目前能源消费中占 2/3 左右，煤烟型污染是我国大气污染的重要特征。总悬浮颗粒物、二氧化硫是我国大气环境中的主要污染物。

1) 总悬浮颗粒物与可吸入颗粒物

总悬浮颗粒物(total suspended particulate, TSP)是指能长时间悬浮在空气中，粒子直径≤100μm 的颗粒物。它主要来源于燃料燃烧时产生的烟尘、生产加工过程中产生的粉尘、建筑和交通的扬尘、风沙扬尘以及气态污染物经过复杂物理化学过程在空气中生成的相应的盐类颗粒。

总悬浮颗粒物中粒径小于 10μm 的称为 PM_{10}，小于 2.5μm 的称为 $PM_{2.5}$。PM_{10} 会随气流进入人的气管甚至肺部，因此人们称其为可吸入颗粒物(inhalable particles，IP)，$PM_{2.5}$ 则称为细颗粒物。

颗粒物对人体的危害与颗粒物的大小有关。颗粒物的直径越小，进入呼吸道的部位越深。直径 10μm 的颗粒物通常沉积在上呼吸道，直径 5μm 的可进入呼吸道的深部，2μm 以下的可100%深入细支气管和肺泡。它不仅会在肺部沉积下来，还可以直接进入血液到达人体各部位。由于颗粒物表面往往附着着各种有害物质，一旦进入人体就会引发心脏病、肺病、呼吸道疾病，降低肺功能等。2012 年联合国环境规划署公布的《全球环境展望 5》指出，每年有近 200万的过早死亡病例与颗粒物污染有关。

我国是全世界大气污染最严重的国家之一，其中固体颗粒物对我国北方的影响尤为严重。为了有效降低颗粒物对国民健康的影响，我国生态环境部组织制定了各行业大气污染物排放标准，并对全国空气质量进行实时发布，对超标准排放企业进行强制整改，取得了较好的效果。监测数据表明，我国京津冀地区的雾霾天气比前几年明显减少。

2) 氮氧化物

氮氧化物(NO_x)种类很多，造成大气污染的主要是 NO 和 NO_2，因此环境学中的氮氧化物就是指这二者的总称。

NO 是无色、无刺激气味的不活泼气体，可被氧化成 NO_2。NO_2 是一种棕红色有刺激性臭味的气体，具有腐蚀性和生理刺激作用，长期吸入会导致肺部构造改变，主要来自车辆废气、火力发电站和其他工业的燃料燃烧及硝酸、氮肥、炸药的工业生产过程。近年来，随着机动车保有量的迅速增加，机动车排放的 NO_2 已经成为部分大城市中大气污染的主要来源，是形成光化学烟雾的主要因素之一。

3) 二氧化硫

SO_2 是一种无色的中等刺激性气体，主要来自含硫燃料的燃烧。几乎所有煤中都含有硫。空气中的 SO_2 很大部分来自发电过程及工业生产。我国是煤炭生产和消费的第一大国，SO_2排放量居世界首位。表 9-2 给出了 2000~2015 年我国 SO_2 排放量。

表 9-2 2000～2015 年我国 SO_2 排放量 （单位：万 t）

年份	2000	2001	2002	2003	2004	2005	2006	2007
SO_2 排放量	1995	1947	1926	2159	2259	2549	2589	2468
年份	2008	2009	2010	2011	2012	2013	2014	2015
SO_2 排放量	2321	2214	2185	2217	2118	2044	1974	1859

SO_2 主要影响呼吸道。吸入 SO_2 可使呼吸系统功能受损，加重已有的呼吸系统疾病(尤其是支气管炎)及心血管病，尤其是在悬浮粒子的协同作用下更会导致死亡率上升。1952 年发生在伦敦的烟雾事件就是由 SO_2 污染所引起的。SO_2 还是酸雨形成的主要原因之一。

4) 一氧化碳

CO 为无色、无味气体。CO 的来源可归纳为两类：一类为自然界天然产生，如森林大火、火山爆发时释放；另一类是燃料燃烧。因使用燃料而造成的 CO 增高，是构成空气污染问题的最主要原因，其中尤以交通工具为甚。CO 素以"寂静杀手"而闻名，因为人们的感官不能感知它的存在。一旦 CO 被吸入肺部，就会进入血液循环，它与血红蛋白的亲和力约为氧的 300 倍，形成碳氧血红蛋白，削弱血红蛋白向人体各组织(尤其以中枢神经系统最为敏感)输送氧的能力，从而使人产生头晕、头痛、恶心等中毒症状，严重的可致人死亡。CO 中毒可用呼吸纯氧或严重时用高压氧舱处理。

5) 臭氧

大气中臭氧层对地球生物的保护作用现已广为人知——它吸收太阳释放出来的绝大部分紫外线，使动植物免遭这种射线的危害。但对人类来说，地面附近大气中的 O_3 浓度过高反而是有害的。O_3 的产生源于人类活动，汽车、燃料、石化等是 O_3 的重要污染源。随着汽车和工业排放的增加，地面 O_3 污染在欧洲、北美、日本以及我国的许多城市中成为普遍现象。2016 年 5 月中旬北京市环境保护监测中心预报显示，北京市大气首要污染物为臭氧。

研究表明，O_3 能导致人皮肤刺痒，眼睛、鼻咽、呼吸道受刺激，肺功能受影响，引起咳嗽、气短和胸痛等症状。原因在于，O_3 作为强氧化剂几乎能与任何生物组织反应。当 O_3 被吸入呼吸道时，就会与呼吸道中的细胞、流体和组织很快反应，导致肺功能减弱和组织损伤。对患有气喘病、肺气肿和慢性支气管炎的人来说，O_3 的危害更为明显。

6) 挥发性有机化合物

挥发性有机化合物(volatile organic compounds，VOCs)是指碳的任何挥发性化合物，可见于很多产品之中，如有机溶剂、油漆、印刷油墨、石油产品和许多消费品。除了车辆，使用这些含挥发性有机化合物的产品也会释放出挥发性有机化合物。在阳光下，挥发性有机化合物与主要来自汽车、发电厂及工业活动的氮氧化物产生化学作用，形成 O_3，继而导致微粒的形成，最终形成烟雾。

烟雾会刺激人们的眼睛、鼻子和喉咙，令患有心脏或呼吸疾病(如哮喘)的人病情恶化。长时间身处严重的烟雾环境中，可能会对人体的肺部组织造成永久性伤害，并损及免疫系统。

3. 空气质量评价

大气污染主要发生在城市。为了便于人们及时了解城市的空气质量状况，增强环保意识，从而自觉地抵制环境污染，有利于公民对政府环保工作的监督，我国实行了空气质量日报制度。

2012 年 2 月 29 日，环境保护部批准了《环境空气质量指数(AQI)技术规定(试行)》，并于 2016 年 1 月 1 日起在全国实施。在新的规定中，用空气质量指数(air quality index，AQI)替代原有规定的空气污染指数(API)来评价空气质量。AQI 数值根据城市大气中 SO_2、NO_2、CO、O_3、PM_{10}、$PM_{2.5}$ 等污染物的含量来确定，按照空气质量指数大小又可将空气质量分为六级，二者的对应关系及影响列于表 9-3。

表 9-3　空气质量分级与空气质量指数

空气质量指数	空气质量指数级别	空气质量指数类别及表示颜色		对健康的影响情况	建议采取的措施
0～50	一级	优	绿色	空气质量令人满意，基本无空气污染	各类人群可正常活动
51～100	二级	良	黄色	空气质量可接受，但某些污染物可能对极少数异常敏感人群的健康有较弱影响	极少数异常敏感人群应减少户外活动
101～150	三级	轻度污染	橙色	易感人群症状有轻度加剧，健康人群出现刺激症状	儿童、老年人及心脏病、呼吸系统疾病患者应减少长时间、高强度的户外锻炼
151～200	四级	中度污染	红色	进一步加剧易感人群症状，可能对健康人群的心脏、呼吸系统有影响	儿童、老年人及心脏病、呼吸系统病症患者避免长时间、高强度的户外锻炼，一般人群适量减少户外运动
201～300	五级	重度污染	紫色	心脏病和肺病患者症状显著加剧，运动耐受力降低，健康人群普遍出现症状	儿童、老年人和心脏病、肺病患者应停留在室内，停止户外运动，一般人群减少户外运动
>300	六级	严重污染	褐红色	健康人群运动耐受力降低，有明显强烈症状，提前出现某些疾病	儿童、老年人和患病人群应当留在室内，避免体力消耗，一般人群应避免户外活动

4. 几种公认的大气污染现象

1) 温室效应

温室效应(greenhouse effect)又称"花房效应"，是大气保温效应的俗称。大气能使太阳的短波辐射到达地面，但地表升温后向外反射出的长波辐射却被大气吸收，这样就使得地表与低层大气温度增高。因其作用类似于栽培农作物的温室，故称温室效应。

温室效应是地球上生命赖以生存的必要条件。现代地球的地面平均温度约为 15℃，如果没有大气，根据地球获得的太阳热量和地球向宇宙空间放出的热量相等，可以计算出地球的地面平均温度应为-18℃，人类将难以生存。反之，若温室效应不断加强，全球温度也必将逐年持续升高。

实际上，并不是大气中每种气体都能强烈吸收地面长波辐射。地球大气中起温室作用的气体称为温室气体(greenhouse gas)，主要有 CO_2、CH_4、O_3、N_2O、氟利昂以及水汽等。不幸的是，自从工业革命以来，人类就不断地将这些物质大量地排放到空气中。

研究表明，工业革命以前大气中 CO_2 含量一直比较稳定，而工业革命以后，由于人类大量燃烧化石燃料和毁灭森林，全球大气中 CO_2 含量开始不断上升，从 18 世纪中叶开始至 20

世纪 90 年代，人类只用了 240 年左右的时间便使大气中 CO_2 浓度增加了 25% 以上。

随着大气中温室气体浓度的升高，大气的温室效应也随之增强，从而导致地球气温在相对较短的时期内出现显著升高，即出现所谓的"全球变暖"，进而引起极冰融化、海平面上升、传染病流行等一系列严重问题。

由于气候变化，全球冰川消融速度正在加快。以南极冰川为例，2010～2013 年，每年融化达 1590 亿吨，冰川融化每年导致全球海平面升高 0.45mm。

要想解决全球变暖问题，必须设法降低大气中温室气体的浓度。一方面，通过广泛植树造林，加强绿化，停止滥伐森林，用太阳光的光合作用大量吸收和固定大气中的 CO_2；另一方面，要削减温室气体的排放量。

2) 臭氧层的破坏

在距地球表面 15～30km[①] 的高空，因受太阳紫外线照射，形成了包围在地球外围空间的臭氧层。臭氧层集中了地球大气层中约 90% 的 O_3。臭氧层可以吸收 99% 来自太阳的紫外线 (240～329nm) 辐射，为地球提供了一个防御紫外线的天然屏障，是人类赖以生存的保护伞。

根据观测，自 20 世纪 70 年代以来，全球 O_3 总量有逐渐减少的趋势。1985 年 2 月，英国南极考察队队长法曼(J. Farman)发表报道说，他们从 1977 年起就发现南极上空的 O_3 总量在每年 9 月下旬开始，迅速地减少一半左右，形成一个"臭氧层空洞"，持续到 11 月逐渐恢复。

此后，O_3 浓度下降的速度一直在加快，臭氧层空洞的面积也在不断扩大。1996 年全球上空臭氧空洞的面积已达 980 万平方公里，1998 年 8 月达到 2720 万平方公里。

臭氧层破坏意味着大量紫外线将直接辐射到地面，进而影响人类和动植物的生存。研究表明，大气中的臭氧每减少 1%，照射到地面的紫外线就增加 2%，人类患皮肤癌的发病率就增加 3%，白内障发病率增加 0.3%～0.6%，同时还会抑制人体免疫系统功能，降低海洋生物的繁殖能力，扰乱昆虫的交配习惯，毁坏植物，特别是农作物，使地球的农作物减产 2/3，导致生态平衡的破坏。

科学家们研究发现，氯氟烃是破坏臭氧层、危及人类生存环境的祸首之一。

氯氟烃(chloroflurocarbon，CFC)俗称"氟利昂"，发现于 1928 年。因其寿命长、无毒、不腐蚀、不可燃，被认为是最好的制冷气体。20 世纪 60 年代起被广泛用于冰箱、空调、喷雾、清洗和发泡等行业。

研究发现，尽管氟利昂通常情况下很稳定，但在进入臭氧层后，受紫外线辐射会分解产生氯原子，氯原子则可引发破坏臭氧循环的反应：

$$CFCl_3 \xrightarrow{h\nu} CFCl_2 \cdot + Cl \cdot \quad 或 \quad CF_2Cl_2 \xrightarrow{h\nu} CF_2Cl \cdot + Cl \cdot$$

$$Cl \cdot + O_3 \longrightarrow ClO \cdot + O_2$$

$$ClO \cdot + O \longrightarrow Cl \cdot + O_2$$

每一个氯原子可与 10 万个 O_3 发生连锁反应。这就造成了臭氧层的破坏。

除了氯氟烃以外，N_2O(由氮肥分解及自然界中微生物产生，约有 10% 进入平流层)、$HO \cdot$ 自由基(喷气式飞机飞行中排放)也被认为是破坏臭氧层的物质。

---

① 具有最高臭氧浓度的区域称为臭氧层。关于臭氧层的范围，目前看法不一。本数据选自 Scientific Assessment of Ozone Depletion, 2002；World Meteorology Organization(WMO)，United Nations Environmental Program(UNEP)。

为了保护臭氧层，各国通力合作努力淘汰、控制和减少使用臭氧层消耗物质，并取得了明显的成效。2014 年，联合国环境规划署和世界气象组织宣布，臭氧层在 2000～2013 年变厚了 4%，是 35 年来首次变厚。此外，南极洲上空每年一次的臭氧空洞也在停止扩大。不过，臭氧层虽然在恢复，距离痊愈还很遥远。南极臭氧层空洞依旧存在，最新计算显示，臭氧浓度水平仍比 1980 年低 6%。

3) 光化学烟雾

汽车、工厂等污染源排入大气的碳氢化合物(HC)和氮氧化物(NO_x)等一次污染物，在太阳紫外线的作用下会发生一系列复杂的光化学反应，生成臭氧、醛、酮、酸、过氧乙酰硝酸酯(PAN)等二次污染物。光化学烟雾(photochemical smog)是指参与光化学反应过程的一次污染物和二次污染物的混合物所形成的烟雾污染。

光化学烟雾事件最早发生在美国的洛杉矶。1943 年 9 月 8 日，洛杉矶城区被一种弥漫天空的浅蓝色烟雾笼罩了整整一天，使上千人中毒，最后有 400 多人死亡。经过反复的调查研究，直到 1958 年才发现，汽车尾气是洛杉矶烟雾事件的元凶。

光化学烟雾的成分非常复杂，但是对动物、植物和材料有害的是臭氧、PAN 和丙烯醛、甲醛等二次污染物。人和动物受到的主要伤害是眼睛和黏膜受刺激、头痛、呼吸障碍、慢性呼吸道疾病恶化、儿童肺功能异常等。植物受到臭氧的损害，开始时表皮褪色，呈蜡质状。经过一段时间后色素发生变化，叶片上出现红褐色斑点。PAN 使叶子背面呈银灰色或古铜色，影响植物的生长，降低植物对病虫害的抵抗力。臭氧、PAN 等还能造成橡胶制品的老化、脆裂，使染料褪色，并损害油漆涂料、纺织纤维和塑料制品等。

光化学烟雾的形成过程是很复杂的，通过实验室模拟研究已初步确定了它们的基本化学过程。主要反应为

$$NO_2 \xrightarrow{\quad h\nu \quad} NO + O(原子氧)$$

$$O + O_2 \xrightarrow{\quad h\nu \quad} O_3$$

$$O_3 + HC \xrightarrow{\quad h\nu \quad} \underset{\text{醛}}{R{-}COH} + \underset{\text{酰氧基}}{R{-}C{=}O}$$

$$\underset{\text{酰氧基}}{R{-}C{=}O} + O_2 + NO \xrightarrow{\quad h\nu \quad} R{-}\overset{\displaystyle}{\underset{\displaystyle \overset{\|}{O}}{C}}{-}O{-}O{-}NO_2$$

$$PAN$$

光化学烟雾的形成及其浓度，除直接取决于汽车排气中污染物的数量和浓度以外，还受太阳辐射强度、气象以及地理等条件的影响。

20 世纪 50 年代以来，美国、日本、加拿大、联邦德国、澳大利亚、荷兰等国的一些城市都发生过光化学烟雾污染事件。1995 年 6 月 1 日，我国上海市市中心一地段也发生过光化学烟雾事件。

4) 酸雨

空气中含有 CO_2，它的体积分数约为 3.16×10^{-4}，溶入雨水中形成 H_2CO_3，这时雨水的 pH 可达 5.6。如果雨水的 pH 小于 5.6，就称其为酸雨(acid rain)。

酸雨形成的主要原因是大气中含有 SO_2 和 NO_2。SO_2 可被大气中的 O_3 和 H_2O_2 氧化成 SO_3，

它溶入雨水就形成 H_2SO_4；NO_2 溶入雨水会生成 HNO_3 和 HNO_2。它们的浓度虽很稀，但会使雨水的 pH 下降，使雨水带有一定程度的酸性。

酸雨会给环境带来广泛的危害，造成巨大的经济损失，如腐蚀建筑物和工业设备；破坏露天的文物古迹(图 9-1)；损坏植物叶面，导致森林死亡；使湖泊中鱼虾死亡；破坏土壤成分，使农作物减产甚至死亡；酸化饮用的地下水，对人体造成危害。据美国政府 1980 年统计，该年度由于酸雨和硫氧化物污染造成的死亡人数，占全国死亡总人数的 2%，即相当于全美国有 51 000 人死于大气污染。我国是仅次于欧洲和北美的世界第三大酸雨区，1998 年全国一半以上的城市出现过酸雨，覆盖面积占国土面积的 30%以上，因酸雨而造成的直接经济损失曾达 1100 亿元。此后，由于国家采取了有效的防治措施，酸雨污染程度逐渐降低。到 2016 年，全国酸雨区面积已经降到约 69 万平方公里。

1908年拍摄　　1969年拍摄

图 9-1　被酸雨腐蚀的德国雕像

预防酸雨的最根本措施是减少 SO_2 和 NO_2 的排放量，例如，控制燃煤炉灶的数量；对燃煤、燃油锅炉进行改造，对燃烧废气进行净化处理；对汽车尾气加以控制和处理；改进车用燃料等。

酸雨、臭氧层破坏和温室效应并称为当今世界三大全球性环境问题。

 科苑导读　北京大学马丁教授的新基石项目

二、水污染

水是地球上人类和其他生物赖以生存和发展的珍贵资源。地球上因为有了水，才变得生机勃勃。尽管地球上水的储量很大，但淡水只占 2.5%，其中比较容易被人类开发利用的淡水不足总水量的 0.3%。

水资源在地球上的分布是很不均匀的，有的地方多，有的地方少，而水的需求则随人口和经济发展而迅速增长。据联合国调查，全球约有 4.6 亿人生活在用水高度紧张的国家或地区，还有 1/4 人口即将面临严重用水紧张的局面。我国是一个干旱缺水程度严重的国家。2014年我国的淡水资源总量为 27 267 亿立方米，占全球水资源的 6%，仅次于巴西、俄罗斯和加拿大，名列世界第四位。但是，我国的人均水资源量只有 1999 立方米，不到世界平均水平的 1/4，是全球人均水资源最贫乏的国家之一。

在水资源日趋严峻的情况下，世界性水资源污染却十分严重。本来，水体(河流、湖泊、水库……)对污染有一定的自净能力，这是因为水体中溶解氧在起作用。溶解氧参与水体中氧化还原的化学过程与好氧的生物过程，可以把水中的许多污染物转化、降解，甚至变为无害物质。但是，当排入水体的污染物含量超过水体的自净能力时，会造成水质恶化，使水的用途受到影响，这种现象称为水污染(water pollution)。

据相关材料的统计，全世界每年大约有 $4×10^{10}m^3$ 污水排入江河，使全世界 40%河流受到严重的污染，其污染物中有毒性很大的铬、汞、氰化物、酚类化合物、砷化物等，给人类健康带来严重威胁。2010 年 3 月 22 日，国际红十字会发表声明表示，目前全球大约有 8.8 亿人无法得到清洁水源。

我国水污染的情况也十分严重。2013 年的一项调查表明，全国已有 82% 的江河湖泊受到不同程度的污染，每年由水污染造成的经济损失高达 377 亿元。

造成水污染的有自然因素，也有人为的因素，而后者是主要的。根据污染的性质可将水污染分为化学污染与生物污染，这里着重讨论人为污染中的化学污染。

1. 无机污染物

污染水体的无机污染物主要指酸、碱、盐、重金属以及无机悬浮物等。

酸主要来自矿山排水及工业废水。矿山水中的酸是由硫化矿物(如 FeS_2)的氧化作用产生的。含酸多的工业废水主要是冶金、机械行业的酸洗废水，还有黏胶纤维、酸性造纸废水等。酸雨也是水体酸污染的来源之一。水体中的碱主要来自碱法造纸的黑液，还有印染、制革、制碱、化纤、化工以及石油工业生产过程中的废水。酸性水或碱性水都会对农作物的生长产生阻碍或破坏作用，有的会使土壤的性能变坏。酸性水体还会腐蚀水下设备、船壳等。2010 年 7 月 3 日，福建省紫金矿业的紫金山铜矿湿法厂发生酸性污水渗漏事故，9100m^3 废水外渗，引发汀江流域污染，导致当地棉花滩库区死鱼和中毒鱼约达 378 万斤。

酸性水体与碱性水体相遇，可发生中和反应，同时产生相应的无机盐类，这也会对水体产生污染。氰化物也属无机污染物，它的毒性更强。饮水中 CN^- 不能超过 $0.01mg \cdot dm^{-3}$，地面水中不能超过 $0.1mg \cdot dm^{-3}$。它主要来自电镀废水、焦化厂和煤气厂的洗涤与冷却水，还有金属加工、化纤、塑料、农药、化工等工业生产的废水。

重金属污染物包括汞、铅、镉、铬、镍，以及类金属砷等生物毒性显著的元素，它们经过"虾吃浮游生物，小鱼吃虾，大鱼吃小鱼"的水中食物链被富集，浓度逐级加大。人处于食物链的终端，通过摄食或饮水，便将重金属摄入体内，从而引起中毒。水俣病、骨痛病就是重金属污染致病的典型例子。重金属污染物主要来自采矿和冶炼，但其他许多工业生产企业通过废水、废渣、废气向环境排放重金属的事例也是举不胜举的。

2. 有机污染物

有机污染物有的无毒，有的有毒。无毒的如碳水化合物、脂肪、蛋白质等；有毒的如酚、多环芳烃、多氯联苯、有机氯农药、有机磷农药等。它们在水中有的能被好氧微生物分解(降解，degradation)，有的则难以降解。

1) 耗氧有机物

生活污水和某些工业废水中所含的碳水化合物、脂肪、蛋白质等有机化合物，可在微生物作用下，最终分解为简单的无机物质 CO_2 和 H_2O 等。这些有机物在分解过程中要消耗水中的溶解氧，因此称它们为耗氧有机物(oxygen consuming organics)。

目前表示耗氧有机物的含量，或表示水体被污染的程度，一般用溶解氧(dissolved oxygen，DO)、生化需氧量(biology oxygen demand，BOD)、化学耗氧量(chemical oxygen demand，COD)、总需氧量(total oxygen demand，TOD)等。例如，水体中 BOD 越大，水质越差。

在正常大气压下，20℃ 时，水中溶解氧仅为 $9.17mg \cdot dm^{-3}$。因此耗氧有机物排入水体后，在被好氧微生物分解的同时，会使水中溶解氧量急剧下降，从而影响水体中鱼类和其他水生生物的正常生活，以致缺氧而死亡。另外，如水体中溶解氧耗尽，有机物会被厌氧微生物分解，即发生腐败现象，同时产生 H_2S、NH_3、CH_4 等，使水质变臭。

2) 难降解有机物

多氯联苯、有机氯农药、有机磷农药等在水中很难被微生物分解，因此称它们为难降解有机物。它们都具有很大的毒性，一旦进入水体，便能长期存在。开始时，由于水体的稀释作用，一般浓度较小，但通过食物链的富集，可在人体中逐渐积累，最后可能会产生积累性中毒。

近年来，石油对水质的污染问题十分突出，已引起世界的关注。石油是复杂的碳氢化合物，也属于难降解有机物，能在各种水生生物体内积累富集。水体内含微量石油也能使鱼虾贝蟹等水产品带有石油味，降低其食用价值。石油比水轻而又不溶于水，洒在水体中便在水面上形成很大面积薄膜覆盖层，阻止大气中的氧溶解于水中，造成水中溶解氧减少，严重危害各种水中生物。此外，油膜还能堵塞鱼鳃，使鱼呼吸困难，甚至死亡。用含油污水灌田，会使农产品带有石油味，甚至因油膜黏附在农作物上使其枯死。石油污染的主要来源是海上采油、运输油船的泄漏和清洗、油船压舱水、炼油厂和石油化工厂的废水等。1989 年，美国埃克森石油公司的"瓦尔迪兹"号油轮漏油，导致 3.4 万吨原油流入阿拉斯加州威廉王子湾。事件造成几十万只海鸟、数千只大型海洋动物死亡，当地渔业多年绝收，沿岸经济萎靡不振。2010 年 4 月 20 日，一座由英国石油公司租赁的位于墨西哥湾的钻井平台爆炸起火。平台沉入海底后发生原油泄漏，截止到 8 月 2 日漏油总量达到约 490 万桶(折合 7.79 亿升)，成为有史以来最严重的原油泄漏事件。

3. 水体的富营养化

水体富营养化状态是指水中总氮、总磷量超标——总氮含量大于 $1.5mg \cdot dm^{-3}$，总磷含量大于 $0.1mg \cdot dm^{-3}$。

生活污水和某些工业废水中常有含氮和磷的物质，施加氮肥和磷肥的农田水中，也含有氮和磷。它们并非有害元素，而是植物营养元素。但它们会引起水体中的硅藻、蓝藻、绿藻大量繁殖，导致夜间水中溶解氧减少，化学耗氧量增加，从而使水体"死亡"，进而使水体质量恶化，鱼类等死亡。这种由于植物营养元素大量排入水体，破坏水体生态平衡的现象，称为水体的富营养化(eutrophicated water)。它是水体污染的一种形式。目前，我国 88.6%的湖泊水质已呈富营养化和中度富营养化，藻类水华频频暴发，甚至出现翻塘现象。例如武汉南湖，近几年来一直翻塘不断，每年 4~5 月岸边水体呈深黑色，十分浑浊，大范围死鱼已成为一种季节性现象。每次死鱼达 20 万～50 万公斤。昆明滇池草海的污染也十分严重，截至 2014 年，水质已经连续 20 多年呈富营养化状态。

4. 赤潮与海洋污染

赤潮(red tide)是海洋中某一种或几种浮游生物暴发性增殖或聚集而引起水体变色的一种有害的生态异常现象。它不一定都是红色的，还有褐、棕黄、绿色等。

近几十年来，由于工农业生产的高速发展，污水大量排放入海，赤潮与日俱增。赤潮的危害性很大。1987 年，美国东海岸的一次赤潮，仅养殖贝类的损失就有 3600 万美元，1997 年 10 月，墨西哥湾北部沿海和美国的得克萨斯沿海出现了大面积赤潮，已发现死亡鱼类达 20 多吨。近年来，我国海域频发赤潮，因赤潮造成的经济损失十分严重，使渤海成"死海"，舟山渔场多年难成鱼汛。

海洋污染也日趋严重。据不完全统计，现在每年流入海洋的石油约达 1000 万吨，剧毒氯联苯 2.5 万吨，锌 390 万吨，铅 30 多万吨，铜 25 万吨，汞 5000 吨，等等。目前，海洋污染最严重的海域有波罗的海、地中海、纽约湾、墨西哥湾等。地中海尤为严重，因为它虽与大海相连，但与大海进行水循环却很难，因而它所受到的污染比大海更严重。就国家来说，沿海污染严重的是日本、美国、西欧诸国和苏联国家。我国沿海的污染状况也相当严重，其中污染最严重的是渤海，由于污染已造成渔场外迁、鱼群死亡、赤潮泛滥，有些滩涂养殖场荒废，一些珍贵的海生资源正在丧失。

5. 水体热污染

热电厂以及其他有关工厂所用的冷却水是水体热污染的主要污染源。大量带有余热的"温水"流入江湖等水体，使水的温度升高，水中的溶解氧减少。另外，由于水温升高，会促使水生生物加速繁殖，鱼类等生存条件变坏，造成一定的危害。图 9-2 是热电厂热量损失引起水体热污染的示意图。

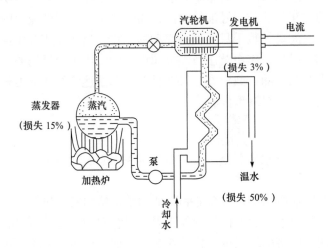

图 9-2　热电厂热量损失引起水体热污染的示意图

三、土壤污染

"民以食为天，食以土为本"。土壤是地球陆地表面的疏松层，是人类和生物繁衍生息的场所，是不可替代的农业资源和重要的生态因素之一。它一方面能为作物源源不断地提供其生长必需的水分和养料，经作物叶片的光合作用合成各种有机物质，为人类及其他动物提供充足的食物和饲料；另一方面它又能承受、容纳和转化人类从事各种活动所产生的废弃物(包括污染物)，在消除自然界污染的危害方面起着重要作用。

土壤具有一定的自净作用，当污染物进入土壤后会使污染物在数量和形态上发生变化，降低它们的危害性。但如果进入土壤中的污染物超过土壤的净化能力，即会引起土壤严重污染。

判断土壤是否受到污染有以下三个标准：一是土壤中有害物质的含量超过了土壤背景值的含量；二是土壤中有害物质的累计量达到了抑制作物正常发育或使作物发生变异的量；三是土壤中有害物质的累计量使得作物体或果实中存在残留，达到了危害人类健康的程度。

目前我国土壤污染总体形势相当严峻。环境保护部和国土资源部 2014 年联合发布的《全国土壤污染状况调查公报》显示，截至 2013 年 12 月，全国土壤污染物总的超标率为 16.1%，其中耕地的土壤超标率为 19.4%。

土壤污染物分无机和有机两大类：无机污染物有重金属汞、镉、铅、铬等和非金属的砷、氟、氮、磷和硫等；有机污染物有酚、氰及各种合成农药等。这些污染物质大多由受污染的水和受污染的空气，也有一部分是由某些农业措施(如施用农药和化肥)而带进土壤的。

土壤污染的危害主要是对植物生长产生影响。例如，过多的 Mn、Cu 和磷酸等将会阻碍植物对 Fe 吸收，而引起酶作用的减退，并且阻碍体内的氮素代谢，从而造成植物的缺绿病。

污染物进入土壤以后，可能被土壤吸附，也可能在光、水或微生物作用下进行降解，或者通过挥发作用而进入大气造成大气污染；受水的淋溶作用或地表径流作用，污染物进入地下水和地表水影响水生生物；污染物被作物吸入体内(包括籽实部分)后，最终通过人体呼吸作用、饮水和食物链进入人体内，给人体健康带来不良的影响。

目前"白色污染"日益引起人们的关注。白色污染就是塑料饭盒、农用薄膜、方便袋、包装袋等难降解的有机物被抛弃在环境中造成的污染。它们在地下存在 100 年之久也不能消失，引起土壤污染，影响农业产量。所以，现在全世界都在要求使用可降解的有机物。

 白色污染给我们带来的主要危害和困扰

第三节 环境污染的防治
(Prevention of Environmental Pollution)

现在世界各国已在不同程度地抓紧对环境的治理和保护工作。例如，闻名世界几个世纪的"雾都"伦敦，经过几十年不懈的综合治理，终于成了空气清朗、美丽洁净的城市。

加拿大投资 30 亿美元推行"绿色计划"，净化空气、水和土壤；波兰用将近 10 年的时间治理"黑三角"；墨西哥、日本等国也正在不惜代价地进行治理环境污染的工作。

我国对环境问题也越来越重视。1979 年颁布了《中华人民共和国环境保护法》，提出了"全面规划，合理布局，综合利用，化害为利，依靠群众，大家动手，保护环境，造福人民"的三十二字方针。1983 年我国将环境保护作为我们国家的一项基本国策。1994 年 3 月国务院常务会议讨论通过了《中国 21 世纪议程》，从我国的人口、环境与发展的总体情况出发，提出了促进中国经济、社会、资源和环境相互协调的可持续发展战略目标。1997 年颁布的新刑法，设立了"破坏环境资源罪"，这对维护环境与资源管理秩序，提供了强有力武器。进入"十一五"之后，国家进一步加大了节能减排工作力度，取得了显著效果。以二氧化硫排放总量为例，2015 年比 2006 年下降 28.2%。

一、大气污染的防治

对大气污染的防治措施很多，如使工业布局合理，改进燃烧方法，改变燃料组成，加高烟囱以及绿化造林等。

1. 交通废气污染的防治

截止到 2016 年底，全球汽车保有量已达 12.4 亿辆，中国突破 1.94 亿辆，汽车尾气造成的大气污染已构成严重的社会问题。为将汽车尾气污染减轻到最低限度，各国都在积极采取有效的防治措施，例如：①改进内燃机的燃烧设计，使燃料充分燃烧，少排废气；②在汽车排气系统安装附加的催化净化装置，将废气变为无害气体；③改变汽车燃料成分，用无 Pb 汽油代替含 Pb 汽油，以减少 Pb 烟的排放；④开发新燃料，如以天然气、乙醇汽油、氢、甲醇、二甲醚作汽车燃料；⑤开发新型汽车，如太阳能汽车、电动汽车、燃料电池汽车、空气汽车等。

2. 废气污染的防治

1) 催化还原法除 CO、NO_x

$$4NO_2 + CH_4 \xrightarrow[\text{400～500℃}]{\text{Pt}} 4NO + CO_2 + 2H_2O$$

$$4NO + CH_4 \xrightarrow[\text{400～500℃}]{\text{Pt}} 2N_2 + CO_2 + 2H_2O$$

$$2NO + 2CO \xrightarrow[\text{538℃}]{\text{Pt}} 2CO_2 + N_2$$

2) 氨法或碱法去除 NO_x、SO_2 和 SO_3

$$NO + NO_2 + 2NaOH \longrightarrow 2NaNO_2 + H_2O$$

$$4NO + 4NH_3 + O_2 \longrightarrow 4N_2 + 6H_2O$$

$$SO_2 + 2NH_3 \cdot H_2O \longrightarrow (NH_4)_2SO_3 + H_2O$$

$$SO_2 + NH_3 \cdot H_2O \longrightarrow NH_4HSO_3$$

$$2NH_4HSO_3 + H_2SO_4 \longrightarrow 2SO_2(g) + 2H_2O + (NH_4)_2SO_4$$

3) 石灰乳法除去 SO_2

$$Ca(OH)_2 + SO_2 \longrightarrow CaSO_3 \cdot \frac{1}{2}H_2O + \frac{1}{2}H_2O$$

$$2CaSO_3 \cdot \frac{1}{2}H_2O + O_2 + 3H_2O \longrightarrow 2CaSO_4 \cdot 2H_2O$$

3. 臭氧层保护

对臭氧层进行保护，一方面要停止使用氟利昂(CFC)和哈龙(Halon)，需要找到它们的代用品。到 1996 年，我国已淘汰 2.3 万吨氟利昂。到 2010 年，我国已使哈龙生产水平降到零。与此同时，用原料丰富的环戊烷作发泡剂，异丁烷作制冷剂。另一方面，需要开展对臭氧空洞本身进行修补的探索，如 1997 年俄罗斯科学家提出用激光照射产生 O_3，以补充其含量：

$$O_2(\text{空气中}) \xrightarrow{\text{激光}} O_2(\text{激发态}) \xrightarrow{\text{太阳光进一步作用}} 2O$$

$$O + O_2 \longrightarrow O_3$$

产生 O_3 的效率可达 $2.68kg \cdot kW^{-1} \cdot h^{-1}$。

保护臭氧层已成为迄今人类最为成功的全球性合作。监测表明，大气中消耗臭氧层物质增长速度已经逐渐减慢，对臭氧层的保护正在起作用。

4. 发展低碳经济，应对全球变暖

工业革命以来，人类消耗了大量的化石燃料，同时向大气中排放了大量的二氧化碳，导

致全球变暖越来越严重，给人类的生存造成了威胁。严峻的现实使人们认识到，以往高耗能、高排放式的发展模式是不可持续的，必须发展低碳经济，才能减缓全球变暖的趋势。

低碳经济是低碳发展、低碳产业、低碳技术、低碳生活等一类经济形态的总称。它以低能耗、低排放、低污染为基本特征，以应对碳基能源对气候变暖的影响为基本要求，以实现经济社会的可持续发展为基本目的。发展低碳经济的具体措施主要有：第一，发展核能、风能、太阳能、生物质能等新型能源以减少对燃料能源的依赖，从而降低二氧化碳的排放。第二，提高资源能源利用率。这方面主要靠科技进步，改进能源应用技术来实现。例如，让燃料充分燃烧；采用保温隔热措施，减小热量的损失；充分利用余热和减少有害摩擦；减少能量转化的中间环节。第三，倡导低碳生活方式，把能导致二氧化碳排放的生活习惯改变为节省能源、减少二氧化碳排放的习惯。例如，在冷、热情况下，调整空调的高、低温度值；发展电动汽车，提高汽车尾气排放标准；少开私家车，倡导利用公共交通工具；不使用一次性餐具等。第四，全民植树造林。巨大的森林碳汇可以为保护全球气候系统和生态环境发挥积极作用。据测定，$1 \times 10^4 \mathrm{m}^2$ 阔叶林每天约吸收 1t 二氧化碳，释放氧气 700kg。

应对气候变化需要国际社会强有力的支持与合作。2015 年 12 月 12 日，联合国气候变化框架公约近 200 个缔约方在巴黎气候变化大会上达成《巴黎气候变化协定》。这是继《京都议定书》后第二份有法律约束力的气候协议，为 2020 年后全球应对气候变化行动做出了安排。2016 年 4 月 22 日，100 多个国家齐聚联合国，见证这一全球性的气候新协议《巴黎气候变化协定》的签署。2016 年 9 月 3 日，全国人大常委会批准中国加入《巴黎气候变化协定》，中国成为第 23 个完成批准协定的缔约方。2017 年 6 月 1 日，美国总统唐纳德·特朗普在华盛顿宣布，美国将退出应对全球气候变化的《巴黎气候变化协定》。联合国秘书长古特雷斯随即通过发言人发表声明说，美国宣布退出《巴黎气候变化协定》"是一件令人极其失望的事"。

中国政府十分重视大气污染的防治。过去十几年来，节能减排成效显著，从 2005 年到 2015 年，中国累计节能 17 亿吨标准煤，相当于减少二氧化碳排放 36 亿吨。

二、水污染的防治

为了消除水体的污染，首先必须加强对水体的管理，减少并且逐步做到有毒、有害的废水不经处理合格，严禁排放。同时对已受污染的水体进行必要的治理。

污水处理按照处理深度分为三级：

一级处理是指除去水中的悬浮物、胶体、浮油，经常采用中和、沉降、浮选、除油等方法。经一级处理后，BOD 去除率为 25%～40%。废水经一级处理后通常达不到排放标准。

二级处理主要除去可以分解和氧化的有机物及部分悬浮固体，目前主要采用生物处理方法。经二级处理后，BOD 去除率为 80%～90%。废水经二级处理后一般可以达到农业灌溉用水标准和废水排放标准。

三级处理属于深度处理，是进一步除去难以分解的有机物和无机物，处理方法有吸附、离子交换、化学法等。废水经三级处理后可以重新用于生产和生活。

1. 工业废水处理的几种方法

1) 物理处理法

可用重力分离 (沉淀)、浮上分离(浮选)、过滤、离心分离等方法，将废水中的悬浮物或乳状微小油粒除去；还可用活性炭、硅藻土等吸附剂过滤吸附处理低浓度的废水，使水净化；也可用某种有机溶剂溶解萃取的方法处理如含酚等有机污染物的废水。

2) 化学处理法

利用化学反应来分离并回收废水中的各种污染物，或改变污染物的性质，使其从有害变为无害。这类方法主要有混凝法、中和法、氧化还原法、离子交换法等。

(1) 混凝法。废水中常有不易沉淀的细小悬浊物，它们往往带有相同的电荷，因此相互排斥而不能凝聚。若加入某种电解质(混凝剂)，由于混凝剂在水中能产生带相反电荷的离子，水中原来的胶状悬浊物质失去稳定性而沉淀下来，达到净化水的效果。常用的混凝剂有明矾、氢氧化铁、聚丙烯酰胺等。

(2) 中和法。有些工业废水呈酸性，有些呈碱性，可用中和法处理，使 pH 达到或接近中性。酸性废水常用废碱、石灰、白云石、电石渣中和；碱性废水可用废酸中和，也可通入含有 CO_2、SO_2 等成分的烟道废气，达到中和效果。如果废水中有重金属离子，可采用中和混凝法，即调节废水的 pH，使重金属离子生成难溶的氢氧化物沉淀而除去。

(3) 氧化还原法。溶解在废水中的污染物质，有的能与某些氧化剂或还原剂发生氧化还原反应，使有害物质转化为无害物质，达到处理废水的效果。例如，可用氧气、氯气、漂白粉等处理含酚、氰等废水；又如，用铁屑、锌粉、硫酸亚铁等处理含铬、汞等的废水。

例如，用漂白粉处理含氰废水，其反应式为

$$Ca(ClO)_2 + 2H_2O \longrightarrow Ca(OH)_2 + 2HClO$$

$$2NaCN + Ca(OH)_2 + 2HClO \longrightarrow 2NaCNO + CaCl_2 + 2H_2O$$

$$2NaCNO + 2HClO \longrightarrow 2CO_2(g) + N_2(g) + H_2(g) + 2NaCl$$

又如，用硫酸亚铁处理含重铬酸根离子的镀铬废水，反应式为

$$Cr_2O_7^{2-} + 6Fe^{2+} + 14H^+ \longrightarrow 2Cr^{3+} + 6Fe^{3+} + 7H_2O$$

然后再用中和法使 Cr^{3+} 生成 $Cr(OH)_3$ 沉淀。

(4) 离子交换法。利用离子交换树脂的离子交换作用，除去废水中离子化的污染物质。这种方法多用在含重金属废水的回收和处理上，更主要的是用在电厂锅炉或工业锅炉用水的处理中。电厂锅炉对水质要求极高，不允许有任何阳离子和阴离子，也不允许水中溶有 O_2 和 CO_2 等气体。对于溶于水中的阳离子和阴离子，可经过多次的离子交换反应而除去，得到的水称为"去离子水"。

又如，处理含有 $CuCrO_4$ 的镀铬废水，其反应可表示为

$$2R—SO_3H + Cu^{2+} \longrightarrow (R—SO_3)_2Cu + 2H^+$$

$$2R—N(CH_3)_3OH + CrO_4^{2-} \longrightarrow [R—N(CH_3)_3]_2CrO_4 + 2OH^-$$

$$2H^+ + 2OH^- \longrightarrow 2H_2O$$

再生时，可回收铜盐和铬酸盐。

3) 生物处理法

生物处理法是利用微生物的生物化学作用，将复杂的有机污染物分解为简单的物质，将有毒物质转化为无毒物质。此法可用来处理多种废水，在环境保护中起着重要的作用。

生物法可分为两大类，是根据微生物对氧气的要求不同而区分的，即耗氧处理法与厌氧处理法。目前大多采用的是耗氧处理法。这种方法是将空气(需要的是氧气)不断通入污水池中，使污水中的微生物大量繁殖。因微生物分泌的胶质而相互黏合在一起，形成絮状的菌胶团，即所谓"活性污泥"；另外，在污水中装填多孔滤料或转盘，让微生物在其表面栖息，大量繁殖，形成"生物膜"。活性污泥和生物膜能在较短时间里把有机污染物几乎全部作为食料"吃掉"。

用生物处理法处理含酚、含氰废水，脱酚率可达99%以上，脱氰率可达94%～99%，可见治理效果是极好的。

4) 电化学处理法

在废水池中插入电极板，当接通直流电源后，废水中的阴离子移向阳极板，发生失电子的氧化反应；阳离子移向阴极板，发生得电子的还原反应，从而除去废水池中的含铬、氰等的污染物。

例如，对含氰电镀废水进行电化学处理时，用石墨作阳极，铁板作阴极，并在废水中投入一定量的食盐，会发生如下的两极反应：

阳极反应为

$$2Cl^- - 2e^- \longrightarrow Cl_2$$

$$Cl_2 + H_2O \longrightarrow HClO + HCl$$

生成的 Cl_2 和 HClO 与 CN^- 作用生成氰化氯(ClCN)：

$$CN^- + Cl_2 \longrightarrow ClCN + Cl^-$$

$$CN^- + HClO \longrightarrow ClCN + OH^-$$

$$ClCN + 2OH^- \longrightarrow CNO^- + Cl^- + H_2O$$

再进一步氧化成 N_2 和 CO_2，从而达到除去 CN^- 的目的：

$$2CNO^- + 3Cl_2 + 4OH^- \longrightarrow 2CO_2 + N_2 + 2H_2O + 6Cl^-$$

$$2CNO^- + 3ClO^- + H_2O \longrightarrow 2CO_2 + N_2 + 3Cl^- + 2OH^-$$

阴极反应为

$$2H_2O + 2e^- \longrightarrow H_2(g) + 2OH^-$$

电化学处理法适用于除去含铬酸、铅、汞、溶解性盐类的废水，也可处理含有机污染物的带有颜色的及有悬浮物的废水。因为如用铁或铝金属板作阳极，溶解后能形成对应的氢氧化物活性凝胶，对污染物有聚沉作用，易于将其除去。又因为电解过程中会产生原子氧[O]和原子氢[H]，以及放出 O_2 和 H_2，既能对废水中的污染物产生氧化还原作用，又能起泡，有浮选废水中絮状凝胶物的作用，达到净化水质的目的。

2. 城市生活污水脱氮、除磷的几种方法

1) 化学法

去除水中氮、磷比较经济有效的方法是投加石灰。用石灰除氮的过程是提高废水的pH，使水中的氮呈游离氨形态逸出：

$$NH_4^+ \longrightarrow NH_3 + H^+$$

投石灰到废水中，使pH提高到11左右，在解吸塔中将氨吹脱到大气中。

石灰与磷酸盐作用的反应式为

$$5Ca^{2+} +4OH^- +3HPO_4^{2-} \longrightarrow Ca_5OH(PO_4)_3 +3H_2O$$

生成了碱式磷酸钙沉淀而被去除。磷也会吸附在碳酸钙粒子的表面上一起沉淀。当 pH > 9.5 时，基本上全部正磷酸盐都转化为非溶解性的。

投加铝盐或铁盐也可去除磷。以铝盐为例：

$$Al_2(SO_4)_3 +2PO_4^{3-} \longrightarrow 2AlPO_4 +3SO_4^{2-}$$

生成了磷酸铝沉淀而被除去。磷与铝也会结合成为一种配合物，被吸附在氢氧化铝絮状物上。

近年来，离子交换也成功地应用于城市污水的脱氮、除磷。阳离子交换树脂能用它的氢离子与污水中的氨根离子进行交换,阴离子交换树脂能用它的氢氧根离子与污水中的硝酸银、磷酸根离子进行交换，反应如下：

$$RH +NH_4^+ \longrightarrow RNH_4 +H^+$$

$$ROH +HNO_3 \longrightarrow RNO_3 +H_2O$$

$$ROH +H_3PO_4 \longrightarrow RH_2PO_4 +H_2O$$

2) 物理法

电渗析是一种膜分离技术。电渗析室的进水通过多对阴、阳离子渗透膜，在阴、阳膜之间施加直流电压，含磷和含氮离子以及其他溶解离子、体积小的离子通过膜而进到另一侧的溶液中去。在利用电渗析去除氮和磷时，预处理和离子选择性显得特别重要，必须对浓度大的废水进行预处理。高度选择性的防污膜仍在发展中。

3) 生物法

生物脱氮是由硝化和反硝化两个生化过程完成的。污水先在耗氧池进行硝化，使含氮有机物被细菌分解成氨，氨进一步转化成硝态氮：

$$2NH_4^+ +3O_2 \longrightarrow 2NO_2^- + 4H^+ +2H_2O$$

$$2NO_2^- +O_2 \longrightarrow 2NO_3^-$$

然后在缺氧池中进行反硝化，硝态氮还原成氮气逸出：

$$2NO_3^- +3H_2O \longrightarrow 3[O]+N_2 +6OH^-$$

三、土壤污染的防治

由于土壤污染存在潜伏性、不可逆性、长期性和后果严重性，土壤污染的防治需要贯彻预防为主、防治结合、综合治理的基本方针。控制和消除土壤污染源是防治的根本措施，其关键是控制和消除工业"三废"的排放，大力推广闭路循环，无毒排放。合理施用化肥、农药也是控制土壤污染源的重要内容，禁止和限制使用剧毒、高残留农药，发展生物防治措施，不仅可以降低土壤中污染物的含量，而且能够提高土壤自身的净化能力。

1. 重金属污染土壤的治理

(1) 采用排土法(挖去污染土壤)和客土法(用非污染的土壤覆盖于污染土表上)进行改良。

(2) 施用化学改良剂。添加能与重金属发生化学反应而形成难溶性化合物的物质以阻碍重金属向农作物体内转移。常见的这类物质有石灰、磷酸盐、碳酸盐和硫化物等。在酸性污染土壤上施用石灰,可以提高土壤 pH,使重金属变成氢氧化物沉淀。施用钙镁磷肥也能有效地抑制 Cd、Pb、Cu、Zn 等金属的活性。

(3) 生物改良措施。通过植物的富集而排除部分污染物,如种植对重金属吸收能力极强的作物,这种方法只适用于部分重金属。

2. 农药污染土壤的治理

农药对土壤的污染主要发生于某些持留性的农药,如有机汞农药、有机氯农药等。由于它们不易被土壤微生物分解,因而得以在土壤中积累,造成农药的污染。20 世纪 60 年代以来,许多国家决定禁止使用有机汞、有机氯等农药。为了减轻农药对土壤的污染,各国十分重视发展高效、低毒、低残留的"无污染"农药的研究和生产。

对已被有机氯农药污染的土壤,可以通过旱作改水田或水旱轮作方式,使土壤中有机氯农药很快地分解排除。对于不宜进行水旱轮作的地块,可以通过施用石灰以提高土壤 pH 以及灌水并且提高土壤湿度等方法,来加速有机氯农药在土壤中的分解。

第四节 废弃物的综合利用
(Waste Recycle)

目前人们还不能完全避免废物的产生,但可以开展综合利用。这样既能"变废为宝",减少浪费,又能减少废物对环境的污染。因此这是一件意义极为深远的事情。事实上,目前世界各国都在广泛而积极地开展综合利用工作。

一、烟尘的综合利用

意大利一家造纸厂研制出利用烟尘造纸的新技术。这一新技术的关键部分是一个有几立方米的烟尘沉淀器。锅炉的烟气经过这一沉淀器时,其酸性气体同制碱工业的渣滓中和,形成一种很像滑石粉的中性粉末。在制纸的纸浆中加入 10% 的这种粉末即可制出很好的纸张。该技术可降低烟囱灰尘,也可减少酸雨和温室效应。

二、废气的综合利用

重点是含硫废气的处理与利用。

含硫废气主要是 SO_2,也有含 SO_3 与 H_2S 的废气。用氨水作为吸收剂,既可除去废气中的 SO_2(包括 SO_3),又可制得高浓度的 SO_2 和硫酸铵副产品。

处理 H_2S 废气的具体方法是在气体中通入适量的空气(氧气)和氨,通过活性炭层时,H_2S 和空气吸附在活性炭表面,同时在氨催化下,H_2S 被氧化,在活性炭表面转化为单质硫。反应式为

$$2H_2S+O_2 \longrightarrow 2H_2O +2S$$

再用 $(NH_4)_2S$ 溶液浸取单质 S,生成多硫化铵,即

$$nS+(NH_4)_2S \longrightarrow (NH_4)_2S_{n+1}$$

此法一般适用于处理含 H_2S 低于 0.5% 的废气。

三、废水的综合利用

1. 从含汞废水中提取汞

以 Na_2S 为沉淀剂，用凝聚沉淀法可从含汞废水中提取汞。反应式为

$$Hg^{2+} + S^{2-} \longrightarrow HgS(s)$$

为提高效果，具体操作时，在废水中先加消石灰，使废液呈碱性(pH ≈ 9)，再加入过量 Na_2S，使 HgS 沉淀析出。但它难以沉降，所以再加入 $FeSO_4$ 溶液，有 FeS 沉淀。FeS 可吸附 HgS 而共同沉淀，使原废水中的含汞量降至 $0.02mg \cdot dm^{-3}$ 以下。所得沉淀可用焙烧法制取汞，即

$$HgS + O_2 \longrightarrow Hg + SO_2$$

产生的汞蒸气经冷凝，即得金属汞。

2. 从含银废水中提取银

废定影液中含有银，而银是很宝贵的金属。因此从印刷、照相等行业中收集废定影液，从中回收银，是一件很有意义的事情。具体方法可用下列化学反应式表示：

$$2Na_3[Ag(S_2O_3)_2] + Na_2S \longrightarrow Ag_2S(s) + 4Na_2S_2O_3$$

$$Ag_2S + O_2 \xrightarrow{800 \sim 900℃} 2Ag + SO_2(g)$$

此时得到的是粗银。再将其溶解于 1：1 的硝酸中，然后再经下列反应

$$3Ag + 4HNO_3 \longrightarrow 3AgNO_3 + NO(g) + 2H_2O$$

$$AgNO_3 + HCl \longrightarrow AgCl(s) + HNO_3$$

$$AgCl(s) \longrightarrow Ag^+ + Cl^-$$

$$Fe(铁屑) + 2Ag^+ \longrightarrow Fe^{2+} + 2Ag(s)$$

用磁铁吸去多余的铁屑，再用盐酸洗净残余铁屑及 Fe^{2+}、Fe^{3+}，最后用水清洗除去酸性。沉淀的 Ag 经干燥，即得银粉。

四、垃圾的综合利用

目前，各国都把垃圾研究开发的重点放在能源化处理上。首先垃圾分类处理，剔除不可燃物件，然后进行燃烧和利用。例如：

(1) 燃烧供热发电。北京鲁家山垃圾焚烧发电厂是目前世界单体一次投运规模最大的垃圾焚烧发电厂。日处理垃圾 3000 吨，垃圾焚烧量占北京日产出全部垃圾的 1/6。项目于 2013 年 12 月点火试生产，2015 年在投产第二年即满负荷运行，截至 2016 年 6 月底，已经累计处理垃圾 218.74 万吨，发电 6.28 亿度。

(2) 制沼气(CH_4)。美国、意大利等国家将垃圾制成人造沼气，目前美国已建有全球最大垃圾沼气电站，日产甲烷气 28 万立方米。

(3) 转化为石油。英国利用生活垃圾转化石油，扩大再生产。

(4) 制成固体燃料。法国、印度将垃圾制成固体燃料，印度的颗粒状垃圾浓缩燃料具有很好的燃烧性能和燃烧热值，而且不产生烟尘，实用价值极高。

(5) 生产水泥。日本通过不同的烧制方法将城市垃圾焚烧，生产出与通常水泥不同的特种水泥，这种水

泥的强度大大高于普通水泥，而且重金属含量不超标，是生产块状预制板、地砖等建材的好原料。

五、废渣的综合利用

电石渣　塑料树脂厂(如 PVC 树脂厂)、合成纤维(如维尼纶)的原料厂会产生大量的电石渣，污染环境；电石渣含有 60%以上的氢氧化钙，可作为石灰石的代用品，也用于制造水泥、煤渣砖、路面基础层等。电石水泥是在电石渣中加一些黏土、铁粉、煤粉等，经混合、"烧熟"等工艺制成。它的标号可达 $400kg \cdot cm^{-2}$ 以上。

钢渣　技术经济效果最好的用途是将钢渣作为炼铁、炼钢的炉料，在钢铁厂内部循环使用。我国的太原钢铁集团已成功地使用了多年。目前美国年排放量的 2/3 以上采用这种方法予以利用。

商品钢渣大部分用作建造道路的材料，既可作基层材料，也可作路面骨料。用它作基层，渗水排水性好；作路面，既防滑，又耐磨。

在废渣的综合利用方面，河北邯郸走在了我国前列，每年该市生产的工业废渣基本上都被循环利用生产为水泥、新型墙体。截至 2013 年年底，该市年利用煤矸石、粉煤灰、脱硫石膏等固体废渣 2000 万吨，基本实现年度产生量与利用量的平衡，昔日的废弃物已成为抢手资源，年创产值近 70 亿元。

 关心我们的环境

思考题与习题

一、判断题

1. 人体对所有病菌都有一定分解能力，即自净能力。　　　　　　　　　　　　(　　)

2. 中国的大气污染主要是温室效应。　　　　　　　　　　　　　　　　　　(　　)

3. CO_2 浓度太高时会造成温室效应。　　　　　　　　　　　　　　　　　　(　　)

4. CO_2 无毒，所以不会造成空气污染。　　　　　　　　　　　　　　　　　(　　)

5. 常温下，N_2 和 O_2 反应能生成污染空气的 NO_x。　　　　　　　　　　　(　　)

6. 光化学烟雾的主要原始成分是 NO_x 和烃类。　　　　　　　　　　　　　　(　　)

7. 一些有机物在水中自身很难分解，因此称为难降解有机物。　　　　　　　(　　)

8. 国家规定含 $Cr(Ⅵ)$ 的废水中，$Cr(Ⅵ)$ 的最大允许浓度为 $0.5g \cdot dm^{-3}$。　　(　　)

9. 含 Hg 废水中的 Hg 可用凝聚法除去。　　　　　　　　　　　　　　　　(　　)

二、选择题

10. 温室效应是指　　　　　　　　　　　　　　　　　　　　　　　　　　(　　)
A. 温室气体能吸收地面的长波辐射　　　　　　B. 温室气体能吸收地面的短波辐射
C. 温室气体允许太阳长波辐射透过　　　　　　D. 温室气体允许太阳的长、短波辐射透过

11. 酸雨是指雨水的 pH 小于　　　　　　　　　　　　　　　　　　　　　(　　)
A. 6.5　　　　　　　　B. 6.0　　　　　　　　C. 5.6　　　　　　　　D. 7.0

12. 伦敦烟雾事件的罪魁是　　　　　　　　　　　　　　　　　　　　　　(　　)
A. CO_2　　　　　　　B. SO_2　　　　　　　C. NO_2　　　　　　　D. O_3

13. 水体富营养化是指植物营养元素大量排入水体，破坏了水体生态平衡，使水体　(　　)
A. 夜间水中溶解氧增加，化学耗氧量减少
B. 日间水中溶解氧减少，化学耗氧量增加
C. 夜间水中溶解氧减少，化学耗氧量增加
D. 昼夜水中溶解氧皆减少，化学耗氧量增加

14. 废气污染的防治方法主要是根据废气的　　　　　　　　　　　　　　　(　　)
A. 氧化性和沉淀溶解性　　　　　　　　　　　B. 氧化性和酸性

C. 酸性和水合性　　　　　　　　　　　D. 沉淀溶解性和水合性

三、填空题

15. 我国环境保护法规定，环境是指_____、_____、_____、_____、_____、_____、_____、_____、_____、_____、_____。

16. _____与其周围的_____构成的整体，就是_____系统。

17. 中国的大气污染以_____为主，主要污染物为_____和_____。

18. 城市空气质量日报用_____加以区别，并确定_____级别。

19. 悬浮颗粒物即_____，包括：_____，粒径在_____以上；_____，粒径在 10μm 以下。

20. 温室气体主要有_____等。消耗臭氧层物质的祸首主要是_____。臭氧主要浓集于距地面_____km 的_____层。

21. 国际社会为保护臭氧层，分别于 1985 年和 1987 年制定了两项协议，即_____和_____。协议中规定，破坏臭氧层的物质(除三氯乙烷)应全部于_____(日期)停止生产和使用。

22. 光化学烟雾首先是_____光解产生_____，原子 O 与 O_2 形成_____，原子 O 和 O_3 可将烃类氧化成_____等物质。

23. 雨水的 pH_____，就称其为_____。主要是由于大气中含有_____。

24. 水体对污染有_____能力，这是水体中_____的作用。

25. 污染水体的无机污染物主要指_____以及无机悬浮物等。有机污染物有耗氧有机物，这些有机物在分解过程中_____，因此称它们为_____。

26. 难降解有机物都具有_____，一旦进入_____，能长期存在。

27. 水体富营养化状态是指_____、_____超标。

28. 如果进入土壤中的_____超过土壤的_____时，则会引起_____。土壤污染物分为_____和_____两大类。其危害主要是对_____。

四、计算题

29. 为解决大气污染问题，有人试图用热分解的方法来消除汽车尾气中产生的 CO 气体，反应式如下：

$$CO(g) \longrightarrow C(s) + \frac{1}{2} O_2(g)$$

从热力学角度分析此设想可否实现。

30. 汽车尾气排放出严重污染大气的两种气体 NO 和 CO，有人设想让二者自己反应转化为无毒的 CO_2 和 N_2，试回答：

(1) 常温下反应的 $K^\ominus$ (298K)。

(2) 标准状态时，什么温度下可自发反应生成无毒气体?

(3) 若要加速这种转化，可采取什么措施?

第十章 化学与生命
(Chemistry and Life)

生命与化学是密切相关的。可以说,没有化学变化,地球上就不会有生命。以我们的呼吸为例,吸入的是氧而呼出的是二氧化碳,这显然是化学反应的结果。人类从出生、成长、衰老到死亡的一系列变化,包括感情和思维这样极复杂的过程都与化学反应密不可分。因此人们在研究生命活动的基本规律时,化学在提供理论、方法和技术等方面,起到了非常重要的作用。

本章便从构成生命的最基本的化学物质——核酸和蛋白质出发来讨论像基因、遗传等某些重要的生命现象。

第一节 核酸、DNA 与遗传
(Nucleic Acids,DNA and Heredity)

DNA 是生物遗传的主要物质基础,而蛋白质的生成也是由 DNA 控制的。生物机体的遗传信息以密码的形式储存在 DNA 分子上。

DNA 也称脱氧核糖核酸,属于核酸的聚合物。

一、核酸

核酸(nucleic acids)是一类多聚核苷酸,它的基本结构单元是核苷酸(nucleotides)。核苷酸是由核苷(nucleosides)与磷酸构成的分子,每一个核苷由碱基(含 N 的杂环化合物)与戊糖(五碳糖)组成。

$$核酸 \rightarrow 核苷酸 \begin{cases} 核苷 \begin{cases} 碱基:嘌呤碱、嘧啶碱 \\ 戊糖:D\text{-}核糖、D\text{-}2\text{-}脱氧核糖 \end{cases} \\ \\ 磷酸 \end{cases}$$

根据核酸中所含戊糖种类不同,核酸可分为核糖核酸(ribonucleic acid,RNA)和脱氧核糖核酸(deoxyribonucleic acid,DNA)两大类。碱基种类较多,但 DNA 和 RNA 都分别各含四种碱基。见表 10-1。

表 10-1　两类核酸的基本化学组成

核酸		DNA				RNA			
核苷酸 (基本单元)		脱氧腺嘌呤 核苷酸	脱氧鸟嘌呤 核苷酸	脱氧胞嘧啶 核苷酸	脱氧 胸腺嘧啶 核苷酸	腺嘌呤 核苷酸	鸟嘌呤 核苷酸	胞嘧啶 核苷酸	尿嘧啶 核苷酸
碱基	嘌呤碱 嘧啶碱	腺嘌呤 A	鸟嘌呤 G	胞嘧啶 C	胸腺嘧啶 T	腺嘌呤 A	鸟嘌呤 G	胞嘧啶 C	尿嘧啶 U
戊糖		D-2-脱氧核糖				D-核糖			
酸		磷酸				磷酸			

核苷酸里碱基的化学结构式为

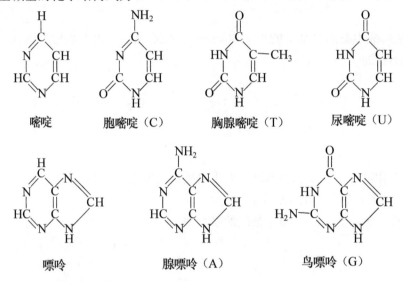

核苷酸里戊糖的化学结构式为

一个腺嘌呤分子环上的氮原子与脱氧核糖环上的碳原子存在一个共价键，脱氧核糖另一个共价键将链接到磷酸基上构成核苷酸。

二、DNA 的结构

DNA 由数以千计的四种脱氧核糖核苷酸组成,即脱氧腺嘌呤核苷酸、脱氧鸟嘌呤核苷酸、脱氧胞嘧啶核苷酸、脱氧胸腺嘧啶核苷酸。它们的特定排列顺序(核酸的一级结构)决定了生物体的遗传特征。

核酸的二级结构是指多聚核苷酸链内或链之间通过氢键、碱基堆集等弱的作用力折叠卷曲而成的构象。1953 年,英国剑桥大学的沃森(Watson)和克里克(Crick)提出了 DNA 分子的双螺旋结构模型,为从分子水平上揭示生命现象的本质奠定了基础,对于生命科学和生物学具有划时代的贡献。为此两人获 1962 年诺贝尔化学奖。DNA 双螺旋结构模型见图 10-1。

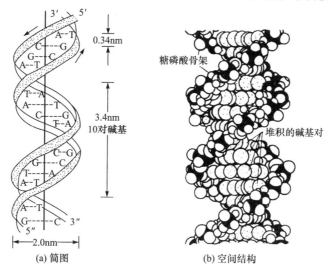

图 10-1 DNA 双螺旋结构模型

根据此模型,DNA 以双股核苷酸链形式存在,双链环绕同一根轴。一股 DNA 螺旋的碱基通过氢键与另一股上的碱基配对。这种氢键结合非常特殊,A 只允许它和 T 通过两个氢键配对相结合;G 只允许它与 C 通过三个氢键配对相结合。这种碱基之间的相互匹配关系称碱基互补(complementary bases)。

DNA 分子中两条多核苷酸链是反方向的,见图 10-2。碱基层叠于螺旋内侧,其平面与螺旋的纵轴垂直,称碱基堆积。

DNA 双螺旋结构在生理状态下非常稳定,维持这种稳定性的主要因素首先是碱基堆积力,其次是碱基对之间的氢键。磷酸基团上的负电荷与介质中阳离子之间的离子键和范德华力等,对于维持双螺旋结构的稳定性也起到一定作用。

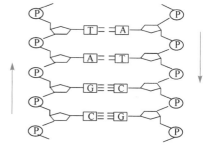

图 10-2 DNA 分子中两条链的方向

三、DNA 的复制

生物体的遗传特征通过 DNA 的复制由亲代传递给子代。复制过程见图 10-3。

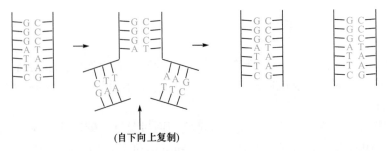

（自下向上复制）

图 10-3　DNA 分子半保留复制示意图

复制时原来 DNA 分子的双链打开，每一条链都是复制的模板，按照 Watson-Crick 碱基配对原则合成出一条互补的新链。新形成的两个子代 DNA 分子与原来 DNA 分子的碱基顺序完全一样。在该过程中，每个子代双链 DNA 分子中的一条链来自亲代 DNA，另一条是新合成的，这种复制方式称作半保留复制。

DNA 是染色体的主要成分之一。所谓染色体(chromosome)是指存在于细胞核内的 DNA、RNA 和蛋白质组成的纤丝状或棒状物质，是遗传信息——基因的载体(染色体和基因二者密切相关，染色体的任何改变必然导致基因的异常)。此小体遇到碱性染料时可显色，因此称染色体。各种生物染色体的数目是恒定的，如人类每个体细胞内有 23 对染色体。DNA 的复制导致整个染色体都发生了精确的复制。然后又以染色体为单位把复制的基因组分配到两个子代细胞中。复制完成即可发生细胞分裂。细胞分裂结束后，又可以开始新一轮 DNA 复制。由于 DNA 半保留复制过程中发生错误的可能性极小，仅为万亿分之一，因此保证了生物物种的稳定性和延续性。

若 DNA 的复制中发生了一点错误(称突变)，如某一点上 T 替代了 C。当细胞再次分裂时，它将在新位置上复制这个 T，好像它原来就存在一样。这种突变若发生在基因的重要位置，可能会导致有机体性状的改变。基因突变能导致遗传的变异，这是进化的基础。若 DNA 复制绝无差错，生物体突变只能靠外界因素引起，那么生物的进化和生物界的面貌就不会像今天这样丰富多彩了。

通过 DNA 的复制，遗传特征由亲代传递给子代。在后代生长发育过程中，遗传信息由 DNA 转录给 RNA。与 DNA 复制类似，RNA 分子与 DNA 分子互补配对，只是以 U 替代 T 与 A 配对。

第二节　蛋白质的结构与合成
(Protein Structure and Synthesis)

一、蛋白质的构成

蛋白质(proteins)存在于一切活细胞中，是最复杂多变的一类大分子。它的生理意义非常重大。所有的蛋白质都包含碳、氢、氧、氮元素；大多数蛋白质还包含硫或磷，有些还含有铁、铜、锌等。多数蛋白质的相对分子质量为 1.2 万～100 万，如血红蛋白的相对分子质量为

6.8 万。由于蛋白质分子极大，具有胶体性质，因此在细胞内不会透过细胞膜，也不会透过血管壁。蛋白质有吸水性，能使细胞或血管内保持水分，产生胶体渗透压。

蛋白质大致可分为两大类：简单蛋白质和复合蛋白质。简单蛋白质水解时只产生氨基酸，如球蛋白、白蛋白等。复合蛋白质水解时产生氨基酸和辅基(其他有机或无机组分，如糖、脂、金属配离子等)，如核蛋白、血红蛋白等。

1. 氨基酸

蛋白质水解时产生的单体称氨基酸(amino acids)，氨基酸中氨基呈碱性而羧基显酸性，因而使蛋白质具备了对酸碱的缓冲作用，有助于血液中 pH 保持为 7.35～7.45。

蛋白质的特殊功能是由组成蛋白质分子的氨基酸的排列顺序决定的。构成蛋白质的氨基酸是 α-氨基酸，简称氨基酸。它们是 α-碳(羧基—COOH 旁边的碳)上有一个氨基(—NH_2)的有机酸(图 10-4)。侧链基团 R 的变化使每个氨基酸区别开来。

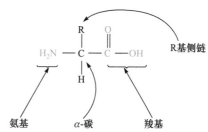

图 10-4　α-氨基酸的结构

事实上，同时有氨基和羧基的化合物都称为氨基酸。迄今为止，从各种生物体中发现的氨基酸已有 180 多种，但参与蛋白质组成的氨基酸却只有 20 种，见表 10-2。

表 10-2　20 种氨基酸

名称	R 基	符号
甘氨酸	H—	Gly
丝氨酸	HO—CH_2—	Ser
苏氨酸	CH_3—CH— OH	Thr
半胱氨酸	HS—CH_2—	Cys
酪氨酸	HO—⟨苯环⟩—CH_2—	Tyr
天冬酰胺	H_2N—C(=O)—CH_2—	Asn
谷氨酰胺	H_2N—C(=O)—CH_2—CH_2—	Gln
天冬氨酸	^-O—C(=O)—CH_2—	Asp

续表

名称	R 基	符号
谷氨酸	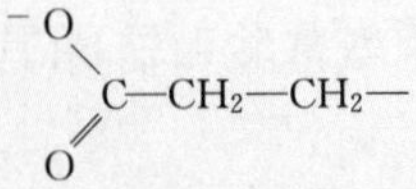 $^-O-\overset{O}{\underset{O}{C}}-CH_2-CH_2-$	Glu
丙氨酸	CH_3-	Ala
缬氨酸	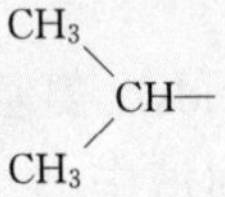 $\overset{CH_3}{\underset{CH_3}{CH}}-$	Val
亮氨酸	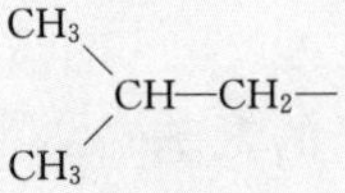 $\overset{CH_3}{\underset{CH_3}{CH}}-CH_2-$	Leu
异亮氨酸	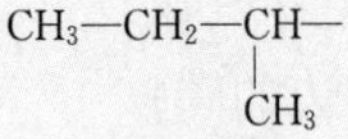 $CH_3-CH_2-\underset{CH_3}{CH}-$	Ile
脯氨酸	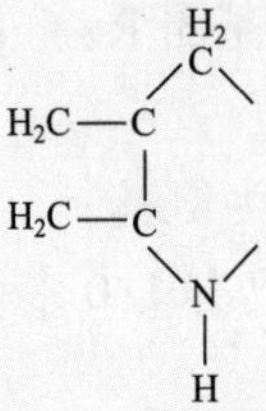	Pro
苯丙氨酸	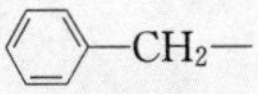 $\bigcirc\!\!\!-CH_2-$	Phe
色氨酸	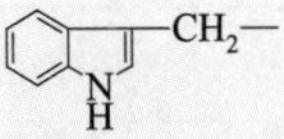	Trp
甲硫氨酸(蛋氨酸)	$CH_3-S-CH_2-CH_2-$	Met
赖氨酸	$H_3\overset{+}{N}-CH_2-CH_2-CH_2-CH_2-$	Lys
精氨酸	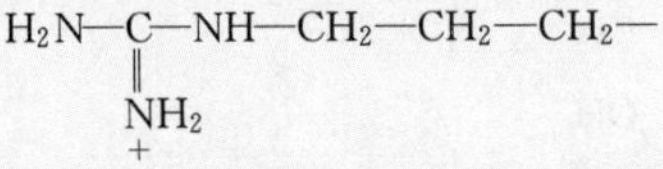 $H_2N-\overset{}{\underset{\overset{+}{NH_2}}{C}}-NH-CH_2-CH_2-CH_2-$	Arg
组氨酸	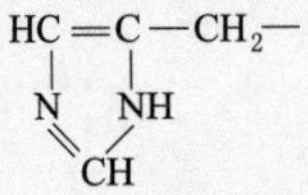	His

氨基酸分子的结构是立体的,与中心碳原子相连的原子或原子团处在四面体的四个顶点,当 R≠H 时,处在四个顶点的基团各不相同,形成一个不对称分子。不对称的氨基酸分子可以形成两种立体结构类型,分别称为 D-构型、L-构型。D-构型与 L-构型的关系就像实物与镜像的关系,称对映异构体(enantiomers),由于它们在空间上不能重合,就像人的左手、右手一样,因此不对称分子也称手性分子(chiral)。生物体内的物质大多数是手性分子。

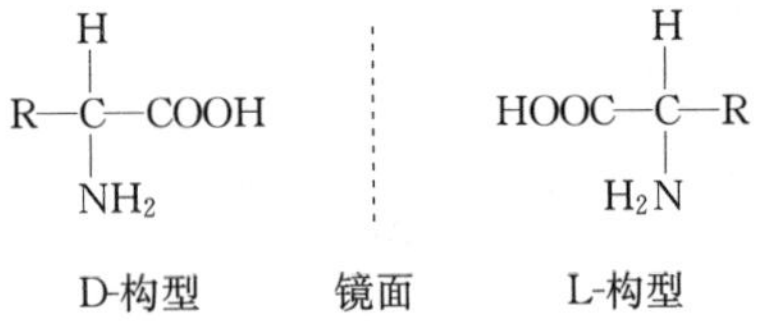

L-构型和 D-构型的 α-氨基酸如图 10-5 所示。人体所需要的是 L-氨基酸。

$$\underset{\text{D-构型}}{\overset{H}{\underset{NH_2}{R-C-COOH}}} \quad \underset{\text{镜面}}{\vdots} \quad \underset{\text{L-构型}}{\overset{H}{\underset{H_2N}{HOOC-C-R}}}$$

图 10-5　α-氨基酸的两种构型

2. 肽

在蛋白质分子中, 氨基酸的基本连接方式是某一氨基酸分子的羟基(提供 OH)与另一氨基酸分子的氨基(提供 H)通过脱水缩合而形成酰胺键($-\overset{\overset{\displaystyle O}{\|}}{C}-NH-$)相连, 从而形成新的化合物, 称肽(peptides)。肽分子中的酰胺键称肽键。

例如, 一个甘氨酸分子和一个丙氨酸分子缩合成二肽, 可形成丙氨酰甘氨酸(Ala-Gly):

$$H_2N-\overset{\overset{\displaystyle H}{|}}{\underset{\underset{\displaystyle CH_3}{|}}{C}}-\overset{\overset{\displaystyle O}{\|}}{C}\boxed{OH+H}-N-\overset{\overset{\displaystyle H}{|}}{\underset{\underset{\displaystyle H}{|}}{C}}-\overset{\overset{\displaystyle O}{\|}}{C}OH \longrightarrow H_2N-\overset{\overset{\displaystyle H}{|}}{\underset{\underset{\displaystyle CH_3}{|}}{C}}-\boxed{\overset{\overset{\displaystyle O}{\|}}{C}-\overset{\overset{\displaystyle H}{|}}{N}}-\overset{\overset{\displaystyle H}{|}}{\underset{\underset{\displaystyle H}{|}}{C}}-\overset{\overset{\displaystyle O}{\|}}{C}OH+H_2O$$

肽 键

丙氨酸(Ala)　　　　　甘氨酸(Gly)　　　　　　丙氨酰甘氨酸(Ala-Gly)

依此类推, 由多个氨基酸连成的肽称多肽(polypeptides)。其中氨基酸的排列方式有多种, 如 4 种氨基酸可能的连接方式就有 24 种。

多肽一般是链状结构。在肽链中, 氨基酸已不是原形, 称为氨基酸残基。肽的命名根据参与组成的氨基酸残基来确定, 通常从肽链的 NH₂ 末端氨基酸残基开始, 称某氨酰-某氨酸。

例如, 下列五肽 Ser-Gly-Tyr-Ala-Leu:

命名为"丝氨酰甘氨酰酪氨酰丙氨酰亮氨酸"。

二、蛋白质的结构

每个蛋白质分子都可以由一条或多条肽链构成, 每条多肽链都有它的一定的氨基酸连接顺序, 这种连接顺序称为蛋白质的一级结构(primary structure)。一级结构决定了蛋白质的功能, 顺序中只要有一个氨基酸发生变化, 整个蛋白质分子就会被破坏。

蛋白质的二级结构(secondary structure)是指蛋白质分子中多肽链本身的折叠方式。在蛋白质分子中肽链并不是一条直链, 而是卷曲、堆积成一定的三维结构。在肽链中一些氨基酸残基上的羰基($-C=O$)与邻近的氨基酸残基上的氨基($-NH$)之间能够形成氢键($O\cdots NH$)。例如, 同一条肽链第 n 个氨基酸残基上的$-NH$ 基与$(n-4)$个氨基酸残基的$-C=O$ 基间形成氢键:

这段肽链可以卷曲成一个螺旋状结构，称为α-螺旋。还有不同的氢键形成方式，例如，在蚕丝的纤维蛋白中几种走向不同的肽链互相紧靠，使蛋白呈"之"字形，称β-构型或折叠结构(图 10-6)。这种蛋白质分子中多肽链本身的折叠方式称蛋白质的二级结构。

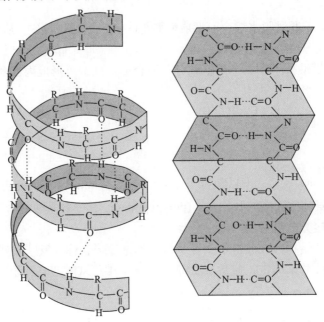

图 10-6　多肽链的α-螺旋和β-折叠

蛋白质的三级结构(tertiary structure)是指二级结构折叠卷曲，形成的结构。例如，肌红蛋白不是简单沿着一个轴有规律地重复排列，而是在三维空间沿多个方向进行卷曲、折叠和盘旋而成紧密的近似球形的结构，见图 10-7。

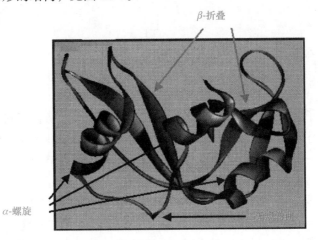

图 10-7　蛋白质的三级结构

蛋白质的四级结构(quaternary structure)是指几个蛋白质分子(称为亚基)聚集成的高级结构。这种蛋白质分子含有两条以上多肽链，每一条都有其三级结构。

科学研究表明，只有具有三级以上结构的蛋白质才有生物活性。目前，人工合成了一些与天然蛋白质分子一级结构相同的蛋白质，但由于不具有高级结构，因而无生物活性。

蛋白质所处环境的各种变化如 pH 改变、受热、有机溶剂、重金属离子、生物碱、还原剂、辐射等都能破坏分子的二级、三级和四级结构。蛋白质天然形态被破坏的过程称变性 (denature)作用，见图 10-8。变性能使蛋白质丧失生理活性，变性作用可能会持久也可能短时间发生(变性剂除去后，蛋白质又可恢复其天然状态)。

活性蛋白　　　　　　　　　　无活性蛋白

图 10-8　蛋白质变性示意图

蛋白质广泛和多变的功能决定了它们在生理上的重要性。

 蛋白质结构测定与预测　　　　　　　　

三、蛋白质的合成

蛋白质的合成可分为如下几个过程(图 10-9)：细胞核内切酶解开 DNA 片段的双螺旋；转录 RNA(图中未出现)将 DNA 的遗传信息转录到信使 RNA(mRNA)上，使其带有 DNA 的全部密码[三个一定顺序的核苷酸决定一个氨基酸的对应关系，称三联体密码(code)]，碱基顺序的密码指导蛋白质的合成；RNA 进入细胞质，其中，带密码的信使 RNA(mRNA)是蛋白质合成的模板，核蛋白体 RNA(rRNA)是蛋白质合成的场所。转运 RNA(tRNA)是氨基酸的载体，其上有与 mRNA 的密码对应的"反密码"，可将氨基酸线性排列在 mRNA 模板上形成肽链。

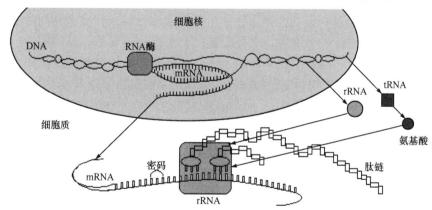

图 10-9　蛋白质的合成

第三节　基因工程
(Gene Engineering)

目前世界许多国家将生物技术、信息技术和新材料技术作为三大"重中之重"的技术。

现代生物技术(biotechnology)包括基因工程、蛋白质工程、细胞工程、酶工程和发酵工程五大工程技术。其中基因工程技术是现代生物技术的核心技术。

基因工程(genetic engineering)是指在基因水平上，采用与工程设计十分类似的方法，按照人类的需要进行设计，然后按设计方案创建出具有某种新性状的生物新品系，并能使之稳定地遗传给后代。根据这个定义，基因工程明显地既具有生理学的特点，同时具有工程学的特点。

一、基因工程的应用范围

由于基因工程是从遗传物质基础上对原有的生物(称为受体生物)进行改造，经过改造的生物就会按照研究者的意愿获得某种(些)新的基因，从而使该生物获得某些新的遗传性状。这种性状可以用人的肉眼直接观察到，也可能是通过某些反应或仪器间接观察到。受体生物可能是微生物、植物或动物，因而它会涉及许多生产行业。因此，基因工程技术几乎涉及人类的生存所必需的各个行业。例如，将一个具有杀虫效果的基因转移到棉花、水稻等农作物种中，这些转基因作物就有了抗虫能力，即基因工程被应用到了农业领域；要是把抗虫基因转移到杨树、松树等树木中，基因工程就被应用到林业领域；要是把生物激素基因转移到动物体中，这就与渔业和畜牧业有关了；如果利用微生物或动物细胞来生产多肽药物，那么基因工程就可以应用到医学领域。总之一句话，基因工程应用范围将是十分广泛的。

二、DNA 的重组技术——克隆

基因工程的核心技术是 DNA 的重组技术(recombination technology)，也就是克隆技术(cloning technology)。"克隆"既是指研究或操作过程，又可以指产生的结果。

克隆可根据其研究或操作的对象分为基因克隆、细胞克隆和个体克隆三大类。基因克隆(gene cloning)是指在分子(DNA)水平上开展研究工作，以获得大量的相同基因及其表达产物；细胞克隆(cell cloning)则是在细胞水平上开展研究工作，以获得大量相同的细胞；个体克隆(body cloning)则是经过一系列的操作，产生一个或多个与亲代完全相同的个体，这种克隆所用的生物材料可能是一个细胞，也可能是一个组织。很显然，基因克隆、细胞克隆和个体克隆是在三个不同的层次上所开展的工作。以原有的基因或细胞或生物个体作为模板(model)，复制出多个与原来模板完全相同的基因或细胞或生物个体来。这就有点像大家利用复印机复印资料，或用胶片冲洗照片，从原有的资料或底片复制出许多完全一样的资料或照片来。

三、转基因作物与食品

转基因(genetically modified，GM)是指运用科学手段从某种生物中提取所需要的基因，将其转入另一种生物中，使与另一种生物的基因进行重组，从而产生特定的具有变异遗传性状的物质。

转基因作物(genetically modified plants，GMP)又称转基因改制作物，是指运用基因技术，克服传统嫁接及杂交技术的不确定性，通过定向进化方式培养而成的农作物。转基因技术可根据人们的需要，赋予农作物新的特性。例如，可以使农作物自己释放出杀虫剂，可以使农作物在旱地或盐碱地上生长或者生产出营养更为丰富的食品，见表 10-3。以转基因生物为直接食品或为原料加工生产的食品就是转基因食品(genetically modified foods，GMF)。美国是转基因技术研发大国，也是全球最大的转基因作物生产和消费国。2021年，美国种植玉米、大豆、棉花的转基因品种应用率分别为93%、95%和97%，油菜、甜菜接近100%；2021年美国累计种植转基因作物接近全球转基因作物种植面积的40%。

表10-3 几种农作物转基因后的性质

农作物	转基因后的性质	修饰
大豆	抵抗草甘膦和草丁膦除草剂	嵌入从细菌中获得的抗除草剂基因
玉米	抵抗草甘膦和草丁膦除草剂，维生素含量增加	新的基因，一些从苏芸金杆菌获得，加入或转移到植物基因组
棉花(棉籽油)	抗虫害	苏芸金杆菌晶体蛋白，加入或转移到植物基因组

转基因技术的优点是：第一，可降低生产成本，一个品种的基因加入另一种基因，会使该品种的特性发生变化，增强抗病、抗杂草或抗虫害能力，由此可减少农药和除草剂的用量，降低种植成本；第二，可提高作物单位面积产量，一种作物的基因改良后，更容易适应环境，能更有效抵御各种灾害的袭击，并且产量更高；第三，转基因技术可以使开发农作物的时间大为缩短，利用传统的育种方法，需要七八年时间才能培育一个新的品种，而基因工程技术培育出一种全新的农作物品种，时间可缩短一半。

转基因食品是利用新技术创造的产品，人们自然会担心转基因食品的安全性：食用了转基因食品会不会影响人体健康。换句话说，转基因食品会不会"把人的基因给转"了。实际上，转基因指的是把外源基因转入作物之中发挥有益的作用，而不是要转变人的基因。事实上，所有的基因，不管是食品原有的还是人为转入的，化学成分都一样，都是由核酸组成的。在人的消化道中它们都会被消化，而不会被人体细胞直接吸收、利用。因为人们有疑虑，短期内又不能消除，因此，国家要求对转基因食品予以注明。这并不是说明转基因食品一定对人体有害。

1993年，世界经济合作及发展组织(Organization for Economic Cooperation and Development，OECD)首次提出了转基因食品的评价原则——"实质等同"的原则，即如果对转基因食品各种主要营养成分、主要抗营养物质、毒性物质及过敏性成分等物质的种类与含量进行分析测定，与同类传统食品无差异，则认为两者具有实质等同性，不存在安全性问题；如果无实质等同性，需逐条进行安全性评价。

2016年农业部修订了《农业转基因生物安全评价管理办法》，用于指导全国的基因工程研究和开发工作。

四、基因诊断与基因疗法

我们知道人类个体的遗传是有差异的。随着对人体基因组的深入研究发现，决定人类患病可能性的某些基因在构成上存在着细微差别。再加上环境与遗传因素相互作用，从而导致不同人群易患疾病的情况也各不相同，药物的疗效也就大相径庭。

随着人类基因组计划的完成，已知人体共有2万多个基因，并发现了上千个与疾病有关的基因。采集人体的生物标本(如血液、舌上黏膜细胞)，通过聚合酶链式反应(polymerase chain reaction，PCR)技术测定DNA序列。若检测结果与正常人的序列有差异，就可以分析出此人易患哪种疾病。如果让每个人都拥有一张"个人医疗基因卡"，卡上记录着详细的个人基因信息。那时医生根据临床表现结合"基因图"便可做出正确诊断,选用有效的药物。还可依此预知疾病的发生,提醒人们如何预防疾病。当然,要了解每一个基因的功能,查明其与疾病的关联,确立新的诊断以及治疗方法,还需要一个相当长的过程。

虽然离实现真正的"对症下药"还有一段距离,但基因在目前的医疗诊断中也正发挥着越来越重要的作用。基因芯片检查就是一个例子。基因芯片的工作原理与探针相同。在指甲盖大小的芯片上,排列着许多已知碱基顺序的 DNA 片段。根据碱基互补规律,芯片上单链的 DNA 片段能捕捉样品中相应的 DNA,从而确定对方的身份,通过这种方式可准确识别异常蛋白。

 了解生命科学的最新进展

思考题与习题

一、判断题

1. 核酸分为核糖核酸和脱氧核糖核酸。 ( )

2. 氨基酸具有酸性。 ( )

3. 蛋白质主要是由氨基酸组成的。 ( )

4. α-氨基酸是指 α-碳上有一个氨基(—NH$_2$)的有机酸。 ( )

二、选择题

5. 蛋白质水解主要产生 ( )

A. 盐和水 B. 组成它的氨基酸和多肽

C. 弱酸和强碱 D. 有机高分子化合物

6. 组成蛋白质的氨基酸主要有 ( )

A. 50 种 B. 30 种 C. 20 种 D. 10 种

7. 使蛋白质变性的因素有 ( )

A. 加热、pH 改变、强酸强碱、紫外线等

B. 加热、pH 改变

C. 酸、碱、盐

D. 紫外线、红外线

8. 核苷酸的组成成分为 ( )

A. 核苷 B. 多核苷 C. 碱基、磷酸、戊糖 D. 碱基

9. 核苷的组成成分为 ( )

A. 碱基、戊糖 B. 碱基、磷酸

C. 嘌呤、嘧啶 D. 嘌呤、嘧啶、核糖或脱氧核糖

10. 下列关于基因说法错误的是 ( )

A. 基因的物质基础是 DNA

B. 基因是包含全部遗传信息的物质

C. 基因是核酸

D. 基因是蛋白质

三、填空题

11. 蛋白质大致可以分为两大类:_____和_____。

12. 核酸的基本结构单元是_____。根据所含戊糖种类不同,核酸可分为_____和_____两大类。核苷酸的碱基种类较多,但在 DNA 和 RNA 中都分别各含_____种碱基。

13. 基因工程的核心技术是_____的重组技术，也就是_____。克隆可以根据其研究或操作的对象分为_____、_____和_____三大类。

四、问答题

14. 解释下列名词。

(1) 染色体　(2) 蛋白质变性作用　(3) 酶　(4) 基因

15. 蛋白质是由什么元素组成的？什么是蛋白质的一级、二级和三级结构？

16. 写出构成人体蛋白质的 20 种氨基酸名称、符号。什么是必需氨基酸？有哪几种？

17. DNA 是由哪几种碱基组成的？试写出它们的结构式。

18. 什么是 DNA 的二级结构？在 DNA 二级结构中四种碱基配对有何规律？

19. DNA 如何进行复制？

20. 蛋白质是怎样合成的？

21. 什么叫肽键？以丝氨酸和缬氨酸的缩合为例说明肽键的结构。

 ChatGPT 与药物发现

 基于质子磁矩共振的技术——核磁共振波谱法

第十一章 化学与生活
(Chmistry with Everyday Life)

衣、食、住、行，油、盐、酱、醋，肥皂、牙膏、洗发香波，精细化工、润滑防腐，珠光宝气、火树银花，治病的药物，害人的毒品等，无不与化学密切相关。可以说化学在人类的生活、工作中无处不在，其内容之浩繁，难以尽述。本章仅就膳食营养、健康用药、常用化学品、常用油品四部分内容简单讨论，以为引导。

第一节 膳食营养
(Food and Nutrition)

凡是能维持人体健康及提供生长、发育和劳动所需要的各种物质称为营养素。人体所必需的营养素(nutrient)有蛋白质、脂肪、碳水化合物、维生素、无机盐(矿物质)、水和膳食纤维七类。

一、七大营养素

1. 蛋白质

蛋白质(proteins)是组成生命体的基本物质，一切生命活动都是由蛋白质分子的活动来体现的，因此可以说蛋白质是生命的载体。

蛋白质均以 20 种氨基酸(表 10-2)为结构单元。生物体内的有机物中蛋白质种类很多，它们的区别在于作为结构单元的氨基酸的种类、数量及排列顺序上的差异。食物中的蛋白质主要来源于乳类、蛋类、肉类、豆类、硬果类，谷类次之。食物中的蛋白质所含氨基酸越接近于人体的蛋白质中的氨基酸，它的营养价值就越高，称为"生理价值"越高(表 11-1)。一般来讲动物蛋白比植物蛋白生理价值高，以鸡蛋最高，牛奶次之。在植物蛋白中大米、白菜的较高。

但是在考虑食物蛋白的营养价值时，还要考虑蛋白质的消化利用情况。例如，整粒大豆的消化率仅 60%，而制成豆浆或豆腐时消化率可达 90%。通常情况下奶类消化率 97%，蛋类 98%，肉类 93%，米饭 82%，面包 79%。两种以上蛋白质综合食用，其生理价值会升高，称蛋白质的互补作用。例如，玉米蛋白生理价值 60，小米及大豆分别为 57 和 64。若三者综合食用(23∶25∶52 比例)，其生理价值可达 73。

表 11-1　常用食物中的蛋白质含量及生理价值

食物	蛋白质含量/g·100g^{-1}	生理价值	食物	蛋白质含量/g·100g^{-1}	生理价值
猪肉	13.3~18.5	74	玉米	8.6	60
牛肉	15.8~21.7	76	高粱	9.5	56
羊肉	14.3~18.7	69	小米	9.7	57
鸡肉	21.5		大豆	39.2	64
鲤鱼	17-18	83	豆腐	4.7	65
鸡蛋	13.4	94	花生	25.8	59
牛奶	3.3	85	白菜	1.1	76
大米	8.5	77	红薯	1.3	72
小麦	12.4	67	马铃薯	2.3	67

2. 脂肪

脂肪(lipids)是由一分子甘油和三分子脂肪酸(RCOOH)形成的甘油三酯。R 是含有偶数个碳原子的长碳氢链。三个脂肪酸可以是都相同(R$_1$=R$_2$=R$_3$=R)，也可以是三个都不同。不同的脂肪具有不同的性质和营养功能，是因为它们含有不同的脂肪酸。通常"脂肪"是指室温下为固体的甘油三酯，"油"是指室温下为液体的甘油三酯。

$$
\begin{array}{l}
CH_2—O—CO—R_1 \\
| \\
CH—O—CO—R_2 \\
| \\
CH_2—O—CO—R_3
\end{array}
$$

1) 饱和脂肪酸和不饱和脂肪酸

(1) 饱和脂肪酸。碳链无双键，碳的个数为 12、14、16、18 的脂肪酸(16 碳脂肪酸为棕榈酸，18 碳脂肪酸为硬脂酸)。它们多存于动物脂肪中，个别植物油如椰子油也富含饱和脂肪酸。

(2) 单不饱和脂肪酸。碳链中只有一个双键的脂肪酸，主要是油酸。橄榄油、花生油都含有较多油酸。

(3) 多不饱和脂肪酸。碳链中有两个或两个以上双键的脂肪酸，如亚油酸、亚麻酸、花生四烯酸等。豆油、玉米油、鸡油中亚油酸含量较高。

表 11-2 列出了部分动物脂肪和植物油的脂肪酸组成。从表中可以看出，动物脂肪富含饱和脂肪酸，植物油主要由不饱和脂肪酸构成。但也有例外，如椰子油中的饱和脂肪酸含量达 91.2%。

表 11-2　动物脂肪和植物油的脂肪酸组成(%)

油脂	饱和脂肪酸			不饱和脂肪酸		
	棕榈酸	硬脂酸	其他	油酸	亚油酸	其他
脂肪：						
猪油	29.8	12.7	1.0	47.8	3.1	5.6[1)
鸡油	25.6	7.0	0.3	39.4	21.8	5.9[1)
乳脂	25.2	9.2	25.6	29.5	3.6	7.2[1)

续表

油脂	饱和脂肪酸			不饱和脂肪酸		
	棕榈酸	硬脂酸	其他	油酸	亚油酸	其他
牛油	29.2	21.0	1.4	41.1	1.8	3.5[1]
椰子油	24.0	35.0		39.0	2.0	
植物油：						
玉米油	8.1	2.5	0.1	30.1	56.3	2.9
花生油	6.3	4.9	5.9	61.1	21.8	
棉籽油	23.4	1.1	2.7	22.9	47.8	2.1[2]
大豆油	9.8	2.4	1.2	28.9	50.7	7.0[3]
橄榄油	10.0	3.3	0.6	77.5	8.6	
椰子油	10.5	2.3	78.4	7.5	痕量	1.3

注：乳脂和椰子油所含的饱和脂肪酸分别为 $C_{4\sim14}$ 和 $C_{6\sim14}$ 酸；花生油含有一些 20 碳和超过 20 碳的脂肪酸。

1) 主要是 16 碳烯酸；0.2%～0.4%花生四烯酸。

2) 棉籽油含有 0.5%～1%苹婆酸。

3) 大部分是亚麻酸。

2) 脂肪的生理功能

(1) 氧化供能。每克脂肪通过下述反应大约可供给热量 38kJ，比蛋白质和碳水化合物大得多

$$C_{17}H_{35}COOH(s) + 26O_2(g) =\!=\!= 18CO_2(g) + 18H_2O(l) + 能量$$

人体就是通过脂肪这种形式来储存热量的。当人体耗能多时，脂肪就提供热能以做补充。

(2) 促进脂溶性维生素的吸收。维生素 A、维生素 D、维生素 K、维生素 E 和胡萝卜素可溶于脂肪而被吸收。因此，食物中缺乏脂肪也会导致维生素缺乏。

(3) 调节生理功能。必需脂肪酸具有调节生理功能的作用，如促进发育、降低胆固醇、防止血栓生成、参与前列腺素和精子的合成等。必需脂肪酸对人类尤其是儿童是不可缺少的。

3) 高脂血症与预防

甘油三酯是血脂检查中比较重要的一项指标。"血脂"是指血浆或血清中所含的脂类，包括胆固醇(cholesterol，CH)、甘油三酯(triglyceride，TG)、磷脂(phospholipid，PL)和游离脂肪酸(free fatty acid，FFA)等。低密度脂蛋白(low density lipoprotein，LDL)和胆固醇结合而成的低密度脂蛋白胆固醇，是导致动脉硬化的重要因素，常被称为"坏"胆固醇。高密度脂蛋白(high density lipoprotein，HDL)和胆固醇结合形成高密度脂蛋白胆固醇，它如同血管内的清道夫，将胆固醇从组织转移到肝脏中去，具有防治动脉粥样硬化的作用，也称为"好"胆固醇。合理的饮食是预防高脂血症的有效和必要的措施，清淡少盐，忌腻多菜，加上适当减肥，加强锻炼都能起到很好的作用。

3. 碳水化合物

碳水化合物(carbohydrates)的化学通式为 $C_m(H_2O)_n$。其中碳、氢、氧原子个数比恰好可写

成碳和水组成的复合物，所以称碳水化合物。实际上，碳水化合物是一种包括多羟基的醛、多羟基的酮和能分解成多羟基醛和酮的大分子化合物。它包括糖类、淀粉、纤维素、糊精和树胶，其中糖类是具有生物功能的碳水化合物。它们的主要生物学功能是通过氧化反应来提供能量，以满足生命活动的能量需要。糖是一种富含能量(每克约17kJ)、易被大多数组织快速利用的燃料。葡萄糖与氧气反应生成二氧化碳和水及能量。

$$C_6H_{12}O_6(s) + 6O_2(g) == 6CO_2(g) + 6H_2O(l) + 能量$$

根据分子的大小，糖类可分为单糖(monosaccharides)、二糖(disaccharides)和多糖(polysaccharides)。单糖在水解时不能再分成更小单位的碳水化合物，而多糖在水解时可产生十个或更多的单糖。

自然界丰度最大的单糖是己糖。在人体新陈代谢中起重要作用的己糖有葡萄糖、果糖和半乳糖。它们有甜味，易溶于水，其化学结构式为

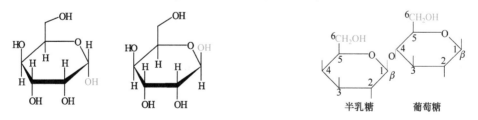

葡萄糖(glucose)及半乳糖含有一个醛基(—HCO)、六个碳原子，称己醛糖(aldose)。果糖含有一个酮基(—C=O)、六个碳原子，称己酮糖(ketose)。它们不仅有直链状结构，还可以通过羰基与分子内的羟基结合成环状结构，形成两种形式的葡萄糖：α葡萄糖和β葡萄糖，如图 11-1 所示。而环状结构的差别，常常是产生特性的根本原因。

图 11-1　α葡萄糖(右)和β葡萄糖(左)的环状结构　　　　图 11-2　乳糖分子结构

二糖(disaccharides)水解时生成两分子单糖。常见的二糖有蔗糖(白糖)、乳糖、麦芽二糖和纤维二糖。甘蔗和甜菜中含有蔗糖。牛奶中的糖分主要是乳糖，它的分子结构是由一分子葡萄糖和一分子半乳糖靠β键链接，如图 11-2 所示。乳糖在小肠中必须经乳糖酶的水解变为两个单糖，即葡萄糖和半乳糖后才能被吸收。乳糖酶缺乏的人，在食用奶或奶制品后，因奶中乳糖不能完全被消化吸收而滞留在肠腔内，肠内容物渗透压增高、体积增加，肠排空加快，

使乳糖很快排到大肠并在大肠吸收水分，受细菌的作用发酵产气。轻者症状不明显，较重者可出现腹胀、肠鸣、排气、腹痛、腹泻等症状。医生们称之为乳糖不耐受症。在中国，典型情况是人们在断奶后的 3~4 年就将丧失 80%~90%消化乳糖的能力。

多糖是包含十个或以上单糖的聚合物，它们既是能量的储存形式，也是有机体的结构成分。多糖广泛存在于自然界，是一类天然高分子化合物。它们一般无甜味，也不溶于水。与生物体关系最密切的多糖是淀粉、糖原和纤维素。

淀粉是由葡萄糖单体组成的聚合物，如图 11-3 所示。淀粉由直链部分(10%~20%)和支链部分(80%~90%)构成。直链部分含有 1000 个以上的葡萄糖，每 20~25 个直链葡萄糖结构产生分支。

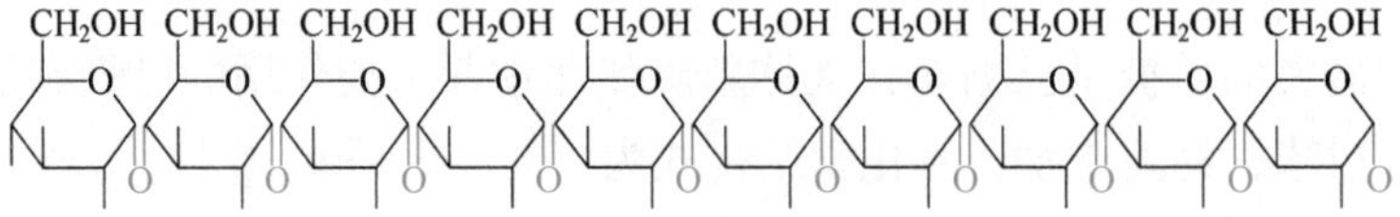

图 11-3　淀粉分子片段

糖原(glycogen)中的葡萄糖链比淀粉中的要长而且分支更多。糖原可以看成是能源库：当血液中葡萄糖含量较高时，会结合成糖原储存于肝脏中；当血液中葡萄糖含量降低时，糖原分解成葡萄糖供给机体能量。

纤维素(cellulose)是植物产生的一种葡萄糖聚合物，如图 11-4 所示。每个纤维素分子最少含有 1500 个葡萄糖结构单位。从淀粉和纤维素分子结构片段可以看出，构成单元都是葡萄糖，但葡萄糖分子间链接的化学键不同。人的消化液中所含的酶只能使淀粉水解成人体能吸收的葡萄糖，却不能使纤维素水解。

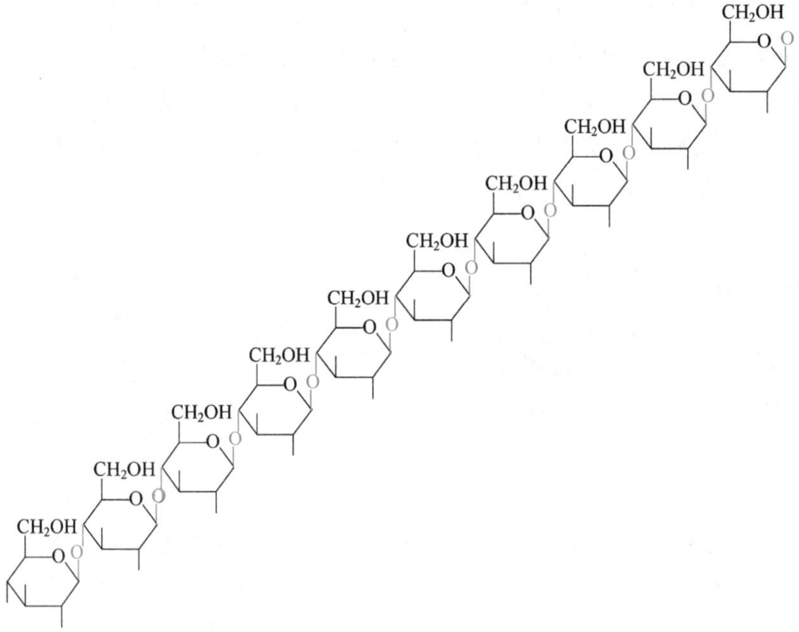

图 11-4　纤维素分子片段

人体血液里糖的含量与健康息息相关。正常成人血液里葡萄糖含量较稳定，饭后升高，空腹时降低。空腹时血糖高于 $7.2\sim7.6\text{mmol}\cdot\text{dm}^{-3}$ 为高血糖，低于 $3.9\sim3.3\text{mmol}\cdot\text{dm}^{-3}$ 为低血糖。血糖过低影响脑功能。糖尿病是一种引起血糖水平高于正常状态的病症。糖尿病患者血液中葡萄糖浓度高，会严重破坏细胞中正常的平衡。食物进入人体两个小时内血糖升高的相对速度称为升糖指数(glycemic index, GI)。升糖指数依赖于食物的种类、加工方式和烹饪方式。葡萄糖的 GI 为 100，胡萝卜的 GI 为 49。低升糖指数食物中，碳水化合物分解成葡萄糖分子的速度慢，对大脑的能量供应比较稳定。高纤维碳水化合物升糖指数相对较低，血糖升高不会太剧烈。

4. 维生素

维生素(vitamins)是存在于天然食物中的人体必需而又不能自身合成的一类有机化合物，少量即可满足生理代谢的需要。

1) 维生素的分类

一般按溶解性质分为脂溶性及水溶性两类。人类营养必需的脂溶性维生素有维生素 A、维生素 D、维生素 E 及维生素 K。脂溶性维生素大部分由胆汁帮助吸收，循淋巴系统输送到体内各器官。体内可储存大量脂溶性维生素，维生素 A 和维生素 D 主要储存于肝脏，维生素 E 主要存于体内脂肪组织，维生素 K 储存较少。

水溶性维生素有维生素 B_1、维生素 B_2、维生素 B_6、维生素 B_{12}、烟酸、叶酸、维生素 C 及维生素 U。它们被肠道吸收后，通过水循环到机体需要的组织中，多余的部分大多由尿排出，在体内储存甚少。

维生素不同于蛋白质、脂类、碳水化合物和无机盐类，不提供能量，一般不构成组织，大多数必须由食物供给。但若有足够的紫外线照射，人体的皮肤有能力合成维生素 D。维生素 D 也可以看作是一种作用于钙和磷代谢激素的前体之一。

2) 维生素需要量

缺乏某种维生素可使人体发生疾病，甚至导致死亡。长期轻度缺乏维生素并不一定出现临床症状，但可使劳动(包括脑力劳动)效率下降、对疾病的抵抗力降低等。滥用维生素对身体不仅无益，而且有害。下面几个术语能帮助理解维生素的合理用量。

合理的维生素供给量不仅能预防营养缺乏症，而且能不断提高健康水平(表 11-3)。此表格中的平均需要量、可耐受最高摄入量是对 25 岁的健康男性适用。"ND"表示不能确定。

表 11-3　几种维生素平均需要量、可耐受最高摄入量及不适量引发的疾病

维生素	平均需要量 EAR	可耐受最高摄入量 UL	缺乏时症状	过多时症状
维生素 A	625μg	3000μg	干眼病，夜盲症	维生素 A 过多症(肝硬化，掉头发)
维生素 B_1	1.0mg	ND	脚气病	
维生素 B_2	1.1mg	ND	皮肤及角膜损伤	
维生素 B_3	12mg	35mg	糙皮病	消化不良，心律失常，出生缺陷
维生素 B_{12}	2.0μg	ND	恶性贫血	

续表

维生素	平均需要量 EAR	可耐受最高摄入量 UL	缺乏时症状	过多时症状
维生素 C	75mg	2000mg	坏血病	腹泻导致脱水
维生素 D	400IU	4000IU	软骨病	维生素 D 过多症(脱水、呕吐、便秘)
维生素 E	12mg	1000mg	神经系统疾病	维生素 E 过多症(抗凝血)

注：表中数据来自维基百科词条 "Dietary Reference Intake" http://en.wikipedia.org/wiki/Dietary_Reference_Intake。

这里维生素 D 的质量用的不是微克或毫克，而是 IU。化学成分不恒定或至今还不能用理化方法检定其质量规格，往往采用生物实验方法并与标准品加以比较来检定其效价。通过这种生物检定，具有一定生物效能的最小效价单元就称"单位"(U)；经由国际协商规定出的标准单位，称为"国际单位"(IU)。

平均需要量(estimated average requirements, EAR)：指满足某一特定性别、年龄及生理状况群体中 50%个体需要量的摄入水平。营养学专家把平均需要量乘 1.2 得到建议摄取量(recommended dietary allowances, RDA)。印在食品标签上的每日营养素建议摄取量(recommended daily value, RDV)就是根据 RDA 得到的。

可耐受最高摄入量(tolerable upper intake levels, UL)：指某一生理阶段和性别人群，几乎对所有个体健康都无任何副作用和危险的平均每日营养素最高摄入量。

5. 无机盐

构成人体的化学元素，除了血液中存在少量游离态的 N_2 和 O_2 之外，其余各种元素都以化合态存在。人体中除 C、H、O、N 外，其余各种元素称为无机盐(minerals)或矿物质，约占人体中的 4%，它们来自动植物组织、水、盐和食品添加剂。

从营养角度可把无机盐分为必需元素和非必需元素。必需元素中含量在人体重的 0.01%以上的称为常量元素，有 Ca、Mg、Na、K、P、S、Cl 7 种；含量在人体重的 0.01%以下的称为微量元素，有 V、Cr、Mn、Fe、Co、Ni、Cu、Zn、Mo、F、Si、Sn、Se、I 14 种。

1) 几种常量元素的主要作用

(1) 钙。钙是人体中含量排在第五位的元素，约为成人体重的 2%。人体内 99%的钙在骨骼和牙齿中。除此之外，Ca^{2+} 还有其他的重要生物功能。

(2) 磷。90%的磷以 PO_4^{3-} 形式存在于骨骼和牙齿中。例如，牙釉质是由难溶的羟基磷灰石 $Ca_{10}(OH)_2(PO_4)_6$ 组成。在口腔中存在如下平衡：

$$Ca_5(PO_4)_3OH(s) \rightleftharpoons 5Ca^{2+}(aq) + 3PO_4^{3-}(aq) + OH^-(aq)$$

当吃的糖吸附在牙齿上发酵时，产生的 H^+ 与 OH^- 作用生成 H_2O，使上述平衡向右移动，导致更多的羟基磷灰石溶解，牙齿被腐蚀。

(3) 镁。镁是组成叶绿素的重要成分之一，叶绿素在光合作用下使植物呈绿色。人体中 Mg^{2+} 是许多酶的激活剂。若降低人体内镁的含量，可导致人情绪激动、肌肉痉挛和抽搐等。

(4) 钾、钠和氯。这三种元素在人体内的作用既复杂又相互关联。Na^+ 和 K^+ 常以氯化物形式存在。K^+ 一般在细胞内，Na^+ 则在细胞周围体液中。它们的主要作用是控制细胞、组织液和血液内的电解质平衡，这对保持体液的正常流通和控制体内的酸碱平衡是非常重要的。

无机盐中这些元素在人体中的作用如下：①构成人体组织的重要材料，如 Cu、Mg、P 构成骨骼和牙齿，P、S 构成蛋白质，Fe 构成血红蛋白(如细胞血红素)，Zn 构成胰岛素等；②调节体液渗透压、酸碱平衡、心跳节律；③运载信息，如 Fe^{2+} 对 O_2、CO_2 有运载作用，Cu^{2+} 可以激活多种可传递信息的酶等。

2) 微量元素的生理作用

虽然人体只需要痕量的微量元素，但它们对于发挥正常的生物功能很关键。若缺乏其中任何一种元素，则意味着生物体在一定程度上死亡。这些元素中的某些元素在人体内的功能，目前人们还不特别清楚，但很多微量元素是酶的重要组分，特别是过渡金属元素。

碘是人体必需的微量元素。甲状腺需要利用碘来产生甲状腺激素，如果缺乏碘，人体健康就会受到影响，产生甲状腺疾病，如甲状腺肿、克汀病等。碘过多也会对人体产生影响。2010 年，我国卫生部宣布调整食用盐中的加碘量，从原来$(35\pm15)mg \cdot kg^{-1}$调整至平均加碘为$20\sim30mg \cdot kg^{-1}$。体内存有适量的稳定性碘，可阻止甲状腺对放射性碘的吸收，这可降低受到放射性碘暴露后可能罹患的甲状腺癌风险。

当部分常量和微量元素缺乏时，会发生生理异常，补充后会恢复正常。当然这些元素在过量摄取时也会有害，见表 11-4。"NE"表示没有数据。

表 11-4　几种常量和微量元素平均需要量、可耐受最高摄入量及不适量引发的疾病

元素	平均需要量 EAR	可耐受最高摄入量 UL	缺乏时症状	过多时症状
钙	800mg	2500mg	骨质疏松症，手足抽搐，腕足痉挛，喉痉挛，心律失常	疲劳，抑郁，意识障碍，恶心，呕吐，便秘，胰腺炎，增加排尿，肾结石
磷	580mg	4000mg	低磷血症，软骨病	高磷血症
氯	NE	3600mg		
钠	NE	2300mg	低钠血症	高钠血症，高血压
镁	330mg	350mg	高血压	虚弱，恶心，呕吐，呼吸受阻，低血压
钾	NE	ND	低钾血症，心律失常	高钾血症，心悸
铁	6mg	45mg	贫血症	肝硬化，肝炎，心脏病
锌	9.4mg	40mg	锌缺乏症(食欲减退、生长迟缓、异食癖和皮炎)	恶心，呕吐，急性腹痛，腹泻和发热
氟	NE	10mg	龋齿，骨质疏松，骨骼生长缓慢，骨密度和脆性增加	氟中毒(氟骨症、氟斑牙)
碘	95μg	1100μg	甲状腺肿，甲状腺功能减退	甲状腺肿，甲状腺功能减退
硒	45μg	400μg	克山病、大骨节病，心肌病及心肌衰竭	头发脱落，肤痛觉迟钝，四肢麻木

注：表中数据来自维基百科词条"Dietary Reference Intake" http://en.wikipedia.org/wiki/Dietary_Reference_Intake。

6. 水

人体的 60%～80%是由水组成的，血液的 90%是由水构成的。人体失去体重 5%的水就会感到口渴、恶心、昏昏欲睡；达到 10%，会产生晕眩、头痛、行走困难；达到 15%则要抢救，到 20%即导致死亡。

1) 水的生理功能

水能帮助消化，并把食物中的营养物带给细胞；水又是一种基本营养物质，它的主要功能是参与新陈代谢，输送养分，排出废物。

2) 饮用水

(1) 矿泉水。矿泉水是指地下水在经历了漫长的地质化学过程，溶解了岩石、富集了某些矿物成分形成的天然溶液。

(2) 太空水(或纯净水)。太空水是将饮用水经过滤、活性炭吸附、超滤、臭氧杀菌等工序生产出来的。处理后的水中矿物质含量减少。

(3) 蒸馏水。蒸馏水是将自来水经高温蒸发成蒸汽再冷凝形成的。虽然除去了水中有害的金属离子及微生物、菌类,但同时使水中的养分消耗殆尽。过度饮用甚至会导致病症。

(4) 自来水。自来水是天然水的一种,含有天然饮水中的有益矿物质,经水厂处理后,是符合人体生理功能的水。

7. 膳食纤维

膳食纤维是指不被人体小肠消化吸收的而在人体大肠中能部分或全部发酵的可食用的植物性成分、碳水化合物及其相类似物质的总和。它既不能被胃肠道消化吸收,也不能产生能量,因此,曾一度被认为是一种"无营养物质"而长期得不到足够的重视。

然而,随着营养学和相关科学的深入发展,人们逐渐发现了膳食纤维具有相当重要的生理作用。在膳食构成越来越精细的今天,膳食纤维被学术界和普通百姓所关注,并被营养学界补充认定为第七类营养素。

膳食纤维主要是非淀粉多糖的多种植物物质,包括纤维素、木质素、甲壳质、果胶、β葡聚糖、菊糖和低聚糖等。根据是否溶解于水,可将膳食纤维分为两大类:

(1) 可溶性膳食纤维。来源于果胶、藻胶、魔芋等。魔芋的主要成分为葡甘聚糖,能量很低,吸水性强。

(2) 不可溶性膳食纤维。主要来源是全谷类粮食,其中包括麦麸、麦片、全麦粉及糙米、燕麦、豆类、蔬菜和水果等。

膳食纤维的作用主要有促进肠道蠕动,软化宿便,预防便秘、结肠癌及直肠癌;降低血液中的胆固醇、甘油三酯,利于肥胖控制;清除体内毒素,预防色斑形成、青春痘等皮肤问题;减少糖类在肠道内的吸收,降低餐后血糖。

我国人民历来以谷类食物为主,辅以蔬菜果类,所以并不缺少膳食纤维。但随着生活水平的提高,食物精细化程度越来越高,动物性食物所占比例大为增加,而膳食纤维的摄入量明显降低,由此导致一些所谓的"现代文明病",如肥胖症、糖尿病、高脂血症等,以及一些与膳食纤维过少有关的疾病,如肠癌、便秘、肠道息肉等发病率日渐增高。

二、膳食营养平衡

平衡膳食是指由多种食物构成,不但提供足够数量的热能和各种营养素来满足人体正常的生理需要,而且要保持各种营养素之间有合理的比例,达到数量上的平衡,以利于营养素的吸收和利用,这种膳食称平衡膳食。

1. 热量平衡

不同的食物产生不同的热量。食物热量通常用卡(cal)计算,也称卡路里。卡路里是能量单位。按国际单位,能量应当用焦耳来表示,1cal=4.182J。其中每克脂肪供给热量 9cal;每克蛋白质和碳水化合物供给热量 4cal。一般用千卡(kcal)这个单位来计算食物当中的能量,食物包装袋上的"卡路里"实际上是千卡。

一个正常人每日所需的热量和他的体重有关。每日摄取热量和体重的关系为:约每千克每小时 1kcal。所以一个 60kg 的成年人每日所需的热量约为 24h×60kg×1kcal · (kg · h)⁻¹=1440kcal。身高、性别、年龄和活动水平都会影响能量的需求。

计算身体每天需要多少卡路里时主要考虑三个因素：基础代谢率、体能消耗、食物的热效应。人体处于静止状态时，不会消耗太多能量；而在运动时，又会以惊人的高效率将食物转化为动能。处于静止状态时(如坐着看电视)，每公斤体重每天消耗的热量仅为 26cal。也就是说，如果体重是 60kg，身体消耗的热量仅约为 60kg×26cal · kg⁻¹=1560cal，即每天 1.56kcal。如果消耗量等于所摄入的能量，体重就保持不变；如果消耗量大于摄入的量，体重就会减轻。只要有多余的卡路里，身体就会把它们转变成脂肪。人体只需 3.5kcal，就能制造出 0.45kg 的新脂肪。

2. 各种营养素平衡

2022 年 4 月 26 日，《中国居民膳食指南(2022)》正式发布，标志着中国居民的健康膳食进入新时代。指南提炼出了平衡膳食八准则：①食物多样，合理搭配；②吃动平衡，健康体重；③多吃蔬果、奶类、全谷、大豆；④适量吃鱼、禽、蛋、瘦肉；⑤少盐少油，控糖限酒；⑥规律进餐，足量饮水；⑦会烹会选，会看标签；⑧公筷分餐，杜绝浪费。指南给出平衡膳食宝塔图示，平衡膳食宝塔(图 11-5)共分五层，包含每天应摄入的主要食物种类，利用各层位置和面积的不同反映了各类食物在膳食中的地位和应占的比重。

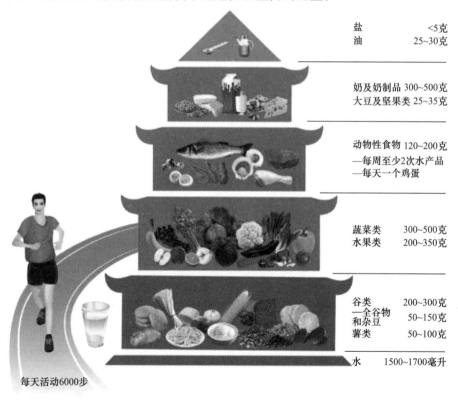

图 11-5 中国居民平衡膳食宝塔(2022)

3. 酸碱平衡

酸碱平衡是指人体体液的酸碱度应该维持在 pH 7.35～7.45，就是说人体的内环境是呈弱碱性的。人体的酸碱平衡依赖所摄入食物的酸碱性,以及排泄系统对体液酸碱度的调节。食物的酸碱性是按人吃了某种食物经过消化吸收和新陈代谢,最后在体内变成的物质是酸性还是碱性来划分的。如果代谢产物中含 P、S 偏多即为酸性食物;反之,含 Ca^{2+}、Mg^{2+}、K^+ 等偏多即为碱性食物。

体内摄入过多的酸性食物,无法排出体外,其酸性分解产物会导致体液酸化。例如,蛋白质分解出尿酸,脂肪分解出乙酸,糖类分解出丙酮酸、乳酸等。经常吃些偏碱性的食物,如水果、蔬菜等,可以保持营养摄入的酸碱平衡。

 "多面神药"二甲双胍

第二节 安全用药
(Safe Medication)

随着社会的进步,人类的平均寿命在不断增长。一个重要原因就是广泛使用了许多新药物来治疗各种疾病。

一、药物的一般概念

能够对机体某种生理功能或生物化学过程发生影响的化学物质称为药物(medicine)。药物可用以预防、治疗和诊断疾病。药物或多或少都具有一定的毒性,大剂量时尤其明显。有的药物本身就出自毒物,如箭毒、蛇毒都可制成药剂。可见,药物与毒物之间并无明显界限。但一般认为毒物(poison)是指能损害人类健康的化学物质,包括环境中和工农业生产中的毒物、生物毒素以及超过中毒量的药物。此外,当食物的某种成分被用于防治其缺乏症时也可视为药物,所以药物与食物也难以截然区分。

科学研究表明,药物是通过干扰或参与机体内在的生理、生物化学过程而发挥作用的。但药物性质各不相同,其作用情况各不相同。药物的作用主要有:

(1) 改变细胞周围环境的理化性质。例如,抗酸药通过简单的化学中和作用使胃液的酸度降低,以治疗溃疡病。

(2) 参与或干扰细胞物质的代谢过程。例如,补充维生素就是供给机体缺乏的物质使之参与正常生理代谢过程,从而使缺乏症得到纠正。又如,磺胺药与对氨基苯甲酸竞争参与叶酸代谢,从而抑制敏感菌的生长。

(3) 对酶的抑制或促进作用。例如,胰岛素能促进己糖激酶的活性,使血糖升高。

二、常用药物举例

下面介绍几类人们经常使用的药物分子。

1. 杀菌剂和消毒剂

常用杀菌剂有碘(I_2)、次氯酸钠(NaClO)、高锰酸钾($KMnO_4$)、过氧化氢(H_2O_2)、氯化汞($HgCl_2$)等,它们都是常用的杀菌剂和消毒剂。显然,它们的作用是基于其氧化性;乙醇

(CH₃CH₂OH)、肥皂(活性成分 R—COONa)则是利用其碱性和还原性。

2. 助消化药

(1) 稀盐酸。主治胃酸缺乏症(胃炎)和发酵性消化不良。其作用是激活胃蛋白酶元转变成胃蛋白酶，并为胃蛋白酶提供发挥消化作用所需的酸性环境。山楂也可起到类似的作用。

(2) 胃蛋白酶。例如，乳酶生(活性乳酸杆菌制剂)、干酵母。它们的作用是直接提供胃蛋白酶以促进蛋白质的消化。

(3) 制酸剂。制酸剂的作用是中和过多胃酸，由弱碱性物质构成。制酸的碱性化合物有 MgO、Mg(OH)₂、CaCO₃、NaHCO₃(小苏打)、Al(OH)₃ 等。

3. 抗菌素类药物

抗菌(生)素(antibiotic)是指某些微生物在代谢过程中所产生的化学物质，能阻止或杀灭其他微生物的生长。

(1) 磺胺类。它们的功能通常是帮助白细胞阻止细菌的繁殖。当一个人得了重病如肺炎、脑膜炎、伤寒等或因此而死亡，就意味着侵入人体的细菌繁殖超过白细胞吞噬它们的速度。而白细胞、抗体再加上抗生素的作用，就有可能挫败致病细菌的攻击，使人得以康复。

磺胺药杀灭细菌的机理是，它能阻止细菌生长所必需的维生素叶酸(folic acid)的合成。叶酸合成过程中，有一个起关键作用的物质为对氨基苯甲酸[图 11-6(a)]，而磺胺[图 11-6(b)]的结构与它十分相似。因此，磺胺很容易参与反应，并且结合得非常牢固，这样就阻止了叶酸的生成。

图 11-6　对氨基苯甲酸(a)和对氨基苯磺酰胺(b)的结构

细菌因为缺乏维生素而难以生存。而人类在体内合成叶酸时不一定需要对氨基苯甲酸，因而磺胺药的使用是安全的。而最重要的杀菌剂是与之结构相似的对氨基苯磺酰胺，类似的衍生物都具有杀菌作用，如青霉素[图 11-7(a)]、羟氨苄青霉素[图 11-7(b)]、氨苄青霉素[图 11-7(c)]。

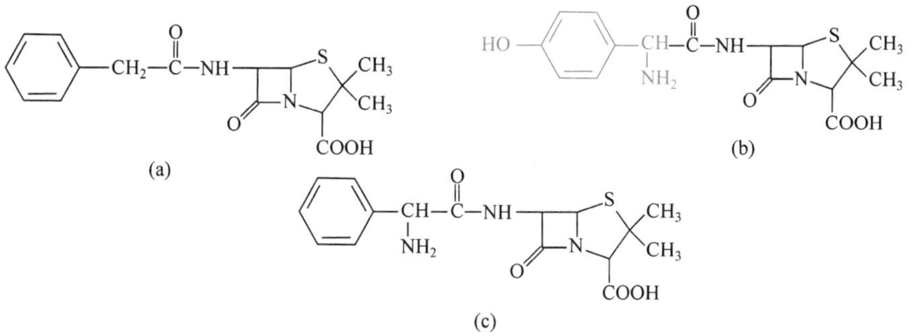

图 11-7　青霉素(a)、羟氨苄青霉素(b)、氨苄青霉素(c)的结构

(2) 青霉素(penicilin)。青霉素是青霉菌所产生的一类抗菌素的总称。天然青霉素共有 7

种，其中青霉素 G 的抗菌效果最好，临床用青霉素 G 的钠盐或钾盐。氨苄青霉素和羟氨苄青霉素具有更广谱的抗菌作用。

青霉素的抗菌作用与抑制细菌细胞壁合成有关。细菌的细胞壁主要由多糖组成，在它的生物合成中需要一种关键的酶，称为转肽酶。青霉素可抑制转肽酶，从而使细胞壁合成受到阻碍，引起细菌抗渗透压能力下降，菌体变形、破裂而死亡。

(3) 四环素类。四环素、土霉素(从土壤中菌的培养液中分离出)、金霉素(从金色链丝菌中分离出)都是常用的抗菌素。

四环素是一类抗生素的总称。之所以称为四环素，是因为这些抗生素中都有四个环相连。例如，我们常用的土霉素、金霉素、四环素都属于四环素类，其化学结构式见图 11-8。

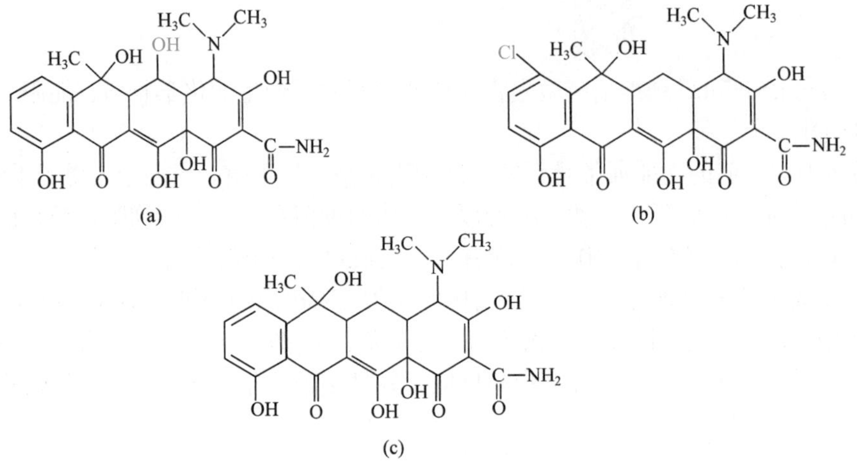

图 11-8 土霉素(a)、金霉素(b)、四环素(c)的结构

四环素有副作用，它在杀菌的同时也会杀灭正常存在于人体肠内的寄生细菌，从而引起腹泻。儿童时期过多服用四环素会使牙齿发黄，称四环素牙。

4. 止痛药与毒品

早期人们常用鸦片来止痛。鸦片及其衍生物大部分是止痛的有效药物，但缺点是易上瘾。鸦片含有 20 几种生物碱(存在于生物体内的碱性含氮有机化合物)，其中 10%左右是吗啡(morphine)，它是鸦片的主要成分，其化学结构式如图 11-9(a)所示。该化合物有两个熟知的衍生物，一个是可待因(codeine)，是吗啡的单甲醚衍生物[图 11-9(b)]，它比吗啡的上瘾性小些，也是一种强有力止痛药；另一个是海洛因[heroine，图 11-9(c)]，它比吗啡更容易上瘾，无药用价值，成为毒品。

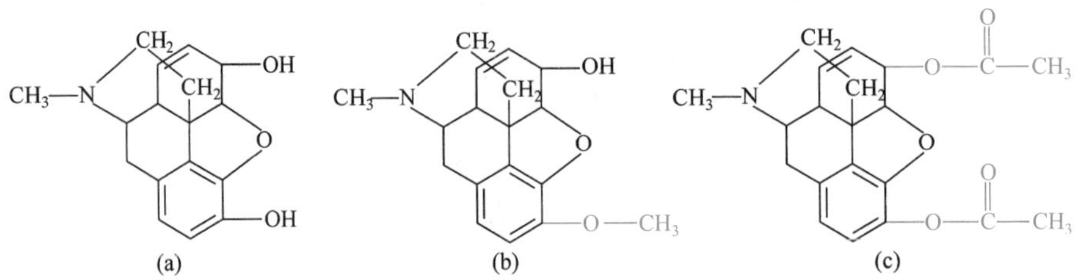

图 11-9 吗啡(a)、可待因(b)、海洛因(c)的结构

科学家们研究发现，人的大脑和脊柱神经上有许多特殊部位。麻醉药剂分子正好进入这种位置，把传递疼痛的神经锁住，疼痛就消失了。人自身可以产生麻醉物质，但如果海洛因之类服用过量，会引起自身产生麻醉物质的能力降低或丧失。一旦停药，神经中这些部位就会空出来，症状会立即重现，导致对药的依赖性。

根据止痛机理，人们开发了许多有效药物，如可卡因(cocaine)、普鲁卡因(procaine)、阿司匹林(aspirin)等。阿司匹林通用性较强，其化学成分是乙酰水杨酸。不仅可以止痛而且可以抗风湿、抑制血小板凝结(预防手术后的血栓形成和心肌梗塞)，还是较好的退热药。阿司匹林明显的副作用是对胃壁有伤害。当未溶解的阿司匹林停留在胃壁上时会引起产生水杨酸反应(恶心、呕吐)或胃出血。现在已有肠溶性阿司匹林，可保护胃部不受伤害。

某些止痛药长期服用具有成瘾性。它们不仅能阻断疼痛神经的传递，起镇痛作用，产生欣快感，还会使人产生强烈依赖性，这就是毒品。目前国际和国内作为毒品严厉禁止的主要有鸦片、吗啡、海洛因、可卡因、大麻等。

5. 竞技运动中的"兴奋剂"

在体育比赛中，一些运动员为了提高竞技成绩，服用某些非常规药物的现象称"药物滥用"，就是常说的服用兴奋剂。药物滥用不仅破坏了高尚的奥林匹克公平竞争的原则，使体育成绩失去了真实性，而且由于药物本身的毒副作用，也严重地威胁着运动员的身心健康。

1990 年，国际奥林匹克委员会所规定的禁用药物共六大类，即刺激剂、麻醉镇痛药、β-阻断药、类固醇同化激素、利尿药和肽激素及其类似物。简介其中四类：

(1) 刺激剂。多用于需要耐力大的比赛项目，主要作用是对大脑皮质和网状激活系统的刺激，从而提高情绪，使人具有攻击性，达到提高运动成绩的目的。

(2) 麻醉镇痛药。其作用在于降低痛感，造成心理亢奋。但痛觉是人体保护自身不再进一步受伤的手段，如果强制性地消除或抑制这种感觉，势必造成更严重的伤害。

(3) 类固醇同化激素。为雄性激素衍生物，这是目前运动员滥用最多的一类药物。此类药物服用后，会干扰人体的自然激素平衡，造成人体内分泌紊乱，从而引发一系列临床症状，严重损害身心健康，损害肝、肾功能作用，诱发肝癌。

(4) 利尿药。利尿药的作用是促使肾脏排尿，从而使尿样变稀，使禁用药物在尿中的浓度减小，不易被查出。利尿药能引起人体电解质紊乱，产生低血钾、低血钠、高尿酸、高血糖等症。

6. 中草药

中国是中草药(Chinese herbal medicine)的发源地，是中医预防治疗疾病所使用的独特药物，中国人民对中草药的探索经历了几千年的历史。中药主要由植物药(根、茎、叶、果)、动物药(内脏、皮、骨、器官等)和矿物药组成。因植物药占中药的大多数，所以中药也称中草药。2015 年 10 月中国药学家屠呦呦获得诺贝尔生理学或医学奖，她从青蒿中提取出青蒿素，用于疟疾的治疗。青蒿素是植物药。

很多中药有西药无法达到的药效，如用化学手段剖析出有效成分，然后再模拟合成，也是开发新药的一个极好途径。以银杏叶提取物制剂为例，指纹图谱显示出制剂所含的 33 个化学成分(主要为黄酮类和内酯类)和各自的含量。经化学成分和药效相关性研究，发现约 24%银杏黄酮和约 6%银杏内酯组成的提取物具有最佳疗效。

随着社会的进步，无论是治病还是保健，都需要有更新、更有效的药物提供给人类。化学担负着开发新药的重任。

科苑导读　新冠病毒感染的核酸检测和抗原检测

三、处方药和非处方药

处方药(prescription drugs)是指有处方权的医生所开具出来的处方，并由此从医院药房购买的药物。非处方药(over the counter，OTC)属于可以在药店自行购买的药品。非处方药是随着社会发展、人民文化水平的提高而诞生的，所以要遵循见病吃药、对症吃药、明白吃药、依法(用法、用量)吃药。

处方药大多属于以下几种情况：上市的新药，对其活性或副作用还要进一步观察；可产生依赖性的某些药物，如吗啡类镇痛药及某些催眠安定药物等；药物本身毒性较大，如抗癌药物等；用于治疗某些疾病所需的特殊药品，如心脑血管疾病的药物。处方药须经医师确诊后开出处方并在医师指导下使用。

非处方药大多用于多发病、常见病的自行诊治，如感冒、咳嗽、消化不良、头痛、发热等。为了保证人民健康，我国非处方药目录中明确规定药物的使用时间、疗程，并强调指出"如症状未缓解或消失应向医师咨询"。

第三节　常用化学品
(Chemicals Used in Everyday)

在我们的生活中，化学品是不可或缺的。到了 21 世纪，化学品的种类不可胜数，其功能也更加完善。了解这些我们常用的化学品，是我们必需的知识。

一、表面活性剂

表面活性剂是从 20 世纪 50 年代开始随着石油化工而飞速发展起来的，与合成塑料、合成橡胶、合成纤维一并兴起的新类型化学产品，目前已成为许多工业部门不可缺少的化学试剂，广泛应用于洗涤剂、化妆品、纺织品、医药制品、润滑油、农用药物等化学制品中。其用量虽小，但收效甚大，往往能起到意想不到的效果。

1. 表面张力与表面活性

表面活性剂(surfactants)通常是指能显著降低液体表面张力的物质。降低表面张力的性能称为表面活性(surfactivity)。

以液体与蒸气的接触为例。在液相内部，任何分子受到的力都是各向对称的，合力为零；处于气-液界面(表面层)上的分子，液相分子对它的吸引力总是比气相分子的吸引力大(图 11-10)，结果表面层上的分子将因净受到液相分子的向内拉力而有力图收缩界面的趋势。为克服这

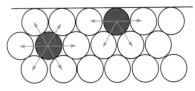

图 11-10　液表面层分子受力示意图

种收缩力，扩大表面积，环境所做的功称表面功(surface work)，与此功对应的力即为表面张力(surface tension)。

2. 表面活性剂的结构特征

表面活性剂之所以能降低表面张力，是由其自身的结构特征决定的。

表面活性剂的分子由结构上不对称的两部分构成：一部分易溶于水，具亲水性，称亲水基(hydrophilic group)，如羧基、磺酸基、硫酸酯基、醚基、羧基等，它们是极性基团，易溶于水；另一部分则是不溶于水，易溶于油，具亲油性的称亲油基(lipophilic group)或憎水基，由长链烃基如—CH_2—CH_2—CH_2—构成。所以表面活性剂的分子又称双亲化合物。虽然亲油基的链有长有短，有些有支链，有的链中含杂原子或环状原子团(如—CH_2—⬡—)，但表面活性剂的分子都可用下面的简单图形来表示：

亲油基　　　亲水基　　　　　或

硬脂酸钠($C_{17}H_{35}COONa$)、十二烷基苯磺酸钠($C_{12}H_{23}$—⬡—SO_3Na)分别是肥皂和洗衣粉中的表面活性成分。

表面活性剂的双亲结构使它可以吸附在液-气(或油-水)界面上，极性基指向水，非极性基指向气(油)。水与亲油基的斥力降低了表面收缩力，即降低了表面张力。

3. 表面活性剂的分类

表面活性剂通常按其亲水基团分为离子型(溶于水能解离出离子)和非离子型(不能解离)表面活性剂，而离子型又可进一步分为阴离子、阳离子、两性型。例如，硬脂酸钠是阴离子型表面活性剂，它在水溶液中的亲水基是—COO^-：

$$CH_3CH_2\cdots CH_2CH_2-COO^- \quad Na^+ \xrightarrow{\text{溶于水}} CH_3CH_2\cdots CH_2CH_2-COO^- + Na^+$$

亲油基　　　亲水基

阳离子表面活性剂大多是含氮的有机化合物，主要是季铵盐，如烷基三甲基氯化铵溶于水时，其亲水基为—R_3N^+：

$$CH_3CH_2\cdots CH_2CH_2-\overset{CH_3}{\underset{CH_3}{\overset{|}{\underset{|}{N^+}}}}-CH_3 \quad Cl^- \xrightarrow{\text{溶于水}} CH_3CH_2\cdots CH_2CH_2-\overset{CH_3}{\underset{CH_3}{\overset{|}{\underset{|}{N^+}}}}-CH_3 + Cl^-$$

阳离子表面活性剂水溶液大多呈酸性，阴离子表面活性剂则为中性或碱性。二者不可混用，以免沉淀失效。

两性型表面活性剂的分子中兼有阳离子和阴离子的基团。因此它同时具有两种离子的活性，即在碱性溶液中呈阴离子活性，在酸性溶液中呈阳离子活性，如十二烷基氨基丙酸钠的解离：

$$C_{12}H_{25}NHCH_2CH_2COONa \xrightarrow{\ OH^- \ } C_{12}H_{25}NHCH_2CH_2COO^- + Na^+$$

$$C_{12}H_{25}NHCH_2CH_2COONa + 2H^+ \xrightarrow{\ H^+ \ } C_{12}H_{25}N^+H_2CH_2CH_2COOH + Na^+$$

4. 表面活性剂的重要特性

1) 临界胶束浓度

当水中加入表面活性剂后，水的表面张力先随表面活性剂浓度的增加而显著下降。这时，亲水基留在水中而亲油基指向空气[图 11-11(a)]。随表面活性剂浓度的增加，在水的表面集中了较多的表面活性剂分子，水的表面张力进一步下降。水中有少数表面活性剂分子的极性基团相互靠近形成小型胶束[图 11-11(b)]。当浓度增加到水的表面已形成表面活性剂的单分子膜，水的表面张力便降到最低点。若再增加浓度，水的表面张力便不再下降。过量的双亲分子都形成胶束(micelle)存在于液体中[图 11-11(c)]。表面活性剂形成胶束的最低浓度称为临界胶束浓度(critical micelle concentration，CMC)。

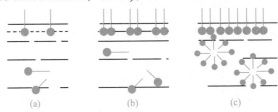

(a)　　　　　　　　　(b)　　　　　　　　　(c)

图 11-11　表面活性剂浓度变化与分散系的状况

CMC 是一个重要界限。溶液中的表面活性剂浓度只有稍大于 CMC 时，才能充分发挥其作用。表面活性剂的 CMC 一般都很小(表 11-5)。

表 11-5　一些表面活性剂的 CMC

名称	温度/℃	CMC/mol·dm^{-3}
$C_{12}H_{25}OSO_3Na$	25	8.1×10^{-3}
$C_{15}H_{31}COONa$	52	3.2×10^{-3}
$C_{12}H_{25}\!-\!\!\bigcirc\!\!-\!SO_3Na$	60	1.2×10^{-3}
$C_{12}H_{25}N(CH_3)_3Br$	25	1.6×10^{-2}
$C_{12}H_{25}O(CH_2CH_2O)_6H$	25	8.7×10^{-5}
$C_{16}H_{33}O(CH_2CH_2O)_6H$	25	1.0×10^{-5}

一般认为，胶束内部与液状烃相似。因此，当在 CMC 以上的活性剂溶液中加入不溶于水的有机物质时，可得到已溶解的透明水溶液，这种现象称增溶(solubilization)。这是由于有机物质进入与它本身性质相同的胶束内部，变成热力学上稳定的各向同性液体。胶束增溶是表面活性物质具有优良洗涤作用的因素之一。

2) 表面活性剂的亲水亲油平衡

表面活性剂是否容易溶解于水，即它的亲水性的强弱取决于其分子结构中亲水基的亲水性和憎水基的憎水性的相对强度。为了从量上衡量这个强度，1949 年有人在大量实验的基础上提出了亲水亲油平衡(hydrophilic lipophilic balance，HLB)的概念，用 HLB 来表示表面活性剂的亲水亲油性。双亲分子中极性分子的极性越强，其 HLB 越大，表明其亲水性越强。双亲分子的非极性基团越长，其 HLB 越小，表明其亲水性越弱。各种表面活性剂的 HLB 可从相关的手册中查到。表 11-6 列举了一些工业用表面活性剂的 HLB。

表 11-6　各种工业用表面活性剂及其 HLB

应用部门	商品名称	HLB	应用部门	商品名称	HLB
纺织工业	防水乳剂	9～11	机械工业	切削油	10
	抗静电剂	20～30		矿物油切削乳液	11
	润湿剂	12～15		防锈剂	4
洗涤工业	干洗剂	3～4		消泡剂	1～9
	家庭洗涤剂	13		助焊剂	9～16
	毛涤净洗剂	11～15		水性乳胶漆	14～16
	地毯净洗剂	15	医药工业	磺胺软膏	5
	金属净洗剂	10～13		青霉素软膏	8
				维生素油	10～17
				O/W 软膏基料	4
化妆品工业	雪花膏	3～7	农业	DDT	10
	冷霜	5～16			
	液体手用皂	14			
	香液	14～15			

5. 表面活性剂的基本作用

1) 润湿、渗透作用

通常把液体能附着在固体上的现象称为润湿。例如，水在玻璃、塑料上不润湿而在棉布上润湿。若在水中加入少量表面活性剂，润湿就容易得多。这种作用称润湿作用(wetting action)，使某物体润湿或加速润湿的表面活性剂称润湿剂(wetting agent)。同样可按此理解渗透作用和渗透剂。实际上，润湿剂和渗透剂往往是一致的。润湿和渗透作用本质上是水溶液表面张力下降。

2) 乳化、分散作用

使非水溶性液体以极细小的液滴均匀地分散于水中的现象称乳化作用(emulsification)，所形成的分散系称乳状液(emulsion)或乳液。乳液是由于乳化剂分子的憎水基一端溶入油、亲水基一端溶入水，定向吸附在油水界面，降低了表面张力，使油与水可充分乳化形成的。乳状液有两种基本形式：一种是少量油分散于大量水中，水是连续相，油是分散相，称水包油(oil/water，O/W)型，如牛奶；另一种是少量水分散于大量油中，称油包水(water/oil，W/O)型，如石油。

一种固体微粒均匀地分散于另一种液体中的现象称为分散(dispersing)作用。作为分散剂(dispersing agent)的表面活性剂在分散中的作用与乳化剂极为相似。

3) 起泡、消泡作用

泡沫(foam)是不溶性气体分散于液体或固体中形成的分散系。能使泡沫形成并稳定存在的表面活性剂称起泡剂(foaming agent)。

气体进入溶液后被液膜包围形成气泡。若无表面活性剂，气泡会很快上升、破灭。当有

空气

水溶液

图 11-12　泡沫生成示意图

表面活性剂存在时，液膜中的双亲分子以憎水基伸向泡内，亲水基伸向溶液(图 11-12)，这种单分子膜由于降低了表面张力而成为热力学稳定状态。又由于表面活性剂的解离而使液膜带有电荷，从而阻止气泡碰撞变大。

泡沫的应用十分广泛，如泡沫灭火、泡沫浮选矿物、泡沫分离用于制糖等。但工业中有时要尽量少产生泡沫，或者要破坏已形成的泡沫，如洗涤织物时，大量泡沫给漂洗带来困难。蒸馏、萃取中泡沫的形成影响两相分离。搅拌，改变温度、压力条件可

以消泡，使用表面活性剂(消泡剂)也是有效的消泡措施。此时使用的是溶解度较小的高级醇(如庚醇、辛醇、壬醇)，动、植物油，硅油等。它们能将泡沫中的起泡剂分子替代出来，使气泡膜强度下降，稳定性破坏。

4) 洗涤作用

从固体表面除掉污物的过程称为洗涤(washing)。洗涤中以衣物为主，近年来对餐具、家具、车辆乃至建筑物的清洗也被重视起来。污物包括油污、固体污垢及其他的奶渍、汗渍、血渍等含蛋白质的污垢。

洗涤作用是表面活性剂降低了表面张力而产生润湿、渗透、乳化、分散、增溶等多种作用综合的结果。被沾污物体放入洗涤剂溶液中，先充分润湿、渗透，使溶液进入被污物体内部，使污垢容易脱落，然后洗涤剂把脱落下来的污垢乳化、分散于溶液中，经清水反复漂洗，从而达到洗涤效果。可见，去污作用与表面活性剂的全部性能有关。一种去污效果好的表面活性剂，并不表明它的各种性能都好，只是由于上述各种性能协同配合的效果好。

二、洗涤剂

1. 污垢的种类与去污

日常生活中洗涤对象(也称基质，substrate)无所不包，手、脸、脚、发、肤、衣服、厨具、家具、卫生设备等，附着在其上的污垢需要经常擦洗。污垢(dirt)的种类很多，成分也十分复杂。根据性质，污垢可以分成三类。

(1) 油质污垢。油质污垢包括植物、动物油脂，也包括人体分泌的皮脂、脂肪酸、胆固醇类，还有矿物油及其氧化物。其特点是不溶于水，对纺织品、皮肤和其他基质附着力强，不易洗脱。

(2) 固体污垢。一般固体污垢属于不溶性物质，如来自地表面、生活、工作场所的尘土、垃圾、金属氧化物等。它们可能单独存在，也可能与油、水黏结在一起。一般带负电，也有带正电的。尽管这类污垢不溶于水，但可被洗涤剂分子吸附，将粒子分散，悬浮在水中。

(3) 水溶性污垢。水溶性污垢包括盐、糖、有机酸。但是血液、某些金属盐溶液作用于织物和其他基质上，会形成色斑，这类污垢很难去除。

上述三种污垢常常联成复合体，在自然环境中还会氧化分解，形成更为复杂的化合物。

通常都是用洗涤剂去除。

2. 肥皂

国际表面活性剂会议定义：肥皂(soap)是至少含有 8 个碳原子的脂肪酸或混合脂肪酸的无机或有机碱性盐类的总称。

制皂的原料主要有油脂和碱。制造肥皂最常用的碱是氢氧化钠，制造液体皂用氢氧化钾。原料中还有抗氧化剂、杀菌剂、消炎剂、香料、着色剂、透明剂等。但肥皂不能在硬水中很好地发挥洗涤作用。肥皂也不适用于酸性环境，因为在酸性环境中肥皂会分解成脂肪酸和盐，失去洗涤作用。制造肥皂还必须使用大量动植物油脂。鉴于肥皂的上述缺点，人类发明了合成洗涤剂。

3. 合成洗涤剂

合成洗涤剂(synthetic detergent)具有去污力强的优点，在碱性、酸性及中性环境中均可使用。洗涤过程快，省时、省力，效力明显强于肥皂。同时可以节约大量食用油脂，如生产 1 万吨肥皂需 5000 吨油脂，而生产 1 万吨洗衣粉只需要 2000～2500 吨石油。目前合成洗涤剂产量最大的是洗衣粉，发展最快的是液体洗涤剂。

普通洗衣粉中的化学物质及其作用举例见表 11-7。

表 11-7　洗衣粉中的化学物质

成分	作用	成分	作用
烷基苯磺酸钠	清洗、发泡	过氧酸盐	漂白剂
三聚磷酸钠	悬浮剂	羧甲基纤维素	增黏剂
硅酸钠	抗硬水	硫酸钠	干燥剂
碳酸钠	控制 pH		

三聚磷酸钠排入水体，是水体富营养化的元凶。为了保护环境，已开发、生产了无磷洗衣粉。应该大力提倡使用无磷洗衣粉。

4. 洗发香波

1) 对洗发香波的要求

洗掉头发表面的油污、灰尘、细菌；易于漂洗，使头发有光泽；适宜的泡沫量；对头发有营养；去头屑，止头痒，合适的香味；不损害头发、头皮和眼睛；外观颜色适当；各部分性状均匀，保质期长。

2) 洗发香波的成分与作用

洗发香波的主要成分是阴离子表面活性剂和非离子表面活性剂类物质。例如，十二烷基硫酸铵，起清洁、发泡、乳化、润湿作用。有些表面活性剂本身有香味，有些洗发剂则需加入香味剂；pH 调节剂，一般 pH 4～6 为好。用 pH 大于 10 的碱性液洗头发，会使头发失去光泽。洗发剂中用山梨酸钾或柠檬酸等物质为酸度调节剂；营养物质，如维生素 E、维生素 B 等，抑制头皮细胞代谢异常，不产生头皮屑；在洗发香波中添加有杀菌、抗霉、抗氧化、抑制头皮油脂分泌、使头皮恢复正常代谢的物质；为阻止头发中的痕量重金属的活动(重金属能加速许多活性成分的分解，使天然油脂变恶臭)，在配方中加入乙二胺四乙酸钠，其作用是与金属结合成螯合物，易于清洗。

为保住洗发剂的水分，加入硫酸钠为吸湿剂；加入 NaCl 调节洗发剂黏性；加入抗真菌剂和防腐剂使保质期延长，如苯甲酸钠、对羟基苯酸甲酯等。此外还要加入柔软剂、遮光剂、分散剂、泡沫稳定剂和颜料等。

护发素含有油性成分，如动植物油脂、碳氢化合物、高级脂肪酸酯、高级醇等。护发素中还含有阳离子表面活性剂，它吸附在头发上形成一层单分子膜，阳离子的电荷抵消了头发上的静电，使头发变得柔软、光滑，容易梳理。

三、牙膏

牙膏问世前，人们用牙粉刷牙。牙粉是碳酸钙和肥皂粉的混合物，其功能只是保持牙齿清洁，除去污渍。牙粉 pH 高，会引起口腔组织发炎。第二次世界大战以后，有治疗作用的牙膏才纷纷上市。

1. 对牙膏的要求

除去牙齿表面污物、杀菌、增白、防蛀、防牙垢沉积、对牙齿有营养、对牙病能抑制或治疗；味道可口(香甜)、泡沫丰富、无毒；软硬适度、各部分均匀一致。

2. 牙膏的成分和作用

(1) 牙膏中的活性成分——氟化钠。早年因氟化物具有阻止龋齿的作用而成为牙膏的主要成分。有研究认为，氟可以取代羟基磷灰石中的羟基使更易骨折。因此慎用高氟牙膏，尤其是少年儿童和老年人。还有的研究者指出，氟的活性很强，会破坏氢键，因而破坏蛋白质和核酸的功能。所以刷牙后要彻底漱口。

(2) 防牙垢作用的物质——焦磷酸四钾(钠)、某种聚合物和氟化钠。牙垢又称牙石，主要成分是 $Ca_3(PO_4)_2 \cdot 2H_2O$。临床研究表明，焦磷酸盐、聚合物和氟化物的结合是人的牙垢的有效抑制剂。牙垢的化学组成和牙齿的组成是相似的，因此用化学方法是不可能把它溶解的。现在很多牙膏里加进这种混合物来预防牙垢的生成。

(3) 杀菌剂。口腔里有细菌存在。1890 年就有人指出，应当用杀菌剂杀灭口腔里的细菌以达到防治牙科疾病的目的。事实上，如果每天刷两次牙，99%的细菌就会被杀死。

此外，在牙膏中还要加入甜味剂，如山梨(糖)醇和糖精；发泡剂，如十二烷基硫酸钠，穿透和松动牙齿表面的沉淀；摩擦剂，如含水硅石($SiO_2 \cdot nH_2O$)，清洁和抛光牙齿表面；增白剂 TiO_2；保湿剂，如甘油(丙三醇)；润湿剂和溶剂，吸收和保留空气中的水分，使牙膏柔软。

第四节　常用油品
(Oils)

这里所讲的油品(oils)不是食用油。此处的油品是指石油产品(petroleum)，通常指燃料油、润滑油、液压油、溶剂油等。

石油(petroleum)是多组分混合物，经过蒸馏得到的馏分(fraction)仍然不是产品。石油产品是对馏分进行进一步加工得到的符合油品规格要求的产品。

随着生活水平的提高，人们生活中常用的油品，已从单纯的食用油扩展到燃料油和车用油品——车用燃料和润滑用油(脂)。虽然代用燃料和节能燃料的开发正在迅速展开，汽油和柴油现在仍是车用燃料的主体。下面简介它们的使用性能。

一、车用汽油的使用性能

汽油有车用汽油、工业汽油等。我们仅讨论车用汽油的使用性能。

(1) 汽油的蒸发性。汽油机要求汽油能在极短时间(0.001～0.01s)内气化并与空气充分混合，使每一汽油分子都被空气中的氧包围以便可以充分燃烧。所以，汽油的蒸发性对汽油机的工作影响很大。

(2) 汽油的抗爆性。汽油在发动机中正常燃烧时，火焰的传播速率为30～70m·s^{-1}。但当混合气已燃烧2/3～3/4时，未燃烧的混合气中产生了高度密集的过氧化物，它的分解使混合气中出现了许多燃烧中心，使燃烧速率猛增，于是产生了强大的压力脉冲，火焰的传播速度可达800～1000m·s^{-1}。这种情况下气缸内产生清脆的金属敲击声。这种燃烧就是爆燃(deflagration)。爆燃会使发动机过热，活塞、气阀、轴承等变形损坏。

爆燃的程度与燃料的组成有关。已经知道，异辛烷(2,2,4-三甲基戊烷)的抗爆性(antiknock character)极高，将它的"辛烷值"定为100；正庚烷的抗爆性极低，将它的"辛烷值"定为0。将二者按一定比例配成混合液，便可得到异辛烷的体积分数为0～100%的"燃料"，这就是燃料辛烷值(octane number)的标准。例如，某汽油的辛烷值是80，表明这种汽油在标准的单缸内燃机中燃烧时，其爆燃现象与20份正庚烷和80份异辛烷的混合物在相同条件下的爆燃程度相同。

辛烷值是汽油抗爆性的定量指标。我国汽油机用汽油的牌号就是根据辛烷值确定的。从2017年1月1日起，国Ⅴ排放标准在全国范围内实行。国Ⅴ标准的92号、95号、98号无铅汽油，是指它们分别含有92%、95%、98%的抗爆震能力强的异辛烷，也就是说分别含有8%、5%、2%的抗爆震能力差的正庚烷。应该用95号汽油的发动机，如果用92号汽油，当然容易产生爆震。并不是标号越高越好，要根据发动机压缩比合理选择汽油标号。

(3) 汽油的化学安定性和物理安定性。汽油中若含大量不饱和烃，在储存、运输、加注及其他作业中，会因空气中氧、较高温度及光的作用而氧化生成胶质。胶质在汽油中溶解度小，能黏附在容器壁上，会给汽油机的工作带来害处，降低汽油的化学安定性(chemical stability)。

汽油在储藏、运输、加注和其他作业时，保持汽油不被蒸发损失的性能称物理安定性(physical stability)。汽油的物理安定性主要由汽油中的低馏分决定。

(4) 汽油中腐蚀性物质的影响。汽油中水溶性酸和碱(H_2SO_4、NaOH、磺酸及酸性硫酸酯)等对所有的金属都有强烈的腐蚀性；环烷酸对有色金属，特别是铅和镁有强的腐蚀性。氧化生成的有机酸，特别是有水存在时，对黑色金属也有腐蚀性。

汽油中的含硫化合物，特别是SO_2和噻吩，不仅有腐蚀性，还会使汽油产生恶臭，促使汽油产生胶质。硫化物燃烧后生成SO_2、SO_3及与水反应生成H_2SO_3、H_2SO_4，能直接与金属作用，使气缸和活塞强烈腐蚀。

(5) 汽油中机械杂质和水分的影响。新出厂的汽油完全没有机械杂质和水分。到达使用者手中时，由于运输、倒装、加注，常将机械杂质(锈、灰尘、各种氧化物)及水分落入其中。机械杂质会加速化油器量孔的磨损，或堵塞化油器量孔和汽油滤清器；机械杂质若进入燃烧室会使燃烧室沉积物增多，加速汽缸、活塞和活塞环的磨损。水分在冬季结冰，冰粒堆积在滤清器中会堵塞油路，严重时会终止供油。水分还会加速腐蚀，加速汽油氧化生胶，破坏汽油中的添加剂。所以汽油规格中规定不允许有机械杂质和水分。

二、车用柴油的使用性能

柴油分轻柴油、农用柴油和重柴油等几种。汽车用的是轻柴油。

1) 柴油的低温流动性

柴油的低温流动性对其是否能可靠地供往汽缸有一定影响。如果柴油牌号选用不当，将影响柴油机的正常运转，严重时甚至会使车辆无法行驶。

影响柴油低温流动性的主要性质有浊点、凝点和黏-温特性等。

柴油中开始析出石蜡晶体，使其失去透明时的最高温度称为浊点(cloud point)；柴油在标准试管内成45°角时，经过1min不改变本身液面时的最高温度称凝点(solidifying point)。一般浊点比凝点高 5～10℃。为保证柴油机正常工作，柴油的浊点应较柴油机使用时的环境温度低 3～5℃。国产柴油机用柴油的牌号是根据其凝点确定的。

柴油的黏-温特性(viscosity-temperature characteristics)指柴油的黏度随温度升高而减小，随温度的降低而增大的性质。柴油黏度随温度而变化的特性取决于柴油的化学组成。柴油中含有水分时会大大地提高柴油的浊点和凝点。机械杂质会堵塞喷油嘴，影响供油。所以柴油在加入油箱前，一定要充分沉淀(不少于48h)并过滤。

2) 柴油的抗粗暴性

在柴油机的燃烧过程中，如果着火前形成的混合气数量过多，过量的柴油参加燃烧反应，使燃烧压力升高率超过了正常值，则在柴油机汽缸内产生强烈的震击，这就是柴油机的工作粗暴(crude working)或称工作不平顺。柴油机工作发生粗暴与汽油机发生爆燃一样，会使柴油机功率降低，油耗增大，磨损加剧。

衡量柴油抗粗暴性的指标是十六烷值(cetane value)。选择自燃点低的正十六烷，定其值为100；α-甲基萘抗粗暴性差，定其值为 0。把这两种标准液按不同比例混合，可得不同抗粗暴性的标准混合液。将柴油与不同十六烷值的标准混合液对照便可确定柴油的十六烷值。柴油的十六烷值高，表示其自燃点低，抗粗暴性好，启动性也好；十六烷值低，表示其自燃点高，抗粗暴性差。我国汽车用柴油的十六烷值为43～50。

此外，柴油的安定性和柴油的腐蚀性与汽油类似。

三、润滑油(脂)

各类机器在工作时，做相对运动的机件，在其接触部位都会产生摩擦。由于摩擦的存在，接触面常常出现机械的磨损、发热、烧结等现象。避免摩擦的最有效的办法是用某种介质把摩擦表面隔开，使之不直接接触。这种办法称润滑(lubricating)，起润滑作用的物质称润滑剂(lubricant)。润滑油是各种润滑剂中应用最为广泛的一大类油品。

在一些不适于用液体润滑的部位，常使用一种膏状油品，称润滑脂(lubricating grease)。

1. 润滑油的使用性能

润滑油的主要作用是减少机体间的摩擦，起润滑作用，此外还兼有冷却、洗涤、密封、防锈的作用。为了能够满足上述使用要求，润滑油必须具有以下主要性能：

(1) 适宜的黏度。黏度是润滑油最重要的指标，是其分类、选用的主要依据。黏度大的润滑油减摩、密封效果好；黏度小的则冷却、洗涤效果好。对于发动机润滑油还要求有好的黏-温特性，即润滑油在高温部位仍能保持一定黏度以形成一定厚度的油膜；低温部位黏度不要太大，以免发动机启动困难，增大磨损。

(2) 抗氧化安定性。润滑油在使用和储存过程中与空气中的氧接触会被氧化生成一些氧化物，如酸类、胶质等。它们会改变润滑油的理化性能，如颜色变深、黏度增大、酸值提高、产生沉淀物等。润滑油在一定外界条件下，抵抗氧化作用的能力称为润滑油的抗氧化安定性。可以通过加入抗氧化添加剂来防止润滑油的氧化变质，延长使用寿命。

(3) 清净分散性。清净分散性指润滑油因老化生成的胶状物、氧化物在油中悬浮而不沉积成膜的性能，是润滑油洗涤能力的保证。

(4) 酸值。润滑油中所含游离酸(主要是有机酸)的量称酸值。根据酸值的变化可以判断润滑油在使用中变质的程度，是废油的更换指标之一。

酸值用中和每克油品所需 KOH 的质量(mg)表示。酸值越小，油品质量越好。

此外，润滑油的凝点可表示其低温流动性；闪点的高低可表示受热稳定性；灰分、水分等与汽油、柴油的性能指标意义相同。

2. 齿轮油

齿轮传动是机械工程中的一个重要组成部分。齿轮部位(如变速器、齿轮箱等)所用润滑油就是齿轮油。由于齿轮传动中齿间接触面积小(线接触)，啮合部位单位压力很高。一般汽车齿轮的单位压力可达 2000~3000MPa。通常齿轮工作温度不高，但在苛刻工作条件下，摩擦面的温度却很高。这种工作条件称为极压条件(ultimate pressure condition)。齿轮润滑的特殊性决定了齿轮油除与一般润滑油一样具有减摩、冷却、洗涤、防锈、密封作用外，还具有较为特殊的性能要求。

(1) 耐磨性。齿轮油要求在极压条件下具有抗磨性，为此所用的添加剂称极压剂。它能在摩擦面的高温部位与金属反应，生成低熔点、剪切强度小的油膜。还有一种油性剂会在金属表面产生牢固的吸附膜以防止金属面的直接接触，从而减小摩擦磨损。

(2) 防锈性。齿轮油中除添加防锈剂外，还要加入防腐剂。防锈与防腐的机理是相同的，后者主要指降低硫化物对铜的腐蚀作用。

(3) 抗泡沫性。齿轮油在空气存在下受到剧烈搅动，产生许多气泡。若气泡不能消失就形成泡沫。泡沫一形成就使空气与油一起到达润滑部位，使油得不到充分供给，造成磨损和胶合等破坏性事故。用醇类可破坏已产生的泡沫，用抗泡剂可抑制泡沫的产生。

 五彩缤纷的化学网站　　　　　　　　　　

思考题与习题

一、判断题

1. 糖类和脂肪可以制造出人体所需要的蛋白质。　　　　　　　　　　　( )

2. 蛋白质的互补作用可以提高其生理价值。　　　　　　　　　　　　( )

3. 糖类只含有碳、氢、氧、氮四种元素。 （　　）

4. 维生素是维持正常生命过程所必需的一类物质，少量即可满足需要，但还是多摄入些为好。 （　　）

5. 人体所需的大多数维生素由食物提供，有个别维生素可由人体自身合成。 （　　）

6. 蛋白质所提供的物质可以制造出人体必需的糖类和脂肪。 （　　）

7. 肥皂是至少含有 8 个碳原子的脂肪酸或混合脂肪酸的无机或有机碱的总和。 （　　）

8. 汽油的辛烷值分布在 1～100，且对应汽油的标号。 （　　）

二、选择题

9. 下列食物中蛋白质含量最高的是 （　　）

A. 瘦肉　　　　　　B. 大豆　　　　　　C. 牛奶　　　　　　D. 大米

10. 动物脂肪与油在结构上的区别为 （　　）

A. 油的脂肪酸碳链中无双键　　　　　　B. 脂肪的脂肪酸碳链中有双键

C. 油的脂肪酸碳链中一般有双键　　　　D. 上述三种说法都不对

11. 人体所需要的各种营养中，不提供能量的是 （　　）

A. 蛋白质　　　　　B. 碳水化合物　　　C. 维生素　　　　　D. 脂肪

12. 不能构成肌体组织的营养物质是 （　　）

A. 糖　　　　　　　B. 蛋白质　　　　　C. 脂肪　　　　　　D. 维生素

13. 不能在人体内合成的营养物质是 （　　）

A. 蛋白质　　　　　B. 矿物质　　　　　C. 维生素　　　　　D. 脂肪

14. 磺胺类药物的抗菌作用源于含有 （　　）

A. 邻氨基苯磺酰胺基团　　　　　　　　B. 间氨基苯磺酰胺基团

C. 对氨基苯磺酰胺基团　　　　　　　　D. 都可以

三、填空题

15. 蛋白质的营养价值取决于所含_____的_____、_____及_____上的差异。

16. 食物中的蛋白质所含_____越接近人体的蛋白质中的_____，它的_____就越高，称为_____价值越高。

17. 脂肪的营养价值取决于_____、_____、_____。植物油中营养价值最高的是_____。

18. 碳水化合物包括_____、_____、_____等。虽然人体_____纤维素，但是_____对人体的_____过程具有重要_____的影响。

19. 维生素的分类一般按_____分类。脂溶性维生素有_____，体内可_____储存；水溶性维生素有_____，体内储存量_____。

20. 无机盐中的元素在人体中的作用是_____、_____和_____。

21. 能够对机体_____或_____发生影响的化学物质称为药物。

22. 一般认为能损害人类健康的化学物质称为_____。药物多或少都是有一定_____。药物与毒物之间_____，药物与食物_____区分。

23. 汽油的爆燃是由于未燃烧的混合气中产生了高密度的_____。辛烷值是_____的定量指标。异辛烷的辛烷值是_____，其抗爆性_____；正庚烷的辛烷值为_____，其抗爆性_____。我国以_____确定汽油的牌号。

24. 柴油的工作粗暴是由于着火前形成的_____过多，_____柴油参加燃烧反应所致。十六烷值是_____的指标。正十六烷抗粗暴性_____，其十六烷值为_____；α-甲基萘抗粗暴性_____，其十六烷值为_____。柴油的牌号是以_____确定的。

25. 表面活性剂是能显著降低_____的物质。表面活性剂的基本作用是_____、_____、_____、_____。

26. 各类表面活性剂分子结构的共同特点是_____对称结构。其极性基易溶于_____而_____，称_____或_____；其非极性基易溶于_____而_____，称_____或_____。人们把这种长链分子称为_____。

27. CMC 称为_____，它表示表面活性剂分子在溶液中_____的最低浓度，它可以作双亲分子_____的一种量度，表示溶液表面张力_____和表面活性剂加入量的_____。作为润湿剂的表面活性剂，其浓度应_____CMC，而作为净洗剂的表面活性剂，其浓度应_____CMC。

28. HLB 值表示表面活性剂的_____，其数值可表示表面活性剂分子中_____的相对强度。HLB 高_____强，HLB 低_____强。

29. 洗涤剂的去污过程是_____、_____、_____、_____、_____等多种作用的综合结果。

30. 国际奥委会所规定的禁用药物共 6 大类，它们是：_____、_____、_____、_____、_____和_____。

四、完成反应方程式

31. 写出下列反应方程式。

(1) 脂肪的氧化供能　　　　(2) 碳水化合物释放能量

(3) 牙釉质的解离平衡

32. 写出下列物质的化学式。

(1) 甘油三酯　　　　　　　(2) 牙垢的主要成分

(3) 异辛烷

五、问答题

33. 脂肪有哪些生理功能？

34. 为什么对肝病患者要供给充足的糖？

35. 人体酮酸中毒是如何产生的？

36. 列举糖类在生物体内的功能。

37. 人体缺钙对健康有何影响？

38. 人体缺碘或碘过量对健康有何影响？为什么建议用碘盐？碘盐中加的碘是什么化合物？

39. 简述水与生命的关系。

40. 什么是生物碱？可待因、阿司匹林(化学名为乙酰水杨酸)各有什么医疗作用和毒副作用？

41. 什么是汽油的化学安定性和物理安定性？提高汽油化学安定性的方法是什么？

42. 试简单说明表面活性剂为什么能够降低表面张力。

第十二章　化学与国防
(Chemistry and National Defence)

　　和平与发展是当今时代的主题，发展需要和平的国际环境。然而，不论过去、现在还是将来，在世界和地区范围内都存在着不安定因素。因此，世界多数国家在注重运用政治、经济和外交等手段解决争端的同时，仍把军事手段以及加强国防力量作为维护自身安全和国家利益的重要途径。因为强大的国防是国家、民族生存与发展的基本条件。

　　火药和炸药、导弹和火箭、航空和航天、隐身和探测……化学与军事国防有着密切的关系。可以说化学反应是军事行为的物质基础。因此，化学是国防教育的必修内容，许多国家都十分重视军事领域的化学研究。

第一节　火药和"军事四弹"
(Gunpowder and Four Military Bullets)

一、火药与炸药

　　火药(gunpowder)最早是由我国劳动人民发明制造的，当初主要用作医药，大约自公元 10 世纪初用于军事。据《九国志》记载，公元 904 年，郑幡在攻打豫章(今南昌)时使用了火炮、火箭之类的兵器。火药在军事上主要用作发射枪弹、炮弹和火箭的能源以及某些驱动装置和抛射装置的工作能源。通常将发射枪、炮弹丸的火药称为发射药，将推进火箭、导弹的火药称为固体推进剂(solid propellant)。

　　火药在武器内的工作过程，是通过燃烧将火药的化学能转化为热能，再通过高温高压气体的膨胀，将热能转化为弹丸或火箭的动能。

　　炸药(explosive)是能起爆炸作用的一种火药。在军事上可用来装填炮弹、航空炸弹、导弹、地雷、水雷、鱼雷、手榴弹等，起杀伤和爆破作用。炸药在弹体内爆炸时，瞬间产生的高温、高压气体急速膨胀，破坏弹体或容器，产生高速飞散的碎片，从而杀伤有生目标。同时，产生的爆炸冲击波可破坏工事、建筑物等，产生的聚能效应可穿透装甲目标。

　　在火药和炸药的爆炸过程中，热量是发生爆炸的动力；反应时间极短是发生爆炸的必要条件；气体产物是火药或炸药的爆炸媒介。

　　军事上黑色火药(black powder)的成分是 75% 的硝酸钾、10% 的硫、15% 的木炭。黑火药极易剧烈燃烧，方程式为

$$2KNO_3 + S + 3C \xrightarrow{\text{点燃}} K_2S(s) + N_2(g) + 3CO_2(g) \qquad \Delta_r H_m^{\ominus} = -572\text{kJ} \cdot \text{mol}^{-1}$$

可见，固体反应物产生了大量气体，燃烧产生的热又使气体剧烈膨胀，于是发生了爆炸。

　　随着军事化学的发展，出现了比黑色火药爆炸威力更大的烈性炸药。烈性炸药一般是含硝基的有机化合物。最早的烈性炸药是苦味酸(trinitrophenol, 三硝基苯酚)，由苯酚硝化制得，

反应方程式为

$$\text{C}_6\text{H}_5\text{OH} \xrightarrow[\text{浓H}_2\text{SO}_4]{\text{浓HNO}_3} \text{三硝基苯酚}$$

　　硝化甘油是年轻的意大利化学家苏雷罗(A. Sobrero)在 1847 年由于一场化学实验室的偶然事故发现的一种烈性炸药的主要成分(最初是作为扩充血管的药物)，它由甘油(丙三醇)硝化制得，反应方程式为

$$\text{C}_3\text{H}_5(\text{OH})_3 + 3\text{HNO}_3 \xrightarrow{\text{浓H}_2\text{SO}_4} \text{C}_3\text{H}_5(\text{NO}_3)_3 + 3\text{H}_2\text{O}$$

　　后来出现了烈性炸药三硝基甲苯(trinitrotoluene，TNT)，现在被广泛用作军事武器中的炸药和衡量炸药爆炸性能的基准(1000g TNT 爆炸可产生 4.2MJ 的能量)。它是由甲苯硝化而成，反应方程式为

$$\text{C}_6\text{H}_5\text{CH}_3 + 3\text{HONO}_2 \xrightarrow{\text{浓H}_2\text{SO}_4} \text{三硝基甲苯} + 3\text{H}_2\text{O}$$

　　另外，硝铵既是一种很好的氮肥，同时是一种烈性炸药。当它受到突然加热至高温或猛烈撞击时，会发生爆炸性分解，反应方程式为

$$2\text{NH}_4\text{NO}_3 \longrightarrow 2\text{N}_2(\text{g}) + \text{O}_2(\text{g}) + 4\text{H}_2\text{O}(\text{g})$$

国内外都发生过化肥仓库内硝铵爆炸的事故。

 碳纤维材料的主要军事应用　　　　　　　　

二、"军事四弹"

　　"军事四弹"是指烟幕弹、照明弹、燃烧弹、信号弹，它们在军事上有着重要的作用。

1. "云雾迷蒙"的烟幕弹

　　烟和雾是分别由固体颗粒和小液滴与空气所形成的分散系统。烟幕弹(smoke bomb)的原理就是通过化学反应在空气中造成大范围的化学烟雾。烟幕弹主要用于干扰敌方观察和射击，掩护自己的军事行动，是战场上经常使用的弹种之一。例如，装有白磷的烟幕弹引爆后，白磷迅速在空气中燃烧生成五氧化二磷：

$$4\text{P} + 5\text{O}_2 \xrightarrow{\text{点燃}} 2\text{P}_2\text{O}_5(\text{s})$$

P_2O_5 会进一步与空气中的水蒸气反应生成偏磷酸和磷酸，其中偏磷酸有毒，反应方程式为

$$P_2O_5+H_2O \longrightarrow 2HPO_3$$

$$2P_2O_5+6H_2O \longrightarrow 4H_3PO_4$$

这些酸的液滴与未反应的白色颗粒状 P_2O_5 悬浮在空气中，便构成了"恐怖的云海"。

同理，四氯化硅和四氯化锡等物质也可用作烟幕弹。因为它们都极易水解：

$$SiCl_4+4H_2O \longrightarrow H_4SiO_4+4HCl$$

$$SnCl_4+4H_2O \longrightarrow Sn(OH)_4+4HCl$$

水解后在空气中形成 HCl 酸雾。在第一次世界大战期间，英国海军就曾用飞机向自己的军舰投放含 $SnCl_4$ 和 $SiCl_4$ 的烟幕弹，从而巧妙地隐藏了军舰，避免了敌机轰炸。现代有些新式军用坦克所用的烟幕弹不仅可以隐蔽物理外形，而且烟雾还有躲避红外激光、微波的功能，达到"隐身"的效果。

2. "无处遁形"的照明弹

夜战是战场上经常采用的一种作战方式。利用黑夜作掩护，夺取战场主动权，历来为指挥员所推崇。然而，要想在茫茫黑夜中克敌制胜，首先要解决夜间观察和夜间射击的问题。在早期的战争中，主要依靠照明器材来解决这些问题。

照明弹(candle bomb)是夜战中常用的照明器材，它是利用内装照明剂燃烧时的发光效果进行照明的。现代照明弹的光亮非常强，如同高悬空中的太阳，可将大片的地面照得如同白昼。通常照明弹的发光强度为 40 万～200 万坎，发光时间为 30～140s，照明半径达数百米。在夜间战场上，可借助照明弹的亮光迅速查明敌方的部署，观察我方的射击效果，及时修正射击偏差，以保证进攻的准确性；在防御时，可以及时监视敌方的活动。

照明弹中通常装有铝粉、镁粉、硝酸钠和硝酸钡等物质，引爆后，金属镁、铝在空气中迅速燃烧，产生几千度的高温，并放出含有紫外线的耀眼白光：

$$2Mg+O_2 \xrightarrow{\text{点燃}} 2MgO$$

$$4Al+3O_2 \xrightarrow{\text{点燃}} 2Al_2O_3$$

反应放出的热量使硝酸盐立即分解：

$$2NaNO_3 \xrightarrow{\text{点燃}} 2NaNO_2+O_2\uparrow$$

$$Ba(NO_3)_2 \xrightarrow{\text{点燃}} Ba(NO_2)_2+O_2\uparrow$$

产生的氧气又加速了镁、铝的燃烧反应，使照明弹更加明亮夺目。

3. "细思极恐"的燃烧弹

燃烧弹(fire bomb)在现代坑道战、堑壕战中起到重要作用。由于汽油密度小，发热量高，价格便宜，所以被广泛用作燃烧弹的原料。用汽油与黏合剂黏合成胶状物，可制成凝固汽油弹。为了攻击水中目标，在凝固汽油弹里添加活泼的碱金属和碱土金属。钾、钙和钡一遇水就剧烈反应，产生易燃易爆的氢气：

$$2K+2H_2O \longrightarrow 2KOH+H_2(g)$$

$$Ba+2H_2O \longrightarrow Ba(OH)_2+H_2(g)$$

从而提高了燃烧的威力。

对于有装甲的坦克，燃烧弹自有对付它的高招。由于铝粉和氧化铁能发生壮观的铝热反应：

$$2Al+Fe_2O_3 == Al_2O_3+2Fe \qquad \Delta_r H_m^\ominus = -851.5kJ \cdot mol^{-1}$$

该反应放出的热量足以使钢铁熔化成液态。所以用铝热剂制成的燃烧弹可熔掉坦克厚厚的装甲，使其望而生畏。另外，铝热剂燃烧弹在没有空气助燃时也可照样燃烧，大大扩展了它的应用范围。

此外，还有一种专门用来诱骗敌方红外制导武器脱离真实目标的干扰型燃烧弹。它内装的烟火剂多为镁粉、硝化棉和聚四氟乙烯的混合物。燃烧时，能产生强烈的红外辐射，广泛地应用于飞机、舰船的防护。

4. "五颜六色"的信号弹

将金属及其化合物灼烧时可呈现各种颜色的火焰，人们利用这一性质制造出信号弹(signal flare)。在军事行动中，信号弹是利用烟火药燃烧产生的火焰、烟雾和声响来完成识别定位、报警通信、指挥联络等任务的一类特种弹药。由于它具有简便直观和保密性强的特点，一直受到各国军队的普遍重视，是指挥员向分队发布信号、传达命令的重要工具。

信号弹有发光和发烟两种。白天使用发烟信号弹，夜间使用发光信号弹。发烟信号弹内装有用不同颜色染料染成的颗粒状火药，而发光信号弹的五颜六色靠的是它内部发光剂的不同组合，如含有硝酸钡和镁粉的发白光，含有硝酸锶、镁粉、聚氯乙烯的则发红光。

第二节 化 学 武 器
(Chemical Weapon)

化学武器(chemical weapon)是以毒剂的毒害作用杀伤有生力量的各种武器与器材的总称，包括装有各种化学毒剂的化学炮弹、导弹、化学地雷、飞机布撒器、毒烟施放器及二元化学炮弹等。

现代化学武器产生于德国，其大规模使用始于第一次世界大战。"化学武器之父"哈伯(F. Haber，德)帮助德国生产出大量氯气，并于1915年4月22日首次在比利时战场大规模使用，造成英法联军15 000人中毒，其中5000人死亡。第二次世界大战期间，侵华日军违反国际法对我国多次使用化学武器。根据历史资料记载，有确切使用时间、地点及造成伤害情况记录的多达1241例，造成中国军民伤亡高达20万之众。由于化学武器对人类的伤害比较大，素有"杀人恶魔"之称，因此自化学武器登上战争舞台以来就一直受到全世界正义人民的强烈谴责。

一、化学武器及其危害

通常，按化学毒剂的毒害作用把化学武器分为六类：神经性毒剂、糜烂性毒剂、失能性毒剂、刺激性毒剂、全身中毒性毒剂、窒息性毒剂。

1. 神经性毒剂

神经性毒剂是破坏人体神经的一类毒剂，在现有毒剂中它的毒性最强，主要代表物有塔崩、沙林、维埃克斯等，均为有机磷酸酯类衍生物。

神经性毒剂可通过呼吸道、眼睛、皮肤等进入人体，并迅速与胆碱酶结合使其丧失活性，引起神经系统功能紊乱，出现瞳孔缩小、恶心呕吐、流口水、呼吸困难、肌肉震颤、大小便失禁等症状，重者可迅速抽搐致死。1995 年 3 月 20 日上午，日本的邪教组织奥姆真理教成员制造的东京地铁毒气案，使用的就是沙林，造成 12 人死亡，5000 多人受伤。2017 年 2 月 13 日，朝鲜最高领导人金正恩的长兄金正男在马来西亚遇害，尸检结果认定毒物为一种在《化学武器公约 2005》中被列为化学武器的 VX 神经毒剂。

2. 糜烂性毒剂

糜烂性毒剂是一类以破坏细胞、使皮肤糜烂为主要特征的毒剂，主要代表物是芥子气。

糜烂性毒剂主要通过呼吸道、皮肤、眼睛等侵入人体，破坏肌体组织细胞，造成呼吸道黏膜坏死性炎症，皮肤糜烂，眼睛刺痛、畏光甚至失明，严重时呕吐、便血，甚至死亡。这类毒剂渗透力强，中毒后需长期治疗才能痊愈。抗日战争期间，侵华日军先后在我国 13 个省 78 个地区使用化学毒剂 2000 多次，大部分是芥子气。其中 1941 年日军在宜昌对中国军队使用芥子气，致使 1600 人中毒，600 人死亡。

3. 失能性毒剂

失能性毒剂是一类暂时使人的思维和运动机能发生障碍从而丧失战斗力的化学毒剂，主要代表物是毕兹。

失能性毒剂主要通过呼吸道吸入而中毒。中毒症状有瞳孔扩大、头痛幻觉、思维减慢、反应呆滞、四肢瘫痪等。在越南战争中，美军就对越军使用过毕兹。美国战地记者发现，大量的越军官兵是拿着子弹充足的步枪被美军用刺刀刺死的。

4. 刺激性毒剂

刺激性毒剂是一类刺激眼睛和上呼吸道的毒剂。按毒性作用分为催泪性毒剂、喷嚏性毒剂和复合型毒剂三类。催泪性毒剂主要有氯苯乙酮、西埃斯；喷嚏性毒剂主要有亚当氏气；复合型毒剂对眼及鼻、喉均有刺激症状，主要有西埃斯。

刺激性毒剂作用迅速、强烈。中毒后，出现眼痛流泪、咳嗽喷嚏、皮肤发痒等症状，但通常无致死的危险。刺激性毒剂曾经被大量用于战争，后来许多国家也将其用于控制暴乱、维持社会秩序等场合，如催泪瓦斯。

5. 全身中毒性毒剂

全身中毒性毒剂是一类破坏人体组织细胞氧化功能，引起组织急性缺氧的毒剂，主要代表物是氢氰酸。

氢氰酸是氰化氢(HCN)的水溶液，有苦杏仁味，可与水及有机物混溶。战争使用状态为气态，主要通过呼吸道吸入中毒。其症状表现为舌尖麻木、恶心呕吐、头痛抽风、瞳孔散大、呼吸困难等，重者可迅速强烈抽搐而死。第二次世界大战期间，德国法西斯曾用氢氰酸残害了波兰集中营里的 250 万战俘和平民。

6. 窒息性毒剂

窒息性毒剂是指损害呼吸器官，引起急性肺水肿而造成窒息的一类毒剂，其代表物有光气、氯气等。

光气($COCl_2$)常温下为无色气体，有烂干草或烂苹果味，微溶于水，易溶于有机溶剂。其中毒症状与氯气相似，但毒性比氯气大 10 倍。吸入后有强烈刺激感，出现呼吸困难、胸闷、头痛、发生肺水肿等症状。在高浓度光气中，中毒者在几分钟内由于反射性呼吸、心跳停止而死亡。1951 年，美军在朝鲜南浦市投掷了光气炸弹，使 1379 人中毒，480 人死亡。1984 年 12 月 3 日，印度博帕尔市一农药厂发生光气泄漏事故，导致 32 万人中毒，2500 余人死亡。

7. 二元化学武器

二元化学武器的基本原理是：将两种或两种以上的无毒或微毒的化学物质分别填装在用保护膜隔开的弹体内，发射后，隔膜受撞击破裂，两种物质混合发生化学反应，在爆炸前瞬间生成一种剧毒药剂。

二元化学武器的出现解决了大规模生产、运输、储存和销毁(化学武器)等一系列技术问题、安全问题和经济问题。与非二元化学武器相比，它具有成本低、效率高、安全，可大规模生产等特点。因此，二元化学武器大有逐渐取代现有化学武器的趋势。美国已经有多种二元化学弹药装备部队。不仅有已知的致死性毒剂和失能性毒剂的二元弹，还有新毒剂和新失能剂的二元弹。使用形式有二元化学炮弹、二元化学炸弹、二元化学火箭弹和二元布撒器。

二、化学武器的特点

化学武器与常规武器比较有 6 大特点。

1. 杀伤途径多，且难于防治

染毒空气可经眼睛接触、呼吸道吸入或皮肤吸收使人中毒；毒剂液滴可直接伤害皮肤或经皮肤渗透中毒；染毒的食物和水可经消化道吸收中毒。

2. 杀伤范围大

化学炮弹比普通炮弹的杀伤面积一般大几倍到几十倍。若使用 5 吨沙林毒剂，受害面积可达 260 平方千米，约相当于 2000 万吨 TNT 当量核武器的受害面积。而且毒剂云团随风扩散，能渗入不密闭、无滤毒设施的装甲车辆、工事和建筑物的内部，沉积在堑壕和低洼处，伤害隐蔽于其中的人员。

3. 杀伤作用时间长

化学武器的杀伤作用一般可延续几分钟、几小时，甚至几天、几十天。

4. 杀伤作用选择性大

能杀伤有生力量而不毁坏物资和设施，故可根据作用需要，选用致死性或失能性、暂时性或持久性的化学武器。

5. 效费比高

化学武器制造和使用成本相对较低，而且其制造所需的原料、设备可以通过合法途径获得，技术相对简单，只需常规的技术能力就可以生产，从而用少量成本造成大面积杀伤效果，也被称为"穷国的原子弹"。

6. 受气象、地形条件的影响较大

大风、大雨、大雪或空气对流等情况，都会严重削弱化学武器的杀伤效果，甚至限制某些化学武器的使用。地形对毒剂云团的传播、扩散和毒剂蒸发也有较大影响，可使毒剂的使用效果产生很大的差别。例如，高地、深谷能改变毒剂云团的传播方向，丛林和居民区也能使毒剂云团不易传播和扩散。

三、化学武器的防护

化学武器虽然杀伤力大，破坏力强，但由于使用时受气候、地形、战情等的影响，具有很大的局限性，只要应对措施及时得当，化学武器也是可以防护的。化学武器的防护措施主要有以下几点。

1. 及早发现

敌机在城市上低空飞行并布洒大量烟雾；敌机通过后或炸弹爆炸后，地面有大片均匀的油状斑点；多数人突然闻到异常气味或眼睛、呼吸道受到刺激；看到大量动物异常变化(如蜂、蝇飞行困难，抖动翅膀，或麻雀、鸡、羊等动物中毒死亡)；花草、树叶发生大面积变色或枯萎等。总之，对于大面积同时发生的异常现象，都可怀疑是化学毒区，应及时采取防护措施，报告人防部门侦查断定。

2. 妥善防护

防护是阻止毒剂通过各种途径与人员接触的措施，具体措施如下。

1) 利用器材防护

(1) 呼吸道和眼睛的防护。遭敌化学袭击时，迅速戴好防毒面具，对呼吸道和眼睛进行防护。

防毒面具分为过滤式和隔绝式两种。过滤式防毒面具主要由面罩、导气管、滤毒罐等组成。滤毒罐内装有滤烟层和活性炭。滤烟层由纸浆、棉花、毛绒、石棉等纤维物质制成，能阻挡毒烟、雾，放射性灰尘等毒剂。活性炭经氧化银、氧化铬、氧化铜等化学物质浸渍过，不仅具有强吸附毒气分子的作用，而且有催化作用，使毒气分子与空气及化合物中的氧发生化学反应，转化为无毒物质。隔绝式防毒面具中，有一种化学生氧式防毒面具。它主要由面罩、生氧罐、呼吸气管等组成。使用时，人员呼出的气体经呼吸气管进入生氧罐，其中的水汽被吸收，二氧化碳则与罐中的过氧化钾或过氧化钠反应，释放出的氧气沿呼吸气管进入面罩。其反应式为

$$2Na_2O_2 + 2CO_2 = 2Na_2CO_3 + O_2$$

$$2K_2O_2 + 2CO_2 = 2K_2CO_3 + O_2$$

(2) 全身防护。当毒剂呈液滴、粉末或雾状时，除防护呼吸道和眼睛外，还要对全身进行防护。这时应披上防毒斗篷或雨衣、塑料布等，同时应防止毒剂液滴溅落在随身携带的装备和武器上。利用没有染毒的位置，穿好防毒靴套或包裹腿脚，戴好防毒手套。

2) 利用地形防护

利用地形防护化学武器不能像防护核武器那样就低不就高，而要根据地形和风向等条件综合考虑利用的地点，尽量避开易滞留毒剂的地点或区域。

3) 利用工事防护

有条件且情况允许时，除观察和值班人员外，其余人员应立即进入掩蔽工事，关闭密闭门或放下防毒门帘。人员在没有密闭设施的工事内，要戴面具防护。遭受持久性毒剂袭击后，离开工事前要进行下肢防护。

3. 紧急救治

待敌化学袭击停止后，应立即进行自救、互救。急救时，应先戴好防毒面具，再根据人员中毒毒剂的不同采用相应的急救药物和方法。若无法判明属何种毒剂中毒时，应按毒性大、致死速度快的毒剂中毒实施急救。通常在肌肉注射解磷针剂的同时，鼻吸亚硝酸异戊酯解磷鼻粉剂。如已判明毒剂种类，应采用相应的急救药物和方法。神经性毒剂中毒时，应立即注射解磷针剂，并进行人工呼吸；氢氰酸中毒时，应立即吸入亚硝酸异戊酯，并进行人工呼吸；刺激性毒剂中毒时，可用清水冲洗眼和皮肤；当出现胸痛和咳嗽难忍时，可吸抗烟剂；糜烂性毒剂中毒时，主要是对染毒部位消毒处理；毕兹中毒时，轻者不用药物急救，严重时可肌肉注射氢溴酸加兰他敏。

4. 尽快消毒

人员染毒后须尽快消毒，尤其是神经性毒剂和糜烂性毒剂，消毒越早，效果越好。

(1) 皮肤的消毒。在没有防护盒的情况下，应迅速用棉花、布块、纸片、干土等将毒剂液滴吸去，然后用肥皂水、洗衣粉水、草木灰水、碱水冲洗，或用汽油、煤油、酒精等擦拭染毒部位。

(2) 眼睛和面部的消毒。可用 2% 的小苏打水或凉开水冲洗；伤口消毒时，先用纱布将伤口处的毒剂沾吸，然后用皮肤消毒液加大倍数或大量净水反复冲洗伤口，再进行包扎。

(3) 呼吸道的消毒。在离开毒剂区后，立即用 2% 的小苏打水或净水漱口和洗鼻。

此外，对染毒的服装、武器装备、粮食、食品、水、地面等也需进行消毒。

四、禁止化学武器公约

化学武器的使用给人类及生态环境造成极大的灾难。因此，从它首次被使用以来就受到国际舆论的谴责，被视为一种暴行。为制止这种罪恶行径，世界各国不断提出禁止化学武器的倡议，并制定了有约束性的公约。1993 年 1 月 13 日，《禁止发展、生产、储存和使用化学武器及销毁此种武器的公约》(简称《禁止化学武器公约》)签约大会在巴黎联合国教科文组织总部召开。公约规定，所有缔约国应在 2012 年 4 月 29 日之前销毁其拥有的化学武器，该公约已于 1997 年 4 月 29 日正式生效。来自世界 120 多个国家的外交部部长或政府代表出席了会议，其中大多数国家在公约上签了字，中国外交部部长钱其琛代表中国政府在公约上签字。最终在公约上签字的国家和地区达 192 个。

自《禁止化学武器公约》生效以来，禁止化学武器组织在进行化学武器销毁过程中取得了显著成效。截至 2016 年 2 月 29 日，缔约国库存化学武器毒剂已销毁 64 604t(完成 91.6%)。其中，美国已销毁 24 925t 化学武器毒剂(完成 89.8%)，俄罗斯已销毁 36 921t 化学武器毒剂(完成 92.4%)。

第三节 核 武 器
(Nuclear Weapon)

核武器(nuclear weapon)是利用原子核反应瞬间放出的巨大能量，起杀伤破坏作用的武器。原子弹、氢弹、中子弹、三相弹等统称为核武器。

核武器威力的大小，用 TNT 当量(简称当量)来表示。当量是指核武器爆炸时放出的能量相当于多少质量的 TNT 炸药爆炸时放出的能量。核武器的威力，按当量大小分为千吨级、万吨级、十万吨级、百万吨级和千万吨级。

核武器系统一般由核弹头、投射工具和指挥控制系统等部分构成。截至 2016 年 1 月，全球共拥有 15 395 枚核弹头。其中，俄罗斯以 7290 枚核弹头排在首位，美国以 7000 枚位列第二，两国总和占全球核弹头总数的 93%。

核武器杀伤破坏力巨大，它的出现对现代战争的战略战术产生了重大影响。

一、核武器的主要杀伤因素

核武器爆炸，不仅释放的能量巨大，而且核反应过程非常迅速，微秒级的时间内即可完成。因此，在核武器爆炸周围不大的范围内形成极高的温度，加热并压缩周围空气使之急速膨胀，产生高压冲击波。地面和空中核爆炸，还会在周围空气中形成火球，发出很强的光辐射。核反应还产生各种射线和放射性物质碎片，向外辐射的强脉冲射线与周围物质相互作用，造成电流的增长和消失过程，其结果又产生电磁脉冲。这些不同于化学炸药爆炸的特征，使核武器具备特有的强冲击波、光辐射、贯穿辐射、放射性沾染和核电磁脉冲等杀伤破坏作用。

1. 冲击波

冲击波是由于核爆炸时产生的巨大能量在百万分之几秒时间内从极为有限的弹体中释放出来，气体等介质受到急剧压缩而产生的高速高压气浪。它从爆炸中心向四周膨胀，在极短的时间(数秒至数十秒)内对人员、物体造成挤压、抛掷作用而产生巨大的破坏。冲击波所到之处，建筑物倒塌，砖瓦、沙子、玻璃碎片四处横飞，使人体出现肺、胃、肝、脾出血破裂等严重内伤和骨折。

2. 光辐射

光辐射是在核爆炸反应区内形成的高温高压炽热气团(火球)向周围发射出的光和热。光辐射会引起可燃物质的燃烧，造成建筑物、森林的火灾；使飞机、坦克、大炮成为回过炉的废金属；并能引起人员的直接烧伤或间接烧伤，也可以使直接观看到火球的人员发生眼底烧伤。

3. 贯穿辐射

贯穿辐射是在核爆炸后的数秒钟内辐射出的高能 γ 射线和中子流，其穿透能力极强，能引起周围介质的电离,严重干扰电子通信系统,并可使人体的细胞和器官因电离而遭到破坏。

4. 放射性沾染

放射性沾染是核爆炸发生 1min 左右以后剩余的核辐射。它是由大量核反应产物的散布形成的。随着这些放射性产物的衰变,释放出对生物有害的γ射线、α射线和β射线,使人体受到伤害。放射性沾染的持续时间为几小时至几十天不等。

二、原子弹

原子弹(atomic bomb)是利用核裂变(第八章第四节)释放出的巨大能量以达到杀伤破坏作用的一种爆炸性核武器。

第二次世界大战中,由于担心纳粹德国可能的原子武器的威胁,爱因斯坦致信美国总统罗斯福,建议研制原子弹。在原子弹之父、美籍犹太人学者奥本海默(J. R. Oppenheimer)的领导下,于 1945 年制造出三颗原子弹。同年 8 月 6 日,美国在日本广岛上空投下了其中的一颗,使这个 20 余万人的城市转眼间变成废墟。三天以后,日本长崎遭到了同样的命运。据有关资料记载,广岛 24.5 万人中死伤、失踪超过 20 万人,长崎 23 万人中死伤、失踪近 15 万人,两个城市毁坏的程度达 60%~80%。

原子弹主要由引爆控制系统、炸药、中子反射体、核装料和弹壳等结构部件组成(图 12-1)。

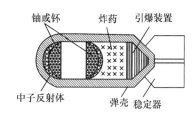

图 12-1　原子弹构造示意图

引爆控制系统用来适时引爆炸药;炸药是推动、压缩反射层和核部件的能源;中子反射体由铍或 ^{238}U 构成,用来减少中子的漏失;核装料主要是 ^{235}U 或 ^{239}Pu。

原子弹爆炸的原理是,在爆炸前将核原料装在弹体内分成几小块,每块质量都小于临界质量(原子弹中裂变材料的装量必须大于一定的质量才能使链式裂变反应自持进行下去,这一质量称为临界质量)。爆炸时,引爆控制系统发出引爆指令,使炸药起爆;炸药的爆炸产物推动并压缩反射体和核装料,使之达到超临界状态;核点火部件适时提供若干“点火”中子,使核装料内发生链式裂变反应。裂变反应产物的组成很复杂,如 ^{235}U 裂变时可产生钡和氪,或氙和锶,或锑和铌等:

$$
{}^{235}_{92}U + {}^{1}_{0}n \longrightarrow
\begin{cases}
{}^{144}_{56}Ba + {}^{89}_{36}Kr + 3{}^{1}_{0}n \\
{}^{140}_{54}Xe + {}^{94}_{38}Sr + 2{}^{1}_{0}n \\
{}^{133}_{51}Sb + {}^{99}_{41}Nb + 4{}^{1}_{0}n
\end{cases}
$$

连续核裂变释放出巨大的能量,瞬间产生几千万度的高温和几百万个大气压,从而引起猛烈的爆炸。爆炸产生的高温高压以及各种核反应产生的中子、γ射线和裂变碎片,最终形成冲击波、光辐射、贯穿辐射、放射性沾染和电磁脉冲等杀伤破坏因素。

三、氢弹

氢弹(hydrogen bomb)是利用氢的同位素氘、氚等轻原子核在高温下的核聚变(第八章第四节)反应放出巨大能量而产生杀伤破坏作用的一种爆炸性核武器。

　　1942 年，美国科学家泰勒(E. Teller)提出，可以利用原子弹爆炸产生的高温引起核聚变来制造一种威力比原子弹更大的超级核弹。1952 年 11 月 1 日在美国马绍尔群岛的一个珊瑚岛上爆炸了世界上第一颗氢弹。爆炸当量为 1000 万吨，是在日本广岛上空爆炸的 2 万吨级原子弹的 500 倍。

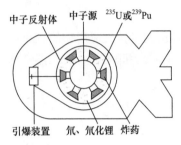

图 12-2　氢弹结构示意图

　　氢弹的结构如图 12-2 所示。中心部分是原子弹，周围是氘、氘化锂等热核原料，最外层是坚固的外壳。

　　引爆时，先使原子弹爆炸产生高温高压，同时放出大量中子；中子与氘化锂中的锂反应产生氚；氘和氚在高温高压下发生核聚变反应释放出更大的能量引起爆炸。

　　在氘、氚原子核之间发生的聚变反应主要是氘氘反应和氘氚反应，其核反应式为

$$^2_1H + ^2_1H \longrightarrow ^3_1H + ^1_1H$$

$$^2_1H + ^3_1H \longrightarrow ^4_2He + ^1_0n$$

　　氢弹的杀伤机理与原子弹基本相同，但由于其核装料氘不存在临界质量，因此，氢弹的装药比较自由，可以做得很大，因而威力比原子弹大几十倍，甚至上千倍。

　　还有一种氢弹为"氢铀弹"，也称三相弹，它是在氢弹的外面包上一层厚厚的 ^{238}U，爆炸时，裂变能和聚变能可以各占一半左右，也可以使裂变能达到 80%。这种氢铀弹爆炸后的放射性产物污染严重，人们称之为"肮脏"氢弹。例如，1954 年 3 月 1 日美国在马绍尔群岛中进行的第一次氢铀弹爆炸，当时远离爆炸中心 200 公里处的一艘日本渔船上有 23 人全部由于放射性尘埃的污染而得了放射病，其中一人半年后死亡。

　　科学家发明了核武器，但又为自己的发明忧心忡忡。爱因斯坦就曾发出警告，"普遍的屠杀灭绝正向人类招手"。因为一颗氢弹的当量几乎等于第二次世界大战所用炸药总当量的 2 倍还多，这怎能不引起人们的担忧呢？

四、中子弹

　　中子弹(neutron bomb)又称增强辐射弹，它实际上是一种靠微型原子弹引爆的特殊的超小型氢弹。

　　中子弹的内部构造大体分四个部分。弹体上部是一个微型原子弹、上部中心是一个亚临界质量的 ^{239}Pu，周围是高能炸药。下部中心是核聚变的心脏部分，称为储氚器，内部装有含氘氚的混合物。储氚器外围是聚苯乙烯，弹的外层用铍反射层包着。引爆时，炸药给中心钚球以巨大压力，使钚的密度剧烈增加。这时受压缩的钚球达到超临界而起爆，产生了强γ射线和 X 射线及超高压。强射线以光速传播，比原子弹爆炸的裂变碎片膨胀快 100 倍。当下部的高密度聚苯乙烯吸收了强γ射线和 X 射线后，便很快变成高能等离子体，使储氚器里的氘氚混合物承受高温高压，引起氘和氚的聚变反应，放出大量高能中子。铍作为反射层，可以把瞬间产生的中子反射回去，使它充分发挥作用。同时，一个高能中子打中铍核后，会产生一个以上的中子，称为铍的中子增殖效应。这种铍反射层能使中子弹体积大为缩小，因而可使中子弹做得很小。

　　中子弹的核辐射是普通原子弹的 10 倍，一颗 1000 吨当量的中子弹，杀伤坦克、装甲车乘员的能力相当于一颗 5 万吨级的原子弹。与原子弹相反，中子弹的光辐射、冲击波、放射

性小，只有普通原子弹的 1/10。1000t 当量中子弹的破坏半径仅 180m，污染很小。中子弹爆炸时所释放出来的高速中子流，可以毫不费力地穿透坦克装甲、掩体和砖墙。进入人体后，能破坏人体组织细胞和神经系统，从而杀伤包括坦克乘员在内的有生力量，但又不严重破坏坦克、装备物资及地面建筑，从而可使装备和物资成为自己的战利品。

中子弹也可用于阻击来袭导弹和敌空军机群。中子弹爆炸产生的大量中子射向来袭导弹，可使核弹头的核装料发热、变形而失效；可以杀伤飞行员而造成机毁人亡。由于中、高空大气的空气密度很小，对中子的衰减能力较弱，因此中子在中、高空的作用距离很大。所以用中子弹来对付导弹和空军机群也是非常有效的。

鉴于中子弹具有的这一特性，如果广泛使用中子武器，那么战后城市也许将不会像使用原子弹、氢弹那样成为一片废墟，但人员伤亡会更大。

第四节　现代武器装备与化学
(Modern Armament and Chemistry)

现代战争是以包括化学在内的各种高新技术为基础的战争。从武器的核心——炸药，到以化学物质为主的反装备武器，以及制造战机、导弹等现代高科技武器装备用的各种新材料，都离不开化学家的发明和贡献。

一、高能炸药

武器的威力与它自身携带的总能量有关。同等质量武器携带的总能量越高，武器的威力就越大。

第二次世界大战前，TNT 是已知威力最大的炸药。第二次世界大战期间，开发出威力更大的炸药黑索金(环三甲撑三硝胺)。在原子弹出现以前，它是威力最大的军用炸药，被称为"旋风炸药"。以黑索金为主要成分的 B 炸药的杀伤威力比 TNT 高 35%。由于制造 TNT 的原料是从煤焦油或石油这些战略物资中提炼的，一旦发生战争，其生产就会受到很大限制。但是黑索金的优点是原料基本不受地域、资源的限制，完全取自空气、水和煤，只要有技术条件，任何国家都能生产，所以以黑索金为主的混合炸药受到越来越多的青睐。

第二次世界大战后，开发出能量更高的炸药奥克托金(环四甲撑四硝胺)，主要用作导弹和核武器的弹药。1987 年，美国首次合成出高能炸药 CL-20(六硝基六氮杂异乎兹烷)，这种炸药常用作核武器的起爆药以及航天设备的定向爆炸装置。CL-20 作为推进剂可使火箭助推装置的总冲量提高 17%，作为火炮发射药可使坦克炮的远程发射距离提高 1.2km，弹丸初速提高 $50 \mathrm{m} \cdot \mathrm{s}^{-1}$。但它的造价远高于 TNT，制作工艺也更加复杂。采用环氧乙烷、氧化丙烯组成的液体炸药的燃料空气炸弹和炮弹能使大范围的云雾发生爆炸，产生高温和强大的冲击波，不仅能有效地对付陆地目标，而且能摧毁舰艇、导弹等。

还有一种新型炸药 C_4，由火药和塑料混合制成，可以被碾成粉末状，能随意装在橡皮材料中，然后挤压成任何形状。如果把它贴在黏着性材料上就可以安置在非常隐蔽的部位，像口香糖一样牢牢地黏附在上面，这种残酷的"口香糖"能轻易躲过 X 光安全检查，未经特定训练的警犬也难以识别，所以 C_4 备受恐怖分子的青睐。

电磁脉冲弹是一种现代局部战争中的新型武器。它利用炸药爆炸压缩磁通量的方法产生高功率电磁脉冲，然后在目标的电子线路中产生感应电压和电流，直接摧毁或损伤各种敏感电子部件，对电子信息系统、指挥控制系统以及网络等构成极大威胁，能够单边牢牢控制战场的电磁环境。它的优点是攻击速度为光速，从发射到击中目标所需要的时间极短，命中率很高。在电子装备逐步主宰战场的现代战争中，电磁脉冲可以不损一砖一瓦，不伤一兵一卒，制敌于无形。

二、反装备武器

以化学物质为主的反装备武器是一类对人员不造成杀伤，专门用于对付敌方武器装备的化学武器。目前主要包括以下几种。

1. 超强润滑剂

超强润滑剂类似特氟隆(聚四氟乙烯)和它的衍生物。它可用飞机、火炮施放，也可人工涂刷在机场、航母甲板、铁轨乃至公路上，使之成为名副其实的"滑冰场"。由于这种超强润滑剂几乎没有摩擦系数，又极难清洗，一旦在机场、航母甲板、铁轨、公路上使用，就使车辆无法运行，火车无法开动，飞机难以起降，无法施行战斗行为。还可以把超强润滑剂雾化喷入空气里，当坦克、飞机等的发动机吸入后，功率就会骤然下降，甚至熄火。

2. 超强黏合剂

超强黏合剂是一类黏性极强的聚合物，如化学固化剂和纠缠剂(即胶黏剂)等。作战时可用飞机播撒、炮弹(炸弹)投射等方法，将胶黏剂直接置于道路、飞机跑道、武器、装备、车辆或设施上。这类化学制剂的作用与超强润滑剂正好相反，具有超级黏合力，粘住车辆和装备使之寸步难行。胶黏剂一旦被吸入飞机、导弹发动机，可造成发动机停车。当车辆的激光测距仪、瞄准器等部件上粘上这种胶黏剂时，它们将失去作用。1993年，美国人在索马里试用了具有黏性的凝胶。索马里士兵被紧紧粘在地面上，军事装备也动弹不得，一些凝胶甚至能粘住坦克。但索马里士兵还是找到了对策：他们在危险的路段铺上竹片，然后从竹片上过去。

3. 金属脆化剂

金属脆化剂是一种液态喷涂剂。这种液体喷涂剂一般是透明的，几乎没有什么明显的杂质。可作为喷洒剂，喷涂到金属和合金制造的物品上，使金属或合金的分子结构发生变异、脆化，桥梁等建筑物失去支撑而坍塌，舰体破裂、机翼折断、坦克变脆不经击，从而达到严重损伤敌方武器的目的。

4. 超级腐蚀剂

超级腐蚀剂主要包括两类：一类是比氢氟酸强几百倍的腐蚀剂，它可破坏敌方铁路、铁桥、飞机、坦克等重武器装备，还可破坏沥青路面等；另一类是专门腐蚀、溶化轮胎的战剂，它可使汽车、飞机的轮胎即刻溶化报废。它具有极强的腐蚀性，可以"吃掉"任何一种金属、橡胶和塑料，不仅能毁坏坦克和汽车，还可破坏任何一种武器。将超强腐蚀剂喷洒到兵器、仪表、车辆上，或喷洒在机场跑道、公路、工事上，能快速使其遭到腐蚀破坏，或阻止人员去接触、利用它。若将此腐蚀剂同金属脆化剂技术结合起来使用，效果更强。

5. 泡沫体

泡沫体即可膨胀的泡沫材料。将这些泡沫体以各种方式播撒在敌装甲部队和运输车队通过的地区，这些泡沫体被高速吸入坦克、装甲车、汽车的发动机内后，发动机立即熄火，成为一堆废铁。此外，将泡沫剂快速喷射在敌人通过地区，可使敌方人员和车辆像"把脚泡入水泥池"一样，短时间不能行动。

6. 易爆剂、阻燃剂

易爆剂如乙炔炮弹，发射到坦克群或低空飞行的机群中爆炸开来，放出特种乙炔气体，发动机吸入后，就会发生爆炸。装填 0.5kg 乙炔气体的炮弹，就可摧毁一辆坦克。与易爆剂相反的则是阻燃剂，将这种化学药剂雾化喷放到空气中，当发动机吸入时，燃料就会变质，难以燃烧爆发，从而使发动机熄火。如果将这种阻燃剂布撒到敌军海港，就可使舰艇无法起航；正在飞行的飞机遭遇到这种袭击，无疑便会坠落。

7. 石墨炸弹

石墨炸弹俗称"电力杀手"，主要攻击对象是城市的电力输配系统，可使其瘫痪。它是选用经过特殊处理的纯碳纤维丝制成，每根石墨纤维丝的直径相当小，仅有几千分之一厘米，但是长度很长，往往几十米，可以在高空中长时间漂浮。借助火药爆炸，碳丝在敌方阵地上空展开，互相交织形成一张大网。由于这种石墨纤维经过处理后具有较强的导电性，当它搭在供电线路上时就会造成短路，使供电设施崩溃，这样就达到了破坏敌方防空和电力系统的目的。在 1991 年海湾战争中，石墨炸弹在"沙漠风暴"行动中首次登场。当时，美国海军发射舰载战斧式巡航导弹，向伊拉克投掷石墨炸弹，攻击其供电设施，使伊拉克全国 85%供电系统瘫痪，防空系统形同虚设，全国范围内遭到美军的狂轰滥炸。而后在 1999 年的科索沃战争中美国再次使用了石墨炸弹。

三、军用新材料

武器装备的水平是一个国家国防实力的重要标志。高性能的新型武器的出现往往与军用新材料的开发应用密切相关。任何一种新武器装备系统，离开新材料的支撑都是无法制造出来的。目前，世界范围内的军用新材料技术已有上万种，并以每年 5%的速度递增，正向高功能化、超高能化、复合轻量和智能化的方向发展。

金属基复合材料具有高的比强度、高的比模量、良好的高温性能、低的热膨胀系数、良好的尺寸稳定性、优异的导电导热性，在军事工业中得到了广泛的应用。铝、镁、钛是金属基复合材料的主要基体。金属基复合材料可用于大口径尾翼稳定脱壳穿甲弹弹托、反直升机/反坦克多用途导弹固体发动机壳体等零部件，以此来减轻战斗部(指由壳体、装填物和引爆装置等组成的系统)质量，提高作战能力。

新型结构陶瓷具有硬度高、耐磨性好、耐高温的特点，适合制备坦克及装甲车的发动机。与金属发动机相比，陶瓷发动机无需冷却系统，整机自重因陶瓷密度小可减轻 20%，节省燃料 20%～30%，提高效率 30%～50%。

以超音速歼击机、隐形飞机及航天飞机为代表的航空航天技术越来越多地应用和依靠比强度(强度与密度之比)高、比模量(模量与密度之比)高、耐高温、耐低温的塑料、纤维、合成橡胶和黏合剂及涂料。B-2 隐形轰炸机就是采用了聚酰亚胺和其他高性能的合成树脂为基材、聚酰胺纤维及碳纤维增强的复合材料及特殊结构的高分子涂料等，从而实现对雷达的隐形。在该机的尾喷管中，氯氟硫酸被喷混在尾气中，消除了发动机的目视尾迹。

防弹纤维复合材料具有优良的物理机械性能，其比强度和比模量比金属材料高，其抗声震疲劳性、减震性也大大超过金属材料。此外，它具有良好的动能吸收性，且无"二次杀伤效应"，因而具有良好的防弹性能。更重要的是在抗弹性能相当的情况下，它的质量较金属装甲大大减轻，从而使武器系统具有更高的机动性。英美两国都将纤维增强树脂基复合材料作为坦克车体首选材料，其原因在于树脂基复合材料不仅具有一定的抗弹能力，还可减小雷达反射截面积，更重要的是可减轻坦克质量达 30%～35%。

碳纤维复合材料具有强度高、刚度高、耐疲劳、质量轻等优点。美国采用这种材料使 AV-8B 垂直起降飞机的质量减轻了 27%，F-18 战斗机减轻了 10%。采用碳纤维复合材料可以大大减轻火箭和导弹的质量，既减轻发射质量又可节省发射费用或携带更重的弹头或增加有效射程和落点精度。

军用新材料还广泛用于后勤装备方面。2017 年 6 月，我国生产的 QGF03 头盔通过了针对单兵防弹装备的实战测试。测试结果显示，采用 92 式手枪、9mm 手枪弹、5m 射距垂直入射，头盔抗弹率达到了 100%，成为国际市场上的抢手货。国产防弹衣更是占据了全球防弹衣市场的 70%。我国生产的"迷彩服"，衣服上的迷彩纹路可绝非随意分布，每毫米花色经过精密计算，从材料、斑点到色块图案，都能让士兵与各类不同的地貌植被融为一体，从而对抗红外、夜视各类探测仪器，实现伪装隐蔽的效果。我国研制出的 07 作战靴，连续弯折 4 万次，没有裂纹也不开胶，还可以抵挡相当于 120 公斤力量的穿刺。日本陆军研制的含有 65% 的芳族聚酰胺和 35% 的耐热处理棉纤维的混纺织物制成的新型迷彩服，在 12s 内能承受 800℃高温，可大大减少战场烧伤的发生。最近，俄罗斯研制出一种隐身服，由于使用了含有能降低可视度的特殊物质的染色剂和能干扰雷达的材料，士兵穿上它难以被光学、电子及雷达装置发现。

武器装备作为战争的工具，是军队战斗力构成的重要因素，也是国际战略博弈的重要砝码。因此，大力推进武器装备现代化，是加强军队战斗力，实现军队现代化建设的重要内容。武器装备现代化的关键是加强军事科技现代化建设，加强化学、材料和物理等学科与军事科学的相互结合，积极打造与备战打仗、强军胜战相适应的武器装备体系。纵观世界军事发展史，化学始终起着举足轻重的作用，每一种新型武器的发明都与化学息息相关。当然，要实现武器装备现代化同样离不开其他学科的共同努力和科学技术的综合发展。对于我国来说，发展科学技术，科学推进武器装备现代化同样非常重要，这是实现中国梦强军梦最坚实的物质保障。

 扫一扫　你了解这些禁用武器吗？

 国防高科技与化学

思考题与习题

一、填空题

1. 火药在武器内的工作过程是通过火药燃烧将其_____转化为_____，再通过高温高压气体的_____，将_____转化为弹丸或火箭的_____。

2. 军事上黑火药的成分是75%的_____、10%的_____、15%的_____。

3. "军事四弹"是指_____弹、_____弹、_____弹、_____弹。

4. 通常，按化学毒剂的毒害作用把化学武器分为_____性毒剂、_____性毒剂、_____性毒剂、_____性毒剂、_____性毒剂和_____性毒剂。

5. 与常规武器比较，化学武器有6大特点，分别是_____、_____、_____、_____、_____、_____。

6. 化学武器的防护措施主要有_____、_____、_____。

7. 核武器威力的大小用_____来表示，根据其大小分为_____级、_____级、_____级、_____级和_____级。

8. 核武器的主要杀伤因素为_____、_____、_____、_____。

9. 原子弹是利用_____释放出的巨大能量以达到杀伤破坏作用的一种爆炸性核武器。

10. 氢弹是利用_____在高温下的_____反应放出巨大能量而产生杀伤破坏作用的一种爆炸性核武器。

11. 以化学物质为主的反装备武器是一类对_____不造成杀伤，专门用于对付敌方_____的化学武器。

12. 目前化学物质为主的反装备武器主要包括_____、_____、_____、_____、_____、_____等。

二、问答题

13. 简述二元化学武器的基本原理。

14. 冲击波是怎样造成杀伤破坏的?

15. 核爆炸的光辐射是怎样造成杀伤破坏的?

16. 简述原子弹、氢弹、中子弹的爆炸原理。

17. 简单介绍几种你所了解的现代高能炸药和军用新材料。

部分习题参考答案

第一章

35. $\Delta_r H_m^{\ominus} = -312\text{kJ} \cdot \text{mol}^{-1}$

36. $\Delta_r H^{\ominus} = -1127.5\text{kJ}$

37. $\Delta_r H_m^{\ominus} = 489.45\text{kJ} \cdot \text{mol}^{-1}$

38. $T > 9840\text{K}$

39. $T_1 > 2841\text{K}$，$T_2 > 903\text{K}$，$T_3 > 840\text{K}$

40. $p(O_2) = 11.9\text{Pa}$；$T > 465.6\text{K}$

41. $\Delta_r H_m^{\ominus} = 169.5\text{kJ} \cdot \text{mol}^{-1}$

    $\Delta_r S_m^{\ominus} = 144.8\text{J} \cdot \text{mol}^{-1} \cdot \text{K}^{-1}$

    $\Delta_r G_m^{\ominus}(973\text{K}) = -RT\ln K(973\text{K}) = 28.6\text{kJ} \cdot \text{mol}^{-1}$

    $\Delta_r G_m^{\ominus}(1173\text{K}) = -RT\ln K(1173\text{K}) = -0.382\text{kJ} \cdot \text{mol}^{-1}$

42. (1) $-379.1\text{kJ} \cdot \text{mol}^{-1}$；(2) $-5.2\text{J} \cdot \text{mol}^{-1} \cdot \text{K}^{-1}$；(3) $K^{\ominus} = 1.38$；(4) $0.18\text{kJ} \cdot \text{mol}^{-1}$，大于 0，在标准状态下不能自发进行；(5) $T < 365\text{K}$

43. $\Delta_r H_m^{\ominus}(473\text{K}) \approx \Delta_r H_m^{\ominus}(298\text{K}) = -84.518\text{kJ} \cdot \text{mol}^{-1}$

    $\Delta_r S_m^{\ominus}(473\text{K}) \approx \Delta_r S_m^{\ominus}(298\text{K}) = 48.67\text{J} \cdot \text{K}^{-1} \cdot \text{mol}^{-1}$

    $\Delta_r G_m^{\ominus}(473\text{K}) = -107.539\text{kJ} \cdot \text{mol}^{-1}$

    $K^{\ominus} \approx 7 \times 10^{11}$

44. (1) $v = k \cdot c^2(\text{NOCl})$ (2) $k = 4.0 \times 10^{-8}\text{dm}^3 \cdot \text{mol}^{-1} \cdot \text{s}^{-1}$

    (3) 增大 2.25 倍   (4) 增大 9 倍

第二章

39. (1) 不能   (2) $CaCO_3$ 在 ⑤$0.5\text{mol} \cdot \text{L}^{-1}$ KNO_3 溶液中的溶解度最大

    (3) Ag_2CrO_4 在 $AgNO_3$ 溶液中的溶解度约为 $1.0 \times 10^{-8}\text{mol} \cdot \text{L}^{-1}$，$Ag_2CrO_4$ 在 $0.01\text{mol} \cdot \text{L}^{-1}$ K_2CrO_4 溶液中的溶解度为 $5.29 \times 10^{-6}\text{mol} \cdot \text{L}^{-1}$

    (4) 因为 $BaSO_4$ 在稀 H_2SO_4 中的溶解度比在蒸馏水中溶解度小，用稀 H_2SO_4 洗涤 $BaSO_4$ 沉淀损失最小

41. 第一种配合物：$[CoBr(NH_3)_5]SO_4$，硫酸一溴·五氨合钴(Ⅲ)；第二种配合物：$[CoSO_4(NH_3)_5]Br$，溴化硫酸根·五氨合钴(Ⅲ)

42. 4.99%，753kPa

43. (1) 4.88 (2) 5.02 (3) 4.74

44. 3.7×10^{-6}

45. Ag^+ 浓度约为 $1.54 \times 10^{-9}\text{mol} \cdot \text{L}^{-1}$；$NH_3$ 的浓度约为 $2.9\text{mol} \cdot \text{L}^{-1}$；$[Ag(NH_3)_2]^+$ 的浓度约为 $0.05\text{mol} \cdot \text{L}^{-1}$

46. 11.12；74.7 倍

47. 8.34

48. $s[Mg(OH)_2] > s(BaSO_4) > s(AgBr)$

49. Fe^{3+} 沉淀完全 $pH = 2.81$；当 $pH = 4$ 时，溶液中残留的 Fe^{3+} 浓度为 $2.64 \times 10^{-9}\text{mol} \cdot \text{kg}^{-1}$

50. (1) $1.31 \times 10^{-9} > 8.51 \times 10^{-17}$，所以有 AgI 沉淀析出

    (2) $1.88 \times 10^{-21} < 8.51 \times 10^{-17}$，所以无 AgI 沉淀析出

51. 答案：当 Ba^{2+} 沉淀完全时，溶液中的 $b(SO_4^{2-})$ 为 $1.1×10^{-5}$mol·kg^{-1}，此时 Ca^{2+} 尚未完全开始沉淀，两种离子可以分离。

52. 约为 125g

第三章

31. (3) E=0.449V

32. E=0.41V

33. 酸中置换氢气：E=0.76V>0；碱中置换氢气：E=0.39V>0

34. (1) E=1.12V，$K^\ominus$ =7.76×10^{16}　　　　(2) $E(B^+/B)$ = 0.44V

35. (1) $E(AO_4^-/AO_2)$ =1.05V　　　(2) E = 0.74V，$\Delta_r G_m^\ominus$ =$-$150.5kJ·mol^{-1}，$K^\ominus$ =2.24×10^{26}

36. (2) $E^\ominus (Co^{2+}/Co)$= $-$0.27V　　　(4) $\Delta_r G_m$ = $-$326.1kJ·mol^{-1}

37. $E^\ominus (AgCl/Ag)$=0.222V

38. $b(Cu^{2+})$=2.0×10^{-38} mol·kg^{-1}

39. (2) E=1.6512V，$\Delta_r G_m$ = $-$318.6kJ·mol^{-1}

第八章

22. $\Delta_r H_m^\ominus$ = 489.45 kJ·mol^{-1}

23. $\Delta_f H_m^\ominus (C_2H_2, g)$ = 226.8 kJ·mol^{-1}

24. (1) $E^\ominus$ =1.229V

　　(2) W_{max} = 237.19kJ

　　(3) W =196.88 kJ

第九章

29. $\Delta_r H_m^\ominus$ = 110.52kJ·mol^{-1}，$\Delta_r S_m^\ominus$ = $-$89.7J·mol^{-1}·K^{-1}，$\Delta_r H_m^\ominus > 0$ 和 $\Delta_r S_m^\ominus < 0$，$\Delta_r G_m^\ominus > 0$

30. (1) $K^\ominus$ =3.05×10^{120}

　　(2) $T \leqslant$ 3770.7K

　　(3) 增大系统压力，降低温度有利于平衡向右移。

参考书目

崔爱莉, 沈光球, 寇会忠, 等. 2008. 现代化学基础. 2 版. 北京: 清华大学出版社

大连理工大学普通化学教研组. 2007. 大学普通化学. 6 版. 大连: 大连理工大学出版社

丁廷桢. 2003. 大学化学教程. 北京: 高等教育出版社

傅献彩. 2007. 大学化学(上册). 北京: 高等教育出版社

胡常伟, 周歌. 2015. 大学化学. 3 版. 北京: 化学工业出版社

华彤文, 王颖霞, 卞江, 等. 2013. 普通化学原理. 4 版. 北京: 北京大学出版社

李秋荣, 谢母阳, 乔玉卿. 2011. 简明工科基础化学. 北京: 化学工业出版社

李晓霞, 郭力. 2000. Internet 上的化学化工资源. 北京: 科学出版社

刘旦初. 2007. 化学与人类. 3 版. 上海: 复旦大学出版社

缪强. 2001. 化学信息学导论. 北京: 高等教育出版社

邱治国, 张文莉. 2008. 大学化学. 2 版. 北京: 科学出版社

申泮文. 2008. 近代化学导论. 2 版. 北京: 高等教育出版社

宋天佑, 程鹏, 徐家宁, 等. 2015. 无机化学. 3 版. 北京: 高等教育出版社

唐有祺, 王夔. 1997. 化学与社会. 北京: 高等教育出版社

唐玉海, 张雯. 2015. 大学化学. 北京: 科学出版社

徐崇泉, 强亮生. 2009. 工科大学化学. 2 版. 北京: 高等教育出版社

周公度. 2011. 结构和物性: 化学原理的应用. 3 版. 北京: 高等教育出版社

Atkins P, Jones L. 2010. Chemical Principles: The Quest for Insight. 5th ed. New York: W. H. Freeman and Company

Brown T E, LeMay E H, Bursten B E, et al. 2008. Chemistry: The Central Science. 11th ed. Upper Saddle River: Prentice Hall

Chang R. 2009. Chemistry. 10th ed. New York: McGraw Hill

Eubanks L P, Middlecamp C H, et al. 2008. 化学与社会. 5 版. 段连运, 等译. 北京: 化学工业出版社

Ralph H, Petrucci F, Geoffrey H, et al. 2010. General Chemistry: Principles and Modern Applications with Mastering Chemistry. 10th ed. Upper Saddle River: Prentice Hall

Stanitski C, Eubanks L P, Middlecamp C H, et al. 2008. Chemistry in Context. 6th ed. New York: McGraw Hill

Whitten K, Davis R, Peck M L, et al. 2009. General Chemistry. 9th ed. Stanford: Thomson

附　录

附录一　100.000kPa 时一些物质的热力学性质

附表 1　一些物质的标准摩尔生成焓、标准摩尔生成吉布斯函数、标准摩尔熵

物质	状态	$\dfrac{\Delta_f H_{m,B}^{\ominus}}{kJ \cdot mol^{-1}}$	$\dfrac{\Delta_f G_{m,B}^{\ominus}}{kJ \cdot mol^{-1}}$	$\dfrac{S_{m,B}^{\ominus}}{J \cdot K^{-1} \cdot mol^{-1}}$
Ag^+	ao	105.6	77.1	72.7
Ag_2O	cr	−31.1	−11.2	121.3
$AgCl$	cr	−127.1	−109.8	96.3
$AgBr$	cr	−100.4	−96.9	107.1
AgI	cr	−61.8	−66.2	115.5
$Ag_2S(\alpha,正交)$	cr	−32.6	−40.7	144.0
$AgNO_3$	cr	−124.4	−33.4	140.9
Ag_2CrO_4	cr	−731.7	−641.8	217.6
Al^{3+}	ao	−531.0	−485.0	−321.7
$Al_2O_3(\alpha,刚玉)$	cr	−1 675.7	−1 582.3	50.9
$Al_2(SO_4)_3$	cr	−3 440.8	−3 099.9	239.3
$AlCl_3$	cr	−704.2	−628.8	109.3
B_2O_3	cr	−1 273.5	−1 194.3	54.0
B_2H_6	g	35.6	86.7	232.1
H_3BO_3	cr	−1 094.3	−968.9	90.0
Ba^{2+}	ao	−537.6	−560.8	9.6
BaO	cr	−548.0	−520.3	72.1
$BaCl_2$	cr	−855.0	−806.7	123.7
$BaSO_4$	cr	−1 473.2	−1 362.2	132.2
$Ba(NO_3)_2$	cr	−988.0	−792.6	214.0
$BaCO_3(毒重石)$	cr	−1 213.0	−1 134.4	112.1
Bi_2O_3	cr	−573.9	−493.7	151.5
$BiCl_3$	cr	−379.1	−315.0	177.0
BeO	cr	−609.4	−580.1	13.8
$BeCl_2$	cr	−490.4	−445.6	75.8
Br^-	ao	−121.6	−104.0	82.4
HBr	g	−36.3	−53.4	198.7
$C(金刚石)$	cr	1.9	2.9	2.4
CO	g	−110.5	−137.2	197.7
CO_2	g	−393.5	−394.4	213.8

续表

物质	状态	$\dfrac{\Delta_f H_{m,B}^{\ominus}}{kJ\cdot mol^{-1}}$	$\dfrac{\Delta_f G_{m,B}^{\ominus}}{kJ\cdot mol^{-1}}$	$\dfrac{S_{m,B}^{\ominus}}{J\cdot K^{-1}\cdot mol^{-1}}$
CH_4	g	−74.8	−50.7	186.3
HCHO	g	−108.6	−102.5	218.8
CH_3OH	l	−239.2	−166.6	126.8
CCl_4	l	−128.2	—	—
CH_3Cl	g	−81.9	—	234.6
$CHCl_3$	l	−134.1	−73.1	201.7
CS_2	l	89.0	64.6	151.3
CN^-	ao	150.6	172.4	94.1
HCN	g	135.1	124.7	201.8
C_2H_2	g	227.4	209.9	200.9
C_2H_4	g	52.4	68.4	219.3
C_2H_6	g	−84.0	−32.0	229.2
CO_3^{2-}	ao	−677.1	−527.8	−56.9
CH_3COO^-	ao	−486.0	−369.3	86.6
CH_3CHO	l	−192.2	−127.6	160.2
CH_3COOH	l	−484.3	−389.9	159.8
C_2H_5OH	l	−277.6	−174.8	160.7
$(C_2H_5)_2O$	l	−279.5	172.4	175.6
Ca^{2+}	ao	−542.8	−553.6	−53.1
CaO	cr	−634.9	−603.3	38.1
$Ca(OH)_2$	cr	−985.2	−897.5	83.4
CaF_2	cr	−1 228.0	−1 175.6	68.5
$CaCl_2$	cr	−795.4	−748.8	108.4
CaS	cr	−482.4	−477.4	56.5
$CaSO_4$(硬石膏)	cr	−1 434.5	−1 322.0	106.5
$CaSO_4\cdot 2H_2O$	cr	−2 022.6	−1 797.3	194.1
CaC_2	cr	−59.8	−64.9	70.0
$CaCO_3$	cr	−1 207.8	−1 128.2	88.0
Cd^{2+}	ao	−75.9	−77.6	−73.2
$CdCl_2$	cr	−391.5	−343.9	115.3
CdS	cr	−161.9	−156.5	64.9
Cl^-	ao	−167.2	−131.22	56.5
ClO^-	ao	−107.1	−36.8	42.0
HClO	g	−78.7	−66.1	236.7
HCl	g	−92.3	−95.3	186.9
Co^{2+}	ao	−58.2	−54.4	−113.0
Co^{3+}	ao	92.0	134.0	−305.0

物质	状态	$\dfrac{\Delta_{\mathrm{f}}H_{\mathrm{m,B}}^{\ominus}}{\mathrm{kJ\cdot mol^{-1}}}$	$\dfrac{\Delta_{\mathrm{f}}G_{\mathrm{m,B}}^{\ominus}}{\mathrm{kJ\cdot mol^{-1}}}$	$\dfrac{S_{\mathrm{m,B}}^{\ominus}}{\mathrm{J\cdot K^{-1}\cdot mol^{-1}}}$
$Co(OH)_2$ (沉淀的)	cr	−539.7	−454.3	79.0
$Co(OH)_3$ (沉淀的)	cr	−716.7	—	—
$CoCl_2$	cr	−312.5	−269.8	109.2
$CoCl_2 \cdot 2H_2O$	cr	−923.0	−764.7	188.0
$CoCl_2 \cdot 6H_2O$	cr	−2 115.4	−1 725.2	343.0
CrO_4^{2-}	ao	−881.2	−727.8	50.2
Cr_2O_3	cr	−1 139.7	−1 058.1	81.2
$CrCl_3$	cr	−556.5	−486.1	123.0
Cs_2O	cr	−345.8	−308.1	146.9
$CsCl$	cr	−443.0	−414.5	101.2
Cu^+	ao	71.7	50.0	40.6
Cu^{2+}	ao	64.8	65.5	−99.6
CuO	cr	−157.3	−129.7	42.6
Cu_2O	cr	−168.6	−146.0	93.1
$Cu(OH)_2$	cr	−449.8	—	—
$CuCl$	cr	−137.2	−119.9	86.2
$CuCl_2$	cr	−220.1	−175.7	108.1
CuI	cr	−67.8	−69.5	96.7
CuS	cr	−53.1	−53.6	66.5
$CuSO_4$	cr	−771.4	−662.2	109.2
$CuSO_4 \cdot 5H_2O$	cr	−2 279.7	−1 879.7	300.4
$[Cu(NH_3)_4]^{2+}$	ao	−348.5	−111.1	273.6
F^-	ao	−332.6	−278.8	−13.8
HF	g	−273.3	−275.4	173.8
Fe^{2+}	ao	−89.1	−78.9	−137.7
Fe^{3+}	ao	−48.5	−4.7	−315.9
FeO	cr	−272.0	—	—
Fe_2O_3 (赤铁矿)	cr	−824.2	−742.2	87.4
Fe_3O_4 (磁铁矿)	cr	−1 118.4	−1 015.4	146.4
$Fe(OH)_2$ (沉淀的)	cr	−569.0	−486.5	88.0
$Fe(OH)_3$ (沉淀的)	cr	−823.0	−691.5	106.7
$FeCl_2$	cr	−341.8	−302.3	118.0
$FeCl_3$	cr	−339.5	−334.0	142.3
FeS	cr	−100.0	−100.4	60.3
FeS_2	cr	−178.2	−166.9	52.9
$FeSO_4$	cr	−928.4	−820.8	107.5

物质	状态	$\dfrac{\Delta_f H_{m,B}^{\ominus}}{kJ \cdot mol^{-1}}$	$\dfrac{\Delta_f G_{m,B}^{\ominus}}{kJ \cdot mol^{-1}}$	$\dfrac{S_{m,B}^{\ominus}}{J \cdot K^{-1} \cdot mol^{-1}}$
$FeSO_4 \cdot 7H_2O$	cr	−3 014.6	−2 509.9	409.2
Fe_3C(渗碳体)	cr	25.1	20.1	104.6
$Fe(CO)_5$	l	−774.0	−705. 3	338.1
$[Fe(CN)_6]^{3-}$	ao	561.9	729. 4	270.3
$[Fe(CN)_6]^{4-}$	ao	455.6	695.1	95.0
OH^-	ao	−230.0	−157.2	−10.8
H_2O	l	−285.8	−237.1	70.0
	g	−241.8	−228.6	188.8
H_2O_2	l	−187.8	−120.4	−109.6
Hg^{2+}	ao	171.1	164.4	−32.2
HgO	cr	−90.8	−58.5	70.3
$HgCl_2$	cr	−224.3	−178.6	146.0
$[HgCl_4]^{2-}$	ao	−554.0	−446.0	293.0
Hg_2Cl_2	cr	−265.4	−210.7	191.6
HgI_2	cr	−105.4	−101.7	180.0
$[HgI_4]^{2-}$	ao	−235.1	−211.7	360.0
HgS(红)	cr	−58.2	−50.6	82.4
I^-	ao	−55.2	−51.6	111.3
HI	g	26.5	1.7	206.6
K^+	ao	−252.4	−283.3	102.5
KO_2	cr	−284.9	−239.4	116.7
K_2O_2	cr	−494.1	−425.1	102.1
KOH	cr	−424.6	−379.4	81.2
KF	cr	−567.3	−537.8	66.6
KCl	cr	−436.5	−408.5	82.6
$KClO_3$	cr	−397.7	−296.3	143.1
KBr	cr	−393.8	−380.7	95.9
KI	cr	−327.9	−324.9	106.3
KIO_3	cr	−501.4	−418.4	151.5
K_2S	cr	−380.7	−364.0	105.0
K_2SO_4	cr	−1 437.8	−1 321.4	175.6
$K_2S_2O_7$	cr	−1 986.6	−1 791.5	255.2
$K_2S_2O_8$	cr	−1 916.1	−1 697.3	278.7
KNO_2	cr	−369.8	−306.6	152.1
KNO_3	cr	−494.6	−394.9	133.1
K_2CO_3	cr	−1 151.0	−1 063.5	155.5
KCN	cr	−113.0	−101.9	128.5
$KCNS$	cr	−200.2	−178.3	124.3

物质	状态	$\dfrac{\Delta_f H_{m,B}^{\ominus}}{kJ \cdot mol^{-1}}$	$\dfrac{\Delta_f G_{m,B}^{\ominus}}{kJ \cdot mol^{-1}}$	$\dfrac{S_{m,B}^{\ominus}}{J \cdot K^{-1} \cdot mol^{-1}}$
$KMnO_4$	cr	-837.2	-737.6	171.7
K_2CrO_4	cr	$-1\,403.7$	$-1\,295.7$	200.1
$K_2Cr_2O_7$	cr	$-2\,061.5$	$-1\,881.8$	291.2
Li^+	ao	-278.5	-293.3	13.4
Li_2O	cr	-597.9	-561.2	37.6
$LiOH$	cr	-487.5	-441.5	42.8
LiF	cr	-616.0	-587.7	35.7
$LiCl$	cr	-408.6	-384.4	59.3
Mg^{2+}	ao	-466.9	-454.8	-138.1
MgO	cr	-601.6	-569.3	27.0
$Mg(OH)_2$	cr	-924.5	-833.5	63.2
MgF_2	cr	$-1\,123.4$	$-1\,070.2$	57.2
$MgCl_2$	cr	-641.3	-591.8	89.6
$MgSO_4$	cr	$-1\,284.9$	$-1\,170.6$	91.6
$Mg(NO_3)_2$	cr	-790.7	-589.4	164.0
$MgCO_3$	cr	$-1\,095.8$	$-1\,012.1$	65.7
$MgCrO_4$	cr	$-1\,783.6$	$-1\,668.9$	106.0
Mn^{2+}	ao	-220.8	-228.1	-76.3
MnO	cr	-385.2	-362.9	59.7
MnO_4^-	ao	-541.4	-447.2	191.2
MnO_4^{2-}	ao	-653.0	-500.7	59.0
Mn_2O_3	cr	-959.0	-881.1	110.5
$MnCl_2$	cr	-481.3	-440.5	118.2
MnO_2	cr	-520.0	-465.1	53.1
$MnS(绿)$	cr	-214.2	-218.4	78.2
$MnSO_4$	cr	$-1\,065.3$	-957.4	112.1
$MnCO_3(天然)$	cr	-894.1	-816.7	85.8
NO	g	91.3	86.6	210.8
NO_2	g	33.2	51.3	240.1
NO_2^-	ao	-104.6	-32.2	123.0
NO_3^-	ao	-207.4	-111.3	146.4
N_2O	g	81.6	103.7	220.0
N_2O_4	l	-19.5	97.5	209.2
N_2O_5	g	13.3	117.1	355.7
NH_3	g	-45.9	-16.4	192.8
NH_4^+	ao	-132.5	-79.3	113.4
N_2H_4	g	95.4	159.4	238.5

物质	状态	$\dfrac{\Delta_f H_{m,B}^{\ominus}}{kJ \cdot mol^{-1}}$	$\dfrac{\Delta_f G_{m,B}^{\ominus}}{kJ \cdot mol^{-1}}$	$\dfrac{S_{m,B}^{\ominus}}{J \cdot K^{-1} \cdot mol^{-1}}$
HNO_2	g	−79.5	−46.0	254.1
HNO_3	l	−174.1	−80.7	155.6
NH_4Cl	cr	−314.4	−202.9	94.6
NH_4ClO_4	cr	−295.3	−88.8	186.2
NH_4Br	cr	−270.8	−175.2	113.0
NH_4I	cr	−201.4	−112.5	117.0
$(NH_4)_2SO_4$	cr	−1 180.9	−901.7	220.1
$NOCl$	g	51.7	66.1	261.7
Na^+	ao	−240.1	−261.9	59.0
NaO_2	cr	−260.2	−218.4	115.9
Na_2O	cr	−414.2	−375.5	75.1
NaH	cr	−56.3	−33.5	40.0
$NaOH$	cr	−425.8	−379.7	64.4
NaF	cr	−576.6	−546.3	51.1
$NaBr$	cr	−361.1	−349.0	86.8
NaI	cr	−287.8	−286.1	98.5
$NaCl$	cr	−411.2	−384.1	72.1
Na_2CO_3	cr	−1 130.7	−1 044.4	135.0
Na_2SO_3	cr	−1 100.8	−1 012.5	145.9
Na_2SO_4(正交)	cr	−1 387.1	−1 270.2	149.6
$Na_2S_2O_3$	cr	−1 123.0	−1 028.0	155.0
$NaNO_2$	cr	−358.7	−284.6	103.8
$NaNO_3$	cr	−467.9	−367.0	116.5
Na_2SiO_3	cr	−1 554.9	−1 462.8	113.9
$NaBO_2$	cr	−977.0	−920.7	73.5
$NaAlO_2$	cr	−1 135.1	−1 071.3	70.7
Na_2CrO_4	cr	−1 342.2	−1 234.9	176.6
Ni^{2+}	ao	−54.0	−45.6	−128.9
NiO	cr	−239.7	−211.7	38.0
$Ni(OH)_2$	cr	−529.7	−447.2	88.0
$Ni(OH)_3$(沉淀)	cr	−669.0	—	—
$NiCl_2$	cr	−305.3	−259.0	97.7
NiS	cr	−82.0	−79.5	53.0
$NiSO_4$	cr	−872.9	−759.7	92.0
$Ni(CO)_4$	l	633.0	−588.2	313.4
$[Ni(CN)_4]^{2-}$	ao	367.8	472.1	218.0
$[Ni(NH_3)_4]^{2+}$	ao	−438.9	—	258.6
O_3	g	142.7	163.2	238.9
$P(红)$	cr	−17.6	—	22.8

物质	状态	$\dfrac{\Delta_f H_{m,B}^{\ominus}}{kJ \cdot mol^{-1}}$	$\dfrac{\Delta_f G_{m,B}^{\ominus}}{kJ \cdot mol^{-1}}$	$\dfrac{S_{m,B}^{\ominus}}{J \cdot K^{-1} \cdot mol^{-1}}$
P(白)	g	316.5	280.1	163.2
P_4	g	58.9	24.4	280.0
PO_4^{3-}	ao	$-1\,277.4$	$-1\,018.7$	-220.5
P_4O_{10}(六方)	cr	$-2\,984.0$	$-2\,697.7$	228.9
HPO_4^{2-}	ao	$-1\,292.1$	$-1\,089.2$	-33.5
$H_2PO_4^-$	ao	$-1\,296.3$	$-1\,130.2$	90.4
H_3PO_4	cr	$-1\,284.4$	$-1\,124.3$	110.5
PCl_3	g	-287.0	-267.8	311.8
PCl_5	g	-374.9	-305.0	364.6
Pb^{2+}	ao	-1.7	-24.4	10.5
PbO(红)	cr	-219.0	-188.9	66.5
PbO_2	cr	-277.4	-217.3	68.6
Pb_3O_4	cr	-718.4	-601.2	211.3
$PbCl_2$	cr	-359.4	-314.1	136.0
PbI_2	cr	-175.5	-137.6	174.9
PbS	cr	-100.4	-98.7	91.2
$PbSO_4$	cr	-920.0	-813.0	148.5
$Pb(NO_3)_2$	cr	-451.9	—	—
PbC_2O_4	cr	-851.4	-750.1	146.0
$PbCrO_4$	cr	-930.9	—	—
PbCl	cr	-435.4	-407.8	95.9
Rb^+	ao	-251.2	-284.0	121.5
S	g	277.2	236.7	167.8
S^{2-}	ao	33.1	85.8	-14.6
S_2	g	128.6	79.7	228.2
SO_2	g	-296.8	-300.1	248.2
$SO_3(\beta)$	cr	-454.5	-374.2	70.7
SO_3	g	-395.7	-371.1	256.8
SO_3^{2-}	ao	-635.5	-486.5	-29.0
SO_4^{2-}	ao	-909.3	-744.5	20.1
$S_2O_3^{2-}$	ao	-652.3	-522.5	67.0
$S_2O_8^{2-}$	ao	$-1\,344.7$	$-1\,114.9$	244.3
H_2S	g	-20.6	-33.4	205.8
H_2S	ao	-39.7	-27.8	121.0
HS^-	ao	-17.6	12.1	62.8

续表

物质	状态	$\dfrac{\Delta_f H_{m,B}^{\ominus}}{kJ \cdot mol^{-1}}$	$\dfrac{\Delta_f G_{m,B}^{\ominus}}{kJ \cdot mol^{-1}}$	$\dfrac{S_{m,B}^{\ominus}}{J \cdot K^{-1} \cdot mol^{-1}}$
H_2SO_3	ao	−608.8	−537.8	232.2
H_2SO_4	l	−814.0	−690.0	156.9
SF_4	g	−763.2	−722.0	299.6
SF_6	g	−1 220.5	−1 116.5	291.5
Sb_2O_5	cr	−971.9	−829.2	125.1
$SbCl_3$	cr	−382.2	−323.7	184.1
Sc^{3+}	ao	−614.2	−586.6	−255.0
$Sc(OH)_3$	cr	−1 363.6	−1 233.3	100.0
$SiO_2(\alpha, 石英)$	cr	−910.7	−856.3	41.5
SiH_4	g	34.3	56.9	204.6
H_2SiO_3	cr	−1 188.7	−1 092.4	134.0
H_4SiO_4	cr	−1 481.1	−1 332.9	192.0
SiF_4	g	−1 615.0	−1 572.8	282.8
$SiCl_4$	g	−657.0	−617.0	330.7
$SiC(六方)$	cr	−62.8	−60.2	16.5
$[SiF_6]^{2-}$	ao	−2 389.1	−2 199.4	122.2
$Sn(灰)$	cr	−2.1	0.1	44.1
$Sn^{2+}(HCl)$	ao	−8.8	−27.2	−17.0
SnO	cr	−280.7	−251.9	57.2
SnO_2	cr	−577.6	−515.8	49.0
$Sn(OH)_2(沉淀)$	cr	−561.1	−491.6	155.0
$SnCl_2$	cr	−325.1	—	—
$SnCl_4$	g	−471.5	−432.2	365.8
Sr^{2+}	ao	−545.8	−559.5	−32.6
SrO	cr	−592.0	−561.9	54.4
SrS	cr	−472.4	−467.8	68.2
$SrSO_4$	cr	−1 453.1	−1 340.9	117.0
$Sr(NO_3)_2$	cr	−978.2	−780.0	194.6
$SrCO_3(菱锶矿)$	cr	−1 220.1	−1 140.1	97.1
$TiO_2(金红石)$	cr	−944.0	−888.8	50.6
$TiCl_4$	l	−804.2	−737.2	252.2
$TiCl_4$	g	−763.2	−726.3	353.2
XeF_4	cr	−261.5	—	—
Zn^{2+}	ao	−153.9	−147.1	−112.1

续表

物质	状态	$\dfrac{\Delta_f H_{m,B}^{\ominus}}{kJ \cdot mol^{-1}}$	$\dfrac{\Delta_f G_{m,B}^{\ominus}}{kJ \cdot mol^{-1}}$	$\dfrac{S_{m,B}^{\ominus}}{J \cdot K^{-1} \cdot mol^{-1}}$
ZnO	cr	−350.5	−320.5	43.7
Zn(OH)$_2$(β)	cr	−641.9	−553.5	81.2
ZnCl$_2$	cr	−415.1	−369.4	111.5
ZnS(闪锌矿)	cr	−206.0	−201.3	57.7
ZnSO$_4$	cr	−982.8	−871.5	110.5
ZnCO$_3$	cr	−812.8	−731.5	82.4
[Zn(CN)$_4$]$^{2-}$	ao	342.3	446.9	226.0

附表 2　一些参考态元素的标准摩尔熵

物质	状态	$\dfrac{S_{m,B}^{\ominus}}{J \cdot K^{-1} \cdot mol^{-1}}$	物质	状态	$\dfrac{S_{m,B}^{\ominus}}{J \cdot K^{-1} \cdot mol^{-1}}$	物质	状态	$\dfrac{S_{m,B}^{\ominus}}{J \cdot K^{-1} \cdot mol^{-1}}$
Ag	cr	42.6	Cu	cr	33.2	Ni	cr	29.9
Al	cr	28.3	F$_2$	g	202.8	O$_2$	g	205.2
As(α, 灰)	cr	35.1	Fe	cr	27.3	P(白)	cr	41.1
Ba	cr	62.5	H$_2$	g	130.7	Pb	cr	64.8
Be	cr	9.5	Hg	l	75.9	S	cr	32.1
Br$_2$	l	152.2	I$_2$	cr	116.1	Sb	cr	45.7
C(石墨)	cr	5.7	K	cr	64.7	Si	cr	18.8
Ca(α)	cr	41.6	Li	cr	29.1	Sn(灰)	cr	44.1
Cd	cr	51.8	Mg	cr	32.7	Ti	cr	30.7
Cl$_2$	g	223.1	Mn	cr	32.0	Xe	g	169.7
Cr	cr	23.8	N$_2$	g	191.6	Zn	cr	41.6
Cs	cr	85.2	Na	cr	51.3			

注：1. 数据摘自 Lide D R. CRC Handbook of Chemistry and Physics. 97th ed. 2016~2017。

2. 此表皆为 100.000kPa，298.15K 下的数据。

3. 表中状态符号：cr——晶体；g——气体；l——液体；ao——水溶液中不电离的物质，标准态 $b_B^{\ominus}$ =1.0mol·kg^{-1}，或离子被认为不再电离。

4. 附表 2 中所列参考态元素的 $\Delta_f H_{m,B}^{\ominus}$ 和 $\Delta_f G_{m,B}^{\ominus}$ 均为零。

附录二　一些弱电解质的解离常数

酸	级数	$K_a^{\ominus}$	p$K_a^{\ominus}$	酸	级数	$K_a^{\ominus}$	p$K_a^{\ominus}$
CH$_3$COOH	1	1.75×10^{-5}	4.76	H$_2$CO$_3$	1	4.45×10^{-7}	6.35
[Fe(H$_2$O)$_6$]$^{3+}$	1	6.0×10^{-3}	2.22		2	4.67×10^{-11}	10.33
NH$_4^+$	1	5.61×10^{-10}	9.25	H$_3$PO$_4$	1	7.07×10^{-3}	2.15
H$_3$BO$_3$	1	5.81×10^{-10}	9.24		2	6.16×10^{-8}	7.21
HCN	1	3.98×10^{-10}	9.40		3	4.79×10^{-13}	12.32

续表

酸	级数	$K_a^\ominus$	$pK_a^\ominus$	酸	级数	$K_a^\ominus$	$pK_a^\ominus$
HCOOH	1	1.77×10^{-4}	3.75	H_2SO_3	2	6.16×10^{-8}	7.21
HF	1	6.31×10^{-4}	3.20	H_2SO_4	2	1.20×10^{-2}	1.92
H_2S	1	8.91×10^{-8}	7.05	碱	级数	$K_a^\ominus$	$pK_a^\ominus$
	2	1.20×10^{-13}	12.92	NH_3	1	1.77×10^{-5}	4.75
H_2SO_3	1	1.20×10^{-2}	1.92				

注：1. 数据摘自 Speight J G. Lange's Handbook of Chemistry. 16th ed. 2005。

2. 除特别标明外，本表为温度 298K 时的数据。

附录三　配离子的稳定常数

配离子	$K^\ominus$ (稳)	配离子	$K^\ominus$ (稳)
$[Cd(NH_3)_6]^{2+}$	1.38×10^5	$[Fe(C_2O_4)_3]^{4-}$	1.6×10^{20}
$[Co(NH_3)_6]^{2+}$	1.29×10^5	$[Ni(C_2O_4)_3]^{4-}$	$\sim3.2\times10^8$
$[Co(NH_3)_6]^{3+}$	1.58×10^{35}	$[Al(C_2O_4)_3]^{3-}$	2.0×10^{16}
$[Cu(NH_3)_2]^+$	7.24×10^{10}	$[Co(C_2O_4)_3]^{4-}$	5.01×10^9
$[Cu(NH_3)_4]^{2+}$	2.09×10^{13}	$[CuI_2]^-$	7.08×10^8
$[Ni(NH_3)_6]^{2+}$	5.5×10^8	$[PbI_4]^{2-}$	2.95×10^4
$[Ni(en)_3]^{2+}$	2.14×10^{18}	$[HgI_4]^{2-}$	6.76×10^{29}
$[Pt(NH_3)_6]^{2+}$	2.00×10^{35}	$[AgI_2]^-$	5.50×10^{11}
$[Ag(NH_3)_2]^+$	1.12×10^7	$[AlF_6]^{3-}$	6.92×10^{19}
$[Zn(NH_3)_4]^{2+}$	2.88×10^9	$[FeF_3]$	1.15×10^{12}
$[HgCl_4]^{2-}$	1.17×10^{15}	$[Zn(CN)_4]^{2-}$	5.01×10^{16}
$[PtCl_4]^{2-}$	1.0×10^{16}	$[Al(OH)_4]^-$	1.07×10^{33}
$[AgCl_2]^-$	2.0×10^5	$[Cr(OH)_4]^-$	7.94×10^{29}
$[Cd(CN)_4]^{2-}$	6.03×10^{18}	$[Cu(OH)_4]^{2-}$	3.16×10^{18}
$[Cu(CN)_2]^-$	1.0×10^{24}	$[Zn(OH)_4]^{2-}$	4.57×10^{17}
$[Hg(CN)_4]^{2-}$	2.51×10^{41}	$[Cu(SCN)_2]^-$	1.51×10^5
$[Ni(CN)_4]^{2-}$	2.0×10^{31}	$[Hg(SCN)_4]^{2-}$	1.70×10^{21}
$[Ag(CN)_2]^-$	1.26×10^{21}	$[Ag(SCN)_2]^-$	3.72×10^7
$[Fe(CN)_6]^{4-}$	1.0×10^{35}	$[Cu(S_2O_3)_2]^{3-}$	1.66×10^{12}
$[Fe(CN)_6]^{3-}$	1.0×10^{42}	$[Ag(S_2O_3)_2]^{3-}$	2.88×10^{13}

注：1. 数据摘自 Speight J G. Lange's Handbook of Chemistry. 16th ed. 2005。

2. 除特别标明外，本表为温度 293～298K 时的数据。$K^\ominus$ (稳)系由 $\lg K^\ominus$ (稳)换算得到。

3. 配体：en——乙二胺。

附录四　标准电极电势

电对	电极反应	$E^\ominus / V$
Li^+/Li	$Li^+ + e^- \rightleftharpoons Li$	$-3.040\ 1$
K^+/K	$K^+ + e^- \rightleftharpoons K$	-2.931
Ca^{2+}/Ca	$Ca^{2+} + 2e^- \rightleftharpoons Ca$	-2.868
Na^+/Na	$Na^+ + e^- \rightleftharpoons Na$	-2.71
Mg^{2+}/Mg	$Mg^{2+} + 2e^- \rightleftharpoons Mg$	-2.372
H_2/H^-	$H_2 + 2e^- \rightleftharpoons 2H^-$	-2.23
Al^{3+}/Al	$Al^{3+} + 3e^- \rightleftharpoons Al$	-1.662
Mn^{2+}/Mn	$Mn^{2+} + 2e^- \rightleftharpoons Mn$	-1.185
Cr^{2+}/Cr	$Cr^{2+} + 2e^- \rightleftharpoons Cr$	-0.913
H_2O/H_2	$2H_2O + 2e^- \rightleftharpoons H_2 + 2OH^-$	$-0.827\ 7$
Zn^{2+}/Zn	$Zn^{2+} + 2e^- \rightleftharpoons Zn$	$-0.761\ 8$
Cr^{3+}/Cr	$Cr^{3+} + 3e^- \rightleftharpoons Cr$	-0.744
$Ni(OH)_2/Ni$	$Ni(OH)_2 + 2e^- \rightleftharpoons Ni + 2OH^-$	-0.72
S/S^{2-}	$S + 2e^- \rightleftharpoons S^{2-}$	$-0.476\ 27$
Fe^{2+}/Fe	$Fe^{2+} + 2e^- \rightleftharpoons Fe$	-0.447
Cr^{3+}/Cr^{2+}	$Cr^{3+} + e^- \rightleftharpoons Cr^{2+}$	-0.407
Cd^{2+}/Cd	$Cd^{2+} + 2e^- \rightleftharpoons Cd$	$-0.403\ 0$
Co^{2+}/Co	$Co^{2+} + 2e^- \rightleftharpoons Co$	-0.28
Ni^{2+}/Ni	$Ni^{2+} + 2e^- \rightleftharpoons Ni$	-0.257
$Cu(OH)_2/Cu$	$Cu(OH)_2 + 2e^- \rightleftharpoons Cu + 2OH^-$	-0.222
AgI/Ag	$AgI + e^- \rightleftharpoons Ag + I^-$	$-0.152\ 24$
O_2/H_2O_2	$O_2 + 2H_2O + 2e^- \rightleftharpoons H_2O_2 + 2OH^-$	-0.146
Sn^{2+}/Sn	$Sn^{2+} + 2e^- \rightleftharpoons Sn$	$-0.137\ 5$

续表

电对	电极反应	$E^{\ominus}$ / V
$CrO_4^{2-}/Cr(OH)_3$	$CrO_4^{2-}+4H_2O+3e^- \rightleftharpoons Cr(OH)_3+5OH^-$	−0.13
Pb^{2+}/Pb	$Pb^{2+}+2e^- \rightleftharpoons Pb$	−0.126 2
Fe^{3+}/Fe	$Fe^{3+}+3e^- \rightleftharpoons Fe$	−0.037
H^+/H_2	$2H^++2e^- \rightleftharpoons H_2$	0.000 00
NO_3^-/NO_2^-	$NO_3^-+H_2O+2e^- \rightleftharpoons NO_2^-+2OH^-$	0.01
$AgBr/Ag$	$AgBr+e^- \rightleftharpoons Ag+Br^-$	0.071 33
$S_4O_6^{2-}/S_2O_3^{2-}$	$S_4O_6^{2-}+2e^- \rightleftharpoons 2S_2O_3^{2-}$	0.08
$[Co(NH_3)_6]^{3+}/[Co(NH_3)_6]^{2+}$	$[Co(NH_3)_6]^{3+}+e^- \rightleftharpoons Co(NH_3)_6]^{2+}$	0.108
S/H_2S	$S+2H^++2e^- \rightleftharpoons H_2S(aq)$	0.142
NO_2^-/N_2O	$2NO_2^-+3H_2O+4e^- \rightleftharpoons N_2O+6OH^-$	0.15
Sn^{4+}/Sn^{2+}	$Sn^{4+}+2e^- \rightleftharpoons Sn^{2+}$	0.151
Cu^{2+}/Cu^+	$Cu^{2+}+e^- \rightleftharpoons Cu^+$	0.153
SO_4^{2-}/H_2SO_3	$SO_4^{2-}+4H^++2e^- \rightleftharpoons H_2SO_3+H_2O$	0.172
$AgCl/Ag$	$AgCl+e^- \rightleftharpoons Ag+Cl^-$	0.222 33
Hg_2Cl_2/Hg	$Hg_2Cl_2+2e^- \rightleftharpoons 2Hg+2Cl^-$	0.279 9
ClO_3^-/ClO_2^-	$ClO_3^-+H_2O+2e^- \rightleftharpoons ClO_2^-+2OH^-$	0.33
Cu^{2+}/Cu	$Cu^{2+}+2e^- \rightleftharpoons Cu$	0.341 9
$[Fe(CN)_6]^{3-}/[Fe(CN)_6]^{4-}$	$[Fe(CN)_6]^{3-}+e^- \rightleftharpoons [Fe(CN)_6]^{4-}$	0.358
ClO_4^-/ClO_3^-	$ClO_4^-+H_2O+2e^- \rightleftharpoons ClO_3^-+2OH^-$	0.36
O_2/OH^-	$O_2+2H_2O+4e^- \rightleftharpoons 4OH^-$	0.401
H_2SO_3/S	$H_2SO_3+4H^++4e^- \rightleftharpoons S+3H_2O$	0.449
Cu^+/Cu	$Cu^++e^- \rightleftharpoons Cu$	0.521
I_2/I^-	$I_2+2e^- \rightleftharpoons 2I^-$	0.535 5
MnO_4^-/MnO_4^{2-}	$MnO_4^-+e^- \rightleftharpoons MnO_4^{2-}$	0.558
MnO_4^-/MnO_2	$MnO_4^-+2H_2O+3e^- \rightleftharpoons MnO_2+4OH^-$	0.595

续表

电对	电极反应	$E^{\ominus}$ / V
ClO_3^- /Cl^-	$ClO_3^- + 3H_2O + 6e^- \rightleftharpoons Cl^- + 6OH^-$	0.62
ClO_2^- /ClO^-	$ClO_2^- + H_2O + 2e^- \rightleftharpoons ClO^- + 2OH^-$	0.66
O_2/H_2O_2	$O_2 + 2H^+ + 2e^- \rightleftharpoons H_2O_2$	0.695
ClO_2^- /Cl^-	$ClO_2^- + 2H_2O + 4e^- \rightleftharpoons Cl^- + 4OH^-$	0.76
Fe^{3+}/Fe^{2+}	$Fe^{3+} + e^- \rightleftharpoons Fe^{2+}$	0.771
Hg_2^{2+} /Hg	$Hg_2^{2+} + 2e^- \rightleftharpoons 2Hg$	0.797 3
Ag^+/Ag	$Ag^+ + e^- \rightleftharpoons Ag$	0.799 6
NO_3^- /N_2O_4	$2NO_3^- + 4H^+ + 2e^- \rightleftharpoons N_2O_4 + 2H_2O$	0.803
ClO^-/Cl^-	$ClO^- + H_2O + 2e^- \rightleftharpoons Cl^- + 2OH^-$	0.81
Hg^{2+}/Hg	$Hg^{2+} + 2e^- \rightleftharpoons Hg$	0.851
Hg^{2+}/ Hg_2^{2+}	$2Hg^{2+} + 2e^- \rightleftharpoons Hg_2^{2+}$	0.920
NO_3^- /HNO_2	$NO_3^- + 3H^+ + 2e^- \rightleftharpoons HNO_2 + H_2O$	0.934
NO_3^- /NO	$NO_3^- + 4H^+ + 3e^- \rightleftharpoons NO + 2H_2O$	0.957
HNO_2/NO	$HNO_2 + H^+ + e^- \rightleftharpoons NO + H_2O$	0.983
Br_2/Br^-	$Br_2(l) + 2e^- \rightleftharpoons 2Br^-$	1.066
ClO_4^- / ClO_3^-	$ClO_4^- + 2H^+ + 2e^- \rightleftharpoons ClO_3^- + H_2O$	1.189
ClO_3^- /$HClO_2$	$ClO_3^- + 3H^+ + 2e^- \rightleftharpoons HClO_2 + H_2O$	1.214
MnO_2/Mn^{2+}	$MnO_2 + 4H^+ + 2e^- \rightleftharpoons Mn^{2+} + 2H_2O$	1.224
O_2/H_2O	$O_2 + 4H^+ + 4e^- \rightleftharpoons 2H_2O$	1.229
$Cr_2O_7^{2-}$ /Cr^{3+}	$Cr_2O_7^{2-} + 14H^+ + 6e^- \rightleftharpoons 2Cr^{3+} + 7H_2O$	1.232
HNO_2/N_2O	$2HNO_2 + 4H^+ + 4e^- \rightleftharpoons N_2O + 3H_2O$	1.297
Cl_2/Cl^-	$Cl_2(g) + 2e^- \rightleftharpoons 2Cl^-$	1.358 27
ClO_4^- /Cl^-	$ClO_4^- + 8H^+ + 8e^- \rightleftharpoons Cl^- + 4H_2O$	1.389
ClO_4^- /Cl_2	$ClO_4^- + 8H^+ + 7e^- \rightleftharpoons \frac{1}{2} Cl_2 + 4H_2O$	1.39
ClO_3^- /Cl_2	$ClO_3^- + 6H^+ + 5e^- \rightleftharpoons \frac{1}{2} Cl_2 + 3H_2O$	1.47

续表

电对	电极反应	$E^{\ominus}$ / V
$HClO^-/Cl^-$	$HClO + H^+ + 2e^- \rightleftharpoons Cl^- + H_2O$	1.482
MnO_4^-/Mn^{2+}	$MnO_4^- + 8H^+ + 5e^- \rightleftharpoons Mn^{2+} + 4H_2O$	1.507
Mn^{3+}/Mn^{2+}	$Mn^{3+} + e^- \rightleftharpoons Mn^{2+}$	1.541 5
$HClO_2/Cl^-$	$HClO_2 + 3H^+ + 4e^- \rightleftharpoons Cl^- + 2H_2O$	1.570
NO/N_2O	$2NO + 2H^+ + 2e^- \rightleftharpoons N_2O + H_2O$	1.591
Ce^{4+}/Ce^{3+}	$Ce^{4+} + e^- \rightleftharpoons Ce^{3+}$	1.61
$HClO/Cl_2$	$HClO + H^+ + e^- \rightleftharpoons \frac{1}{2}Cl_2 + H_2O$	1.611
$HClO_2/Cl_2$	$HClO_2 + 3H^+ + 3e^- \rightleftharpoons \frac{1}{2}Cl_2 + 2H_2O$	1.628
$HClO_2/HClO$	$HClO_2 + 2H^+ + 2e^- \rightleftharpoons HClO + H_2O$	1.645
MnO_4^-/MnO_2	$MnO_4^- + 4H^+ + 3e^- \rightleftharpoons MnO_2 + 2H_2O$	1.679
H_2O_2/H_2O	$H_2O_2 + 2H^+ + 2e^- \rightleftharpoons 2H_2O$	1.776
$S_2O_8^{2-}/SO_4^{2-}$	$S_2O_8^{2-} + 2e^- \rightleftharpoons 2SO_4^{2-}$	2.010
O_3/O_2	$O_3 + 2H^+ + 2e^- \rightleftharpoons O_2 + H_2O$	2.076
OF_2/H_2O	$OF_2 + 2H^+ + 4e^- \rightleftharpoons H_2O + 2F^-$	2.153
F_2/F^-	$F_2 + 2e^- \rightleftharpoons 2F^-$	2.866
F_2/HF	$F_2 + 2H^+ + 2e^- \rightleftharpoons 2HF$	3.053

注：数据摘自 Lide D R. CRC Handbook of Chemistry and Physics. 97th ed. 2016～2017。

附录五 一些物质的溶度积

分子式	$K_{sp}^{\ominus}$	分子式	$K_{sp}^{\ominus}$
Ag_2S	6.3×10^{-50}	$BaCrO_4$	1.17×10^{-10}
AgI	8.52×10^{-17}	BaF_2	1.84×10^{-7}
Ag_2CrO_4	1.12×10^{-12}	$BaSO_4$	1.08×10^{-10}
$AgCl$	1.77×10^{-10}	Bi_2S_3	1.0×10^{-97}
$AgBr$	5.35×10^{-13}	$CaCO_3$	2.8×10^{-9}
Ag_2SO_4	1.20×10^{-5}	CaF_2	5.3×10^{-9}
$AlPO_4$	9.84×10^{-21}	$Ca(OH)_2$	5.5×10^{-6}
$BaCO_3$	2.58×10^{-9}	$CaC_2O_4 \cdot H_2O$	2.32×10^{-9}

分子式	$K_{sp}^{\ominus}$	分子式	$K_{sp}^{\ominus}$
$Ca_3(PO_4)_2$	2.07×10^{-29}	$MgCO_3$	6.82×10^{-6}
$CaSO_4$	4.93×10^{-5}	MgF_2	5.16×10^{-11}
$CdCO_3$	1.0×10^{-12}	$Mg(OH)_2$	5.61×10^{-12}
$Cd(OH)_2$(新生成)	7.2×10^{-15}	$Mg_3(PO_4)_2$	1.04×10^{-24}
$Co(OH)_2$(新生成)	5.92×10^{-15}	$MnCO_3$	2.34×10^{-11}
$Co(OH)_3$	1.6×10^{-44}	$Mn(OH)_2$	1.9×10^{-13}
$CuBr$	6.27×10^{-9}	MnS(晶体)	2.5×10^{-13}
$CuCl$	1.72×10^{-7}	$Ni(OH)_2$(新生成)	5.48×10^{-16}
CuI	1.27×10^{-12}	$NiS(\beta)$	1.0×10^{-24}
$Cu(OH)_2$	2.2×10^{-20}	$NiCO_3$	1.42×10^{-7}
$Cu_3(PO_4)_2$	1.40×10^{-37}	$PbCO_3$	7.4×10^{-14}
Cu_2S	2.5×10^{-48}	$Pb(OH)_2$	1.43×10^{-15}
CuS	6.3×10^{-36}	PbI_2	9.8×10^{-9}
$FeCO_3$	3.13×10^{-11}	$PbCl_2$	1.70×10^{-5}
$Fe(OH)_2$	4.87×10^{-17}	$PbSO_4$	2.53×10^{-8}
FeS	6.3×10^{-18}	PbS	8.0×10^{-28}
$Fe(OH)_3$	2.79×10^{-39}	$SrCO_3$	5.60×10^{-10}
Hg_2Cl_2	1.43×10^{-18}	SrF_2	4.33×10^{-9}
Hg_2I_2	5.2×10^{-29}	$SrSO_4$	3.44×10^{-7}
$Hg(OH)_2$	3.2×10^{-26}	$Sn(OH)_2$	5.45×10^{-28}
HgI_2	2.9×10^{-29}	$ZnCO_3$	1.46×10^{-10}
HgS(黑)	1.6×10^{-52}	$Zn(OH)_2$	3×10^{-17}
Li_2CO_3	2.5×10^{-2}	$ZnS(\alpha)$	1.6×10^{-24}

注：数据摘自 Speight J G. Lange's Handbook of Chemistry. 16th ed. 2005。

附录六　常用符号表

符号	意义及单位	符号	意义及单位
n_B	B 的物质的量，单位 mol	W	功，单位 J
N_A	阿伏伽德罗常量 $N_A=6.022\ 136\ 7(36)\times10^{23}mol^{-1}$	H	焓，单位 J
R	摩尔气体常量 $R=8.314\ 510\ 0(70)J\cdot K^{-1}\cdot mol^{-1}$	$\Delta_f H_{m,B}^{\ominus}(T)$	物质 B 的标准摩尔生成焓(温度 T)，单位 $kJ\cdot mol^{-1}$
T	热力学温度，单位 K	$\Delta_c H_{m,B}^{\ominus}(T)$	物质 B 的标准摩尔燃烧热(温度 T)，单位 $kJ\cdot mol^{-1}$
ν_B	物质 B 的化学计量数，量纲为 1	$\Delta_r H_m^{\ominus}(T)$	化学反应的标准摩尔焓变(温度 T)，单位 $kJ\cdot mol^{-1}$
U	热力学能，单位 J	S	熵，单位 $J\cdot K^{-1}$
Q	热、热量，单位 J	$S_{m,B}^{\ominus}(T)$	物质 B 的标准摩尔熵(温度 T)，单位 $J\cdot K^{-1}\cdot mol^{-1}$

符号	意义及单位	符号	意义及单位
$\Delta_r S_m^{\ominus}(T)$	化学反应的标准摩尔熵变(温度 T)，单位 $J \cdot K^{-1} \cdot mol^{-1}$	$K^{\ominus}$	标准平衡常数(平衡常数)，量纲为 1
G	吉布斯函数，单位 J	$K_{sp}^{\ominus}$	溶度积常数，量纲为 1
$\Delta_f G_{m,B}^{\ominus}(T)$	物质 B 的标准摩尔生成吉布斯函数(温度 T)，单位 $kJ \cdot mol^{-1}$	$K^{\ominus}$(稳)	配合物稳定常数，量纲为 1
$\Delta_r G_m^{\ominus}(T)$	化学反应的标准摩尔吉布斯函数变(温度 T)，单位 $kJ \cdot mol^{-1}$	ξ	化学反应进度，单位 mol
r	半径，单位 m	$\dot{\zeta}$	化学反应转化速率，单位 $mol \cdot s^{-1}$
d	直径、距离，单位 m	v	(基于浓度的)化学反应速率，单位 $mol \cdot dm^{-3} \cdot s^{-1}$
μ	分子电偶极矩，单位 $C \cdot m$	E_a	化学反应活化能，单位 $J \cdot mol^{-1}$
q	电荷量，单位 C	k	反应速率常数，单位 $(mol \cdot dm^{-3})^{1-n} \cdot s^{-1}$
h	普朗克常量 $h=6.626\ 075\ 5(40) \times 10^{-34} J \cdot s$	A	指前因子，单位同 k
a_0	玻尔半径 $a_0=5.291\ 177\ 249(24) \times 10^{-11} m$	Π	渗透压，单位 Pa
p_B	气体物质 B 的分压强，单位 Pa	z	离子的电荷数，电子转移数
x_B	B 的物质的量分数(摩尔分数)，量纲为 1	E	电动势，电极电势，单位 V
φ_B	B 的体积分数，量纲为 1	F	法拉第常量 $F=9.648\ 530(29) \times 10^4 C \cdot mol^{-1}$
w_B	B 的质量分数，量纲为 1	ρ	密度，体积质量，单位 $kg \cdot m^{-3}$
V_B	气体物质 B 的分体积，单位 m^3	η	超电势，单位 V
c_B	物质 B 的浓度(物质的量浓度)，单位 $mol \cdot m^{-3}$	ν	频率，单位 s^{-1}
b_B	溶质 B 的质量摩尔浓度，单位 $mol \cdot kg^{-1}$	λ	波长，单位 m
$b^{\ominus}$	标准质量摩尔浓度，$b^{\ominus}=1.0 mol \cdot kg^{-1}$	σ	表面张力，单位 $N \cdot m^{-1}$
p	压强，单位 Pa	T_c	超导体转变温度，单位 K
$p^{\ominus}$	标准压强，$p^{\ominus}=100.000 kPa$	H_c	热力学超导临界磁场强度，单位 $A \cdot m^{-1}$

注：本表中基本物理量常数值为 1986 年科学数据委员会基本常数工作组(CDDATA Task Group on Fundamental Constants)所推荐。括号内为最右位的标准偏差不确定度(参阅 CDDATA Bull.631986 1~49)。